Creo 3.0
三维创新设计与高级仿真

主　编　齐从谦

副主编　李文静

参　编　王士兰

U0260486

中国电力出版社

CHINA ELECTRIC POWER PRESS

内 容 提 要

本书是 2010 年出版的《Pro/E 野火 5.0 产品造型设计与机构运动仿真》一书的升级版。该升级版以美国 PTC 公司最新推出的 Creo 3.0 中文版为蓝本，按照该软件各功能模块的逻辑关系对其主要功能进行系统化的组织，以 PLM 和 MBD 的理念及特征和参数化技术引领并贯穿各章内容，针对具体的特征、零件和产品的创建及数值仿真过程，进行深入细致的介绍。内容由浅入深，由简到繁，强调系统性、直观性和实用性。

全书分为 Creo 3.0 软件概览、Creo 3.0 特征与参数化建模、Creo 3.0 曲面设计、Creo 3.0 典型零件设计、Creo 3.0 装配建模——产品设计、Creo 3.0 工程图设计、Creo 3.0 机构运动仿真及 Creo 3.0 结构有限元分析及仿真共 8 章，各章节均附有大量来自实践的工程设计案例，以帮助读者理清思路，掌握诀窍，举一反三，熟练应用。本书的重点是对 Creo Parametric 的建模功能及使用过程中容易造成失误的很多细节做了细致入微的阐述，同时还兼顾了 Creo Direct、Creo Simulate 及 Flexible Modeling 等模块的应用，全书内容充实，重点突出，特色鲜明。

书中具体内容和实例特为高等院校工科类机械设计制造及自动化、机电一体化、模具设计与制造、汽车工程、工业工程、工业设计、动力工程、电力电子、航空航天等专业及工艺美术设计、产品外形设计等专业的广大学生和教师量身定做。可以作为上述各类专业的教学用书，也可以作为机电类、艺术类职业技术培训教材，还可作为"灰领"职业技术培训用书以及机电行业广大工程技术人员的参考用书。

图书在版编目（CIP）数据

Creo 3.0 三维创新设计与高级仿真 / 齐从谦主编. —北京：中国电力出版社，2017.3（2018.5重印）
ISBN 978-7-5198-0235-6

Ⅰ. ①C⋯　Ⅱ. ①齐⋯　Ⅲ. ①计算机辅助设计-应用软件　Ⅳ. ①TP391.72

中国版本图书馆 CIP 数据核字（2017）第 000897 号

中国电力出版社出版发行

北京市东城区北京站西街 19 号　100005　http://www.cepp.sgcc.com.cn
责任编辑：杨淑玲　　　联系电话：010-63412602
责任印制：杨晓东　　　责任校对：李　楠
北京天宇星印刷厂印刷·各地新华书店经售
2017 年 3 月第 1 版·2018 年 5 月第 2 次印刷
787mm×1092mm　1/16·22.75 印张·553 千字
定价：68.00 元

前　言

制造创新的具体内涵就是要实施"中国制造 2025"，走新型工业化的道路，坚持创新驱动、智能转型、强化基础、绿色发展，加快从制造大国转向制造强国。这是我国政府在制造业领域务实求新，努力向德国的工业化 4.0 及美国的 CPS 转型的重大举措。德国的工业化 4.0 及美国 CPS 的核心要义就是制造业能基于数据分析的转型和延伸性服务。新一代信息技术与制造业深度融合，正在引发影响深远的产业变革，形成新的生产方式、产业形态、商业模式和经济增长点——这正是当前工业发展的大趋势。

制造创新的关键在人，作为培养新一代工程技术人才的我国高等工科教育，应该紧跟这一大好形势，为工业化与信息化的深度融合培养出一大批创新性和实用型的工程技术人才。为此，本书作者在长期使用和讲授国外多款高端 CAD 软件的基础上，在中国电力出版社的支持下，以 2010 年出版的《Pro/E 野火 5.0 产品造型设计与机构运动仿真》一书为基础，依托 PTC 公司新推出的 Creo 3.0 软件，增添了新版软件的大量功能，编写了这本《Creo 3.0 三维创新设计与高级仿真》升级版教材。

PLM（Product Life-circle Management，产品全生命周期的管理）的制造理念和基于 MBD（Model Based Definition，基于模型定义）的数字化设计及数据分析是"中国制造 2025"应有之要义。编写本书的指导思想就是以 PLM 和 MBD 理念为引导，强调机械原理、机械设计、机械制造工艺等基础理论知识与计算机软件和网络技术的融合，把机械制图、AutoCAD、材料力学、机械原理、机械设计、课程设计及三维建模技术（CATIA、NEXT 及 Creo 3.0）等多门课程所讲授的基本理论、知识和技能密切地融合在一起，注重理论与实践的密切结合，突出创新意识和创新设计能力的提高，切实培养具有实际应用能力和创新能力的实用型技术人才。

美国 PTC 公司最新发布的"Creo 3.0"是国际上最著名的 CAD/CAE/CAM 软件之一，在机械、汽车、模具、航空、航天和消费类电子产品等设计、制造企业中得到了极为广泛的应用，极大地提高了用户的设计、制造水平。Creo 3.0 的前身 Pro/ENGINEER Wild Fire 在中国的高端 CAD/CAM 市场占有很大的份额，是中国应用最为广泛的高端 CAD/CAM 产品之一。

Creo 3.0 基于特征技术和参数化技术，支持三维建模、零部件设计、装配设计、动态仿真、结构分析和零件数控加工，是产品设计师、机械工程师和高等院校师生最好的帮手。熟练掌握 Creo 3.0 的应用，必将给设计者带来极大的便利，也必将帮助设计者创造更丰厚的业绩。

2011 年 6 月 PTC 公司在全球发布了该软件的最新版本——Creo 3.0，在操作界面上完全采用 Windows 风格并做出了创新性地改进，在操作过程中更符合设计者的逻辑思维过程，在操作命令方面更凸显其"集成、简约、直观、灵活、方便"的特色，从而大大有利于提高设计效率和设计质量。然而，毕竟 Creo 3.0 是一个相当复杂、专业化的软件系统，功能模块和操作命令众多，界面层次繁杂，数据量庞大，初学者无人指点，往往不知如何下手。对初学者和入门者来说，Creo 3.0 又显得十分神秘！

  本书以 Creo 3.0 中文版为蓝本，结合编著者 40 余年来从事 CAD/CAE/CAM 教学与科学研究的经验进行编写，书中包含了编著者近年来的多项科研成果，全书着力诠释了 Creo 3.0 软件的内涵和主要功能，并针对一些出版物中模糊理论、滥用概念、误导读者的内容，进行了更正，以供广大读者和众多的 PTC 用户参考。

  书中内容按照 Creo 3.0 软件各功能模块的逻辑关系进行系统化的组织；以 PLM（Product Life-cycle Management，产品全生命周期的管理）的理念及 MBD（Mdel Based Definition，基于模型定义）的思想引领并贯穿于始终；注重机械原理、机械设计、机制工艺及机械加工等多方面知识的融合，比较全面地论述了 Creo 3.0 的强大功能，并针对具体的特征、零件和产品的创建和高级仿真过程，进行深入细致的介绍。全书内容由浅入深，由简到繁，强调系统性和直观性，重点是对 Creo Parametric 的建模功能及使用过程中容易造成失误的诸多细节做了细致入微的阐述，同时还兼顾了 Creo Direct（直接建模）、Creo Simulate（仿真）及 Flexible Modeling（柔性建模）等模块的应用。各章节均列举了大量来自机械、汽车、发动机设计制造行业及民用产品的工程设计实践案例，特别在解决问题的方式方法上注重对学生能力的培养，以帮助读者明确设计意图，理清设计思路，掌握设计诀窍，举一反三，灵活应用。

  全书共分为 8 章，各章的主要内容如下：

  第 1 章 Creo 3.0 软件概览，介绍了 Creo 3.0 软件的演变和发展沿革及其所涵盖的主要子模块功能，Creo Parametric 的工作环境和工作界面，还介绍了使用 Creo 3.0 进行建模和仿真操作的要领和技巧以及所要用到的一些基本工具和辅助工具。

  第 2 章 Creo 3.0 特征与参数化建模，介绍了使用 Creo Parametric 进行草绘、尺寸参数标注、修改及约束的方法，讲解了进行"拉伸""旋转""扫描""混合""扫描混合"等特征建模的基本方法，是开展三维创新设计的基础。

  第 3 章 Creo 3.0 曲面设计，重点介绍 Creo 3.0 关于曲面建模的各种方法，如何创建自由特征数字化模型，自由式曲面建模的新功能，对于工业民用产品的外形设计、复杂型面的设计具有重要的指导意义。

  第 4 章 Creo 3.0 典型零件设计，讲解如何采用 Creo 3.0 的最新功能和基于三维特征和参数化建模理论设计典型零件和常用零件方法和技巧。这是利用 Creo 3.0 软件进行 CAD 的核心内容，也是开展数字化设计的基本手段。

  第 5 章 Creo 3.0 装配建模——产品设计，介绍产品整机装配设计的方法。系统地论述了自底向上（Bottom-Up）和自顶向下（Top-Down）两种不同的装配设计过程。并在自顶向下的装配设计过程中引入了编者的最新研究成果——基于 TBS 模型的产品装配及其变形设计方法。

  第 6 章 Creo 3.0 工程图设计，在零件设计和装配设计的基础上，介绍了 Creo 3.0 工程图设计的基本方法和步骤，包括工程视图的生成、尺寸标注、尺寸公差及形位公差、表面粗糙度的标注方法，以及装配图中明细表和 BOM 球的生成方法，并展示了若干零件和装配体工程图设计的案例。

  第 7 章 Creo 3.0 机构运动仿真，重点介绍了 Creo 3.0 进行机构运动仿真的方法、技巧及运动仿真应用实例。

第 8 章 Creo 3.0 结构有限元分析及仿真，着重讲解 Creo 3.0 的工程分析（CAE）模块——Simulate 的重要功能——结构有限元仿真的方法和应用实例。

本书内容充实全面，重点突出，特色鲜明，组织编排合理。书中具体内容和实例特为高等院校工科类机械设计制造及自动化、机电一体化、模具设计与制造、汽车工程、工业工程、工业设计、动力工程、电力电子及航空航天等专业的广大学生和教师量身定做。可以作为上述各类专业的教学用书，也可以作为机电类、艺术类职业技术培训教材以及机电行业广大工程技术人员的参考用书。本书配有一套资料，其中含有各章讲解和创建的实例及若干视频文件（AVI 格式），读者可发邮件到 315429517@qq.com 索要，以便上机演练时参考使用。

本书由博士研究生导师、同济大学齐从谦教授和上海师范大学天华学院李文静讲师分别担任主编和副主编，参加编写的还有同济大学王士兰副教授。由于编著者水平有限，加之 Creo 3.0 本身就是一套博大精深的应用软件，书中难免有错误和疏漏之处，敬请各校师生及广大读者给予批评指正。

编　者

目 录

第 1 章　Creo 3.0 软件概览

1.1　Creo 3.0 软件的发展沿革

1.1.1　从 Pro/Engineer 到 Creo

1989 年，PTC（Parametric Technology Corporation，参数技术公司）推出了一个基于参数化造型技术、面向机械工程的三维 CAD/CAM/CAE 集成软件——Pro/Engineer 的第一个版本。

Pro/Engineer 软件是一个面向工业产品全生命周期的集设计、工艺、制造、装配、工程分析、运动仿真等于一体的 PLM（产品全生命周期管理）系统。它建立在一个单一数据库的基础之上，而不像一些传统的 CAD/CAM 系统建立在多个数据库上。所谓单一数据库，就是工程中的资料全部来自一个库，使得每一个独立用户都能为同一件产品的造型（并行地、协同地）工作，不管是哪一个部门的。换言之，在整个设计过程的任何一处发生改动，都可以前后反应在整个设计过程的相关环节上。例如：一旦工程详图有改变，NC（数控）加工刀具路径也会自动更新；产品装配工程图如有任何变动，也同样会完全反映到所有的零件三维模型中。这种独特的数据结构与工程设计的完整和完美的结合，使产品的设计、工艺、加工制造及装配过程真正实现了一体化，充分体现了 PLM（Product Life-circles Management，产品全生命周期的管理）的理念。这一优点，使得设计更优化，效率更高，成品质量更高，产品能更好地推向市场，价格也更便宜。

Pro/Engineer 软件的问世，是现代 CAD 技术发展中里程碑式的事件，代表着 CAD 软件继表面建模技术和实体建模技术之后进入全新的特征与参数化建模技术时代。

Pro/Engineer 软件一经面世，它的尺寸驱动、基于特征设计等优点就深受用户欢迎，很快被广泛应用于自动化、机械、电子、模具、汽车、航空航天、医疗器械等多个领域。依靠先进的技术理念和成功的市场运作，在 20 世纪 90 年代末，Pro/Engineer 软件就登上 CAD 软件销售额的金牌宝座。该产品在市场上的巨大成功，使 PTC 公司受到极大鼓舞，并对该软件作了进一步地完善和优化。

2000 年以后，PTC 公司将主要精力放在 PDM（产品数据管理）软件的开发推广方面，力图在企业级解决方案层面上与 Dassault（及 IBM）、EDS、HP 等大公司进行竞争。在这一阶段，虽然 Pro/Engineer 不断推出新版本，包括 2000i、2000i^2、2001 等版本，但这些版本在功能和用户界面方面变化不大，主要进步是拓展了一些辅助功能模块，例如：R20 版的视窗化界面和智能草绘模式；2000i 版的行为建模和大型装配功能；2000i^2 版的可视化检索和意向参考；2001 版的全相关二维制图功能和同步工程功能等。而同时期的 CATIA、EDS 的 UG 等软件则在用户界面和技术功能方面做了大量的开发工作，因而得以确保它们在汽车和飞机等高端 CAD 软件中的统治地位。而以 Solid Works、Solid Edge 为代表的中端 CAD 软件也逐步完善其核心功能，对 Pro/Engineer 形成追赶之势。

面对这种情况，PTC 公司在进入 21 世纪的头两年确定了 Wildfire（野火）计划，对

1

Pro/Engineer 进行从界面到功能结构的全面改进，力争在 CAD 领域中再领风骚。Pro/Engineer Wildfire 的测试版在 2002 年下半年开始发布，2003 年 2 月发布了正式版。2003 年 4 月，PTC 公司在北京正式发布了倍受业界瞩目的 Pro/Engineer Wildfire（野火）中文版。野火版改进了软件的界面，与以前的版本相比，更加接近于 Windows 风格，使用起来让人感到更加亲切和自然。

2004 年 5 月，PTC 公司宣布正式推出其产品设计和开发解决方案的最新版本：Pro/Engineer Wildfire（野火版）2.0。它提供的 3D 绘图功能符合当时刚颁布的 ASME（美国机械工程师协会）Y14.41-2003 标准和新兴的 ISO 16792 标准。此外，PTC 在此版本中重点改善了 CAD 数据的互操作性。通过引入 I-DEAS® 导入功能，Pro/Engineer Wildfire 2.0 能够支持所有主要 CAD 格式，并支持与 UG18/UG NX/CATIA® V5 进行关联的数据交换。为了提高软件整体性能，在整个产品中进行了超过 400 项的额外改进，其中包括将 Pro/Engineer Wildfire 用户模型扩展到钣金件、仿真以及解决方案的其他方面。

此后，PTC 公司又相继推出了 Pro/Engineer Wildfire 3.0、Pro/Engineer Wildfire 4.0 版本，而版本的每一次升级，都大大提高了系统的功能和可操作性；2009 年 7 月，又进一步升级到 Pro/Engineer Wildfire 5.0。

2011 年 3 月 16 日 PTC 公司在上海松江艾美宾馆召开 2011 年全球用户大会（上海站），正式宣布 Pro/Engineer Wildfire 版的终结，并隆重推出他们最新的旗舰产品——Creo Elements 即 Creo 1.0。

在拉丁语中，"Creo" 一词是创新的意思。当今的企业组织正努力应对全球化的工程团队协作过程，高效地吸纳并购的公司，并与众多的客户和供应商开展合作，这是全球制造业发展的总趋势。在这种发展态势下，一套全新的支持企业与企业之间、供应商与客户之间相互交互和协同制造模式的系列软件——Creo 1.0 的推出显然对全球 CAD 业界具有非同凡响的意义。

新推出的 Creo 1.0 整合了原来的 Pro/Engineer、CoCreate 和 ProductView 三个软件后，重新分成各个更为简单而具有针对性的子应用模块，作为一套全方位集成且面向产品全生命周期的 PLM 系列软件，并将所有这些模块统称为 Creo 1.0 向全世界发布。

2012 年 6 月 24 日，PTC 公司在中国巡回研讨会（深圳站）上正式发布了 Creo 2.0 软件，并介绍了 Creo 2.0 的最新功能。

2014 年 6 月 16 日，PTC 在美国波士顿举办的 PTC Live Global 大会上发布了具有革命意义的新一代产品设计软件 Creo 的最新版本 PTC Creo 3.0，并提出了该公司的战略和远景构想。该版本主要提供了关键性的增强功能，有助于支持从概念设计到制造的整个产品开发过程。

Creo 3.0 是一个可伸缩的套件。其中，Creo Parametric 3.0 作为该产品的核心套件之一，全部向下兼容 PTC 历年来发布的各版 Pro/Engineer 软件的所有功能，并注入了直接建模、快速建模、柔性建模、行为建模等创新性的功能，将进一步提高产品设计、分析、制造的水平和效率；还集成了多个可互操作的应用程序，功能覆盖整个产品开发领域。无论是更高的设计灵活性，高级的装配设计功能，更快速的管道和电缆设计功能，高级的曲面设计功能还是全面的虚拟原型设计功能，都可以选择合适的软件包，以获得实现设计目标所需的确切功能。Creo 的产品设计应用程序使企业中的每个人都能使用最适合自己的工具，因此，他们可以全面参与产品开发过程。

除了 Creo Parametric 之外，还有多个独立的应用程序在 2D 和 3D CAD 建模、仿真分析及可视化方面提供了新的功能。Creo 还提供了空前的互操作性，可确保在内部和外部团队之间轻松共享数据。下面重点介绍 Creo 3.0 一些应用程序：

- Creo Parametric
  - ——完善的 3D 实体建模；
  - ——详细文档，2D 和 3D 绘图；
  - ——自由样式建模（交互式工业设计）；
  - ——专业曲面设计；
  - ——装配建模；
  - ——焊接建模和文档；
  - ——机构仿真和动画设计；
  - ——ModelCHECK 设计验证工具；
  - ——数据互操作性和导入数据修复；
  - ——集成的 Web 功能；
  - ——完善的零件、特征、工具库及其他项目库；
  - ——柔性建模及其扩展；
  - ——数字化人体建模和人机交互。
- Creo Sketch——轻松创建 2D 手绘草图。
- Creo Direct——使用快速灵活的直接建模技术创建和编辑 3D 几何特征。
- Creo Simulate——执行重要的结构和热分析功能。
- Creo Layout——2D、3D 布局和概念性设计方案。
- Creo View MCAD——可视化机械 CAD 信息以加快设计审阅速度。
- Creo View ECAD——快速查看和分析电气 CAD 信息。
- Creo Illustrate——使用 3D CAD 数据生成丰富的、交互式的 3D 技术插图。
- Creo Schematics——创建管道和电缆设计的 2D 布线图。

这个集成的、参数化的 3D CAD、CAID、CAM 和 CAE 解决方案，可以灵活地伸缩、搭配，能够大幅度地提高设计速度，同时最大限度地增强创新力度并提高质量，最终创造出不同凡响的产品。

1.1.2　Creo 3.0 推出的意义

这套由 PTC 最新推出的 Creo 3.0 软件系列，能够帮助业界克服最迫切的产品开发挑战，使它们能够快速创新并在市场上更有效地开展竞争。此外，长期困扰着制造业的 3D CAD 技术的问题（可用性、可互操作性、技术锁定和装配管理）得以有效克服。

CAD 技术已经应用了几十年，三维软件也已经出现了 20 多年，似乎技术与市场逐渐趋于成熟。但是，目前制造企业在 CAD 应用方面仍然面临着四大核心问题：

（1）软件的易用性。目前 CAD 软件虽然已经在技术上逐渐成熟，但是软件的操作还较为复杂，宜人化程度有待提高。

（2）互操作性。不同的设计软件造型方法各异，包括特征造型、直觉造型等，二维设计还在广泛的应用。各种不同的软件相对独立，操作方式完全不同，对客户来说，鱼和熊掌不可兼得。

（3）数据转换的问题。这个问题依然是困扰 CAD 软件应用的大问题。一些厂商试图通过图形文件的标准来锁定用户，因而导致用户有很高的数据转换成本。

（4）装配模型如何满足复杂的客户配置需求。由于客户需求的差异，往往由于复杂和特殊的配置，会导致大大延长产品交付的时间。

Creo 的推出，正是为了从根本上解决这些制造企业在 CAD 应用中面临的核心问题，从而真正将企业的创新能力发挥出来，帮助企业提升研发协作水平，让 CAD 应用真正提高效率，为企业创造价值。

1.2 Creo 3.0 的主要功能模块和特色

1.2.1 Creo 3.0 功能模块简介

Creo 3.0 带来数百项新功能，将全面改善用户体验，并提供一系列适用于组件建模、曲面设计、钣金件设计、详细设计和其他重要 3D 建模任务的新工具。新的扩展包（例如 Creo Flexible Modeling Extension 和 Creo Legacy Migration Extension），将进一步提高详细设计的效率和成效。

整个 Creo 3.0 软件包共分成 30 余项子应用，所有这些子应用可以划分为四大应用模块，分别是：

1. 多用户应用（AnyRole APPs）

Creo 3.0 的 AnyRole APPs 在恰当的时间向用户提供合适的工具，使组织中的所有人都参与到产品开发过程中。最终结果是激发新思路、创造力以及个人效率。

2. 任意模式建模（AnyMode Modeling）

Creo 3.0 提供业内唯一真正的多模式设计平台，使用户能够采用二维、三维直接或三维特征及参数等方式进行设计。在某一个模式下创建的数据能在任何其他模式中访问和重用，每个用户可以在所选择的模式中使用自己或他人的数据。此外，Creo 3.0 的 AnyMode 建模将让用户在模式之间进行无缝切换，而不丢失信息或设计思路，从而提高团队效率。

3. 多重数据共享（AnyData Adoption）

Creo 3.0 能够让用户统一使用任何 CAD 系统生成的数据，从而实现多 CAD 设计的效率和价值。参与整个产品开发流程的每一个人，都能够获取并重用 Creo 3.0 各应用软件所创建的重要信息。此外，还能提高原有系统数据的重用率，降低了技术锁定所需的高昂转换成本。

4. 任意组件装配（AnyBOM Assembly）

为团队提供所需的能力和可扩展性，以创建、验证和重用高度可配置产品的信息。利用 BOM 驱动组件以及与 PTC Windchill PLM 软件的紧密集成，用户将开启并达到团队乃至企业前所未有过的效率和价值水平。

成功安装 Creo 3.0 软件之后，在 Windows 的"开始"快捷菜单栏内将会出现 PTC Creo 3.0 根节点项，展开这个根节点，有三个可选项目，分别是 Creo Direct 3.0、Creo Parametric 3.0 和 Creo Simulate 3.0。其中 Creo Direct 3.0 是 PTC 这次改版将其旗下原来的 CoCreate Direct 融入 Creo 3.0 中的一个独立模块；而 Creo Parametric 3.0 和 Creo Simulate 3.0 则能够全部兼容原来 Pro/Engineer Wildfire 的全部功能且又有了诸多新的突破和发展。而且在 Creo Parametric

3.0 环境下完成零件和装配体的特征和参数化建模之后，可以同步地执行 Creo Simulate 所拥有的各项仿真和分析任务，使系统具有更大的灵活性。

Creo 3.0 属于高端 CAD/CAM 软件，支持复杂产品开发的多方面需求。包括如图 1-1 中所示的主要功能模块。

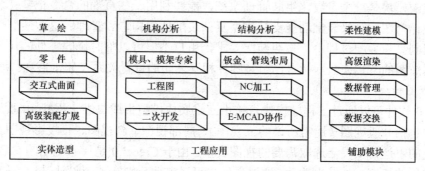

图 1-1　Creo 3.0 主要功能模块

设计人员可以根据需要来调用实体造型功能中的某一个模块进行设计，不同的功能模块创建的文件具有不同的文件扩展名。另外，对于有更高要求的用户，还可以调用系统工程应用模块，如使用软件进行二次开发工作，或者调用辅助模块进行有限元分析等。

灵活地运用这些最先进的设计和工具，可以帮助用户采用最佳生产方案，并确保遵守业界和公司的标准。集成的参数化 3D CAD/CAM/CAE 解决方案可以前所未有的速度和高质量地完成设计和制造任务，同时最大限度地增强创新力度并提高质量，最终创造出不同凡响的产品。

Creo 3.0 软件的功能覆盖从产品设计到生产加工的全过程，能够让多个部门同时致力于同一种产品模型，还包括对大型项目的装配体管理、功能仿真、制造及数据管理等。除了以上介绍的几个最常用的模块外，软件包中还包括几十个其他模块供用户选用。下面选取较常见的几个模块进行简要介绍。

1. 草绘模块

草绘模块的主要功能是用草绘器绘制、编辑二维平面草图。绝大部分的三维模型都是通过对二维草绘剖面的一系列操控而得到的。使用零件模块进行三维实体特征建模过程中，在需要进行二维草图绘制时，系统会自动切换到草绘模块。

2. 交互式曲面模块

曲面模块用于创建各种类型的曲面特征。Creo 3.0 生成曲面的方法有拉伸、旋转、放样、扫掠、网格、点阵、造型、自由式等多种方式。由于生成曲面的方法较多，因此 Creo 3.0 可以迅速建立任何复杂曲面。曲面特征虽然不具有厚度、质量、密度、体积等物理属性，但是通过对曲面特征进行适当的操作就可以非常方便地使用曲面来围成实体特征的表面，还可以进一步把由曲面围成的模型转化为实体模型。

3. 零件模块

零件模块用于创建和编辑三维实体模型。零件模块是参数化实体造型最基本和最核心的模块。利用 Creo 3.0 软件进行三维实体造型的过程，实际上就是使用零件模块依次进行创建各种类型特征的过程。这些特征之间可以相互独立，也可以存在一定的参照关系，例如各特征之间存在的父子关系等。在产品的设计过程中，特征之间的相互联系不可避免，所以对初学者来说，最好尽量减少特征之间复杂的参照关系，这样可以方便地对某一特征进行独立的编辑和修改，而不会发生意想不到的设计错误。

4. 高级装配模块

高级装配模块是一个参数化组装管理系统，能够利用一些直观的命令把零件装配起来，同时保持设计意图。高级装配功能支持大型复杂装配体的构造和管理，这些装配体中零件的数量不受限制。在装配过程中，按照装配要求，用户不但可以临时修改零件的尺寸参数，还可以使用爆炸图的方式来显示所有已组装零件相互之间的位置关系，非常直观。

5. 工程图模块

Creo 3.0 软件可以通过工程图模块直接由三维实体模型生成二维工程视图。系统提供的二维工程视图包括一般视图（通常所说的三视图）、局部视图、剖视图、正投影视图等。用户可以根据零件的表达需要灵活选取需要的视图类型。由于 Creo 3.0 是尺寸驱动的 CAD 系统，在整个设计过程的任何一处发生改动，通过再生均可以前后反映在整个设计过程的相关环节上。

6. NC 加工模块（MANUFACTURING）

该模块将具备完整关联性的 Creo 3.0 产品线一直延伸至加工制造环境，其中包含数控钻、铣、车、镗、线切割（EDM）以及轮廓加工等制造过程；生成加工零件所需的生产过程规划、刀路轨迹，并显示其结果，通过精确描述加工工序提供 NC 代码，还能根据用户的需要产生生产规划，并进而做出所需加工时间及成本的估算。

MANUFACTURING 将生产过程、生产规划与设计造型连接起来。由于系统共用一个唯一且统一的数据库，如果在设计上发生任何变更，软件都能自动地重新生成新的 NC 加工程序和新的资料，无须用户自行修改。

用户可以采用参数化的方法定义数值，以控制数控刀具的路径，对 Creo 3.0 生成的模型进行加工。这些加工信息经后置处理，可产生驱动 NC 设备的代码。该模块还能在加工和操作开始之前，对 NC 操作进行仿真，帮助制造工程人员检查干涉情况和验证零件切削过程中的各种关系和参数，优化制造过程，减少废品和再加工。

该模块还允许制造工程师开发能够支持任意型号 CNC 设备的 NC 后处理器。

7. 模具设计模块（MOLDESIGN）

该模块为模具设计师和塑料制品工程师提供使用方便的工具来创建模腔的几何外形，产生模具模芯和腔体，产生精加工的塑料零件和完整的模具装配体文件。自动生成模具基体、冷却道、起模杆和分离面。

8. 功能仿真模块

该模块又称为 CAE 模块，主要进行有限元分析。对创建的实体模型和薄壁模型自动进行有限元网格划分，能够使用户在指定环境下创建和评价装配体的运动。对设计进行优化，决定哪些参数应该修改，以更好地满足工程和性能要求。

用户可以在图形用户界面上自定义载荷输入。能够显示高级解算器计算的有限元结果，还鼓励在产品开发早期对设计进行验证，允许用户把 Creo 3.0 中的装配体运动模型连接到第三方或者专有的仿真程序中。

CAE 模块的主要功能如下：

（1）能够使设计工程师评价和优化一个设计的结构性能，揭示产品在真实环境中多个载荷作用下的运行情况。灵敏度研究显示了那些设计参数对结构的性能具有很大影响；设计优化指出哪些参数应该改变，如何改变。

（2）能够对设计的热性能进行研究和优化，指出哪些变量对热响应的影响最严重。

（3）可以真实地表述车轮在各种驾驶情况和路面状况下的响应，准确地满足了汽车动力仿真的要求。

（4）可以通过对动力学中的时间、频率以及随机颤振响应进行仿真，使工程技术人员能够评价设计以满足振动要求。基于现实世界的约束和设计，工程师指定的性能目标综合产生优化的设计。

9. 数据管理模块（PDM）

数据管理模块专门用于管理 Creo 3.0 完全关联的环境及第三方 CAD 数据及文档信息。Pro/PDM 允许同时进行修改，识别潜在的冲突，协调集成引起的变化，来支持真正的并行产品开发。

Creo 3.0 的数据管理模块将触角延伸到每一个任务模块，在计算机上对产品性能进行测试仿真，找出造成产品各种故障的原因，帮助排除产品故障，改进产品设计。并自动跟踪创建的数据，这些数据包括存储在模型文件或库中零件的数据。它通过一定的机制，保证所有数据的安全及存取方便。

它还可以帮助用户浏览企业在 Creo 3.0 中发布的信息，例如实体模型、设计图纸、装配体以及制造信息。标注功能还允许评审人员在对产品不做任何改变的情况下对模型或图纸进行评审标注。

10. 几何或数据交换模块（Geometry Data Translator）

在工程设计和制造领域中，除了 Creo 3.0 之外，还有不少别的 CAD/CAM 系统，如 CATIA、NX、EUCLID、CIMATRON、MDT 等，由于它们门户有别，所以自己的数据都难以被对方所识别。然而在实际工作中，往往需要接受别的系统的 CAD 数据。这时几何数据交换模块就会发挥作用。

如 Creo 3.0 和 CATIA 的数据交换，Creo 3.0 和福特汽车设计软件的接口，在 Creo 3.0 和 Dassault 系统之间提供无缝集成和简洁的几何模型交换。提供一个直接的接口，用户很容易从现存的二维数据库中输入或更新设计图样。

ISO 10303 或者 "STEP" 是复杂的 CAD、CAM 和 CAE 系统之间的几何和非几何数据转换的国际标准。该模块还可以扩充 Creo 3.0 接受的工业标准数据交换格式的数量。能够使设计人员把产品数据按 ISO 10303 或者 "STEP" 标准输入到 Creo 3.0 中以及从 Creo 3.0 中输出。

Creo 3.0 支持 Calcomp、Gerber、HPGL2 和 Verstec 等标准绘图格式，并支持 100 多种绘图仪。

11. 二次开发模块

该模块是软件开发的工具，通过修改用户界面，自动匹配最终用户任务。用户可利用这种软件工具将一些自己编写或第三方的应用软件结合并运行在 Creo 3.0 软件环境下。

Creo 3.0/IDEVELOP 包括 "C" 语言的辅程序库，用于支持 Creo 3.0 的接口，以及直接存取 Creo 3.0 数据库。

以上这些典型功能模块，一部分属于系统的选用模块，用户在安装时可以选取使用；另一部分可能需要用户另外购买后才能使用。

综上所述，Creo 的使用将会给企业带来具有多方面的优势：

（1）强大灵活的 3D 参数化设计功能带来与众不同和便于制造的产品。

（2）多种概念设计功能帮助快速推出新产品。

（3）可以在各应用程序和扩展包之间无缝地交换数据，而且可以获得共同的用户体验。

（4）客户可以更快速和成本更低地完成从开发概念到制造产品的整个过程。

（5）由于能适应后期设计变更和自动将设计变更传播到下游的所有可交付结果，因此可以灵活地完成设计任务。

（6）自动产生相关的制造和服务可交付结果，从而加快产品上市速度和降低成本。

本书的内容就是基于 Creo 3.0 软件这一最新版本，以 Creo Parametric 为主导，全面地阐释该系统的产品开发思想、方法和操作技巧，为广大 Creo 3.0 软件的爱好者和工作在产品开发第一线的工程技术人员推介一个强有力的产品开发工具。

Creo 3.0 产品系列中包括 Creo Parametric 3.0、Creo Direct 3.0 和 Creo Simulate 3.0 三大软件包，三者针对不同的任务和应用将采用更为简单化的子应用方式，所有子应用采用统一的文件格式和一个单一的数据库。

作为 Creo 3.0 产品系列中最重要的成员，Creo Parametric 3.0 能够与其他 Creo 应用程序模块无缝地共享数据。这意味着无须浪费时间来转换数据，并能消除因转换数据而产生的错误。用户可以轻松地切换应用程序并在它们之间转换 2D 和 3D 设计数据，同时能保留设计意图不变。这将产生空前的互操作性，并在许多产品开发过程中导致开发效率的突破性增长。

Creo 3.0 作为 3D 产品设计领域的标准之一，它包含了最先进的生产效率工具，可以促使用户采用最佳设计做法，同时确保遵守业界和公司的标准。Creo 3.0 将提供范围最广、强大而又灵活的 3D 设计功能，可帮助客户解决最紧迫的设计任务，包括适应后期变更、使用多 CAD 数据和机电设计方案。

Creo 3.0 目的在于解决目前 CAD 系统难用及多 CAD 系统数据共用和数据分析等问题。

作为 PTC 闪电计划中的一员，Creo 3.0 具备互操作性、开放、易用三大特点。在产品生命周期中，不同的用户对产品开发有着不同的需求。不同于目前的解决方案，Creo 3.0 旨在消除 CAD 行业中几十年迟迟未能解决的问题：

（1）解决机械 CAD 领域中未解决的一些重大问题，包括基本易用性、互操作性和装配管理。

（2）采用全新的方法实现解决方案（建立在 PTC 的特有技术和资源上）。

（3）提供一组可伸缩、可互操作、开放且易于使用的机械设计应用程序。

（4）为设计过程中的每一名参与者适时提供合适的解决方案。

这套由 PTC 推出的设计解决方案居于行业领先地位，其性能经过全方位地验证，可以确保其原先所有 Pro/Engineer 的用户能够毫无痕迹地迁移到 Creo 3.0 的工作平台上来。PTC 的新老用户可以放心地了解到，之前的 Pro/Engineer 数据将与当前的 Creo 3.0 数据完全兼容，而且还能让生产效率实现突破性的增长。

1.2.2 Creo 3.0 新增功能及特色

随着 Creo 3.0 新版本的发布，PTC 公司又紧紧跟随当前 CAD 领域发展的新趋势，进一步提出了新的战略举措：

（1）CAD 设计：进步改善与第三方 CAD 数据交换，柔性建模（Flexible Modeling）。

（2）概念设计：基于 PTC Creo Direct 3.0 和 PTC Creo Layout Mathcad 3.0 集的概念设计。

（3）用户体验、应用：宛如身临其境（设计环境）。

（4）合作伙伴支持：进步改善合作伙伴应用基础架构。

这四大战略举措充分体现在 PTC Creo 3.0 的新增功能之中：

（1）引入真正的异构装配（THA）：Creo 3.0 装配可包含非 PTC Creo 数据。直接操作第三方 CAD 对象等同于 Creo 自建对象，并实现更新。

（2）概念设计：采用 Creo Direct 进一步提升概念设计，更丰富、更直观地直接建模体验。

（3）并行布局设计：全新改进 2D 创建功能及功能更强的 3D 及 2D 设计变更通知，图元级别变更预览。

（4）新设计探索模式：探索设计方案，保存设计审核点，采用浮动面板更新工具栏，改善装配工作流。设计探索扩展（Design Exploration Extension，DEX）包括评估设计方案、快速轻松审核点追溯、通过审核点视图或时间轴视图审核设计方案。

（5）更强的直接建模能力：智能化圆角、倒角处理；3D 解算器用于实现几何编辑及相切控制。

（6）与 Mathcad 集关联的进一步改进：可直接将零件或装配体嵌入 Mathcad 集，结合参数的使用，在 Mathcad 与 Creo 之间双向交流。使得工程计算校核与设计同步，并能通过 Mathcad 的计算驱动 Creo 参数变更。

以上这些功能模块及新增特色所体现出的 PLM 理念及基于 MBD（Model Based Definition）的数据转换和数据分析方法，正是近几年德国提出的"工业 4.0"，美国提出的 CPS 和我国最近提出的"中国制造 2025"的主旨和核心要义。

1.3 Creo Parametric 3.0 的工作界面

与 Pro/Engineer Wildfire 相比，Creo Parametric 3.0 的工作界面发生了较大的变化。

Creo Parametric 3.0 的操作界面更具 Windows 风格。它融入了更多 Windows 风格的操作方式和图标，使界面更加干练、清晰和美观。

Creo Parametric 3.0 在用户界面上重新设计了菜单和输入对话框，可清楚地提示所需执行的输入和命令步骤，这一风格在整个系统中均得以保持。此外还可重复使用各种共用方式以提高操作的一致性和透明性。

Creo Parametric 3.0 的工作界面可以根据用户的需要进行定制，因此可以设置更为灵活、更具人性化的工作环境和工作界面。

启动 Creo Parametric 3.0，进入如图 1-2 所示的主界面。若处于网络在线的环境下，该主界面将首先通过网络进入 PTC 公司网站的主页，图 1-2 当前显示的就是 PTC 网站主页中的资源中心页面，可以点击公司主页上的各菜单项浏览 PTC 的最新动态，进一步了解 Creo 3.0 软件的内容和功能；或者寻求 PTC 公司的技术支持；还可以进入 3DModelSpace 页面，能够搜索到多家企业或教育培训机构开发出的多种类型的三维模型以供参考。

在未进入实质性的设计工作之前，可以利用该界面上的主菜单来设置工作环境。

图 1-2　Creo Parametric 3.0 启动后进入 PTC 的主页资源中心

1.3.1　环境设置

1. 设置工作目录

系统默认的当前工作目录是 Windows 下的 My Document 文件夹，由系统建模生成各种零件（*.prt）、装配组件（*.asm）、工程图文件或仿真文件都存放在该文件夹中。如果用户希望把创建的各种文件存放在其他目录中，可以单击主菜单上的"选择工作目录"按钮 ，即弹出如图 1-3 所示的窗口，操作者可以根据自己电脑硬盘容量的大小或自己的习惯把当前工作目录设置在所需要的位置。例如若想设定电脑 D 盘下的 PTC 文件夹为工作目录，可以通过浏览方式找到 D：\PTC 文件夹，单击"确定"按钮，即可完成新的工作目录的设置。

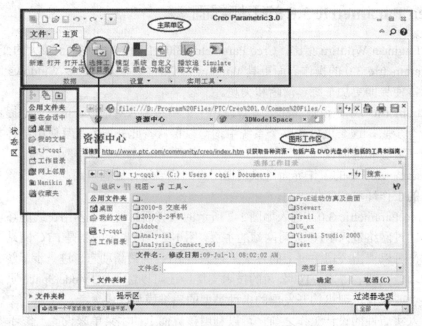

图 1-3　选择工作目录

2. 设置模型显示方式

单击主菜单上的"模型显示"按钮 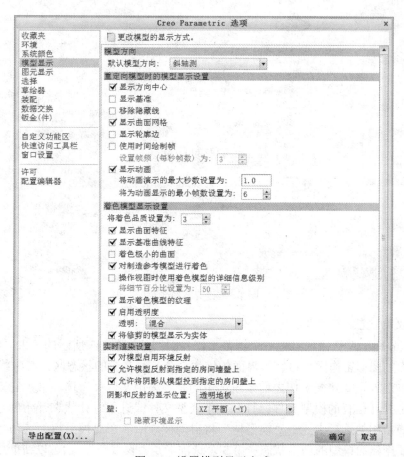，弹出如图 1-4 所示的"Creo Parametric"选项窗口。该窗口中列出有关模型显示的多个选项，可根据需要来设置最理想的工作环境，勾选或放弃某一个选项，即可获得或改变某种显示方式。如显示方向中心、显示基准、显示曲面网格、显示曲面特征等。例如，Creo Parametric 默认的草绘器中尺寸标注保留小数点后两位，单击图 1-4 左侧栏内的"草绘器"，将"尺寸的小数位数"更改为 3 位，确认后，在草绘器中尺寸标注的小数点后将保留 3 位。

图 1-4　设置模型显示方式

3. 设置系统颜色

单击主菜单上的"模型显示"按钮■，或者点选图 1-4 窗口左侧项目栏中的"系统颜色"，"Creo Parametric"选项窗口转换为图 1-5 所示。当前显示的颜色是系统默认的选项。

用户可根据自己的需要来设置"图形""基准""几何特征""草绘器"及系统背景的颜色选项。单击每个选项左侧的按钮■，即可展开系统可供选择的多种颜色。例如在图 1-5 中单击"颜色配置"栏右侧的■按钮，展开下拉菜单，选择其中的"白底黑色"；再把草绘器栏内的"强尺寸"的颜色选项板展开，将其设定为黑色，其他均为默认选项，单击"确定"按钮，则系统工作的背景即被设置为"白底黑色"状态；在将来绘制的草绘中，强尺寸的颜色就由默认的蓝色转换为黑色。

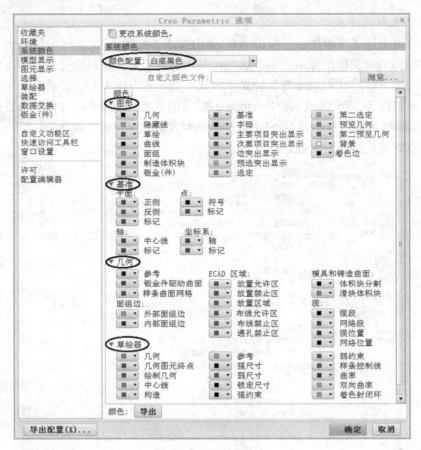

图 1-5 设置系统颜色

4. 自定义功能区

Creo Parametric 默认情况下把整个屏幕工作界面划分为图 1-3 所示的三大区域：上方的主菜单区、中部的图形工作区（占整个界面的绝大部分）和左侧的状态区。其中状态区有 3 个选项卡：在未进入正式建模工作之前系统选中的是"公用文件夹"选项卡，它方便用户从各有关文件夹中打开已有的模型文件；打开某个模型文件或进入设计状态开始创建一个新的模型时，一个最常用的选项卡——"模型树"将自动被选中，在"模型树"选项卡内将列出所选模型或所要创建的模型的当前状态；第 3 个选项卡是"收藏夹"，它可以帮助用户浏览自己的收藏夹或在线浏览各种 3D 模型、用户组其他成员的工作或寻求 PTC 的技术支持。

主菜单上有 3 个主要功能分区："数据""设置"和"实用工具"分别于图 1-6 右侧的主选项卡栏内的 3 个勾选项相对应。如果用户打算按照自己的需要来重新设定功能区，比如在未进入仿真阶段时并不需要"实用工具"中的"播放追踪文件"和"Simulate 结果"两项功能，就可以采用如下操作将其暂时移除：首先选中图 1-6 右侧的主选项卡栏内的"实用工具"选项，然后单击中部的 《 移除(R) 按钮，就可以将其移除。反之，如果在需要该实用工具时，可以在图 1-6 中"备用"栏内选中"实用工具"选项，然后单击中部的 添加(A) 》 按钮，就可以将其添加到功能区中。

如果现有的功能分区不能满足要求，可以增添新的功能分区，操作方法如下：

（1）首先将图 1-6 中的"主页 Tab"下拉框展开，选取其中的"所有命令"。

12

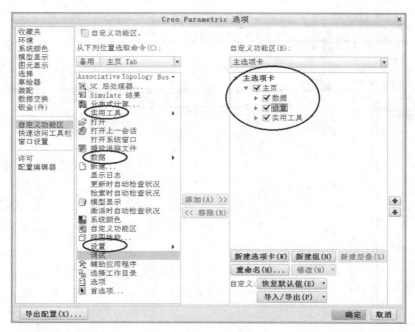

图 1-6　自定义功能区

（2）单击主选项卡下方的"新建组"按钮，在自定义功能区中就增加了一项"新建组（自定义）"项。

（3）最后在命令列表中选中 ↺ 撤消 项，再单击中部的 添加(A) >> 按钮，则"撤销"命令就被添加到新建组中。可以右击"新建组"名称将其重命名为其他名称待用。

以上所做的各种选项和设置在全部确认之后，这些设置将会存放在一个名为 config.pro 的配置文件内，下次启动 Creo Parametric，系统将自动调用该文件，以响应用户所做的设置。

1.3.2　工作界面

新建或打开一个文件后，系统进入图 1-7 所示的最常用的基础工作界面。该界面是其他各应用模块的基础平台。从图 1-7 可以看出该界面大致可划分为快速访问工具栏和标题栏、主菜单栏、常用工具栏、状态栏和提示栏及图形工作区几大区域。

（1）快速访问工具栏和标题栏：在 Creo Parametric 用户界面中，快速访问工具栏是标准 Windows 的文件访问工具；标题栏用于显示软件版本与正在应用的模块名称，并显示当前正在操作的模型文件信息。

（2）主菜单栏：主菜单栏包含了软件主要的功能，系统将所有的命令和设置都予以分类，点击某一个主菜单项，在常用工具栏中就会切换到与该菜单命令有关的各项常用工具。对于不同功能模块，菜单栏会有相应的改变。

菜单中某个选项不只含有单一的功能时，系统会在命令字段右方显示三角形箭号 ▼，点击 ▼ 号，可展开与该选项有关的下拉菜单以供选择。

（3）常用工具栏：常用工具栏中以简单直观的图标和文字来表示 Creo Parametric 软件中相对应的功能。

Creo Parametric 根据实际需要将常用工具组合为不同的工具栏，进入不同的模块就会显示相应的工具栏。图 1-7 当前显示的是与主菜单中的"模型"有关的各种常用工具。

13

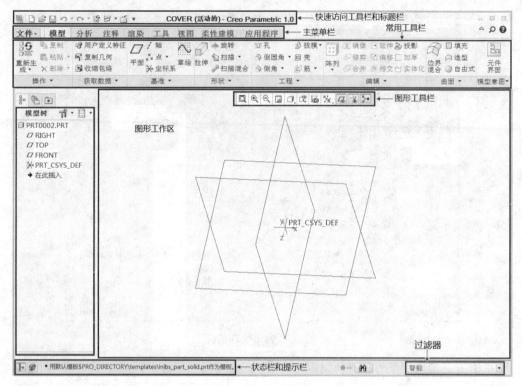

图 1-7　基础工作界面

将鼠标指针停留在工具栏按钮上，将会出现该工具对应的功能提示。当工具栏按钮呈灰色时，表示该工具在当前工作环境下无法使用。

常用工具栏中某个工具选项不只含有单一的功能时，系统会在命令字段右方显示三角形箭号 ▼，点击 ▼ 号，可展开与该工具选项有关的下拉菜单以供选择。

（4）图形工作区：图形工作区域是 Creo Parametric 的主要工作区域，占据了屏幕的大部分空间。用于显示建模后的效果、分析结果或刀具路径结果等。

（5）图形工具栏：图形工具栏各按钮的功能是对图形工作区中的图形显示方式进行切换，对图形的大小进行放大、缩小操作，以及对基准面、基准轴、基准点和旋转中心的显示或隐藏进行切换。

（6）模型树：Creo Parametric 的模型树基本上延续了原 Pro/Engineer 野火版的样式和效果。单击模型树栏右侧的 按钮，选取所展开的下拉菜单中的"层树"选项，模型树即切换为"层树"，可以进行有关"层"方面的各种操作。

（7）状态栏和提示栏：状态栏和提示栏位于屏幕的最下方，用于报告当前的各种状态以及位于哪个工作层，向操作者提示当前应该执行的操作步骤。在执行每个指令步骤时，系统均会在提示栏中显示操作者必须执行的动作，或提示操作者下一个动作。

1.4　Creo Parametric 3.0 建模基本工具

为了能够方便、快捷、高效地进行三维建模，Creo Parametric 提供了众多的基本工具项，其中包括基准坐系、基准平面、基准轴、基准点和基准曲线等，还提供了一些能够简化操作、便于观察的辅助工具，如图形工具、快速访问工具、过滤器、3D 动态移动滑块等。这些基准是进行三维建模的重要参照，也是 Creo 3.0 内部统一数据库和进行解算的参照；使用这些基本工具和辅助工具来配合各种建模命令，可以大大地简化操作过程，提高工作效率，甚至达到事半功倍的效果。

1.4.1　基准面

1. 原始基准面——FRONT、TOP、RIGHT

三维建模中最常用到的参照就是空间的平面，称它为基准面。在 Creo Parametric 中有三个特殊的基准面：FRONT 面、TOP 面和 RIGHT 面，这三个基准面是两两正交的平面，因为这三个基准面在创建一个图形文件之初就自动地显示在图形区，作为进行下一步建模的最基本的参照。建模过程中任何一项操作几乎都是以它们作为参照而展开的，并且这三个基准面在模型树上都有一个根节点，所以通常把它们称作原始基准面，如图 1-8 所示。例如当创建一个拉伸特征需要绘制一个草绘截面时，一般都是在 FRONT、TOP、RIGHT 之中的任何一个面上进行，如图 1-9 所示。

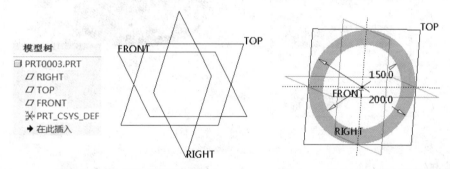

图 1-8　三个原始基准面　　　　图 1-9　在 TOP 面草绘环形截面

但这三个原始基准面并非能满足所有的建模参照需求，这时就需要依托它们或其他的基准要素来构建新的基准面。

2. 基准面的构建方式及应用

根据空间立体几何的知识，可以采取多种方式来构建新的基准面，在 Creo Parametric 中常用到的有如下几种：

（1）与已有基准面平行且相距一定距离。

（2）通过一条直线且与已有基准面或平面成一定角度。

（3）通过一个点且平行于已有基准面或平面。

（4）通过一个点或一条直线且与某曲面相切。

（5）通过一个点且和一条直线或已有平面相垂直。

新创建的基准面自动以 DTM1、DTM2、DTM3、…的递增次序命名，并在模型树上占据一个节点位置。

例如，需要创建图 1-10 所示零件右侧的三角状立板特征，就不能在 RIGHT 面上草绘截面，而必须先创建一个平行于 RIGHT 基准面且距离为定值的 DTM2 基准面，然后以 DTM2 为草绘平面绘制三角状立板的截面，再进行拉伸。同样，要创建零件左侧的凸台特征，也必须事先创建一个平行于 RIGHT 基准面且距离圆柱中心为定值的 DTM3 基准面。

15

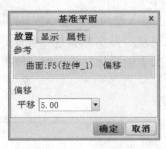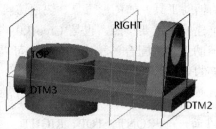

图 1-10 创建基准面 DTM2 和 DTM3

再如，要在图 1-11 所示的圆锥齿轮毛坯上创建其当量齿轮的齿廓特征，就必须先创建一个与其锥面相切且与 RIGHT 正交的基准面 DTM1，才能在 DTM1 上绘制其当量齿轮的齿廓截面曲线。

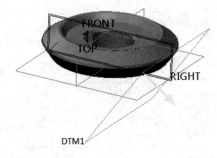

图 1-11 创建基准面 DTM1

1.4.2 基准轴

基准轴主要用来作为孔、圆周阵列及装配过程中的轴对齐（重合）约束参照。在 Creo Parametric 中，采用拉伸、旋转或孔等操作生成回转体特征时，系统会自动生成相应的特征轴线并命名。这样得到的特征轴线也可以作为后续建模的参照，但是这些轴线不是独立的特征，而是依附于所创建的回转体特征。

必要时可以单独建立基准轴特征，常用的基准轴特征的创建方法有如下几种：

（1）通过一点并垂直已有基准面或模型表面。

（2）通过曲线上一点并与曲线相切。

（3）垂直于已有基准面或模型表面且与已有的两个基准面相距为定值。

（4）通过回转体轴线的基准轴。

新创建的基准轴自动以 A_1，A_2，A_3，…的递增次序命名，并在模型树上占据一个节点位置。

例如，创建基准轴 A_1 的操作过程为：

（1）单击工具栏上的基准轴命令按钮 ，弹出如图 1-12 所示的基准轴对话框，首先选择该直线应通过的点 PNT0，按下 Ctrl 键的同时再选择图形区内的曲线，PNT0 和所选曲线均为红色高亮显。

（2）单击基准轴对话框上的"确定"按钮，即得到通过点并与曲线相切的基准轴 A_1。

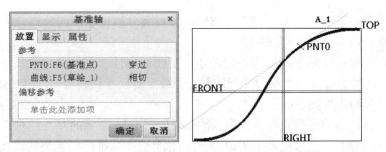

图 1-12　创建通过点并与曲线相切的基准轴

1.4.3　基准点

基准点主要用于生成其他几何对象，如基准轴、基准面、基准曲线或几何中心等，另外在自由曲面造型中，基准点往往是"捕捉"功能的操作对象，用于准确地定义自由曲线的起始点或终止点。

常用的基准点特征创建方法有如下几种：

（1）位于曲线（含直线、实体的边线）端点或曲线之上的基准点。

（2）相对平面或曲面有一定偏移量的基准点。

（3）曲线（含直线、基准轴）与曲面的交点作为基准点。

（4）两条直线（或曲线、轴线）的交点。

新创建的基准轴自动以 PNT0、PNT1、PNT2、…的递增次序命名，并在模型树上占据（或共占）一个节点位置。

例如，在图 1-13 所示的曲线上按等分比例创建若干个基准点的操作过程为：

（1）单击工具栏上的基准点命令按钮 ，弹出如图 1-13 所示的基准点对话框，首先选择图形区已存在的曲线，所选曲线均为红色高亮显。

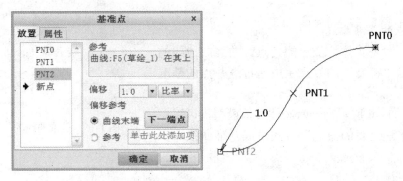

图 1-13　在曲线上按等分比例创建基准点

（2）把基准点对话框内偏移栏内的数值修改为 0.0，此时图形区内基准点的句柄恰落在曲线的起始点位置，并自动地将该点标志为 PNT0。

（3）单击对话框内的"新点"欲增加新的基准点，并将对话框偏移栏内的数值修改为 0.5，图形区内基准点的句柄移至曲线的中点位置，并自动地将该点标志为 PNT1。

（4）继续单击对话框内的"新点"，并将对话框偏移栏内的数值修改为 1，图形区内基准点的句柄移至曲线的末端位置，并自动地将该点标志为 PNT2。

（5）完成上述设置后，单击"确定"按钮，即得到分别位于曲线起点、中点和终点位置上的三个基准点 PNT0、PNT1 及 PNT2。

再如，为了在图 1-14 所示的圆锥齿轮毛坯切平面 DTM1 上绘制其当量齿轮的分度圆、齿根圆和齿顶圆，需要实现找出当量分度圆的圆心，故需要创建轴线 A_1 与 DTM1 的交点作为基准点，创建过程和步骤如下：

（1）单击工具栏上的基准点命令按钮 ，弹出如图 1-14 所示的基准点对话框，首先选择图形区内基准面 DTM1，然后在按下 Ctrl 键的同时再选中圆锥齿轮毛坯的轴线 A_1，DTM1 和 A_1 均为高亮显。

（2）图中出现点 PNT0 的预览，确认后单击"确定"按钮，即得到轴线 A_1 与基准面 DTM1 交点 PNT0。

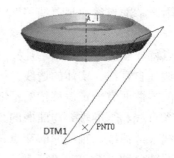

图 1-14 创建轴线与基准面的交点

1.4.4 基准曲线

基准曲线主要用于构造曲面、创建基准点等用途。

Creo Parametric 中的基准曲线有如下三种生成方式（图 1-15）：

1. 通过点的基准曲线

这些点一般是实体特征上的角点、曲线或边线的端点，系统以"拟合"的方式生成通过这些点的基准曲线。

例如，图 1-16 所示为一六面体实体模型，可以在其顶面采用"通过点的曲线"方式生成基准曲线。步骤如下：

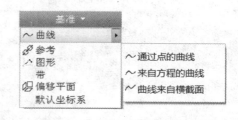

图 1-15 基准曲线的三种生成方式

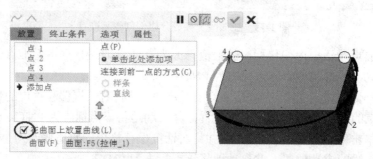

图 1-16 通过点的基准曲线

18

（1）选取工具栏上的"基准"|"曲线"|"通过点的曲线"命令，弹出基准曲线操控板，打开操控板上的"放置"下拉面板，勾选"在曲面上放置曲线"，选中六面体的顶面作为曲线的放置面。

（2）依次单击六面体顶面的 4 个顶点作为曲线的通过点，系统自动地按"拟合"方式预览将要生成的基准曲线。

（3）此时如果单击下拉面板上的⬆按钮，就起到了调节点的次序的作用：原来的点 3 序列就会与点 4 进行交换，形成如图 1-17（a）所示的预览。

（4）继续单击⬆按钮，点的序列又发生新的变化，形成如图 1-17（b）和（c）所示预览。

选择其中的一种形式，单击操控板上的✔按钮，可以得到"倒 S"或"S"或"倒 C"型的基准曲线。

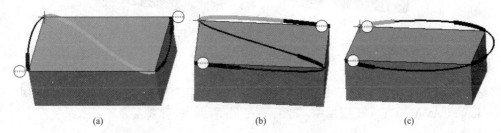

| (a) | (b) | (c) |

图 1-17　调整点的序列以改变曲线形状

2. 来自方程的基准曲线

Creo Parametric 中可以利用 Windows 的记事本功能来编辑一个曲线方程的表达式，从而构建一条来自方程的基准曲线，曲线方程的表达式一般是使用参数方程的形式给出的。

例如在《机械原理》课程中曾给出以极坐标形式表达的渐开线曲线方程式（1-1），如果需要构造一条渐开线作为创建齿轮轮廓的基准曲线，就必须把式（1-1）转换为图 1-18 记事本中的参数表达形式（其中各参数的含义在后续章节中将予以详细介绍）。

$$\begin{cases} r_k = r_b / \cos\alpha_k \\ \theta_k = \mathrm{inv}\,\alpha_k = \tan\alpha_k - \alpha_k \end{cases} \tag{1-1}$$

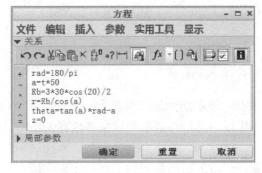
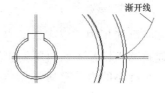

图 1-18　在记事本中表达的渐开线参数方程

3. 来自横截面的基准曲线

使用该方法可以把横截面的边界（剖截面与零件模型的截交线）创建为基准曲线。其前提是：在所建立的模型中必须存在横截面。在多个剖面的列表中选择一个，即可把该横截面的边界创建为基准曲线。

例如在图 1-19 所示的壳形实体中有一个名为 XSE0001 的横截面，使用工具栏上的"基准"→"曲线"→"来自横截面曲线"命令，可以把该横截面的边界线创建为基准曲线。

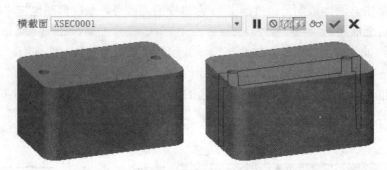

图 1-19　来自横截面的基准曲线

1.4.5　坐标系

坐标系主要用于确定特征或者对象的方位，在三维实体建模中起着重要的作用。Creo Parametric 的 CAD/CAE/CAM 应用中，坐标系是最基础的关键要素之一。

1. 基准坐标系

三维设计系统中的坐标系一般是笛卡尔直角坐标系。直角坐标系由一个原点和三个相互正交的坐标轴构成，并遵守右手螺旋法则。在 Creo Parametric 中，系统默认的坐标系称为基准坐标系或原始坐标系，其命名分为零件基准坐标系—— prt_csys_def 和组件基准坐标系——asm_csys_def 两种。这两种坐标系用于模型的输入、输出、组件装配和结构仿真。在创建一个.prt 文件或.asm 文件之初，会自动在图形区出现一个形如图 1-20 所示的零件基准坐标系 prt_csys_def 或组件基准坐标系 asm_def_csys。这两个坐标系又是绝对坐标系，也就是说在使用过程中，两个坐标系的原点位置和各坐标轴线的方向永远不变，从而使所建立的实体在图形文件之中或者在装配组件中各实体相对之间的坐标是固定并唯一的。

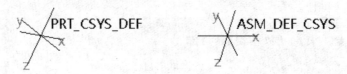

图 1-20　基准坐标系

但是在实际应用中，仅有基准坐标系有时还不能满足建模的需求，这时就要根据具体的需要来创建新的坐标系，然而所创建的新坐标系总是与基准坐标系有依存关系。

创建新坐标系的方法有如下几种：

（1）基于两条正交的直线创建坐标系。生成的新坐标系的原点位于两直线的交点，X 轴与所选的第一条直线相重合，Y 轴与另一条直线相重合，Z 轴则是位于垂直于 X 轴和 Y 轴所在的平面，指向遵循右手螺旋法则。

（2）基于实体模型上的三个表面创建坐标系。生成的新坐标系的原点位于三个平面的交汇点，X 轴垂直于多选的第一个表面，Y 轴和 Z 轴的指向遵循右手螺旋法则。

（3）以原有的坐标系（包括基准坐标系和新建坐标系）为参照进行偏移而创建新的坐标系。坐标系的类型有直角坐标系、柱坐标系和球坐标系三种。

新创建的坐标系自动以 CS0、CS1、CS2、…的递增次序命名，并在模型树上占据一个节点位置。

例如，需要在锥齿轮毛坯的切平面（DTM1）上创建一个新坐标系作为绘制其当量齿轮分度圆、齿根圆和齿顶圆以及生成当量齿轮渐开线的参照，操作过程如下：

1）首先创建锥齿轮毛坯的轴线与 DTM1 的交点 PNT0，作为新坐标系的原点，如图 1-14 所示。

2）以 DTM1 为草绘平面，绘制一条水平直线 L_1 和一条竖直向上的直线 L_2，如图 1-21（a）所示。

3）单击工具栏上的坐标系命令按钮 ，弹出坐标系对话框，按下 Ctrl 键的同时，依次选择直线 L_1 和 L_2，分别作为新坐标系的 X 轴和 Y 轴。

4）切换到坐标系对话框上的"方向"选项卡，在选定的 X 轴和 Y 轴参考右侧各有一个"反向"按钮，单击"方向"按钮可以调整 X 轴或 Y 轴的方向。确认后，单击"确定"按钮，即可创建以 PNT0 为原点，以直线 L_1 为 X 轴、L_2 为 Y 轴的新坐标系 CS0，如图 1-21（b）所示。

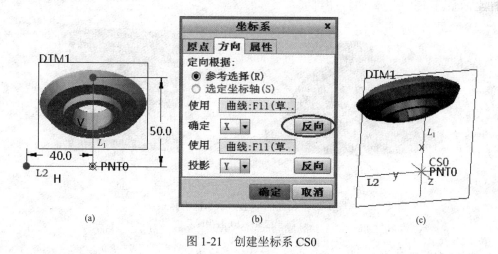

图 1-21　创建坐标系 CS0

通常，在 Creo Parametric 的建模环境下，所使用的坐标系都是直角坐标系。而切换到 Creo Simulate 环境下进行结构仿真操作时，常因为零件结构的特殊性需要建立球坐标系或柱坐标系来作为约束和载荷的参照。例如，要在图 1-22（a）所示的半球状压力容器上盖模型上建立一个新的球坐标系，操作过程如下：

（1）完成压力容器上盖的建模之后，切换到 Creo Simulate 环境。

（2）以 FRONT 面为草绘平面，绘制一条通过坐标原点的水平直线，如图 1-22（a）所示，作为球坐标系的参考，退出草绘。

（3）单击主菜单上的"精细模型"命令，在展开的精细模型菜单栏中选择"坐标系"命令，弹出如图 1-22（b）所示的坐标系设置对话框。

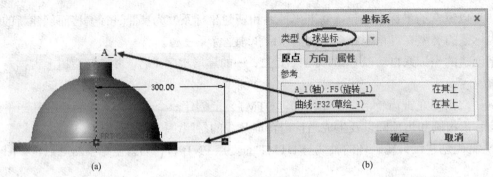

图 1-22　创建球坐标系

（4）把坐标系对话框上的"类型"栏内的选项切换为"球坐标"；在按下 Ctrl 键的同时分别选取压力容器上盖模型上的中心轴 A_1 及步骤（2）所绘制的水平直线作为球坐标系的参照，单击"驱动"按钮，创建的新的球坐标系如图 1-23（a）所示。同时在模型树的"模型特征"节点下生成一个新的球坐标系节点，可供结构仿真分析时使用。

图 1-23（b）所示为某型号发动机活塞的模型（因仿真分析的需要已简化为 1/4 部分）。由于需要在活塞销孔的内圆面上施加位移约束，必须创建如图 1-23（b）所示的柱坐标系。

有兴趣的读者不妨参照上述球坐标系的创建方法，在该活塞模型上添加如图 1-23（b）所示的柱坐标系。

图 1-23　新建的球坐标系和柱坐标系
(a) 球坐标系；(b) 柱坐标系

1.4.6　其他辅助工具

1. 图形工具栏

在 Creo Parametric 图形工作区的顶部（系统默认）有一个常用的图形工具栏，如图 1-24 所示。在该工具栏中有一些常用的图形工具，每项工具的功能在图 1-24 中已做了注释。比较常用的是 ⅹ 工具，展开其下拉菜单，可以看到有关于轴、点、坐标系及平面的显示与否勾选框，系统默认的是全部勾选。但在模型比较复杂的情况下，如果所有的轴、点、坐标系及平面都显示出来的话，将会导致图形区各种图素、标记纷繁错落，会大大地影响观察效果，尤其是在装配比较复杂的大型装配体时更是这样。因此用户可以根据当时工作的具体情况，使用这些工具，对轴、点、坐标系及平面的显示与否予以取舍，将会对建模工作带来很多便利。

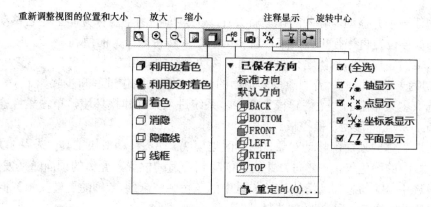

图 1-24　图形工具栏

2. 过滤器

Creo Parametric 所创建的三维实体模型中通常有各种各样的几何特征、基准特征、曲面、曲线、轴线、边线、点等元素，由于在建模过程中可能会出现各种各样的复杂情况和特殊的操作，这些操作往往需要选择某些特定的元素来进行，例如在进行曲面合并时，仅需要选择曲面就可以了；又如在装配过程中，常需要选择某些轴线或曲面，令其实现重合（对齐）约束。怎样能够快速地选择所需要的曲面而不会受到其他元素的干扰呢？Creo Parametric 提供了一个称为"过滤器"的工具，可以帮助用户非常有效地解决这些问题。

在图形区的右下角有一个"过滤器"选项卡（图 1-25），默认情况下，过滤器的选项为"智能"，即由系统"智能"地捕捉模型上的特征或几何图素。但在很多情况下，如上面所说的曲面合并时，选择"面组"为过滤器，就能非常方便地选中曲面，从而减少不少麻烦；再如装配时，常用到基准轴或轴线或基准面的"重合"约束，如果选择"基准"为过滤器，同样也能带来很多方便。

3. 3D 动态移动滑块

在 Creo 新版本中增加了一个新的类似三维罗盘状的定位、定向工具，如图 1-26 所示，称其为"3D 动态移动滑块"。在柔性建模、"自由式"操作、装配建模和直接建模（Creo Direct）环境中，3D 动态移动滑块是一个非常有用的新工具。

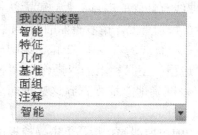

图 1-25　过滤器选项卡

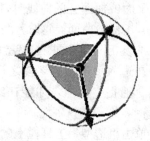

图 1-26　3D 动态移动滑块

在装配环境下，如果导入一个新的零件或子装配体，这个 3D 动态移动滑块就会伴随着导入的模型出现在图形区内。3D 动态移动滑块上有三个位移矢量、三个旋转矢量和三个面矢量，鼠标点中三个位移矢量中的任一个并上下或左右拖动，导入的模型就会随之移动；鼠标点中三个旋转矢量中的任一个并上下或左右拖动，导入的模型就会随之转动；鼠标点中三个面矢量中的任一个并拖动，导入的模型就会在该矢量面的两个坐标方向上随之移动。如此移动或转动到最佳位置再进行相关约束，就会给装配工作带来极大的便利。

这里以柔性建模为例具体地介绍 3D 动态移动滑块的使用方法。

图 1-27 为一凸台模型，若想改变其顶面的倾斜角度，操作过程和步骤如下：

（1）选取主菜单上的"柔性建模"命令，系统进入柔性建模环境，单击柔性建模工具栏上的 按钮，弹出"移动"操控板。

（2）选取壳体的顶面为移动对象，图形区出现 3D 动态移动滑块工具，选中 3D 动态移动滑块位移矢量中的绿色矢量（Z 向）并往上拖动到合适的位置，壳体的顶面随之发生偏移。

（3）再选中 3D 动态移动滑块旋转矢量中的蓝色弧线（绕 X 轴的旋转矢量）向下拖动到适当位置，顶面随之产生绕 X 轴的旋转位移。

（4）单击"移动"操控板上的 按钮，即得到修改后的凸台顶面。

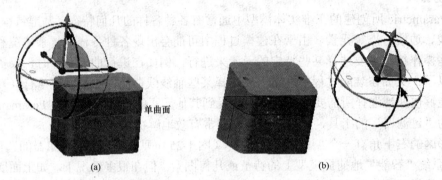

图 1-27　使用 3D 动态移动滑块修改顶面状态
（a）顶面向上位移；（b）顶面绕 X 轴旋转

4."捕捉"和"切向量"

在 Creo Parametric 的"样式"（Style）模块中，"捕捉"和"切向量"是两个非常重要的建模辅助工具。

在"样式"模块中创建曲线时，大多数情况下需要令曲线的始点或终点位于实体或片体模型的某个边或角点上，以确保所构造的曲线或曲面与实体或片体的连接关系；再者，构造位于不同平面或曲面上的曲线时，同样也希望这些曲线有共同的端点，否则就无法使用这些曲线来进一步构造曲面。这时，"捕捉"的功能就显得特别重要。请看下面的例子：

如图 1-28 所示，要求在"造型"模块中过图中三段直线的端点 1、2 和 3 绘制一条光滑的曲线，在进入"造型"环境之后就要先选取在"造型"工具栏上的"操作"|"捕捉"命令，激活"捕捉"功能，才能在绘制曲线时确保可以准确地"捕捉"到这三个端点。具体操作是：

（1）单击"造型"工具栏上的曲线命令按钮 ，弹出曲线操控板，单击操控板上的 按钮，创建平面曲线。

（2）因为"捕捉"功能已被激活，可以将光标移向端点 1，当捕捉到端点 1 时，该点自动地转换为红色，然后再将光标继续移向端点 2，当捕捉到端点 2 时，该点也自动地转换为红色，采用同样地方法捕捉到端点 3，就会生成一条通过这三个端点的光滑曲线的预览。

（3）确认后，单击曲线操控板上的按钮，即可获得图 1-28 所示的平面曲线。

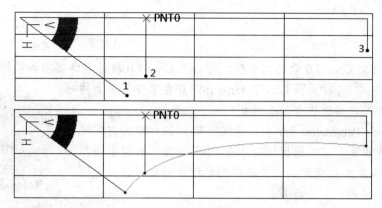

图 1-28　使用捕捉功能创建平面曲线

如果不采用上述"捕捉"功能，在绘制这条曲线时几乎无法保证它能够准确地通过这三个端点。有兴趣的读者不妨一试。

"切向量"功能在"造型"操作中也发挥重要的作用，使用"切向量"可以调整曲线的走向及邻接关系。

仍以上例生成的平面曲线为例来说明"切向量"的作用及用它来调整和编辑修改曲线的方法：

（1）（在"造型"环境下）选中上例创建的平面曲线，单击样式工具栏上的"曲线编辑"按钮 ，弹出"曲线编辑"操控板。

（2）将光标指向该曲线的左端点，在该端点处出现一条与曲线相切的向量——"切向量"。

（3）将光标再移向切向量的末端，按下右键，出现如图 1-29 所示的快捷菜单。

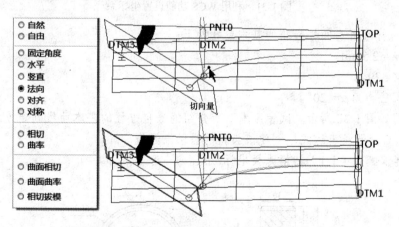

图 1-29　用切向量来修改曲线的形状和邻接关系

系统默认的选项为"自由"，根据建模的要求，现在选择"法向"，并指定 DTM3 为法向平面，于是该曲线的左方局部与 DTM3 成法向关系。

（4）继续选中切向量末端并压下左键将其向上拖动以改变其长度，曲线的形状也随之发生改变，如图 1-29 所示。

（5）采用与步骤（2）～（4）相同的操作方法，处理曲线右端点处的切向量，可以调整曲线右方的临界关系及局部形状，满意之后单击操控板上的 按钮，完成对曲线的编辑。

练习 1

1-1 根据你对 Creo 3.0 软件的了解，你认为 Creo 3.0 软件有哪些创新性的改进？

1-2 学完本章后，你觉得 Creo Parametric 3.0 在工作界面上的主要改进有哪些？这些改进有什么好处？

1-3 在 Creo Parametric 3.0 中，对象的显/隐操作是如何实现的？它的主要作用是什么？运用该操作与"层"的操作有何不同？

1-4 利用本章所介绍的基本工具中的坐标系创建方法，为图 1-30 中的活塞创建新的柱坐标系。

提示：须切换到 Simulate 环境下创建新的坐标系。

1-5 利用 Creo Parametric "样式" 中的捕捉和切向量功能分别在图 1-31 所示的模型上创建曲线 1 使之与其左右两侧的几何特征相切以及创建三维空间曲线 2。

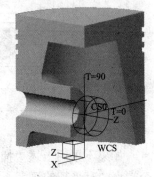

图 1-30 创建柱坐标系

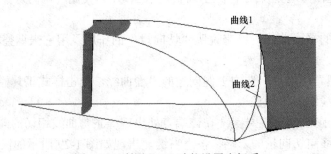

图 1-31 利用 WCS 功能设置坐标系

1-6 某一标准直齿圆柱齿轮的基本参数如下：

- 模数 $m = 2.5$mm。
- 齿数 $Z = 29$。
- 分度圆压力角 $\alpha = 20°$。

其工程图如图 1-32 所示。试参照本章所介绍的来自方程的基本曲线创建方法，并根据式（1-1）所给出的渐开线表达式，创建该齿轮的齿廓渐开线。

提示：建议把式（1-1）转换为极坐标形式。

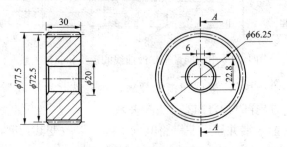

图 1-32 齿轮的工程图

第2章 Creo 3.0 特征与参数化建模

2.1 特征与参数化建模概述

2.1.1 特征技术

传统的 CAD 系统都是基于几何造型技术的，它们都以一些底层的几何信息，如点、线、面和实体及其拓扑关系来描述产品模型。但这种模型中仅包含产品的名义几何信息，并不包括产品的功能信息及其他语义信息，也没有给出对产品不同层次的抽象描述，如回转体、箱体或凸台、凹腔、孔、槽等，更难于描述诸如材料、公差、表面质量和技术要求等非几何工艺信息。所以是一个不完备的产品信息模型。

为了弥补单纯几何造型技术在上述几个方面的不足，现代 CAD 技术普遍采用了一个新的描述产品或零件信息的模型——特征。

所谓特征是指产品上具有一定语义信息，能实现特定功能的一组几何实体及其相关信息的集合。在制造业，特征的概念起源于工艺计划的需求，所以最早的特征定义是面向工艺计划的。随着特征技术从工艺计划推广到设计、检测、装配和工程分析等其他领域，特征的定义也趋于通用化。特征应该包含以下几层含义：

（1）特征是零件或产品上重复出现的具有特定拓扑关系的一组几何实体（体、面、边、点），这组几何实体反映工程人员习惯的思维方式，是工程人员交流信息的共同"语言"，是推理、决策的基本对象。

（2）特征具有丰富的语义信息，以表达它能实现的功能，并隐含相应的工程知识。

（3）特征是产品非几何信息（约束、尺寸/公差、技术要求等）的载体。

例如，箱体上的定位孔具有圆柱形的几何形状，起定位作用，且隐含着孔的加工方法，同时还包括最小孔径约束以及制造与配合精度等；又如，阶梯轴的主特征是一个回转体，台阶的直径和长度能表达车削加工时 X 轴方向和 Z 轴方向上的定位和进给尺寸，轴上的键槽隐含着键的安装方式、连接功能、配合精度及其加工方法。

特征不仅拥有众多的几何信息，还隐含工程知识。因此，特征在产品开发中将具有如下优点：

（1）特征能广泛地表达设计意图，使设计者能直接通过对特征的操作来表达设计意图。

（2）特征数据库允许几何推理系统执行设计校验、可制造性分析以及启发式设计优化；能有效地满足产品设计要求、工艺计划、数控编程、自动网格生成供有限元分析以及导出 STL 格式的文件供快速原型制造（RP）等后续应用的信息需求，便于实现不同应用间的信息共享与系统集成。

特征建模是 Creo 3.0 中 CAD 模块的核心，主要由 Creo Parametric 来实现。除了圆柱、圆台、圆锥、六面体这些基本实体特征之外，Creo 3.0 提供了基于拉伸、旋转、可变截面扫描、混合、扫描混合、螺旋扫描等操作方法而创建的基础特征，通过这些基本特征和基础特征的布尔运算以及在第 3 章将要介绍的曲面特征的组合，可以创建任何形状的三维实体模型。

2.1.2 参数化技术

传统的 CAD 技术大都是用固定的尺寸值定义几何元素，输入的每一个几何元素都有确定的位置和尺寸，要想修改设计内容，只有删除原有几何元素后重新设计。而设计过程中不可避免地要多次反复修改，这样给设计人员带来大量烦琐而又乏味的事务性和重复性工作，也极大地降低了设计效率。因此，除了采用特征技术之外，新一代的 CAD 系统大都增加了参数化设计功能，使得产品设计可以随着某些结构尺寸的修改和使用环境的变化而自动修改，通过参数的变化来驱动几何图形的位置和大小，从而大大方便了设计过程。

具体来说，参数化技术是采用参数预定义的方法建立图形的几何约束集，指定一组尺寸作为参数使其与几何约束集相关联，并将所有的关联式融入应用程序中，然后以人机交互方式修改参数尺寸，通过参数化尺寸驱动实现对设计结果的修改。设计过程中，参数与设计对象的控制尺寸有明显的对应关系，并具有全局相关性。参数化设计不同于传统的设计，它储存了设计的整个过程，能设计出一族而非单一的在形状和功能上具有相似性的产品模型。

参数化设计的目的就是通过尺寸驱动（或图元驱动）方式在设计或绘图状态下灵活地修改图形，方便设计过程，提高设计效率。PTC 公司作为参数化技术的倡导者，参数化技术在 Creo 3.0 软件中得到了充分、完美地体现。

参数化设计的主要技术特点是：基于特征、全尺寸约束和尺寸驱动设计修改。

（1）基于特征。将某些具有代表性的几何形状定义为特征，并将其所有尺寸存为可调参数，设计时通过指定参数来生成特征实体，并以此为基础来构造更复杂的几何形体。

（2）全尺寸约束。将形状和尺寸联合起来考虑，通过尺寸的约束来实现对几何形状的控制。设计时必须以完整的尺寸参数为出发点（全约束），不能漏注尺寸（欠约束），也不能多注尺寸（过约束）。

（3）尺寸驱动设计修改。通过编辑尺寸数值来驱动几何形状的改变，尺寸驱动已经成为当今 CAD 系统的基本功能。

参数化设计彻底克服了自由建模方式的无约束状态，几何形状均以尺寸的形式而牢牢地得到控制。若打算修改零件形状时，只需编辑一下尺寸的数值即可实现几何形状上的改变，大大方便了设计过程；反过来，拖拽图素，尺寸数值也随之发生变化。

从应用上来看，参数化系统特别适合于那些技术已相当稳定、成熟的零配件和系列化产品行业。此外，参数化设计还能较好地支持类比设计和变型设计，即在原有的产品或零件的基础上只在建模过程中直接输入，也可以以 Creo Parametric 系统特定的创建"表达式"和"关系"的方法来传递，还可以事先通过其他的算法生成具体的数据，在建需改变一些关键尺寸就可以得到新的系列化设计结果。

Creo Parametric 中的"建模"模块是采用特征技术和参数化技术建模的最基本和最核心的模块。使用该模块进行零件三维实体造型的过程，实际上就是使用"建模"模块依次创建各种类型的基本特征，并同时赋予这些特征以具体的参数并进行相关约束的过程。参数的输入可以由操作者在建模过程中输入，系统将自动地读取和存储这些参数信息。特征之间可以相互独立，也可以相互之间存在一定的参考或依赖关系，例如各特征之间存在的父子关系等，改变特征中的参数会导致特征和零件发生相应的变化。

此外，Creo Parametric 还提供了多种导入、导出方法来传递和交换数据，以实现与其他 CAD/CAE/CAM 系统、逆向工程及快速原型系统（如 3D 打印）的交互。

在 Creo Parametric 3.0 提供的各种功能中，构建三维实体模型是其最基本的应用。本节详细介绍 Creo Parametric 3.0 中面向三维实体的特征和参数化建模方法，并结合多个典型的三维建模实例说明使用 Creo Parametric 3.0 进行特征和参数化建模的实际操作方法和建模过程。

2.2　草绘

草绘是使用 Creo Parametric 3.0 进行三维建模的基础。使用本章后续两节所介绍的"拉伸""旋转""变截面扫描""混合""混合扫描"及"螺纹扫描"等各个功能模块进行特征建模时，一般都需要一个或多个二维草绘截面作为建模的依据，草绘是 Creo Parametric 3.0 在三维建模过程中由二维到三维的必经之路。

2.2.1　草绘基本功能和技巧

这里以三个草绘截面的绘制实例简要介绍草绘的基本功能。

1. 草绘"海星形试件"截面

（1）启动 Creo Parametric 3.0，单击主菜单上的"新建"命令按钮 ，弹出如图 2-1（a）所示的新建对话框。系统默认的是新建一个"零件"文件，且新文件的名称是 PRT001、PRT002、PRT003、…，按创建的次序递增，设计人员可以根据零件的实际名称在对话框的"名称"栏内输入正确的零件名，零件名中可以使用英文大小写字母、阿拉伯数字或下画线，但不得使用汉字。需要特别注意的是：系统默认的设计单位制式为"英制"，即长度单位为"英寸"，重量单位为"磅"，因此在中国大陆工作遵循"国标（GB）"的设计人员在新建文件时务必要取消新建对话框上对"使用默认模板"的勾选，这样在单击对话框上的"确定"按钮后，会弹出如图 2-1（b）所示的"新文件选项"对话框，在该对话框中选择"mmns_part_solid"制式，即选用长度单位为"毫米（mm）"，重量单位为"牛顿（n）"，这是国际单位制（SI）。这

(a)　　　　　　　　　　　　　　　　(b)

图 2-1　新建对话框的选项

（a）新建零件；（b）按 ISO 公制建模

样才能确保此后所做的设计工作及创建的数字化模型都是在国际单位制式下进行的，否则创建的零件模型在长度、体积、容积、重量、力、力矩、速度、加速度等方面将存在严重的不匹配问题！

单击草绘命令 ⬚，选择 TOP 基准面为草绘平面，接受系统默认的 RIGHT 面为参考（图 2-2），进入草绘环境。单击设置栏上的 ⬚ 按钮，令草绘平面与屏幕平行（说明：也可以在启动 Creo Parametric 3.0 之后，在"草绘器"选项卡中事先勾选"草绘平面与屏幕平行"选项，并存入config.pro 文件中，以后每次进入草绘环境，草绘平面将自动与屏幕平行）。

（2）选择圆按钮 ○，绘制两个圆，其中一个圆以原点为圆心，直径为 φ50mm，另一圆的圆心位于竖直中心线上，距离水平参照 53mm，直径为 φ14mm，如图 2-3（a）所示。

图 2-2　设置草绘平面和草绘参考

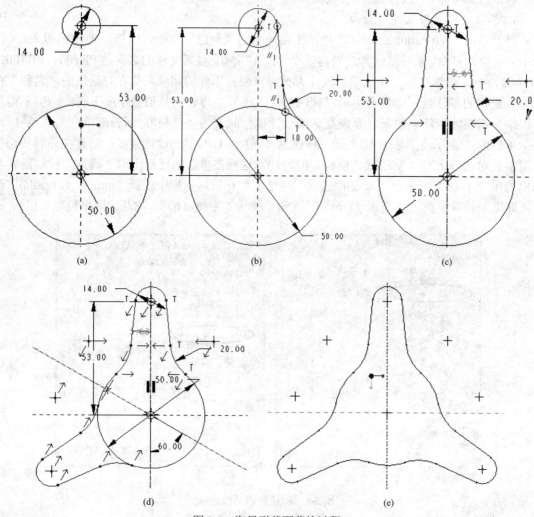

图 2-3　海星形截面草绘过程

30

（3）选择"中心线"按钮⋮，过两圆圆心绘制一条竖直中心线。

（4）单击直线工具按钮✓线，以φ50mm 圆周上的一点为直线起点，另一端与φ14mm 圆的右侧相切，并利用标注尺寸命令↦，设定直线起点到竖直中心线的水平距离为10mm。

（5）单击倒圆角按钮↘，在斜线与φ50mm 圆之间创建圆角，并将其半径修改为20mm，如图 2-3（b）所示。

（6）按住 Ctrl 键，选中斜线和刚创建的圆角，单击镜像按钮⺈，然后单击竖直中心线，得到对称的斜线和圆角。选择删除段命令╱，逐一剪去多余的图元，得到如图 2-3（c）所示图形。

（7）选择中心线按钮⋮，绘制一条与 Y 轴成 60°的中心线作为镜像线。然后按住 Ctrl 键，依次选中图 2-3（c）上方的 5 个图元，单击镜像按钮⺈，以 60°中心线为镜像线，得到对称的图元如图 2-3（d）所示。

（8）此时，刚生成的镜像图元为绿色高亮显，继续选择镜像按钮⺈，再以 Y 轴为镜像中心线，又得到左右对称的图元。

（9）最后，使用删除段命令╱，把多余的图元删去。完成后，单击结束命令▸，停止修剪，以免不小心剪去需要保留的图元。最后得到的海星形截面图形如图 2-3（e）所示。

特别注意： 在修剪过程中，可能会遗留下一些微小的"毛刺"，而在草图中任何微小的毛刺或图形不封闭，都无法用它在后续的操作中创建基础特征。

在 Creo Parametric 的草绘工具栏中有一组对草绘截面进行检查的工具，图 2-4 中对该工具组的功能做了说明。例如：我们在图 2-3（d）的基础上完成步骤 9 的操作之后，紧接着使用删除段命令╱对多余的图元进行修剪，位于水平轴上方还存留有微小的"毛刺"，人眼往往很难发现。这时可利用该工具组中的"加亮开放端点"功能（单击⬚按钮），就很容易发现图 2-4 中有四处绿色高亮显的端点，能够帮助操作者非常方便地发现这两处微小的毛刺。将其局部放大剪除后，再单击▦按钮，系统将草绘闭合的截面灰色高亮显，这恰恰是"着色封闭环"功能在起作用，从而大大地提高草绘的效率。

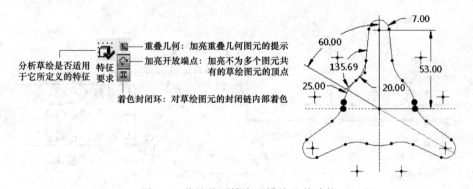

图 2-4　草绘截面检查子模块及其功能

2. 草绘吉他形截面

（1）新建一个零件文件，单击草绘命令▨，选择 TOP 基准面为草绘平面，接受系统默认的 RIGHT 和 FRONT 面为参照，进入草绘环境。

（2）首先点击圆按钮○，绘制两个圆：大圆直径为φ120mm，小圆直径φ24mm；两圆圆心都位于水平轴线上，两个圆心的距离为164mm。

（3）选择中心线 ┊ 命令，过两圆圆心绘制一条水平中心线。

（4）选择直线命令，绘制一条相切于小圆上方，与水平中心线成3°的直线。

（5）单击圆按钮○，并利用自动约束和捕捉功能，绘制一个直径为φ48mm的圆，使该圆与直径φ120mm的圆相内切，使用标注尺寸命令|↔|，把该圆圆心到水平中心线的距离设定为21mm，如图2-5（a）所示。

（6）再使用绘圆命令，绘制一个直径φ120mm的圆，选择 ❤ 相切按钮，利用自动约束和捕捉功能，令该圆与 3° 斜线相切，然后使用标注尺寸命令|↔|，把该圆圆心到水平中心线的距离设定为67mm。

（7）再绘制一个圆，使之与刚绘制的直径为φ120mm的圆相切，使用标注尺寸命令|↔|，设定该圆直径为φ480mm，并约束该圆圆心到垂直中心线的距离为100mm。然后单击草绘工具栏上的约束工具中的按钮 ❤ 相切，依次选择直径φ480mm的圆和直径φ48mm的圆，使两圆相切。

以上操作过程和所得结果如图2-5（b）所示。

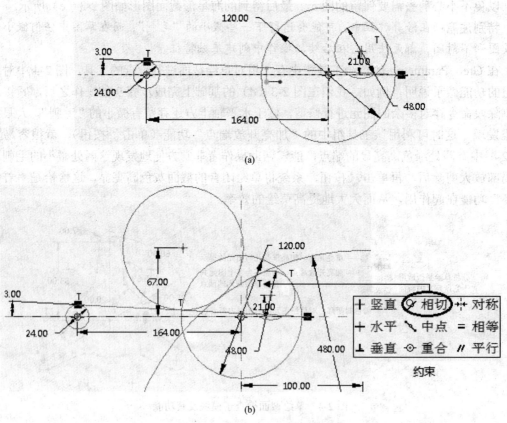

图2-5　草绘吉他形截面的过程

（a）草绘过程1；（b）草绘过程2

（8）选择删除段命令 ⊱↔，仔细将图形中多余的图元剪除。

注意：要特别仔细地修剪任何微小的毛刺，否则无法使用该草图进行拉伸操作。对于那些难以发现的微小毛刺，如修剪掉3°斜线多余部分之后，在 *R*60 的圆右侧仍存在一个微小的毛刺，是很难发现的，见图 2-6（a）。可以点击工具栏中的"⬨：加亮开放端点"工具，就会如图 2-6（b）所示出现两个高亮显的绿色端点，即提示操作者：这里还遗留有微小毛刺！把此区域放大后，将该毛刺删除即可。修剪完毕后，保留的图形如图 2-7 所示。

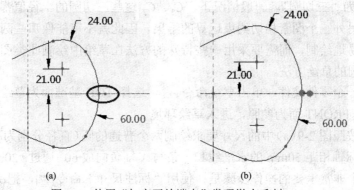

图 2-6　使用"加亮开放端点"发现微小毛刺

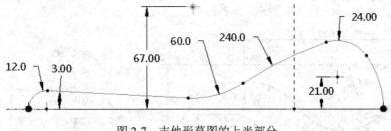

图 2-7　吉他形草图的上半部分

（9）按住 Ctrl 键，选中水平中心线上方所有的图元，使用镜像按钮，接受系统的提示，点击水平中心线，得到对称的图形。

（10）最后，选择删除段命令，将多余的图元剪除，此时单击草绘工具栏中的"着色封闭环"按钮，所得到的草绘图形如图 2-8 所示，封闭环内被完全着色。

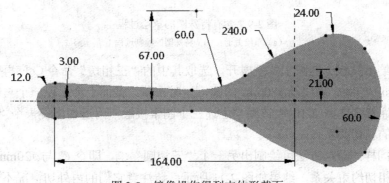

图 2-8　镜像操作得到吉他形截面

3. 草绘含有特殊圆的零件截面

图 2-9 所示的是一个包含特殊圆的草图截面。所谓特殊圆，是指在有些机械零件中，由于一些特殊的工艺要求和优化设计的原因，会出现几种与其他图素之间存在着特殊（相切）

约束关系的圆或圆弧，例如图 2-9 中的圆 C_1，它同时与半径 $R10$mm 的圆、半径 $R40$mm 的圆以及另一条直线（该直线与 X 基准轴正向的夹角为 60°）相切；又如图 2-9 中的圆 C_2，它也是同时与半径 $R10$mm 的圆、半径 $R40$mm 的圆以及另一条与 X 基准轴相距 50mm 的水平直线相切，只不过内切或外切的情况不一样，还存在其他既有内切也有外切的情况。在工程上又称这类圆/圆弧为"三切圆"。一般情况下，C_1、C_2 这些三切圆的半径值都不会是整数，其值取决于该圆与另外三个图素相切约束运算的结果。因此就不可能像那些圆心和半径为已知的普通圆那样轻易地绘制，而需要采用一些特殊的方法在草绘中绘制此类图素。这里通过此例介绍含有特殊圆的草绘方法。

（1）新建一个零件文件。单击草绘命令 ，选择 TOP 基准面为草绘平面，接受系统默认的 RIGHT 和 FRONT 面为参照，进入草绘环境。

（2）首先按照图 2-9（a）中的尺寸要求绘制两个普通的圆（直径分别为 $\phi80$mm 和 $\phi20$mm）及一条与 X 坐标轴相距 50mm 的水平线和一条与 X 轴负向成 60° 通过 $\phi20$mm 圆心的斜线。

这里，一个非常重要的操作步骤是：使用"标注尺寸"命令 ，把 $\phi80$mm、$\phi20$mm、50mm、100mm 和 60° 等几个关键尺寸"锁定"，如图 2-9（b）所示。

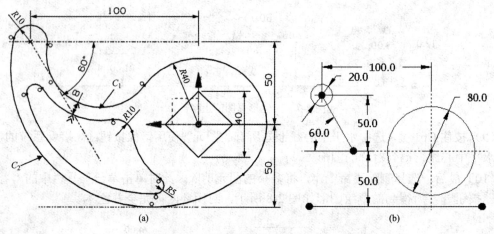

图 2-9　含有特殊圆的草绘过程
(a) 草绘截面；(b) 特殊圆的绘制过程 1

（3）把草绘工具栏上的圆工具条展开，选取其中的"三相切"命令 ，再使用鼠标左键依次点击 $\phi20$mm 的圆、斜线及 $\phi80$mm 的圆，这时在草绘截面上会出现一个与以上三个图素均相切的圆，注意到在图 2-10 中该圆与上述三个图素接触点附近均出现一个"T"形符号，表明它们之间的相切关系。

（4）采用同样的草绘方法可绘制出另一个"三切圆"C_2，即令 C_2 与 $\phi20$mm、$\phi80$mm 的圆及水平线的相切约束关系，结果如图 2-11 所示。请注意它们的内外切情况不一样。

正是因为在步骤 1 中"锁定"了 $\phi80$mm、$\phi20$mm、50mm、100mm 和 120° 等几个关键尺寸，这些尺寸不会发生变化，而是特殊圆的直径在发生变化，才能使之满足三个相切约束关系，所以获得特殊圆的直径（或半径）不可能是一个整数。

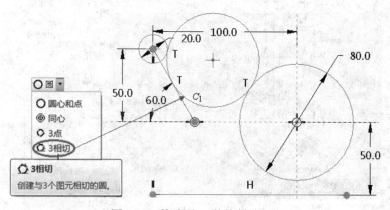

图 2-10　特殊圆 C_1 的绘制过程 2

读者不妨体验一下，不事先锁定这几个关键尺寸，绘制上述 2 个特殊圆，会出现什么样的状况？

（5）使用删除段命令 ，修剪掉轮廓线上多余的图素，得到如图 2-12 所要求的截面外部轮廓。

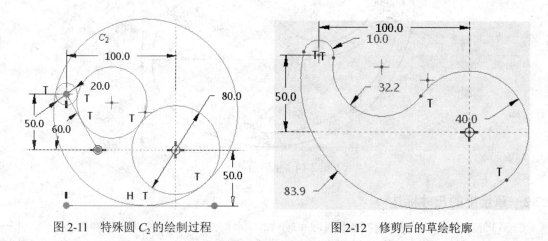

图 2-11　特殊圆 C_2 的绘制过程　　　　　　图 2-12　修剪后的草绘轮廓

（6）绘制偏置曲线。所谓偏置曲线是指与其他相关图素在"法向上"偏移一定距离的曲线族。例如图 2-9（a）中轮廓线内的那组封闭曲线，由于这些曲线中的一部分恰是特殊圆弧的偏移，而特殊圆的半径一般都是一个在小数点后有多位数值的非整数，因此很难用半径值+/- 偏移量的方法来绘制。Creo Parametric 的草绘工具中提供了偏置曲线的功能，可以方便地解决该问题。

1）点击草绘工具条上的"偏移"命令 ，然后选择草图中下方要偏移的曲线，在弹出"偏移"数据框内输入"–8"（因为箭头指向外侧），就会出现如图 2-13 所示的曲线偏移效果。再继续点击上方另一条需要偏移的曲线，并在"偏移"数据框内输入"8"，可得到第二条偏移曲线。使用两端点及圆心绘圆弧命令 ，补全图 2-13 中φ80mm 的圆。

2）使用"倒圆角"工具分别得到半径为 $R10$mm 和 $R5$mm 的三个圆角，得到如图 2-14 所示的效果。最后绘制内轮廓中对角线尺寸为 40mm 的矩形，即获得图 2-9 所示的草绘截面。

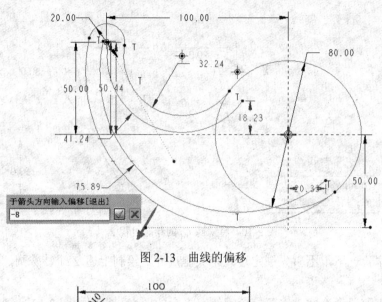

图 2-13　曲线的偏移

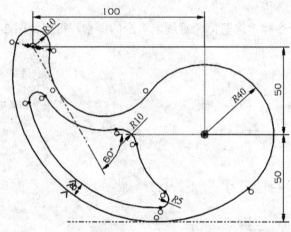

图 2-14　倒圆角处理

2.2.2　草绘中的尺寸标注

Creo Parametric 作为参数化技术的领军软件，其一大显著的特色就是"参数驱动"，即一旦草绘出一个图元，就同时自动生成以选定的参照为基准的尺寸约束。这样生成的尺寸称为"弱尺寸"，在图形区显示为灰色。这些"弱尺寸"可以大致定义图元的空间位置和形状，能够大大减少用户的工作量，提高设计效率。但是"弱尺寸"往往还不能准确地反映设计人员的设计意图。设计人员可以通过对"弱尺寸"的标注方式和尺寸值进行修改，从而准确地体现自己的设计意图。事实上，任何一个成功的草绘图形几乎都是经过逐步修正、不断求精的过程才能得到的。

1. 尺寸标注的基本方法

（1）进入草绘环境中，在图形区绘制一个矩形，Creo Parametric 将自动为其标注尺寸，如图 2-15（a）所示。

（2）如果认为 Creo Parametric 自动标注尺寸的方式不符合要求，可使用鼠标左键双击弱尺寸，出现尺寸编辑框，在框中输入合适的尺寸值，就可以生成最后的尺寸，这种尺寸显示为正常的亮色，称为"强尺寸"。可以通过鼠标拖动的方式来调整尺寸标注的位置，如图 2-15（b）所示，可将矩形的一条边的长度修改为 72。另一条边的长度及参照定位尺寸也可照此办法修改，如图 2-15（c）所示。

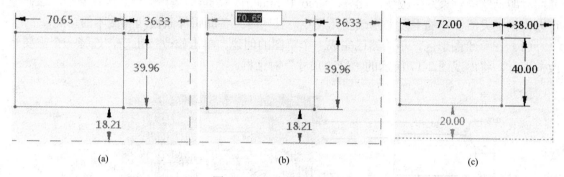

图 2-15 尺寸的标注及修改
（a）自动标注；（b）手工标注；（c）转为强尺寸

（3）如果对 Creo Parametric 自动标注尺寸的方式不满意，可以采用手工方式进行修改。如图 2-16（a）所示的直线，系统自动标注其 2 个端点的 X 坐标值、直线的角度。如果我们关心的是直线的长度，可以选择草绘工具栏上的尺寸标注按钮|↔|，单击直线中部，然后单击直线外的一侧，原来的标注方式被修改为直线的长度，此时系统发现存在过约束并自动弹出"解决草绘"对话框，选中尺寸 8.00 予以删除，得到如图 2-16（b）所示的标注结果。

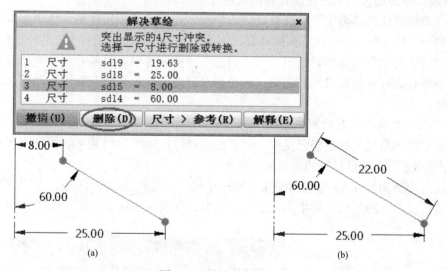

图 2-16 直线的标注方式
（a）自动标注；（b）手工标注

（4）系统默认的尺寸值的小数点后的位数为 2 位。可以点击主菜单上的"文件"将其展开，选择其中的"选项"，在 Creo Parametric 选项卡内设定草绘器中尺寸值的小数点后的位数。

（5）在 Creo Parametric 选项卡中点击"显示弱尺寸"框，取消勾选，可将弱尺寸隐藏，再次点击勾选框，可以将弱尺寸恢复。

（6）在常用工具栏上选择"设置"→"显示"，展开下拉菜单，单击 按钮，可以隐藏图形区内的尺寸显示。

2. 尺寸编辑

在草绘图形区双击图元尺寸会弹出一个尺寸编辑框，在框内输入新的尺寸即可改变尺寸，并同时驱动草绘对象发生改变。此外，Creo Parametric 还提供一个修改工具命令 ，该命令可以提供更灵活多样的手段来修改图元尺寸，且同时具备编辑样条曲线和文本的功能。

（1）在草绘图形区，草绘器已完成一个草图的创建。单击修改按钮 ，选择一个需要修改的尺寸，将出现图 2-17 所示的"修改尺寸"对话框。

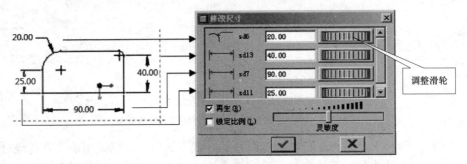

图 2-17 "修改尺寸"的功能

（2）继续依次选择多个需要修改的尺寸，对话框内出现所选尺寸的编号及其当前尺寸值。

（3）可以在对话框的尺寸编辑框中输入新的尺寸，也可以拖动"尺寸调整滑轮"改变尺寸。"灵敏度"调整钮可用来调整滑轮转动时尺寸变化的大小程度。

（4）在系统默认的"再生"功能被激活的情况下，勾选"锁定比例"选项框可以在改变尺寸链中的一个尺寸时，所有尺寸按照原有比例同步调整，从而保证草图整体轮廓形状不变。

（5）点击"再生"勾选框，暂时关闭"再生"功能，可以冻结某一尺寸变化对草图整体的影响。当所有的尺寸值都设定好之后，再重新开启"再生"功能，即可驱动草图对象发生合适的变化。

3. 草绘尺寸发生干涉时的解决措施

（1）在草绘图形区，草绘器已完成一个草图的创建，如图 2-18 所示。设计人员试图使用尺寸标注 命令，为图形对象的右侧边线添加尺寸。

（2）这时添加的尺寸 72 与左侧圆弧半径尺寸被红色高亮显，同时弹出"解决草绘"对话框。这是系统提示在图形尺寸链中出现了尺寸冗余，即发生了尺寸干涉，如图 2-18 所示。

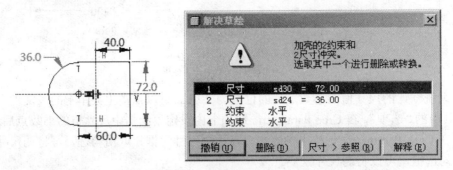

图 2-18 解决草绘尺寸干涉

（3）解决办法是：

1）选择"解决草绘"对话框中的"撤销"按钮，放弃刚才添加的尺寸。

2）选中"解决草绘"对话框中第 2 行尺寸，然后选择"删除"按钮，即把左侧圆弧的半径尺寸删去。设计人员在权衡哪些尺寸标注不合理，哪些更合理的情况下，宜使用这种解决方式。

3）选择"解决草绘"对话框中第 1 行或第 2 行的尺寸，然后单击按钮"尺寸"→"参照（R）"，把其中的一个尺寸转换为参照尺寸。在参照尺寸的后面标记有 REF（REF——Reference，参照）如图 2-19（a）所示。

（4）参照尺寸不能修改，但当与参照尺寸同处一个尺寸链上的尺寸发生变化时，参照尺寸也随之发生相应的变化，如图 2-19（b）所示。

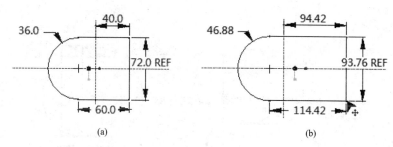

图 2-19　转换为参照尺寸

（a）参照尺寸；（b）修改参照尺寸

2.2.3　草绘中的几何约束

参数化技术的另一大特色就是"几何约束"。几何约束包括草绘图元之间垂直、平行、共线和相切等几何关系。几何约束不仅可以替代图形中的某些尺寸标注，起到净化图面的效果，还能更好地体现设计意图。

Creo Parametric 3.0 提供了支持智能设定草绘中的几何约束和捕捉，非常有利于提高设计效率；此外，还可以根据需要由人工设定几何约束。

1. 自动设定几何约束——智能约束

（1）在草绘环境下，常用工具栏内有一个"约束"选项，系统提供的各种类型的几何约束和捕捉功能如图 2-20（a）所示。在缺省情况下，系统默认这些功能开启。

（2）在图形区已完成的图形对象的基础上，选择圆命令○，当在图形区移动光标来确定圆心位置时，会发现草绘器自动捕捉已有边线以及边线的中点，以求生成共线和中点约束。让光标停留在图形上方边线的中点位置，压下鼠标左键，即确定以该点为圆心创建圆，如图 2-20（b）所示。

（3）继续移动光标以确定圆的边界，草绘器自动捕捉图形中已有的圆弧，以求生成等半径约束；或者自动捕捉图形中的顶点，以求生成通过点约束。让光标停留在图形的一个顶点位置，按下鼠标左键，即确定通过该点创建圆，如图 2-20（c）所示。

（4）或者自动捕捉图形中的边线，以求生成与边相切约束。让光标停留在边线的切点位置，按下鼠标左键，即确定与该边线相切创建圆。

（5）拖动新生成的圆的边界，使之变化，原图形中与之相切的边线也将发生变化，如

图 2-20（d）所示。

（6）在常用工具栏上选择"设置"→"显示"，展开下拉菜单，单击 按钮，可控制图形区中几何约束标志显示与否。

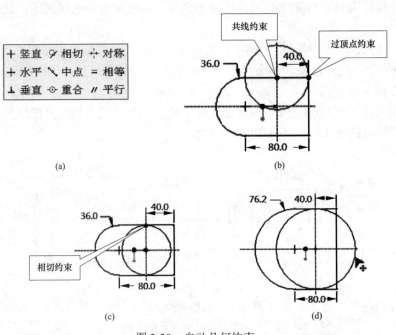

（a）约束类型；（b）共线和过顶点；（c）相切；（d）约束导致的关联

图 2-20　自动几何约束

2. 人工设定几何约束

绘制草图时，善于利用几何约束工具来建立几何图元之间的约束关系，可以大大提高草绘效率和绘图质量。

在草绘环境下，利用图 2-20（a）所示的"约束"选项框中的各项几何约束类型，可以在这些草绘图元对象之间生成相应的几何约束。

2.3 三维特征和参数化建模的主要方法

Creo Parametric 3.0 的特征和参数化建模是进行产品开发的最基本功能，主要包括"拉伸""旋转""变截面扫描""混合""混合扫描"及"螺纹扫描"等功能模块，使用这些功能模块进行操作建立起一个个特征，并通过这些特征的有机集合构成产品的某个零件，然后再由装配功能模块把若干个零件组装在一起，构成一个完整的产品。

2.3.1 拉伸特征

将已绘制的草绘截面在其法线方向上拉伸，即可获得三维实体、片体或具有一定厚度的薄壁体特征；如果拉伸操作是在已有的实体表面进行，且又采取了"减料"操作，则可以获得与原有实体的布尔差实体。

1. 拉伸草绘截面成实体

首先对图 2-3（e）所示的海星形草绘截面稍作修改：再增加一个直径为 ϕ30mm 的圆和三

个直径为ϕ8mm 的圆，如图 2-21（b）所示，退出草图环境。然后在模型树中选中该草绘令其为绿色，此时单击特征工具栏中的拉伸命令，系统弹出图 2-21（a）所示的拉伸操控板，在拉伸深度数据栏中输入 25，单击操控板上的✓按钮，即可获得图 2-21（c）所示的海星形试件的三维实体模型。

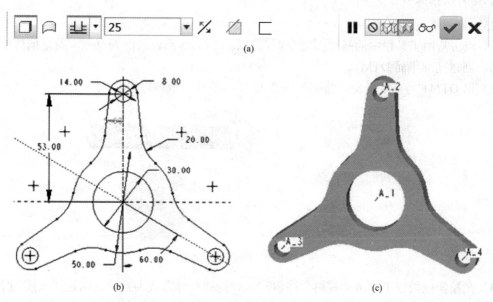

图 2-21 草绘截面及其拉伸几何实体

（a）拉伸操控板；（b）草绘截面；（c）拉伸特征——海星形试件

2. 创建 M12×1.5 六角螺栓（GB 5780～5785）

这里以创建 M12×1.5 六角螺栓的毛坯实体为例，介绍拉伸特征的创建过程。

（1）启动 Creo Parametric，新建一个零件文件并命名为 bolte.prt，单击特征工具栏中的拉伸命令，打开操控板上的"放置"下拉菜单，单击"定义"按钮，弹出"草绘"对话框，选择 TOP 基准面为草绘平面，接受系统默认的 RIGHT 和 FRONT 面为参照，进入草绘环境。绘制一个直径为ϕ20.3mm 的圆，以该圆为参照绘制一个内接正六边形，然后用鼠标右键单击ϕ20.3mm 的圆，在快捷菜单中选择"构造"将该圆设置为构造线（不参与拉伸操作）。退出草绘。

（2）返回到拉伸操作界面，在拉伸操控板的拉伸深度数据栏中输入 6.9 并按下"回车"键，单击操控板上的✓按钮，即可获得图 2-22 所示的螺栓六角头特征。

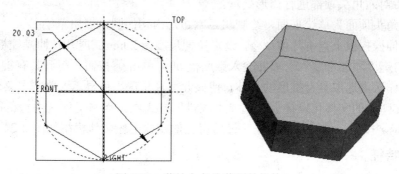

图 2-22 草绘六角头截面并拉伸

（3）再次单击特征工具栏中的拉伸命令 ⬚，打开操控板上的"放置"下拉菜单，单击"定义"按钮，选择六角头的底面作为草绘平面，进入草绘环境。绘制一个直径为 ϕ16.6mm 的圆，退出草绘。将其拉伸为高 0.6mm 的圆柱特征。

（4）采用类似的方法继续在该圆柱顶面创建一个 ϕ12mm×80mm 的圆柱特征，此为该六角螺栓的有效长度部分。

（5）设置螺纹退刀槽。

1）点击常用工具栏中的基准面命令 ▱，以 ϕ16.6mm 凸台顶面为参照，设定偏移距离为15mm，创建基准平面 DTM1。

2）以 DTM1 为草绘平面，绘制如图 2-23 所示的草绘截面。

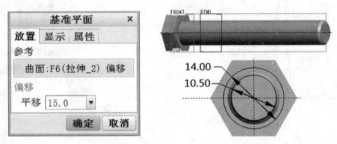

图 2-23　创建基准面及沟槽

3）在拉伸操控板上单击"减料"按钮 ⬚，并选择拉伸方式为 ⊟，双向拉伸长度为 2mm，得到图 2-24 所示的沟槽，并对两棱线倒角 0.5×45°，螺栓端部倒角 1×45°。

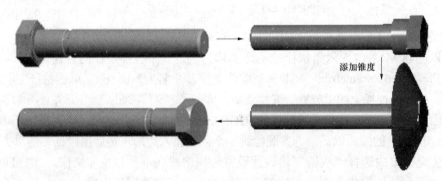

图 2-24　六角头顶部修型操作过程

（6）最后对六角头顶部进行修形处理。

1）以六角头顶面为草绘平面，绘制与正六边形内切的圆，退出草绘。

2）在拉伸操控板上点击片体命令，设定拉伸尺度为 20mm；展开拉伸操控板上的"选项"下拉菜单，勾选"添加锥度"选项并输入锥度值 60，单击 ✓ 按钮，得到具有锥度的片体。

3）在工作区内选取具有锥度的片体，使该曲面片呈深绿色显示，单击主菜单上的"实体化"按钮，在弹出的实体化操控板上选择"减料"方式 ⬚；点击工作区内黄色箭头改变减料的区域。单击 ✓ 按钮，完成修形操作。最后得到的螺栓毛坯实体模型如图 2-24 左下方所示。

2.3.2　旋转特征

将已绘制的草绘截面绕着一根中心轴旋转一周（或指定的角度）即可获得三维实体或片

体或具有一定厚度的薄壁体旋转特征。进行旋转操作时，必须选择一个中心轴或一条边作为旋转中心线。旋转操作也可以对已有的实体进行 "减料" 操作，以获得与原有实体的布尔差实体。

上节利用拉伸片体进行拔模，然后通过"实体化"操作得到螺栓六角头顶部的形状。这里介绍如何用旋转操作的方法获得螺栓六角头顶部的形状。

1. 用旋转操作方法获得螺栓六角头顶部形状

（1）在未经修形的六角螺栓毛坯模型的基础上，单击特征工具条上的旋转命令❖，在弹出的旋转操控板上打开"位置"下拉菜单，单击"定义"按钮，选择 FRONT 基准面作为草绘面，进入草绘环境，如图 2-25 所示。

注意：在绘制供旋转操作的草图时，须用 ┆命令添加一条旋转中心线，完成草绘后，单击 ✔按钮，退出"草绘器"，返回旋转操作环境。

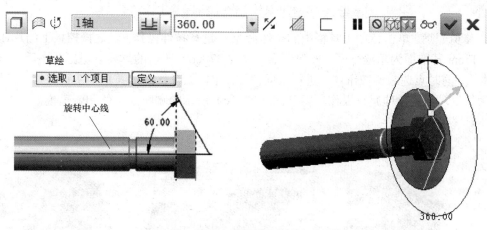

图 2-25　利用旋转操作修剪六角头顶部

（2）单击操控板上的减料按钮◿，令旋转操作为减料属性，此时在工作区预览出待修剪的状态：黄色箭头指向将要修剪的区域。单击操控板上 ◿左侧的％按钮，或点击工作区内的黄色箭头改变其指向，可以选择待去除材料的区域。确定后，单击✔按钮，完成修形操作。同样也可以得到图 2-24 所示的螺栓毛坯实体模型。

2. 使用旋转操作创建咖啡壶曲面模型。

（1）启动 Creo Parametric 3.0，新建一个零件文件命名为 pot.prt。单击特征工具栏中的旋转命令❖，打开操控板上的"位置"下拉菜单，单击"定义"按钮，系统弹出"草绘"对话框，选择 FRONT 基准面为草绘平面，接受系统默认的 RIGHT 和 TOP 面为参照，进入草绘环境。

（2）利用直线和样条曲线命令绘制图 2-26 所示的旋转截面和旋转中心线，退出草绘。

（3）返回旋转操作界面后，单击✔按钮，完成旋转操作，得到图 2-26 所示的咖啡壶主体模型。

（4）创建壶嘴。

1）首先以 Front 基准面为草绘平面，绘制如图 2-27（a）所示的梯形截面作为旋转截面，再次使用特征工具栏中的旋转命令❖进行旋转操作，以梯形截面的直边作为旋转轴，单击✔

按钮，创建壶嘴部分的特征。

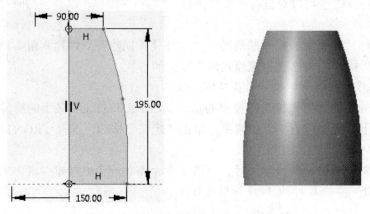

图 2-26 利用旋转操作创建咖啡壶主体

2）修剪壶嘴。单击特征工具栏中的拉伸命令 ⬜ 进行拉伸操作，点选操控板上的片体⬜按钮，以 Front 基准面为草绘平面，绘制一条如图 2-27（b）所示的直线。退出草图后，再切换为实体⬜，同时点选减料按钮 ⬜，进行双向拉伸；单击工作区内的黄色箭头调整修剪的区域。单击 ✓ 按钮，完成拉伸减料操作，得到图 2-27（c）所示的咖啡壶主体和壶嘴模型。

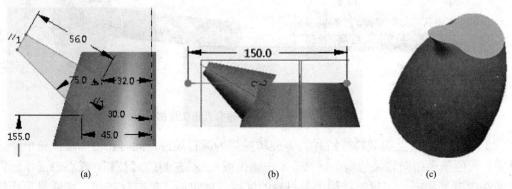

| (a) | (b) | (c) |

图 2-27 利用旋转操作和拉伸减料创建咖啡壶嘴

2.3.3 扫描特征

扫描特征是指由一定形状的截面沿着一条或若干条指定的轨迹扫掠而生成的特征。扫描特征的截面和轨迹决定了扫描特征的最终形状。Creo Parametric 3.0 中的扫描特征操作包括"恒定截面扫描""可变截面扫描""螺纹扫描"等多种。

1. 恒定截面扫描

这种扫描方式是一个恒定的草绘截面沿着一条轨迹扫掠，打开扫描操控板上的"参考"选项卡，在"截平面控制"栏内有三个选项可供选择，以控制截面与扫描轨迹之间的关系：

（1）垂直于轨迹——截面垂直于选定轨迹。这是可变截面扫描的默认设置。如果选取此选项及"自动"水平和竖直控制，则指定"起点的 X 方向参照"。可以选取任意基准平面或基准曲线、线性边、坐标系或坐标系的单个轴。

（2）垂直于投影——截面沿指定的方向参照垂直于原始轨迹的投影。如果选取此选项，则选取投影的"方向参照"。单击 ✗ 可反转参照的方向。如果选取坐标系作为参照，单击"下一个"可选取下一轴。

（3）恒定法向——截面法向量平行于选定的方向参照。如果选取此选项，则选取投影的"方向参照"。单击 ✗ 可反转参照的方向。

截面定向之后，在草绘放置点处将显示一个箭头，指示截面控制的当前方向。

截面的"水平"方向由"自动"定向或"起点的 X 方向参照"来确定。可以选取任意基准平面或基准曲线、线性边、坐标系或坐标系的单个轴。

系统默认的"水平/垂直控制"为"自动"，即截面由 X、Y 方向自动定向。Pro/SURFACE 可计算 X 向量的方向，能最大限度地降低扫描几何的扭曲。对于没有任何参照曲面的"原始轨迹"，默认选项也是"自动"。

接受系统对"起点的 X 方向参考"的默认选择。

注意：如果 Creo Parametric 未启动"草绘器"，则意味着选定的参照不能成功定向草绘平面。

下面介绍如何采用恒定截面扫描操作为由旋转操作生成的咖啡壶添加手柄。本例中的恒定截面为一椭圆，扫描轨迹是一条样条曲线。

1）首先在草绘环境下绘制如图 2-28（a）所示的样条曲线作为扫描轨迹曲线。完成后单击 ✓ 退出草绘。此时所绘制的样条曲线为红色亮显。

2）单击工具栏上的 🖾 按钮，出现扫描操控板，系统自动选择刚绘制的样条曲线为扫描轨迹。

使用恒定截面扫描时，在缺省方式下系统默认创建扫描曲面特征，即操控板上的 🔲 按钮为高亮显。单击 🔲 按钮可创建扫描实体特征；单击 🔲 按钮，可使用"薄壁修剪"选项。这些选项仅在修剪面组或创建实体伸出项和切口时可用。

3）选择 🔲 按钮以创建扫描实体特征。打开扫描操控板上的"选项"下拉菜单，选取"恒定截面"和"合并端点"两个选项。

若在"草绘放置点"框内单击，然后选取"原始轨迹"上的一点，即以此点为参照草绘截面，并不影响扫描的起始点；若"草绘放置点"为空，则默认扫描轨迹的起始点作为草绘截面的位置。

4）单击操控板上的 ✎ 按钮，进入草绘环境，以样条曲线的端点为中心，绘制如图 2-28（b）所示的椭圆作为扫描截面，完成后单击 ✓ 退出草绘。

5）返回到扫描操控板。单击 ∞ 按钮，可进行预览，单击 ✓ 完成手柄特征创建。

最后对手柄与咖啡壶体相交界处做倒圆角处理，底部倒圆角 $R15\text{mm}$，并对整个实体进行"抽壳"操作，设定壶壁厚为 3mm，去除壶顶平面，得到整个咖啡壶的造型设计如图 2-28（c）所示。

2. 可变截面扫描

可变截面扫描特征是采用多条扫描轨迹曲线来控制截面变化的扫描生成方法，草绘截面绘制过程中应设定草绘对象与扫描轨迹之间的关联（约束）关系——必须使草绘截面经由扫描轨迹曲线的端点；草图截面沿着原点扫描时，保持与其他轨迹线之间的关系，从而创建形态多变的实体特征。

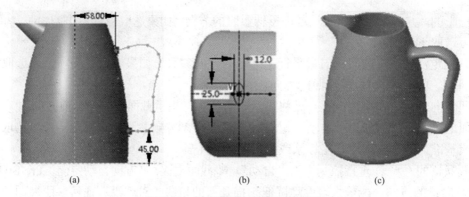

图 2-28 恒定截面扫描创建咖啡壶

（a）草绘扫描轨迹；（b）草绘截面；（c）创建咖啡壶实体模型

这里通过创建洗涤剂桶外形的实例说明可变截面扫描特征的创建方法。

（1）绘制扫描轨迹曲线。单击工具栏上的 按钮，进入草绘环境，分别沿水平轴绘制一条长 200mm 的直线及 4 条扫描轨迹曲线。图 2-29 所示为 4 条轨迹曲线中的 2 条，另 2 条轨迹曲线分别是它们各自的镜像。

注意：5 条曲线需分 5 次草绘绘制。

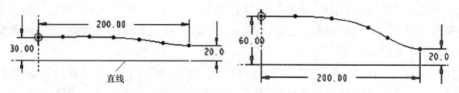

图 2-29 绘制扫描轨迹

（2）单击工具栏上的 按钮。出现扫描操控板，展开操控板上的"参考"选项卡。

（3）首先选取步骤（1）所绘制的直线作为扫描原点，然后在按下 Ctrl 键的同时，再依次点选另外 4 条曲线作为扫描轨迹。在图 2-30（a）所示的操控板"轨迹"选项表中显示出所选定的用作原点轨迹及其他各条扫描轨迹，且选定的轨迹在图形窗口中被绿色加亮。如果想更改所选的扫描轨迹，可使用右键单击然后选取"移除"命令，移除用于创建可变截面扫描的轨迹。此选项可用于"原始轨迹"外的所有轨迹。另外，要移除选定作为"X 轨迹"或"法向轨迹"的轨迹，可清除其复选框以移除该属性，然后移除轨迹。但不能替换或移除存在相切参照的轨迹。

（4）单击操控板上的 打开"草绘器"，系统自动将 X 轴向参照设定为从原点轨迹起点指向 X 轨迹线。选取草绘工具栏上的椭圆命令 ，绘制一个椭圆（注意：应使椭圆的 4 个象限点分别与 4 条扫描轨迹曲线的端点对齐），如图 2-30（b）。完成后单击 退出草绘。

（5）单击 可进行预览，如对创建的扫描特征满意，单击 按钮，创建的扫描特征如图 2-30（c）所示。

读者不妨根据已掌握的知识和方法为图 2-30（c）所示的洗涤剂桶主体模型添加桶嘴、手柄等特征并创建抽壳特征，获得洗涤剂桶的完整模型。

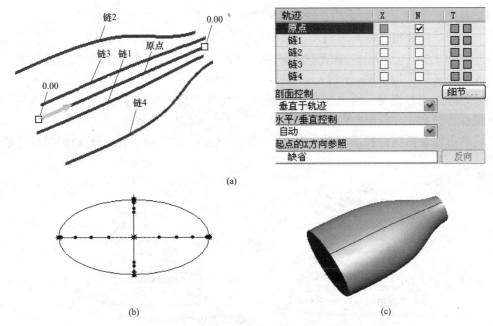

(a)

(b)　　　　　　　　　　　　　　(c)

图 2-30　"可变截面"扫描特征创建过程

（a）扫描参照；（b）扫描截面经由四个端点；（c）扫描生成洗涤剂桶主体模型

3. 螺旋扫描

螺旋特征是机械设计三维特征建模中常用的几何特征之一，如用于传动的丝杆螺母副，用于连接或紧固的螺纹以及螺旋弹簧等，都可以采用螺旋扫描工具创建。

螺旋扫描特征是指截面以螺旋方式沿着用户设置的扫描轨迹进行扫描。在建立螺旋扫描特征的过程中，需要定义螺旋线的节距（或称螺距）、外形轮廓截面、扫描轨迹及旋转方向。

螺旋扫描是扫描的一种高级应用。这里给出一个使用螺旋扫描工具创建一个右旋塔形弹簧的例子。

（1）首先使用草绘工具在 FRONT 基准面上绘制一段如图 2-31 所示的样条曲线作为螺旋扫描引导线及 Y 轴中心线。

（2）展开工具栏上的"扫描"下拉菜单选取"螺旋扫描"选项，弹出如图 2-32 所示的螺旋扫描操控板，接受操控板上的"使用右手定则"选项；展开"参考"下拉设置菜单。

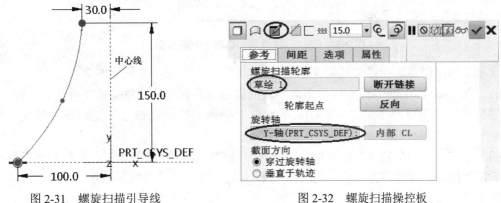

图 2-31　螺旋扫描引导线　　　　　　　图 2-32　螺旋扫描操控板

（3）点击模型树上由步骤（1）绘制的样条曲线（草绘 1）作为扫引轨迹；点击"旋转轴"下方的"选择项"收集区将其激活，选取图形区内的 *Y* 轴作为扫描中心轴。

（4）如图 2-33（a）所示，图形区出现螺距（PITCH）标志，在操控板的"螺距值"数据框内输入 15mm 后，按下 Enter 键。

（5）此时螺旋扫描操控板上的草绘按钮 被激活，单击 ，进入草绘环境。以引导线的端点为圆心绘制 ϕ5mm 的圆作为螺旋扫描截面，单击 退出草绘器。

最后单击螺旋扫描操控板上的 按钮，即可创建图 2-33（b）所示的螺旋扫描特征（塔形弹簧）。

图 2-33　螺旋扫描轨迹、截面及所创建的螺旋扫描特征
（a）扫描轨迹和截面；（b）螺旋扫描特征

螺纹是机械零件和机电产品中最常用的设计要素。ISO 标准对标准公制螺纹有具体的规定，其截面如图 2-34 所示。图中等边三角形的边长 *P* 即为螺纹的螺距，*H* 为等边三角的高。在 Creo Parametric 中用螺旋扫描创建标准公制外、内螺纹时，其截面草绘都应参照此图绘制。

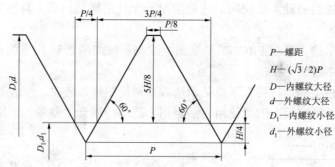

P—螺距
$H—(\sqrt{3}/2)P$
D—内螺纹大径
d—外螺纹大径
D_1—内螺纹小径
d_1—外螺纹小径

图 2-34　ISO 标准规定的标准公制螺纹截面

这里介绍使用螺旋扫描工具创建 M12×1.5 螺栓的实体螺纹特征的方法。

（1）在 Creo Parametric 3.0 环境下，导入前例由拉伸创建的六角螺栓（毛坯）实体。

（2）首先使用草绘工具在 FRONT 基准面上绘制一段直线作为螺旋扫描引导线，退出草绘。

（3）单击"扫描"按钮右侧的黑色三角 ，选取"螺纹扫描"命令。在图 2-35 所示的螺旋扫描操控板上选择减料方式 ，接受操控板上的"使用右手定则"选项，展开"参考"下拉设置菜单。

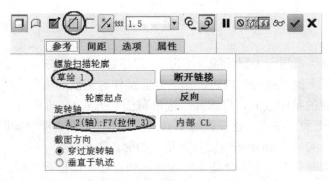

图 2-35　螺纹扫描创建流程

（4）选中由步骤（2）绘制的直线（草绘 1）作为扫引轨迹；点击"旋转轴"下方的"选择项"收集区将其激活，然后选取图形区内螺杆的中心线作为扫描中心轴，见图 2-36（a）。

（5）图形区出现螺距（PITCH）标志，在操控板的"螺距值"数据框内输入 1.5mm 后按下 Enter 键。

（6）此时螺旋扫描操控板上的草绘按钮 ![icon] 被激活，单击 ![icon] 进入草绘环境。以引导线端点为参照，按图 2-34 中的标准参数绘制外螺纹的截面如图 2-36（b）所示。单击 ![icon] 退出草绘器，返回到螺旋扫描操控板。

（7）单击操控板上的 ![icon] 按钮，可以预览即将生成的如图 2-36（c）所示的螺纹。最后单击螺旋扫描操控板上的 ![icon] 按钮，即创建图 2-36（d）所示的螺纹特征。

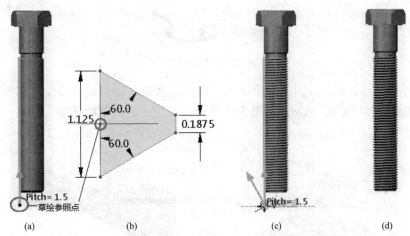

图 2-36　创建螺纹特征的扫描轨迹、截面及生成的螺纹特征
（a）扫引轨迹；（b）螺纹截面；（c）螺纹扫描预览；（d）螺纹扫描特征

2.3.4　混合特征

混合（Blend）是 Creo Parametric 的高级建模功能，它可以在若干个截面之间构造实体模型或曲面模型。这些截面之间可以是互相平行的，也可以是由截面绕 Y 轴旋转一定角度而生成混合实体或混合曲面；还可以由截面绕 X、Y、Z 轴分别旋转一定角度生成混合曲面。

1. 混合特征（平行类）

混合特征至少需要两个或两个以上位于不同平面上的截面，这些截面是彼此平行的。

（1）展开工具栏上的"形状"下拉菜单，选取"混合"选项，将出现如图 2-37 所示的"混合"操控板。

（2）接受"选项"选项卡中默认的"平滑"（即相切连接）方式。

（3）单击操控板上的"截面"按钮，弹出截面操作对话框，接受"草绘截面"的定义方式（如果已存在现有的草图截面，可选择"选取截面"方式），再单击"定义"按钮，选择FRONT 面作为草绘平面，接受系统设置的 TOP 面和 RIGHT 面为草绘参照，进入草绘环境。

（4）绘制如图 2-37 右侧所示的椭圆作为第一截面，退出草绘。

（5）绘制第二截面。再次单击"截面"按钮，弹出截面操作对话框。但首先必须输入第二截面与第一截面的偏移距离，在偏移数值栏内输入 180mm，单击"草绘"按钮，进入草绘环境，绘制一个直径ϕ60mm 的圆，退出草绘。

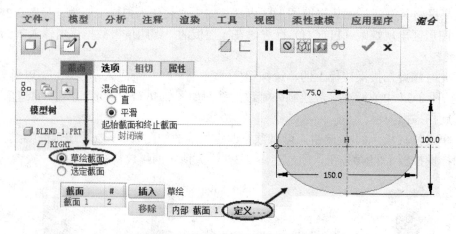

图 2-37　混合操控板及草绘第一截面

（6）该例需要三个截面，因此再次单击"截面"按钮，弹出截面操作对话框。输入第三截面与第二截面的偏移距离 150mm，单击"草绘"按钮，进入草绘环境，绘制一个与第一截面椭圆相位相差 90°的椭圆，退出草绘。三个截面的尺寸和位置如图 2-38（a）所示。

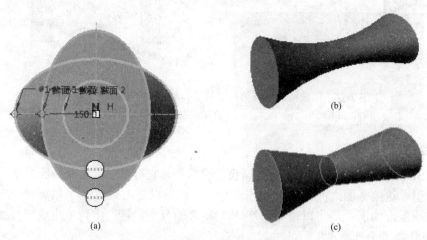

图 2-38　平行类混合的截面草绘及混合特征
（a）三个草绘截面；（b）光滑连接；（c）直的连接

（7）此时图形区内已出现混合特征的预览，单击操控板上的"确定"按钮，即可创建图 2-38（b）所示光滑连接的混合特征。如果在混合操控板的"选项"选项卡中选择"直"方式，则可得到图 2-38（c）所示直的连接混合特征。

2. 旋转混合特征

旋转类型混合特征中草绘截面可以绕草绘平面的坐标轴旋转，最大旋转角度可达±120°。此外，创建旋转类型混合特征时，必须指定旋转的参考轴和旋转角度。

使用旋转类混合操作创建实体模型。

（1）新建一个零件实体文件，展开工具栏上的"形状"下拉菜单，选取"旋转混合"选项，将出现如图 2-39 所示的"旋转混合"操控板。

图 2-39　旋转混合操控板

（2）绘制草图截面。旋转混合特征也至少需要两个或两个以上位于不同平面上的截面，第一截面确定之后，其后截面可以绕着指定的坐标轴相对于前一截面旋转一定角度。单击"旋转混合"操控板上的"截面"按钮，选择 FRONT 面作为草绘平面，进入草绘环境。

（3）绘制第一截面：绘制如图 2-40（a）所示直径 ϕ80mm 的圆，并设定圆心到 Y 轴的距离为 120mm；选择坐标系中的 Y 轴为旋转参照，退出草绘。

（4）绘制第二截面：再次打开截面对话框，点击插入，添加第二截面。此时截面对话框上的"偏移自"栏目被激活，系统默认的第二截面相对于第一截面的旋转角度为 45°，将其修改为 60°。再点击草绘，绘制如图 2-40（b）所示直径 ϕ40mm 的圆，并设定圆心到 X 轴和 Y 轴的距离分别为 8mm 和 20mm，退出草绘。

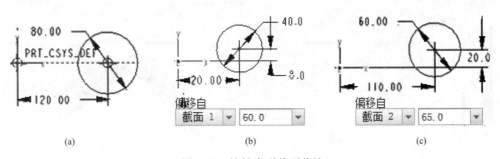

(a)　　　　　　　　　　(b)　　　　　　　　　　(c)

图 2-40　旋转类型截面草绘

（a）第 1 截面；（b）第 2 截面；（c）第 3 截面

（5）绘制第三截面：再次打开截面对话框，点击插入，添加第三截面。在"偏移自"栏目输入第三截面相对于第二截面的旋转角度为65°，点击草绘，绘制如图 2-35（c）所示直径 ϕ60mm 的圆，并设定圆心到 X 轴和 Y 轴的距离分别为20mm 和110mm，退出草绘。

此时在图形区已出现旋转混合的预览，单击"确定"按钮，即得到如图 2-41（a）所示的旋转混合特征。各截面之间的连接方式是光滑的（即相切连接）。

如果在步骤2属性中设定草图截面之间的过渡形式为"直"，所生成的旋转混合特征如图 2-41（b）所示。

如果在步骤2属性中设定草图截面之间的过渡形式为"闭合"，所生成的旋转混合特征如图 2-41（c）所示。

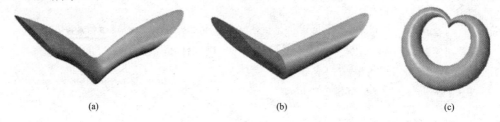

(a)　　　　　　　　　　(b)　　　　　　　　　　(c)

图 2-41　旋转类型混合特征

（a）光滑连接；（b）直式连接；（c）闭合连接

2.3.5　扫描混合特征

扫描混合特征是扫描与混合共同组成的，它既有扫描的功能，又有混合的功能。扫描混合特征的创建是二者的高级应用，它由一条扫描轨迹来控制扫描的走向，同时还有若干个截面来约束混合特征的形状。因此，在创建扫描混合特征之前需要事先绘制作为扫描轨迹的草绘曲线和草绘截面。下面通过一个工程应用的实例予以介绍。

使用扫描混合特征创建排气歧管。该歧管的两个端面是两个方位相差90°的椭圆。

（1）首先进入草绘环境绘制如图 2-42 所示的扫描轨迹曲线和2个椭圆。

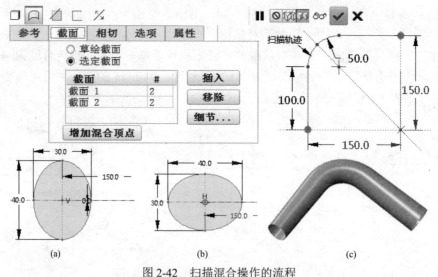

(a)　　　　　　　　　　(b)　　　　　　　　　　(c)

图 2-42　扫描混合操作的流程

（a）第一截面；（b）第二截面；（c）扫描混合特征

（2）单击工具栏上的"扫描混合"按钮，出现扫描混合操控板，接受"垂直于原始轨迹"选项，在图形区选取扫描轨迹线，该曲线呈绿色高亮显。

（3）展开扫描混合操控板上的"截面"下拉菜单，选择"选定截面"选项，单击"插入"按钮，在图形区选择一个椭圆曲线，再次单击"插入"按钮，选择另一个椭圆曲线。单击操控板上的按钮，得到图 2-42（c）所示的扫描混合特征（片体）。

默认情况下，扫描混合操作所得到的特征为一片体，可以通过给片体加厚得到具有一定厚度的实体；如果在操控板上选择囗，则可以直接得到扫描混合的实体。

2.4　特征变换

一个比较复杂的、具有多个特征的零件可能在诸多的特征之间存在着相同或相似的情况，这样就可以在创建好一个特征之后，采用变换的手法获得另一些相同或相似的特征，而不必再花费时间和精力去重新创建它，从而达到事半功倍的效果。常用的变换技法有镜像、阵列、扭曲等。下面分别予以介绍。

2.4.1　镜像变换

镜像变换有两种方式，一种是在草绘中对各种图素进行镜像变换，另一种是在标准建模环境下对实体特征进行镜像变换。

1. 草绘中的镜像变换和旋转变换

在草绘中的镜像变换一般是以一条中心线作为镜像参照来实现的。这条中心线可以是 X 或 Y 坐标轴，也可以是与 X 轴或 Y 轴成一定角度的中心线，例如本章图 2-3 所示海星形截面就是分别用 Y 轴以及与 Y 轴成 60°的中心线作为镜像线对草绘中的图元进行镜像的。草绘中的旋转变换是把选定的旋转对象绕着某个点（旋转的参照）顺时针或逆时针旋转一定的角度而在新的位置上得到新的图素。这两种变换都比较简单，这里就不再赘述。

2. 实体的镜像变换

对实体的镜像变换是将实体对象以一个平面为镜像参照的变换过程。作为镜像参照的平面可以是基准面，也可以是模型表面。对特征或实体进行镜像之前，必须先选取要镜像的项目，然后再执行"镜像"命令。

镜像后的两部分实体或特征之间具有关联关系，也就是说改变镜像操作的源对象，由镜像生成的对象也会发生相应的改变。

（1）对模型中的某一特征进行镜像变换。图 2-43（a）所示的实体模型中有一个矩形筋板，首先在模型树上选取该"轮廓筋"特征节点作为镜像的对象，被选中的轮廓筋呈绿色高亮显；然后选取工具栏上的"镜像"命令；再选取 RIGHT 基准面作为镜像平面，单击操控板上的✔按钮，即得到以 RIGHT 平面为对称的另一个矩形筋板特征，如图 2-43（b）所示。

这样所得到的"镜像"特征与"源"特征具有"关联"关系。试改变原来轮廓筋（源特征）的草绘截面使其成三角形，或者在筋特征操控板上改变其宽度，重新生成新的轮廓筋，所获得的镜像特征也随之发生变化，如图 2-43（c）所示。

（2）利用曲面对整个实体进行镜像变换。仍以图 2-43（a）所示模型为例。在"模型树"顶部选取零件名称 mirror_1，或者按住 Ctrl 键，在"模型树"中选取需要镜像的特征。然后选取工具栏上的"镜像"命令，再选取图 2-44（a）所示实体侧面作为镜像平面，单击操控板上的 ✓ 按钮，即得到以指定平面为对称的另一个实体模型，如图 2-44（b）所示。

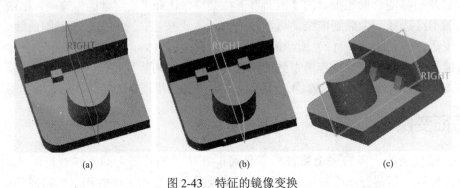

(a)　　　　　　　　　　(b)　　　　　　　　　　(c)

图 2-43　特征的镜像变换

（a）选取镜像平面；（b）获取镜像特征；（c）改变源特征后的镜像

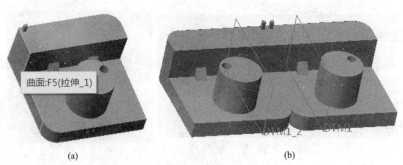

(a)　　　　　　　　　　　　　　　　(b)

图 2-44　利用曲面镜像整个实体

（a）选取源特征和镜像平面；（b）获得镜像后的实体模型

图 2-45　镜像中的关联关系

注意到原来模型中的基准面 FRONT、RIGHT、TOP 及 DTM1 等也分别生成了相应的镜像特征：FRONT_1、RIGHT_1、TOP_1 及 DTM1_1。把原始模型中 DTM1 基准面相对于 RIGHT 面的偏移距离 50 改变为 70，由于原始的筋特征是以 DTM1 为参照而创建的，所以，整个模型"再生"后，各个轮廓筋的位置都发生了变化。这就再一次验证了镜像操作中的"关联"关系。如图 2-45 所示。

2.4.2　阵列变换

阵列变换是按照分布形式复制特征的操作过程。常用的阵列方法有矩形阵列、圆周阵列、参照阵列及填充阵列等几种。

1. 特征的矩形阵列

在图 2-46 所示实体模型的顶面有一个六面体特征。现采用矩形阵列方式由该六面体变换出按一定规律排列的多个六面体特征。

（1）在模型树中选取六面体特征，单击工具栏上的阵列命令按钮 ⊞，在阵列操控板中选择尺寸类型，展开"尺寸"选项卡。

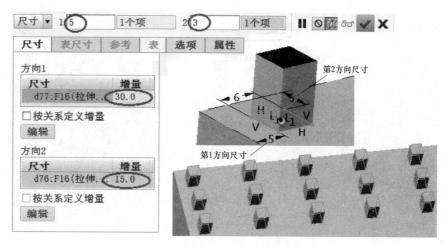

图 2-46　矩形阵列特征的创建

（2）"第 1 方向"阵列尺寸收集器已被激活，在图形区单击图 2-46 所示的第 1 方向尺寸 6，出现一个尺寸编辑框，输入该方向上的阵列间距 30，也可以在选项卡中的"第 1 方向"阵列尺寸区修改该数字，然后设定阵列操控板上的"第 1 方向"阵列实例数为 5，于是，在该方向上将出现 5 个黑色圆点，它们预示了阵列特征在该方向数的位置。

（3）类似地，单击上滑面板上的第 2 方向阵列尺寸收集器，将其激活，在图形区单击图 2-46 所示的第 2 方向尺寸 6mm，出现一个尺寸编辑框，输入该方向上的阵列间距 15mm，也可以在上滑面板中的"第 2 方向"阵列尺寸区修改该数字，然后设定阵列操控板上的"第 2 方向"阵列实例数为 3，于是，在该方向数将出现 3 个黑色圆点，它们预示了阵列特征在该方向上的位置。

（4）单击阵列操控板上的✔按钮，生成拉伸特征的阵列。该阵列为 3 行 5 列，行距为 15mm，列距为 30mm。

2. 特征的圆周阵列

对一个特征进行圆周阵列转换时，必须具备一个阵列中心轴，这个中心轴可以是一个回转体的中心线，也可以是坐标系中 X、Y 和 Z 轴中的任何一个坐标轴。

例如对图 2-44（a）所示模型的圆柱顶面上的"孔"特征进行圆周阵列，设定孔深为 20mm，且"孔"必须是按"直径"方式或"半径"方式放置的。步骤如下：

（1）在模型树中选取刚创建的"孔"特征，单击工具栏上的阵列按钮🔳，弹出阵列操控板，选择阵列类型为"轴"，如图 2-47 所示。

（2）点选图形区圆柱体的中心线 A_2 为阵列中心轴，在增量数据栏中输入 60°，阵列实例数为 6。此时，在圆周方向将出现 6 个黑色圆点，它们预示了阵列特征所在的位置，见图 2-47（a）。

（3）单击阵列操控板上的✔按钮，生成孔特征的圆周阵列如图 2-47（b）所示。这些阵列的孔特征都位于直径为 ϕ50mm 的圆周上，他们之间的角度为 60°。

与镜像变换一样，通过阵列变换得到的特征与源特征也有着"相关关系"：改变源特征的参数，经过"再生"后，阵列特征也随之发生变化。如果把源特征——第一个孔的直径修改为 15mm，深度修改为 10mm，阵列特征也发生相应的变化。

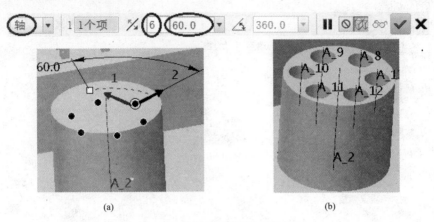

图 2-47　特征的圆周阵列变换

（a）阵列预览；（b）阵列结果

　　矩形阵列和圆周阵列都属于"尺寸"阵列。上述两种情况分别是矩形阵列和圆周阵列的基本操作。而尺寸阵列中可以在一个方向同时选择两个以上的尺寸，从而形成较为复杂的空间分布形态和阵列实例变化。

　　3. 矩形阵列的变形——在一个方向上选择两个或多个阵列尺寸

　　仍以图 2-46 所示实体模型的顶面的六面体特征为例进行如下阵列操作：

　　（1）在模型树上选中要阵列的特征对象，单击 :: 按钮，出现阵列操控板。

　　（2）展开操控板上的"尺寸"选项卡，激活第一方向的阵列尺寸收集器，按住 Ctrl 键依次选择六面体的两个定位尺寸，分别在增量栏中设定阵列间隔为 20mm 和 15mm；接着再点选六面体的高度尺寸，并设定阵列间隔为 3mm；最后设定阵列实例数为 4，这时在与定位方向成一定角度的方向上出现 4 个黑色圆点，它们预示了这种变形阵列特征在该方向数的位置。

　　（3）单击阵列操控板上的 ✔ 按钮，生成在对角线方向上的阵列特征，而且每个六面体的高度均增加了 3mm，如图 2-48 所示。

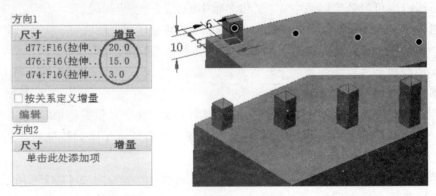

图 2-48　矩形阵列的变形

　　如果在上述步骤（2）中继续点选六面体的宽度尺寸并设置增量为 2mm，那么将会得到什么样的阵列效果？有兴趣的读者不妨一试。

4. 圆周阵列的变形——在一个方向选择多个阵列尺寸

仍继续在图 2-44（a）所示模型的基础上进行阵列操作。

（1）在模型树上选中圆柱顶面的孔作为圆周阵列的特征对象，该孔是按照"直径"方式放置创建的。单击工具栏中的"阵列"按钮⊞。出现阵列操控板，选择阵列类型为"轴"，设定阵列个数为 6，角度增量为 60°。

（2）展开操控板上的"尺寸"选项卡，当第一方向阵列尺寸收集器仍然处于激活状态时，按住 Ctrl 键单击孔的直径尺寸 10 作为第一方向的第二个阵列尺寸，增量为 2mm。

（3）单击阵列操控板上的✔按钮，生成直径递增 2mm、彼此相隔 60°的圆周阵列，如图 2-49 所示。

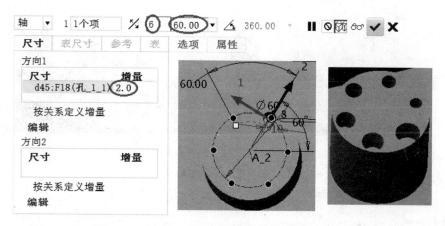

图 2-49　在同一方向选择两个阵列尺寸的圆周阵列

（4）选择模型树上"孔的圆周阵列"节点，单击右键选取"编辑定义"，按住 Ctrl 键仍然在第一方向上继续增加阵列参数：单击孔的定位圆尺寸 ϕ60mm，设定增量为 -5mm。

（5）单击阵列操控板上的✔按钮，生成定位尺寸递减 5mm、直径递减 2mm、彼此相隔 60°的圆周阵列如图 2-50 所示。

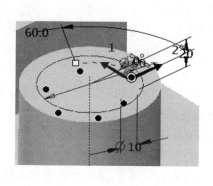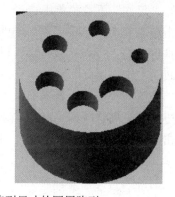

图 2-50　在同一方向选择三个阵列尺寸的圆周阵列

5. 特征的参考阵列

参考阵列是借助已有阵列来实现新阵列的操作。参考阵列操作的对象必须与已有阵列的源实例具有直接定位的尺寸参考关系。

仍以图 2-46 所示实体模型为例，其中六面体已进行 5×3 的阵列变换。

（1）选择该阵列源特征（即第 1 个六面体）的顶面作为草绘平面，以矩形的两条边为参考，绘制一个直径为 ϕ5mm 的圆，圆心到两个参照边的距离均为 3mm，完成后退出草绘并拉伸 10mm，得到如图 2-51（a）所示的圆台。

（2）选择刚建立的圆台特征，单击工具栏上的阵列按钮 ⊞。由于在创建拉伸特征时选取了以矩形的两条边为参照，所以当出现阵列操控板时，系统自动采用参考类型阵列。

（3）单击阵列操控板上的 ✔ 按钮，生成阵列结果如图 2-51（b）所示。

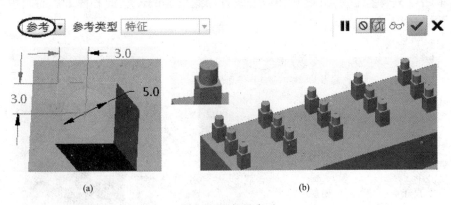

图 2-51　参照阵列

（a）以矩形为参照创建圆台；（b）生成参考阵列

6. 填充阵列

填充阵列是指在规定的区域内进行阵列变换。

将本章图 2-3（e）所示由海星形截面拉伸 15mm 得到海星形实体模型，然后以该实体的背面为草绘平面绘制一个直径 ϕ130mm 的圆，拉伸 15mm；再在海星形截面的外部区域的任意位置创建一个直径 ϕ4mm 的圆柱。将该圆柱在指定的区域内进行填充阵列。

（1）在模型树上选择圆柱作为填充阵列的源特征，单击工具栏上的"阵列"按钮 ⊞。在阵列操控板的"尺寸"下拉菜单中选择"填充"方式。

（2）单击选项卡上草绘收集器右侧的"定义"框，进入草绘环境。选择 TOP 面为草绘平面，单击工具栏上的"投影"按钮 ▢，以"环"的方式选取海星形边界线和其底面的圆柱边界线为草绘截面，作为填充阵列的填充区域。

（3）在填充阵列操控板上修改有关参数：把阵列实例之间的间距修改为 8mm，阵列实例到填充区域边缘的距离修改为 1mm，阵列实例排列的形状设置为 ✣ 形。

（4）单击阵列操控板上的 ✔ 按钮，生成填充阵列结果如图 2-52 所示。

7. 沿着曲线的阵列

沿着曲线的阵列首先需要以阵列的方式在曲线上按一定的比率设定若干个等间距的点，然后以这些点为参照创建特征，再采用参考方式生成沿着曲线的阵列。

这里通过一个名为"环环相扣"的有趣例子来说明沿着曲线的阵列的方法和步骤。

（1）先用草绘在 TOP 基准面上绘制一个长轴为 400mm、短轴为 300mm 的封闭椭圆曲线，完成后退出草绘。

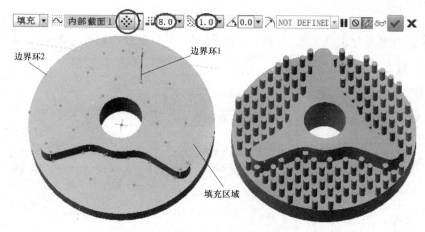

图 2-52　填充阵列

（2）创建基准点。选中刚绘制的参照曲线，单击工具栏上的基准点按钮 $\times_\times$，系统自动采用"比率"方式在椭圆曲线的端点生成一个基准点，系统默认的比率值为 0.0。在"基准点"对话框中将比率修改为 0.05，单击"确定"按钮创建一个基准点 PNT0。

（3）创建基准轴和基准面。在模型树上选中基准点 PNT0，再单击工具栏上的基准轴按钮 $\nearrow$，在按下 Ctrl 键的同时再点选椭圆曲线作为参照，并设定待创建的基准轴与椭圆曲线相切。单击"确定"按钮创建一个基准轴 A_1，见图 2-53（a）；继续单击工具栏上的基准面按钮 $\boxed{\diagup}$，在按下 Ctrl 键的同时再增选 TOP 面作为参照，并设定待创建的基准面通过基准轴 A_1，且与 TOP 为"偏移"关系，设定偏移的角度为 0°，见图 2-53（b），单击"确定"按钮创建一个基准面 DTM1。使用类似的方法创建基准面 DTM2 和 DTM3，设定 DTM2 的参照如图 2-54（a）所示，DTM3 的参照如图 2-54（b）所示。所创建的基准轴和基准面如图 2-54（c）所示。

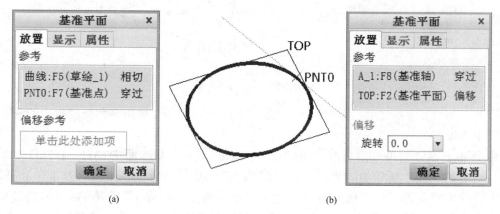

图 2-53　创建基准轴

（a）创建基准轴 A_1；（b）DTM1 的参照

（4）在模型树上把刚创建基准点 PNT0、基准轴 A_1 和基准面 DTM1、DTM2、DTM2 同时选中，将他们合并为一"组"；单击工具栏上的"阵列"按钮 $\vdots\vdots$，设定阵列实例数为 20。展开阵列操控板上的"尺寸"选项卡，当前第一方向阵列尺寸收集器被激活，单击图形区中的比率参数 0.05 为第一方向阵列尺寸，并按下 Enter 键，即以 0.05 为阵列增量，在按下 Ctrl 键的同时再分别点选图形区内的 0°和 90°两个参数，均设定阵列增量为 90°，见图 2-55。

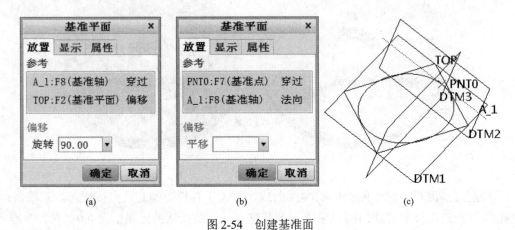

图 2-54　创建基准面

（a）DTM2 的参照；（b）DTM3 的参照；（c）创建的基准面

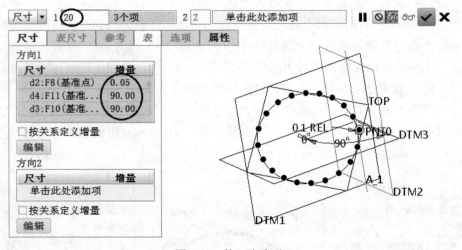

图 2-55　第 1 次阵列

（5）全部设置完成之后，图形区出现如图 2-55 所示的预览，单击阵列操控板上的 ☑ 按钮，完成第 1 次阵列。

由于第 1 次阵列是对由基准点 PNT0、基准轴 A_1 和基准面 DTM1、DTM2、DTM2 合并在一起的"组"所做的阵列，在图形区将出现 20 组这样的基准点、基准轴和基准面图素，会让人眼花缭乱，无法观看。为此单击模型树上"阵列 1"左侧的 ▼ 按钮将其展开，同时选中由阵列生成的后 19 组节点，按下右键选择"隐藏"，仅显示阵列源图素。再进行以下操作。

（6）单击 ⬚ 按钮，以 DTM1 面为草绘平面，移除系统默认的参照面 RIGHT，改选 DTM2 为参照，在弹出"参照"对话框之后再增选基准点 PNT0 为草绘参照（这一点特别重要，且容易被忽视），绘制如图 2-56（a）所示的草绘曲线，单击 ☑ 退出草绘。

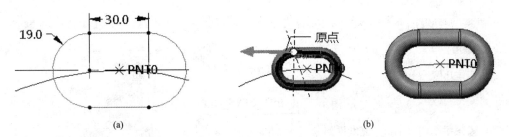

图 2-56　扫描轨迹和扫描结果

（7）单击工具栏上的扫描按钮 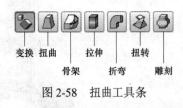，系统自动选择刚绘制的草绘曲线为扫描轨迹。单击扫描操控板上的 按钮，再次进入草绘环境，以扫描轨迹的端点为参照绘制直径为 ϕ12mm 的圆，单击 ✓ 按钮，得到一个环状扫描特征如图 2-56（b）所示。

（8）在模型树上选中草绘和刚生成的扫描特征并将其合并为"组"，单击工具栏上的阵列按钮 ⠿，系统会自动选定阵列类型为"参照"类型，单击阵列操控板上的 ✓ 按钮，生成沿着椭圆曲线的阵列特征——"环环相扣"，如图 2-57 所示。

图 2-57　环环相扣

2.4.3　扭曲变换

扭曲变换与前两种变换不同，它并不生成新的特征，而只是对特征的位置、形状、尺寸、比例等产生影响。

选取工具栏上的"编辑"→"扭曲"命令，出现扭曲操控板。操控板上有一组"扭曲"工具条，图 2-58 给出了"扭曲"工具条中 7 项工具的具体功能。

1. "变换"

使用扭曲中的"变换"工具可以将已有的特征或实体模型相对于原坐标系随意移动位置，相对于原特征或实体缩放、旋转。操作步骤是：

（1）进入扭曲操作环境后，点击图形区内实体特征，系统自动地选择当前的坐标系为参照，单击扭曲工具条上的"变换"按钮，在实体的周围出现一个三维的"调整框"，在调整框的对角点、水平中心位置和竖直中心位置均出现一些小方块图形——操作图柄。

（2）移动：在图形区上、下、左、右拖动鼠标（不要选中调整框的边线或顶点图柄），原来的实体模型将随之相对于当前坐标系移动位置。

（3）缩放：选中调整框上水平中心位置上的图柄并左右拖动，原来的实体模型将随之在 X 方向缩小或放大；选中调整框上竖直中心位置上的图柄并上下拖动，原来的实体模型也随之在 Y 方向缩小或放大；选中调整框上对角线位置上的图柄并左右拖动，原来的实体模型将在 X 和 Y 方向上按比例地缩小或放大。操作过程如图 2-59 所示。

图 2-58　扭曲工具条

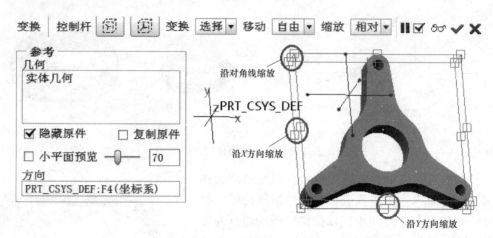

图 2-59   扭曲中的移动和缩放操作

（4）旋转：在调整框的中心位置有三条正交的蓝色直线是"旋转"控制杆，这三条蓝线就是旋转控制的中心轴。点击蓝线的任意一个端点，出现两个过端点的蓝色圆圈，拖动控制杆的端点左、右、上、下移动可以将转换对象左、右、上、下移动。旋转过程中若打开操控板上的"选项"选项卡，可在角度栏内输入具体的旋转角度，以实现对旋转的精确控制。操作过程如图 2-60 所示。

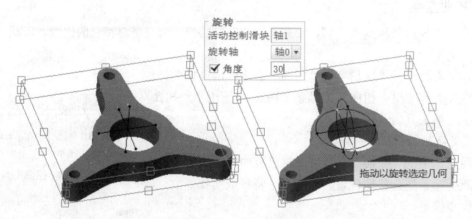

图 2-60   扭曲中的旋转操作

2. "扭曲"

使用扭曲中的"扭曲"工具可以使已有的特征或实体模型产生错位扭曲的效果。

（1）仍以海星形模型的扭曲操作为例。选取"扭曲"工具按钮 🔲，在图形区出现"扭曲"调整框。点击边线中间部位的图柄，将会出现如图 2-61（a）所示的一对黄色矢量和一对黑色矢量，选择黄色矢量中的一个向左拖动，就会得到如图 2-61（b）所示的扭曲效果。

（2）如果点击调整框角点上的图柄，将会出现如图 2-62（a）所示的三个黄色矢量和三个黑色矢量，选择左上角的图柄中向右下方的黄色矢量拖动，将得到如图 2-62（b）所示的扭曲效果。

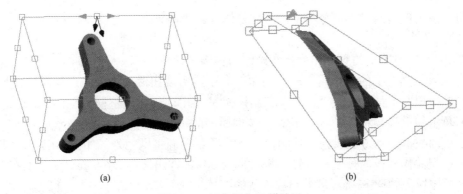

(a)　　　　　　　　　　　　(b)

图 2-61　扭曲操作及其效果 1

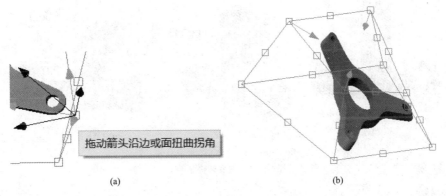

(a)　　　　　　　　　　　　(b)

图 2-62　扭曲操作及其效果 2

3．"拉伸"

这里的拉伸与标准建模模式下的拉伸是完全不同的概念。扭曲变换中的"拉伸"可以通过调整框来控制模型局部范围内发生变化。

（1）仍对海星形模型进行扭曲变换。选择扭曲工具条中的"拉伸"工具按钮，单击扭曲操控板上的按钮，改变调整框的可变轴方向，拖动调整框的下方边线上拖，改变调整框的大小如图 2-63（a）所示。

（2）然后选中调整框上方的图柄向上拖动，调整框内的局部模型被拉伸如图 2-63（b）所示。注意到位于调整框之外的部分模型并未受到"拉伸"挫折的影响。单击扭曲操控板上的

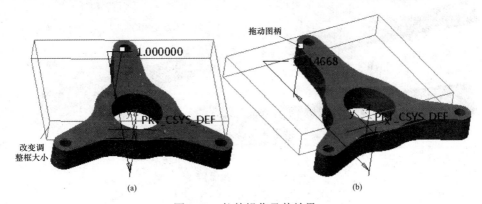

(a)　　　　　　　　　　　　(b)

图 2-63　拉伸操作及其效果

按钮，可以指定模型的哪一部分将受到拉伸操纵作的影响而发生局部变形。

4．"折弯"

以图2-64（a）所示的阀体作为折弯操作的实例。

（1）选取工具栏上的"编辑"→"扭曲"命令，出现扭曲操控板，选择阀体模型作为扭曲对象。单击扭曲工具条上的"折弯"工具按钮 ，出现折弯调整框。

（2）单击扭曲操控板上的 按钮，改变调整框的可变轴方向，拖动调整框的下方边线向上，再拖动调整框的上方边线向下使阀体上方凸缘置于调整框之外，如图2-64（b）所示。

（3）在扭曲操控板的角度栏内输入折弯量为90°，即出现图2-64（c）所示的折弯预览。单击阵列操控板上的 按钮，可得到被折弯的阀体。

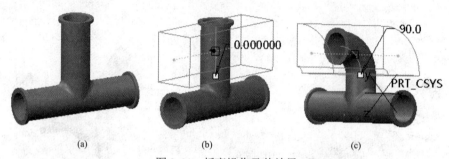

图2-64　折弯操作及其效果
（a）阀体原型；（b）改变调整框；（c）折弯效果

5．"扭转"

以图2-65所示麻花钻头的原型作为扭转操作的实例，这是一个直径为12mm、末端带120°锥角且圆柱面有三处削边的实体模型。

（1）选取工具栏上的"编辑"→"扭曲"命令，出现扭曲操控板，选择麻花钻头的原型作为扭曲对象。单击扭曲工具条上的"扭转"工具按钮 ，出现扭转调整框。

（2）单击扭曲操控板上的 按钮，可以改变调整框的可变轴方向，向下拖动调整框的下方边线使其超过钻头的120°底刃，再向下拖动调整框的上方边线至适当位置。

（3）在扭曲操控板的角度栏内输入扭转角为480°，单击扭曲操控板上的 按钮，可得到图2-65所示被扭转的麻花钻头模型。

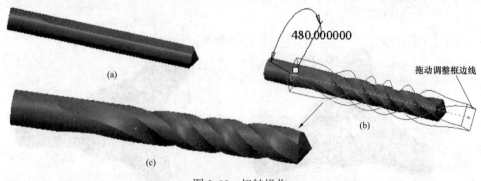

图2-65　扭转操作
（a）原型；（b）扭转调整框；（c）扭转效果

6."雕刻"

以海星形实体的原型作为雕刻操作的实例。

（1）选取工具栏上的"编辑"→"扭曲"命令，出现扭曲操控板，选择海星形实体的原型作为雕刻对象。单击扭曲工具条上的"雕刻"工具按钮⌗，出现雕刻调整框。

（2）选择雕刻调整框中部的图柄向上拖动到适当位置，海星形实体的顶面随之呈"雕刻面"形状向上方凸起。

（3）在雕刻操控板的"深度"栏内有三个选项可选：系统默认的是第一个选项——将雕刻操作"应用到选定项的一侧"，即⌗按钮，得到的是图 2-66（a）所示的雕刻效果。

若点选⌗按钮，则将雕刻操作"应用到选定项的双侧"，得到的是图 2-66（b）所示的雕刻效果；若点选⌗按钮，则将雕刻操作"对称应用到选定项的双侧"，得到的是图 2-66（c）所示的雕刻效果。确认"深度"类型之后，单击扭曲操控板上的✔按钮，可得到被雕刻的海星形模型。

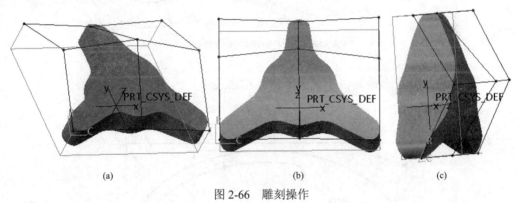

(a)　　　　　　　　　　　(b)　　　　　　　　　　　(c)

图 2-66　雕刻操作

（a）单侧应用；（b）双侧应用；（c）对称双侧应用

练习 2

2-1　绘制图 2-67 所示的涡轮机壳端面草图并标注尺寸。

2-2　绘制图 2-68 所示的涡轮转子截面草图。

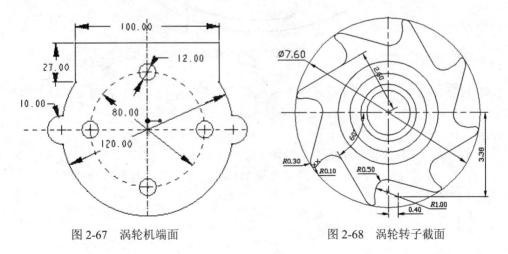

图 2-67　涡轮机端面　　　　　　　　图 2-68　涡轮转子截面

2-3 绘制图 2-69 所示的机床变速箱挂轮架截面草图并标注尺寸。

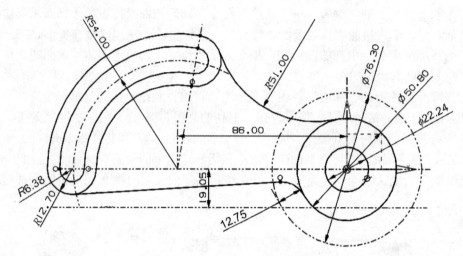

图 2-69　机床变速箱挂轮架截面

2-4 绘制图 2-70 所示的椭圆形截面草图并标注尺寸。利用曲线偏移功能。

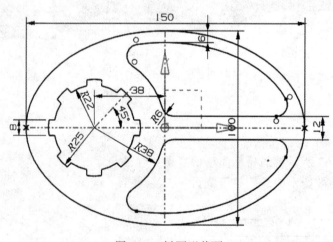

图 2-70　椭圆形截面

2-5　根据图 2-71（a）所示的牙科手机机头座主要尺寸，试分别使用旋转特征和拉伸特征操作，创建如图 2-71（b）所示的牙科手机机头座三维实体模型。

提示：

（1）首先使用旋转操作创建机头座实体（旋转中心线位于 RIGHT 基准面上）。

（2）创建一个距 RIGHT 面 9mm 的基准面 DTM1。在此基准面上进行拉伸操作，生成机头座连接杆部分。

（3）最后进行拉伸减料操作，获得机头腔体。

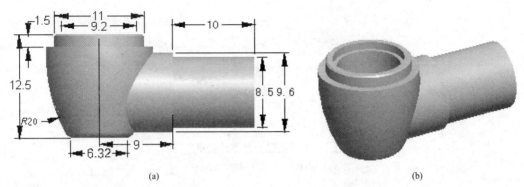

(a)　　　　　　　　　　　　　　　　　　(b)

图 2-71　绘制原始轨迹的操作流程

（a）手机头主要尺寸；（b）手机头三维实体模型

2-6　使用混合特征操作，创建如图 2-72 所示的五角星三维实体模型。

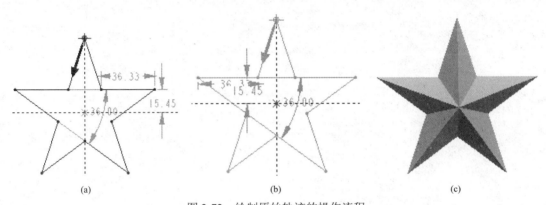

(a)　　　　　　　　　　　　(b)　　　　　　　　　　　　(c)

图 2-72　绘制原始轨迹的操作流程

（a）第一截面；（b）第二截面（点）；（c）创建的五角星三维模型

2-7　创建图 2-73 所示的牙科手机手柄的三维实体模型。

提示：

（1）绘制扫描引导线及截面……

（2）扫描混合特征（除料）创建几何实体。

图 2-73　进行减料处理的牙科手机手柄

2-8　利用螺纹扫描功能在图 2-74（a）所示的圆柱特征上创建图 2-74（b）所示的梯形螺纹特征（螺杆部分外径为 $\phi16mm$，内径为 $\phi10mm$，螺距为 6mm）。

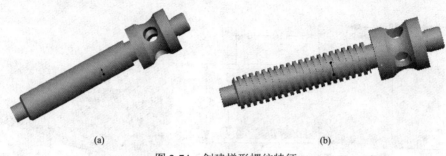

(a)   (b)

图 2-74   创建梯形螺纹特征
（a）导杆；（b）带梯形螺纹的导杆

第3章　Creo 3.0 曲面设计

Creo 3.0 CAD 模块的自由特征建模主要体现在它的样式曲面建模和"自由式"建模的功能上，采用这些功能模块能够设计出任意复杂类型的自由特征和三维实体。自由特征建模包括样式曲面建模、曲面编辑及曲面变换三个部分。本章将介绍 Creo Parametric 构建曲面的一些主要方法和步骤，并通过若干工程实例的演练帮助读者掌握曲面设计的方法。

3.1　基于基本特征操作的曲面建模

在本书第 2 章中介绍的建模方法基本上都是基于实体的特征和参数化建模，也就是说对于每种基本特征操作（如拉伸、旋转、变截面扫描、混合、扫描、螺纹扫描、扫描混合等）大都是接受其操控板上的缺省"实体"选项 □，得到的是所建对象的三维实体模型。如果不接受缺省选项，而是选择"片体"选项 □，那么使用这些操作一般都可以得到相应的曲面模型；此外，如果仍然是使用这些操作，而所绘制的草绘剖面是不封闭的，那么所得到的一定是曲面模型。由于在上一章里已经比较全面地讲述了这些操作，所以本章就不再详细地介绍此类曲面模型的创建方法，而仅通过几个图例予以展示：

（1）图 3-1 是一条草绘曲线（未封闭）经过拉伸操作所获得的曲面。

（2）图 3-2 是两条组合草绘曲线经过旋转操作所获得的杯身曲面。

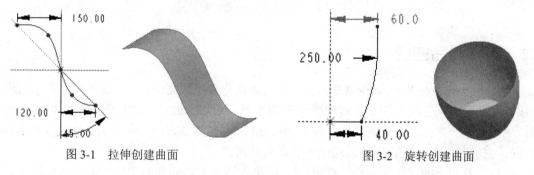

图 3-1　拉伸创建曲面　　　　　　　　　　　图 3-2　旋转创建曲面

（3）图 3-3 是一个草绘整圆沿着一条曲线进行变截面扫描操作所获得的管道曲面。

（4）图 3-4 是位于不同方位的三个草绘圆经过混合操作所获得的曲面。三个圆的参数和

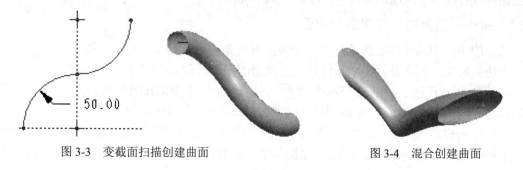

图 3-3　变截面扫描创建曲面　　　　　　　　图 3-4　混合创建曲面

坐标位置与第 2 章 2.3.5 节旋转类混合建模的例子完全相同，不同的是，这里在旋转混合操控板上选取的选项为"片体"□。

图 3-5 是采用混合操作生成的五角星三维曲面。混合的两个剖面之一是平面五角星图，而另一个剖面是位于五角星平面上方 15mm 中心处的一个点。

（5）图 3-6 是一条直线遵循螺纹扫描规律进行螺旋扫描操作所获得的螺旋面。飞机和轮船上的推进器的螺旋桨就是由这种螺旋曲面构成的。

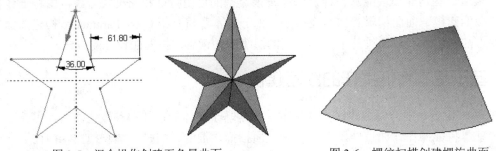

图 3-5　混合操作创建五角星曲面　　　　　　图 3-6　螺纹扫描创建螺旋曲面

（6）图 3-7 是两个相位相差 90°的椭圆沿着一条曲线进行扫描混合操作所获得的异形管道曲面。

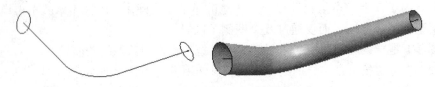

图 3-7　扫描混合创建曲面

3.2　边界混合曲面

边界混合是 Creo Parametric 3.0 构造三维曲面的重要手段之一，参与混合的边界称为边界曲线，在一个方向上的若干条曲线构成一个曲线簇，对这一曲线簇进行混合可以构成混合曲面；如果在第一方向有若干条曲线（称其为 u 曲线），在第二方向也有若干条曲线（称其为 v 曲线），它们共同参与混合也可以构成更复杂的曲面。

选取工具栏上的"边界混合"按钮⌒，可进入边界混合曲面的工作环境。边界混合曲面创建的过程首先是通过草绘分别在不同的平面上绘制边界曲线，然后按一定的顺序和组合对这些曲线进行混合，从而构造出各种不同形式的曲面。

3.2.1　由单向边界曲线创建混合曲面

这里的单向边界曲线是指草绘的若干条曲线在走向上是基本一致的，即在一个方向上创建混合边界曲线。以下是创建单向边界混合曲面的操作过程和步骤。

（1）单击工具栏上的基准平面按钮□，创建两个与 RIGHT 基准面平行且分别位于 RIGHT 基准面左右两侧、各与 RIGHT 面相距 200mm 的平面 DTM1 和 DTM2。

（2）单击模型工具条上的╲按钮以 DTM1 平面为草绘平面，利用"样条曲线"工具绘制第一条样条曲线，图 3-8 中的曲线 1，退出草绘。再分别选择 RIGHT 面和 DTM2 平面为草绘平面，绘制另外两条样条曲线，图 3-8 中的曲线 2 和曲线 3（注意：以上三条样条曲线的走向应大致一致）。

（3）单击工具栏上的"边界混合" 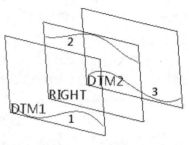 按钮，出现"边界混合"操控板。

（4）打开操控板上的"曲线"下拉面板，激活"第一方向"收集器，在按下 Ctrl 键的同时，按 1→2→3 次序依次选择三条草绘曲线。图形区出现如图 3-9 所示的边界混合曲面的预览。单击确定按钮，可创建单向边界混合曲面如图 3-10（a）所示。

图 3-8　草绘三条曲线

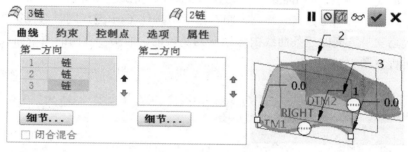

图 3-9　单向边界混合操作

（5）如果曲线选择的次序发生改变，如像图 3-10（b）所示的选择次序，那么创建的边界混合曲面也将随之发生改变。

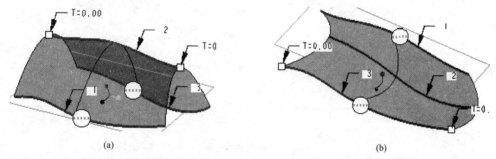

(a)　　　　　　　　　　　　　　　(b)

图 3-10　单向边界曲线混合曲面
（a）由次序 1→2→3 生成的曲面；（b）改变选取次序生成的曲面

3.2.2　由双向边界曲线创建混合曲面

双向边界混合曲面是用两个方向上的曲线簇来创建的，操作过程和步骤如下：

（1）新建一个零件实体文件 Boundary_Blend.prt。

（2）建立基准平面 DTM1 和 DTM2。以 RIGHT 面为参考，使 DTM1 和 DTM2 分别位于 RIGHT 面的两侧，偏移距离均为 200mm。

（3）绘制第一方向曲线：单击 按钮，进入草绘环境，首先在 RIGHT 面上绘制 1 条曲线，完成后，单击 按钮，退出草绘。然后以同样的方法分别在 DTM1 和 DTM2 面上绘制另外 2 条边界曲线。注意 3 条曲线应分三次绘制，以便将来修改方便，如图 3-11 所示。

（4）绘制第二方向曲线：选取工具栏上的"基准"→
"曲线"→"通过点的曲线"命令，依次选择曲线 1、曲
线 2 和曲线 3 的左端点绘制 1 条第二方向曲线。

（5）采用与步骤（4）同样的方法，依次选择曲线 1、
曲线 2 和曲线 3 的右端点绘制另一条第二方向曲线。所绘
制的第一方向曲线和第二方向曲线如图 3-11 所示。

（6）单击工具栏上的"边界混合" 按钮，出现"边
界混合"操控板。打开操控板上的"曲线"下拉面板，单
击第一方向收集器将其激活，首先在图形区内选择图 3-11
中的第一方向曲线 1、曲线 2 和曲线 3，被选中的曲线均呈绿色高亮显示。

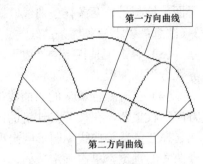

图 3-11 双向边界曲线

（7）接着，再单击第二方向收集器，将其激活，按住 Ctrl 键，同时选择第二方向曲线 1
和曲线 2，此后第一方向的三条曲线由绿色变为橘黄色，而第一方向的两条曲线呈青色高亮
显示。操作过程见图 3-12。

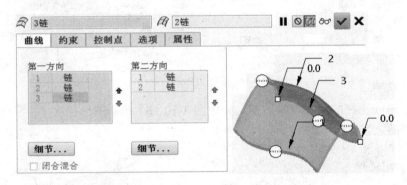

图 3-12 边界混合操控板及"曲线"选项

（8）准备工作完成后，可单击 按钮，最后获得的边界混合特征如图 3-13（a）所示。

（9）如果在仅选取第一方向曲线的情况下，选取曲线下拉面板中的"闭合混合"选项，
将得到图 3-13（b）所示的闭合混合曲面。

(a)   (b)

图 3-13 创建边界混合曲面
（a）一般混合边界曲面；（b）闭合混合边界曲面

3.2.3 对边界混合曲面的控制

在创建边界混合曲面的过程中可以通过各种方法实现对边界混合曲面进行控制，以达到
各种不同的建模目的或者改善边界混合曲面的质量。这里分别介绍三种不同的控制方法。

1. 使用影响曲线调控边界混合曲面的形状

如果在 3.2.2 节边界混合曲面过程中步骤（6）的操作中稍作一些改变，即在选择第一方向曲线时仅选择原来的第 1 条和第 3 条曲线，而把原来的第 2 条曲线作为控制曲线，从而可以调控所创建的边界混合曲面的形状，具体操作过程如下：

（1）单击工具栏上的"边界混合" 按钮，出现"边界混合"操控板。展开操控板上的"曲线"下拉面板，单击第一方向收集器将其激活，首先选中图 3-11 中的第一方向曲线 1，然后按住 Ctrl 键，再选中第一方向曲线 3，被选中的曲线均呈绿色高亮显示。

（2）接着，再单击第二方向收集器，将其激活，按住 Ctrl 键，同时选择第二方向曲线 4 和曲线 5，此后第一方向的两条曲线由绿色变为青色，而第二方向的两条曲线呈绿色高亮显示，见图 3-14。

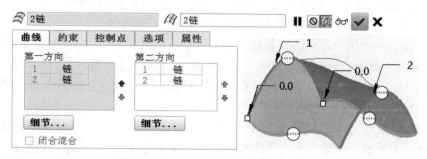

图 3-14　重新选取边界曲线

（3）然后打开边界混合操控板上的"选项"下拉面板（见图 3-15），点击"选项"下拉面板中的"影响曲线"框，将其激活。随后点击原来的第一方向曲线中的第 2 条曲线（此时，该曲线已转化为控制曲线），该曲线呈绿色高亮显示如图 3-15 所示。注意到在下拉面板中的"平滑度因子"栏目中的值为 0.3，我们不妨将其修改为 0.1，单击操控板上的 按钮，即可获得如图 3-16（a）所示的边界混合曲面。

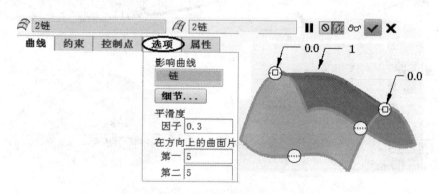

图 3-15　用影响曲线控制边界混合曲面

（4）如果把"平滑度因子"栏目中的值修改为 0.9，单击 按钮，创建的边界混合曲面如图 3-16（b）所示。

比较图 3-16（a）和图 3-16（b），两种控制条件下混合的边界曲面形状有所不同，后者显然较多地偏离了控制曲线。

图 3-16 受影响曲线控制的边界混合曲面

（a）影响因子为 0.1；（b）影响因子为 0.9

2. 通过添加控制点创建边界混合曲面

在 3.2.1 节和 3.2.2 节所介绍的由单向或双向曲线簇来构建边界混合曲面时，如果某一个方向上的曲线相交于一点，就很可能导致混合失败，或者构建的曲面不完整。此时，可以通过添加控制点的方法来成功地创建边界混合曲面。请看下面的例子。

图 3-17（a）中的第一方向的三条曲线交于一点，如果我们参考 3.2.2 节所介绍的混合过程来创建边界混合曲面，及首先选择第一方向的曲线 1、2、3，然后激活第二方向曲线收集器，再选择第二方向的曲线 1、2，此时系统预览到的三维曲面将会是图 3-17（b）所示的情况，也就是说可能无法得到正确的结果。

为此，须在第二方向曲线收集器中继续添加图素。点击第一方向的三条曲线的交点 PNT3，此时该点被添加到第二方向曲线收集器中，如图 3-17（c）所示，系统自动预览出完整的曲面，单击操控板上的按钮，即可得到完整的边界混合曲面如图 3-17（d）所示。

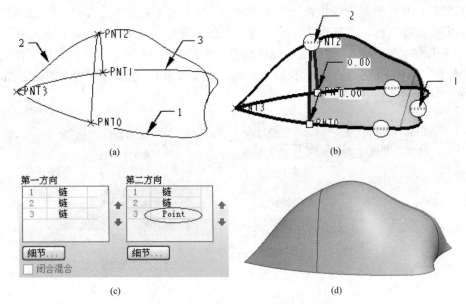

图 3-17 添加控制点的边界混合曲面

（a）双向曲线；（b）预览曲面不完整；（c）增加控制点；（d）完整的边界混合曲面

3. 使用边界条件控制边界混合曲面

图 3-18（a）所示为同一方向的三条曲线，如果我们参考 3.2.1 节所介绍的混合过程来创建边界混合曲面，得到的三维曲面将会是图 3-18（b）所示的结果。

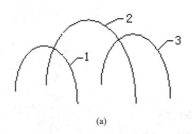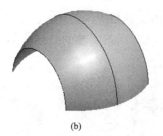

(a)　　　　　　　　　　　　　(b)

图3-18　无边界条件的边界混合曲面

（a）单向曲线；（b）无边界条件控制

倘若事先将曲线1和曲线2分别向两侧拉伸成如图3-19（a）所示的两个半圆柱面片体，这时曲线1和曲线3分别成为两个半圆柱面的边界线；然后以这两个半圆柱面作为边界约束条件，即要求通过曲线1、2及3混合而成的边界曲面必须在其两侧分别与两个半圆柱面相切，那么由此边界条件控制的边界混合曲面的形状就会发生明显的变化。

具体操作过程如下：

（1）单击工具栏上的"边界混合"　按钮，出现"边界混合"操控板。按住Ctrl键，选取曲线1、曲线2和曲线3，被选中的曲线均呈绿色高亮显示。

（2）然后如图3-19（a）所示打开边界混合操控板上的"约束"下拉面板，在第一条链和最后一条链的"条件"栏中均选择"切线"选项，单击操控板上的　按钮，即可获得如图3-19（b）所示受边界条件控制的边界混合曲面。

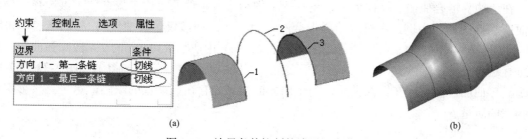

(a)　　　　　　　　　　　　　　　　　　(b)

图3-19　边界条件控制的边界混合曲面

（a）增加边界条件；（b）混合曲面与两圆柱面相切

4. 用边界混合曲面创建完整的椭圆球面模型

作为边界混合曲面的一个应用实例，下面我们给出创建椭圆球曲面的例子。

（1）首先进入草绘绘制如图3-20所示的四条椭圆曲线。曲线1和3的参数为长半轴120mm，短半轴75mm（尽管曲线1和3是一个完整的椭圆，但必须分别在两次草绘中绘制，经修剪，各保留椭圆的上、下部分，以便混合时选取）；曲线2的参数为长半轴120mm，短半轴50mm；第二方向曲线，即图3-20（a）中的红色曲线，参数为长半轴75mm，短半轴50mm。

（2）单击工具栏上的　按钮，弹出的"边界混合"操控板，系统自动激活第一方向曲线收集器，按下"Ctrl"键不放，依次点选第一方向曲线1、2和3，如图3-20（b）所示。

（3）单击第二方向收集器，将其激活。选取第二方向曲线，如图3-20（c）所示。单击操控板上的按钮，即可获得图3-21（a）所示的半椭球曲面。

（4）单击工具栏上的按钮，以 TOP 基准面为镜像平面，单击操控板上的 ✔ 按钮，即可获得如图 3-21（b）所示完整的椭球曲面。

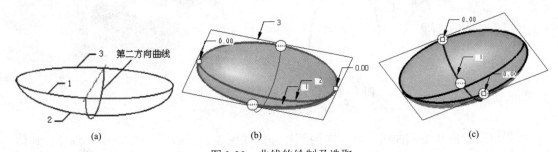

图 3-20　曲线的绘制及选取
（a）草绘边界曲线；（b）选取第一方向曲线；（c）选取第二方向曲线

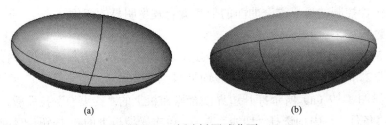

图 3-21　创建椭圆球曲面
（a）生成半椭圆球；（b）完整的椭圆球曲面

在"边界混合曲面"操控板上，还有一个作为边界条件的"约束"选项可供选择。仍以上面所举椭圆曲面为例，在进行边界混合时，第一方向曲线仅选择曲线 1 和曲线 2，再将 FRONT 面和 RIGHT 面上的椭圆修改为如图 3-22（a）中所示 $R30mm$ 的 1/4 段圆弧曲线；然后进行边界混合，再以 FRONT 为镜像平面，对生成的曲面进行镜像，得到如图 3-22（b）的半个椭球曲面。注意到在镜像之后，两个曲面的交界处存在较严重的缺陷，这将直接影响曲面构造的质量。

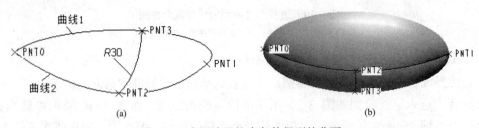

图 3-22　未用边界约束条件得到的曲面

为了解决这一问题，可采用边界条件"约束"选项来控制曲面的质量。

仍以"边界混合"方式来构造图 3-22 所示的曲面，在依次选取完两个方向的边界曲线后，单击"边界混合"操控板上的"约束"按钮，如图 3-23 所示，打开约束下拉面板，把方向 1 中"最后一条曲线链"的约束条件由原来的"自由"更换为"垂直"，系统自动地选择 FRONT 面作为垂直参考。这时再单击操控板上的 ✔ 按钮，就可以得到如图 3-23 所示的光滑的半椭圆球曲面。

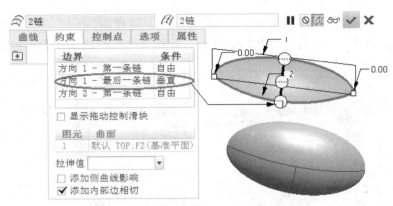

图 3-23　用边界约束条件调控曲面

这里的约束条件"垂直"保证了两个镜像的曲面以相切的方式连接，所以得到的半椭圆球曲面是光滑的。

3.3　由切面混合到曲面

3.3.1　切面混合到曲面的一般形式

Creo Parametric 还提供了将切面混合到曲面的功能，用来创建新的相切曲面。

1. 创建单侧相切曲面

（1）首先用拉伸生成局部圆柱面及草绘曲线如图 3-24 所示。

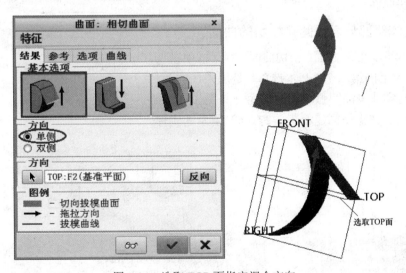

图 3-24　选取 TOP 面指定混合方向

（2）选取工具栏上的"曲面"→"将切面混合到曲面"命令，在弹出的"曲面：相切曲面"对话框的"结果"选项卡中选取第一个"基本选项"，并选取"单侧"，然后点选工作区内的 TOP 基准面为"拖拉方向"，接受系统的默认设置，此时方向箭头如图 3-24 所示。

（3）选取"相切曲面"控制框上的"参考"选项卡，控制框切换为图 3-25 所示的界面。点选工作区内的曲线，该曲线为红色高亮显示，在弹出的"菜单管理器"上单击"完成"予以确认；然后点取圆柱面，该曲面为红色高亮显如图 3-25 所示。

（4）单击"相切曲面"对话框上的 ✔ 按钮，即可获得图 3-25 所示的相切曲面。

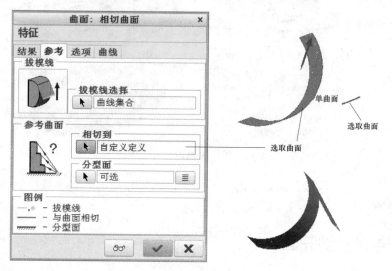

图 3-25　创建单侧相切曲面

2. 创建双侧相切曲面

如果在上例步骤（2）操作中选取"双侧"选项，其他的操作步骤不变，那么就可以获得如图 3-26 所示的双侧相切曲面。

3.3.2　在实体外部与表面圆弧相切的曲面

在图 3-24 所示的"曲面：相切曲面"对话框中，"结果"选项卡上的第二个"基本选项"是用来在实体外部创建与实体表面圆弧相切的曲面，其操作过程如下：

（1）采用旋转操作创建如图 3-27（a）所示的实体。

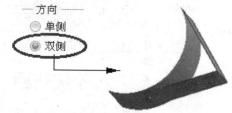

图 3-26　创建双侧相切混合曲面

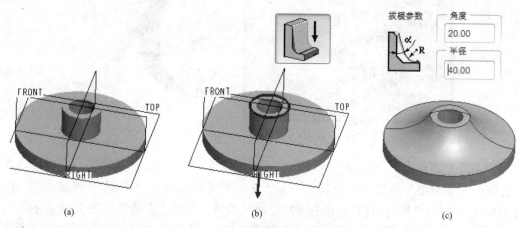

图 3-27　在实体表面创建相切混合曲面

（a）实体；（b）选取 TOP 面指示混合方向；（c）创建与表面相切曲面

（2）选取工具栏上的"曲面"→"将切面混合到曲面"命令，在弹出"曲面：相切曲面"对话框中"结果"选项卡上的第二个"基本选项"，如图 3-27（b）所示。

（3）单击"单侧"选项。选取控制框"方向"项下的 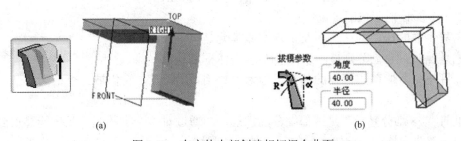 图标，单击工作区内的 TOP 基准面，设置方向矢量箭头指向下方，如图 3-27（b）所示。

（4）单击控制框中的"参考"选项卡，并选取其中的"拔模"项下的 图标，接受菜单管理器上的"依次"选项，按下 Ctrl 键的同时，选取在实体上端圆柱顶面的两段边线，见图 3-27（b），单击菜单管理器中的"完成"命令，确认曲线的选取。

（5）再在"拔模参数"项中分别输入角度值 20° 和半径值 R40。最后单击控制框中的 按钮，即可获得在实体表面创建的相切曲面，如图 3-27（c）所示。

3.3.3　在实体内部与表面圆弧相切的曲面

如果在本例"结果"选项卡上选择的是第三个"基本选项"，则可以在实体内部创建与实体表面圆弧相切的曲面。操作过程如下：

（1）采用拉伸操作创建如图 3-28（a）所示的 L 形实体。

（2）选取工具栏上的"曲面"→"将切面混合到曲面"命令，在弹出的"曲面：相切曲面"对话框中"结果"选项卡上选择第三个"基本选项"（见图 3-24）。

（3）单击"单侧"选项。选取控制框"方向"项下的 图标，单击工作区内的 TOP 基准面，设置方向矢量箭头指向 TOP 面，如图 3-28（a）所示。

（4）单击控制框中的"参考"选项卡，并选取其中的"拔模"项下的 图标，在 L 形实体模型中选取一条边线，单击菜单管理器中的"完成"命令，确认曲线的选取。

（5）再在"拔模参数"项中分别输入角度值 40° 和半径值 R40。最后单击控制框中的 按钮，即可获得图 3-28（b）所示在实体内部创建的相切曲面。

图 3-28　在实体内部创建相切混合曲面
（a）选取 TOP 面指示混合方向；（b）创建内部相切曲面

3.4　"自由式"曲面——创意与塑形

采用"自由式"操作创建曲面是 PTC 在汲取其他高端 CAD 软件的优势并经过自身的创新改进，在新版 Creo 中增加的一项新功能，其非凡的创造力和灵活性堪称 Creo 的一大亮点。

可以把 Creo 3.0 的这一新功能理解成"数字化油泥"，就像艺术家手中的一块油泥一样，可以任意进行揉捏。通过拉、压、弯、扭、削平、镂空，或者再添加一块油泥"粘上去"等各种手段，设计师可以根据自己的丰富想象把它塑造成任何模样、任何形状的数字化模型。所以，本书作者把这一功能称之为"创意和塑形"。

这一功能特别适合于家电、消费类电子产品的曲面及外观设计，它的建模速度奇快无比，而且绝不会发生修改后再生失败的现象。生成自由式曲面模型之后，还可以对其进行参数化修改并能与其他特征连接在一起构成更复杂的数字化三维模型。

3.4.1 "自由式"操作基本要领

"自由式"操作是在 Creo Parametric 3.0 集成环境下用来创建细分特征的，在 Creo Parametric 3.0 的工具栏中有一个"自由式"选项命令，点击该命令，即切换到"自由式"操作界面，如图 3-29 所示。

图 3-29 "自由式"操作工具栏

1. 基元及其类型

"自由式"操作的对象是一个"基元"——如同一块原始的"橡皮油泥"。点击"自由式"操作工具栏左侧的"基元"按钮将其展开，可以看到如图 3-30 所示的基元类型，其中包括六种开放基元，七种封闭基元。

开放基元中的圆、环、矩形和三角形基元都是以二维图形的形式呈现的，它们分别被一个或多个矩形框或三角形框所包围；另外两个带有⬤标记的基元称为"2×细分基元"，它们被一个多面体框所包围。

封闭基元中的球、圆柱、环及正六面体基元是以三维图形的形式呈现的，它们分别被一个或多个六面体框所包围；

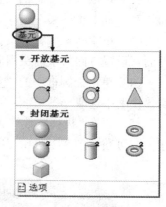

图 3-30 基元的类型

类似地，另外三个带有⬤标记的基元也称为"2×细分基元"，它们被一个更为复杂多面体框所包围。

这里的"2×细分基元"是两倍细分的意思，即通过对这一类基元的操作能够得到"更为细分"的各类曲面特征。比较常用的基元是球和圆柱。

2. 调整框及句柄

上面所提到的包围基元的矩形框或正六面体线框可称之为"调整框"，调整框上的边、顶点和面就是对基元操作的"句柄"。这里以球基元为例对调整框的作用加以说明。

如图 3-31（a）所示，当鼠标移向调整框上的"面句柄"时，该面上的四条边线呈绿色高亮显，指示该句柄被选中；类似地，当鼠标移向调整框上的某条边线或某个顶点时，该边线或顶点也呈绿色高亮显，说明"边句柄"或"点句柄"被选中，释放左键，在所选的部位就会弹出下面即将提到的"3D 动态移动滑块"，使用这个"滑块"工具拖动句柄，就可以随意地改变球基元的形状。

3. 3D 动态移动滑块

在本书第 1 章中我们曾经提到"3D 动态移动滑块"并简要地介绍了它在柔性建模中的应

用。3D 动态移动滑块在"自由式"操作中是一个更为重要的操作工具。

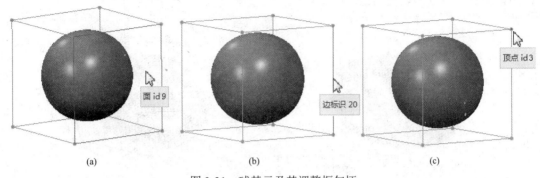

图 3-31　球基元及其调整框句柄

(a) 面句柄；(b) 边线句柄；(c) 顶点句柄

下面通过一个简单的例子说明 3D 动态移动滑块的作用：

（1）单击 Creo Parametric 工具栏中的"自由式"选项命令，进入"自由式"操作环境，选取"球"基元作为自由式操作的对象。

（2）选中调整框左侧面作为句柄，释放左键后，在所选面句柄的中心将出现 3D 动态移动滑块，选中 3D 动态移动滑块上的蓝色位移矢量并向左拖动，如图 3-32 所示，原来的球基元就被拉长；完成拖动后，在空白处点击左键，3D 动态移动滑块随即消失。

（3）继续选择调整框上的前面作为句柄，释放左键后，3D 动态移动滑块又出现在所选面句柄的中心，选中 3D 动态移动滑块上的绿色位移矢量并向后拖动，原来的球基元就被压扁如图 3-33 所示。

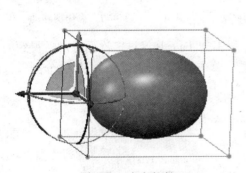

图 3-32　向左拉长

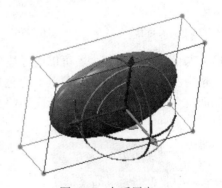

图 3-33　向后压扁

（4）再次选择调整框上的前面，出现 3D 动态移动滑块后，单击自由式工具栏上的"面分割"按钮，在前面上会出现一个按一定比例缩小的矩形——分割面，此时如果再继续向前拖动绿色矢量，仅在分割面线框内的基元部分发生位移和形状的变化如图 3-34 所示。

（5）选择调整框上的某条边线作为句柄，释放左键后，3D 动态移动滑块又出现在所选边线句柄的中心。选中 3D 动态移动滑块上的位移矢量（1D 矢量）或旋转矢量并拖动，也会产生类似步骤（2）和（3）那样的移动效果。还可以如图 3-35 那样，选中 3D 动态移动滑块上的绿色"面矢量"（2D 矢量）并拖动，基元将会在该面矢量的两个坐标轴方向上产生位移。

（6）选择调整框上的某个顶点作为句柄，释放左键后，3D 动态移动滑块将出现在所选顶点上。选中 3D 动态移动滑块上的位移矢量或面矢量并拖动，也会产生类似步骤（2）和（5）那样的移动效果。以顶点为句柄时，旋转位移矢量无效。

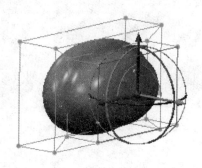

图 3-34　面分割及拉伸

以顶点为句柄时，如果在按下 Ctrl 键的同时拖动 1D 矢量，将会得到如图 3-36 和图 3-37 那样的 3D 移动效果。

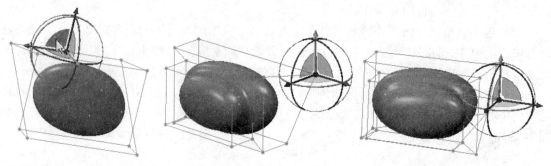

图 3-35　面矢量移动　　　　　图 3-36　点句柄移动　　　　　图 3-37　点句柄移动

（7）与面分割相类似，还可以进行边分割。图 3-38（a）是经过多次面分割后得到的基元变形。选中左侧面上的边线，使其呈绿色高亮显，单击自由式工具栏上的"边分割"按钮，在左侧面上会生成更为细分的矩形面如图 3-38（b）所示。

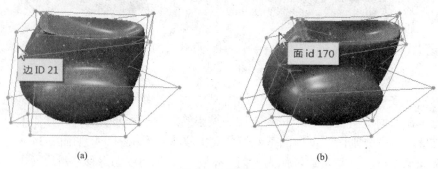

(a)　　　　　　　　　　　　(b)

图 3-38　边分割

（a）选中边线；（b）边分割得到更细分的面

（8）选中图 3-38（b）中的一个细分矩形面，释放左键后，3D 动态移动滑块出现在所选面句柄的中心，如图 3-39（a）所示。单击自由式工具栏上的"拉伸"按钮，于是仅在所选定的矩形范围内产生拉伸效果——在所选面的法线方向上被拉伸一段长度；再次单击"拉伸"按钮，该区域内的基元又被拉伸一段长度。图 3-39（b）所示是在该区域内连续拉伸 3 次后的变形效果。

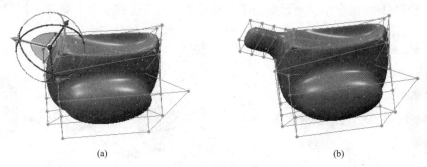

(a)　　　　　　　　　　　　　　　　(b)

图 3-39　多次局部拉伸

（a）一次局部拉伸；（b）三次局部拉伸

　　为了提高操作效率，系统还提供了一个快捷方式，选中某个句柄之后，按下右键，在图形区出现一个如图 3-40 所示的快捷"选项环"。选项环上的各项功能与自由式工具栏上的各类型按钮的功能相对应，图 3-40 给出了各选项的功能说明，其中"对齐"和"连接"两项还可以进一步展开。

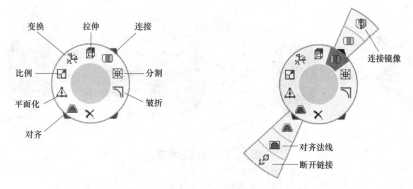

图 3-40　快捷选项环及其功能项

　　以上这些操作方法和操作要领绝非一朝一夕即可掌握的，需要操作者经过反复演练和实战才能逐步做到灵活、熟练，真正掌握自由式建模的真谛，亲身感悟和体验其强大的创新性、灵活性和挑战性！

3.4.2　"自由式"曲面应用实例

　　这一小节通过两个范例来简要地介绍"自由式"曲面建模的方法和过程。

　　1. 创建拉力器手柄

　　这是一个相对比较简单的例子，通过该例的演示帮助读者掌握"自由式"建模与 Creo Parametric 特征和参数化建模之间的互操作关系。

　　（1）启动 Creo Parametric 3.0 系统，新建一个名为 hander.prt 文件。

　　（2）单击 Creo Parametric 3.0 工具栏中的"自由式"选项命令，进入"自由式"操作环境，选取"球"基元作为自由式操作的对象。

（3）选择面句柄，拖动 3D 动态移动滑块上的位移矢量将球基元压扁，见图 3-41（a）。

（4）退出"自由式"操作，返回到 Creo Parametric 标准建模环境，创建一个平行于 RIGHT 基准面且相距为 75mm 的基准面 DTM1，如图 3-41（b）所示。

（5）以 DTM1 为镜像平面对已压扁了的基元进行镜像操作得到其镜像，如图 3-41（c）所示。

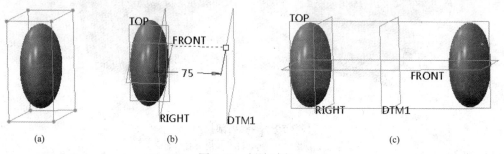

图 3-41　创建过程 1
（a）压扁；（b）创建基准面；（c）镜像

（6）再次进入"自由式"操作环境，仍然选择球基元，如图 3-42（a）所示，然后向右拖动蓝色位移矢量拉长球基圆，使之与右侧镜像的左端面相交，如图 3-42（b）所示。

注意： 每一次独立的"自由式"操作只能选择一个唯一的基元。

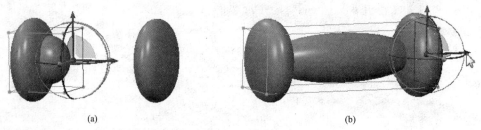

图 3-42　创建过程 2
（a）新的球基元；（b）向右拖动蓝色位移矢量

（7）曲面合并。退出"自由式"操作，返回到 Creo Parametric 标准建模环境，进行曲面合并。将"过滤器"设置为"面组"，按下 Ctrl 键，分别选中左侧的变形球基元及被拉长了的球基元，单击工具栏上的"合并"按钮，将二者合并为一个曲面。采取同样地操作，将刚合并的曲面与右侧球基元的镜像曲面合并为一体，如图 3-43 所示。

（8）倒圆角。点击工具栏上的"倒圆角"命令，分别对三个曲面的结合处进行倒圆角，设定圆角半径为 30mm，得到拉力器手柄的三维模型如图 3-44 所示。

图 3-43　曲面合并　　　　　　　图 3-44　拉力器手柄

2. 创建汽车后视镜模型

为节省篇幅，本例中的操作选项过程大都省略，仅给出操作目的及操作效果并以图形的方式显示出来。

（1）首先分别在 FRONT 面和 RIGHT 面上绘制两个草绘截面，作为后视镜镜框及后视镜支架的参考域，再利用"相交"功能得到支架的三维投影，如图 3-45 所示。

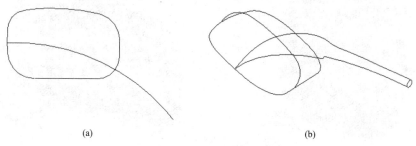

(a)   (b)

图 3-45　草绘截面作为镜框和支架的参考

（a）镜框参考区域；（b）厚度及支架参考

（2）进入"自由式"建模环境，调用球基元。使用面句柄将球基元压扁，令其厚度与图 3-45（a）中的轮廓线接近，长宽方向尽量充满镜框参考区域，如图 3-46 所示。再使用面句柄及"对齐"功能，以 FRONT 面为参考面通过"对齐"操作将球基元削平，如图 3-47 所示。

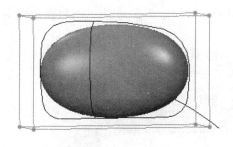

图 3-46　充满草绘区域

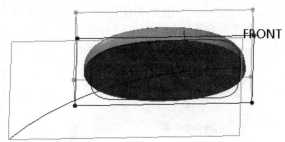

图 3-47　对齐削平正面

（3）精修轮廓使镜框与草绘截面完全吻合。使用"边分割"功能，逐个调整边线令镜框与草绘截面完全吻合，如图 3-48 所示。注意：在调整过程中应使用"边分割"功能，不宜使用"面分割"，否则将可能造成模型畸变而无法掌控。

（4）精调厚度方向轮廓使之与图 3-45（b）草绘区域完全吻合。使用面句柄和点句柄对镜框厚度方向的轮廓进行微调，精修后得到厚度轮廓如图 3-49 所示。

图 3-48　精修轮廓

图 3-49　精修厚度轮廓

（5）获得支架根部的面句柄。首先在镜框侧面进行"边分割"，然后逐条边调整边线的位置，得到如图 3-50 所示的面句柄（面 id220）。

（6）选中图 3-50 所示的面句柄，弹出 3D 动态移动滑块，选中其上的蓝色位移矢量向外拖动，得到支架根部模型如图 3-51 所示。

图 3-50　获得面句柄

图 3-51　支架根部

（7）继续选择面 id220 为面句柄，使用工具栏的拉伸工具进行分段拉伸或向右下方拖动。分段拉伸操作的目的是为了像图 3-52 所示的那样调整 3D 动态移动滑块上的旋转矢量以控制该面句柄的法向方向使之与支架的轮廓线基本相切，这样确保下次拉伸是在其法线方向上进行的，才能较好地控制支架轮廓的走向。

最后拉伸到指定位置并使用面分割将支架底面削平，得到如图 3-53 所示的后视镜模型。

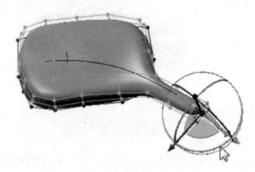

图 3-52　获得面句柄

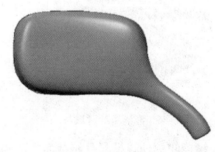

图 3-53　汽车后视镜三维模型

3.5　"样式"曲线和曲面

除了上述采用基本特征操作和自由式操作创建高级曲面的方法可以获得各种曲面之外，Creo Parametric 3.0 还提供了另一个专门用于曲面建模的模块——样式曲面。在 Creo Parametric 的标准环境的曲面工具栏内有一个名为"样式"的按钮（Style），单击按钮，即可进入样式曲面的工作环境。

在样式曲面工作环境下，主菜单有了一些新的变化：在主菜单的"样式"选项卡之下设置了"操作""平面""曲线""曲面"及"分析"等多个子栏目；在原模型树的下方增加了一个"样式树"，将显示在"样式"环境下曲线和曲面的建模过程及状态。样式曲面环境下工具栏中各命令按钮的功能如图 3-54 所示。

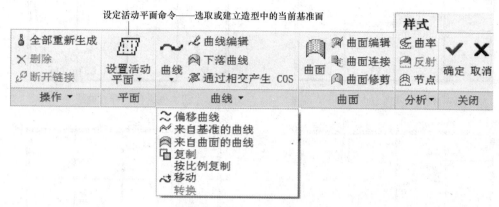

图 3-54　样式工具栏各命令按钮

3.5.1　样式曲线的创建

样式曲线是创建样式曲面的基础，而且创建高质量的曲线是创建高质量的曲面的关键，在 Creo Parametric 中，所有的样式曲面都是由一般曲线和样式曲线来定义的。为此首先介绍有关样式曲线的内容。

1. 由曲线上的节点或控制点生成样式曲线

（1）单击工具栏上的样式命令按钮，系统进入样式曲面的设计环境，默认的草绘平面在 TOP 基准面上，且激活的平面呈网格状显示，如图 3-55 所示。

（2）单击工具栏上的～按钮，出现"曲线"操控板。操控板上各选项的作用如图 3-56 所示。系统默认的是创建样式曲线。

图 3-55　样式基准平面　　　　　　图 3-56　曲线操控板各命令按钮的功能

（3）接受默认的"样式曲线"选项。这时可以单击鼠标右键，在弹出的快捷菜单中选取"活动平面方向"，将活动平面调整为与屏幕平行，如同标准模式下的草绘。

（4）在图形区某处点击一次即得到一个节点，移动鼠标再次点击，即可生成一段光滑的曲线，多处点击，直到最后一个节点（见图 3-57），单击操控板上的✔按钮，即生成经过这一串节点连续、光滑的样式曲线，如图 3-58 所示。

（5）在点选节点的过程中单击操控板上的按钮，所点选的节点转变为如图 3-59 所示的控制点（在数学上称其为 Bézier 曲线的控制顶点）。将要生成的样式曲线受到控制点的控制。

（6）点击控制点，压下左键不放并拖动该点，可以改变样式曲线的形状。当然，在用节点生成样式曲线时，也可以拖动节点来改变样式曲线的形状。

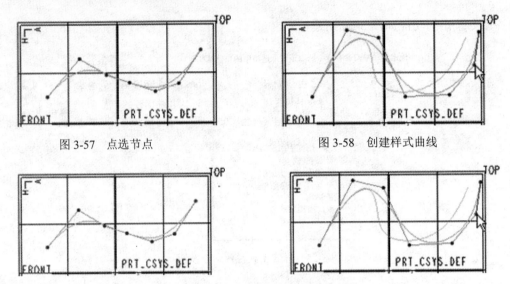

图 3-57　点选节点　　　　　　　　　　图 3-58　创建样式曲线

图 3-59　拖动控制点改变样式曲线形状

2. 在曲面上创建样式曲线（COS）

在曲面上的样式曲线 COS（Curve On Surface）。COS 依附于曲面之上，所以，如果它所在的曲面发生变化，那么曲线也将发生变化。

创建 COS 的操作步骤如下：

（1）图 3-60 所示为一曲面模型。单击工具条上的～按钮进入样式曲线的工作环境，单击样式曲线操控板上的 COS 选项按钮🔲。

（2）将活动平面设为与屏幕平行，首先选择曲线所依附的曲面，然后在曲面范围内点选节点，每选择一个节点就会出现一个小方格，点取多个节点，就会生成连续、光滑的样式曲线，而且该曲线就如同被曲面俘获一样附着在曲面上。

（3）单击操控板上的✔按钮，即生成经过这一串小方格中心点的连续、光滑的、位于曲面之上的样式曲线如图 3-60 所示。

（4）点击刚生成的样式曲线使其为红色高亮显，再切换为右键，在弹出的快捷菜单中选取"编辑定义"，随后点击曲线上的小方格，按着左键不放并拖动，可以改变 COS 的形状，如图 3-61 所示。

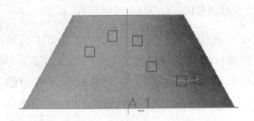

图 3-60　创建 COS

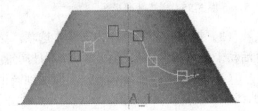

图 3-61　拖动小方格改变 COS 的形状

3. 以投影方式创建 COS

在 Creo Parametric 的标准模式中，我们曾使用工具栏上的🔲投影命令来创建在曲面上的投影曲线。在样式曲线工作模式下可以用🔲下落曲线方式创建 COS。操作步骤如下：

（1）仍然取图 3-60 所示的曲面模型。首先单击工具栏上的 ⬜ 按钮，创建基准面 DTM1，令其与已有的曲面相切，并于 RIGHT 基准面成法向。

（2）单击工具栏上的 ◠ 按钮，进入样式建模环境，设置 DTM1 基准面为活动平面，栅格出现在 DTM1 面上。

（3）单击工具栏上的 ～ 按钮，激活样式曲线操控板上的平面曲线按钮 ◿，并将活动平面设置为与屏幕平行。

（4）在 DTM1 平面上逐个选取节点，使之构成如图 3-62 所示的曲线，单击操控板上的 ✔ 按钮，完成平面曲线的创建。

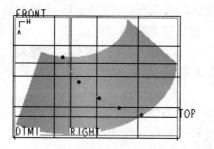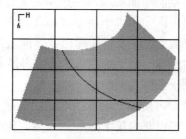

图 3-62 点选节点创建平面曲线

（5）单击工具栏上的下落曲线按钮 ⬔，出现图 3-63 所示的下落曲线操控板，首先点击图形区内的曲线，然后激活曲面收集框或单击鼠标中键，再点选图形区内的曲面，如图 3-63（a）所示，单击下落操控板上的 ✔ 按钮，即创建图 3-63（b）所示的下落曲线。

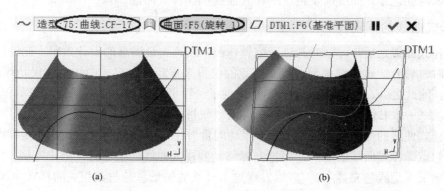

图 3-63 创建下落曲线操作过程
（a）分别选取曲线、曲面和 DTM1 基准面；（b）创建下落曲线

4. 捕捉模型的边线生成样式曲线

在创建样式曲线的过程中，可以利用捕捉（Snap）功能来捕捉模型中的各类参考，如边线、顶点、基准轴、基准曲线等，这样生成的样式曲线与这些参考具有一定的约束关系，能够很好地控制其走向和形状的变化。这是一个非常有用的功能。下面通过一个实例予以说明。

图 3-64 所示为已创建的两个曲面，现在要在两个曲面的顶点 1、2、3 和点 4 之间构造样式曲线，为创建更复杂的曲面做准备。

（1）单击工具栏上的 ◠ 按钮，进入样式环境。单击工具条上的 ～ 按钮，首先使用设置当前平面命令，把 FRONT 平面设为活动平面，并将活动平面设置为与屏幕平行。

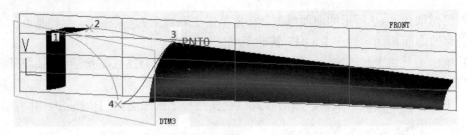

图 3-64 捕捉边线顶点生成曲线

（2）展开主菜单上的操作下拉面板，选择其中的"捕捉"选项，将捕捉功能激活。

（3）使用绘制平面曲线命令 ⌒，将鼠标指针移向旋转曲面的边线，当捕捉到曲面或边时，鼠标指针上部出现一个"十字"光标，再沿着边线将光标移至顶点 2，点击该点，获得样式曲线的第 1 个端点；继续将鼠标指针移向边界混合曲面的边线，同样，当捕捉到曲面或边时，鼠标指针上部出现一个"十字"光标，再沿着边线将光标移至顶点 3，点击该点，即在顶点 2 和 3 之间生成一条样式曲线。

（4）接着，再使用"设置当前平面"命令，把 DTM3 平面设为活动平面，仿照步骤（3）的捕捉操作，可以获得第 1 点和第 4 点，生成另一条样式曲线。

（5）顶点 3 和 4 之间的曲线是一条空间自由曲线，使用绘制空间曲线命令 ∼，也可以用捕捉点的方法绘制。所创建的三条样式曲线如图 3-64 所示。

用这种方法生成的样式曲线的端点一定附着在曲面或边线上，这样当用这些样式曲线来构造曲面时，可以确保曲面之间严密结合，不致出现碎片。我们在稍后的综合实例中将会进一步演示如何创建样式曲线以及用这些样式曲线创建样式曲面。

3.5.2　样式曲线的编辑

生成样式曲线之后，可以对其进行编辑修改，以达到最满意的设计效果。在创建 COS 型样式曲线时，曾介绍过通过调整曲线上节点的位置来重新拟合样式曲线。那仅是编辑曲线的方法之一。除此之外，Creo Parametric 3.0 提供了一种更有效、功能更强劲的编辑和调整样式曲线的方法——本书作者称其为"切向量"或"张量"编辑方法。

每条样式曲线的两个端点处都有一个"切向量"，在缺省条件下"切向量"是隐藏的，"切向量"的起点即样式曲线的端点，当把光标移动到样式曲线的端点时，单击左键，"切向量"才会显示出来（呈绿色亮显示）。可以发现这个杆状的矢量总是与其相关的样式曲线相切的，这就是"切向量"名称的由来。将光标移向"切向量"的另一个端点并压下左键来回拖动，就会发现曲线的形状将随"切向量"的方向和长短发生变化，而"切向量"的方向又可以通过快捷菜单中的各个选项进行调整。这就是下面将要详细介绍的"切向量"编辑方法。

1. "切向量"编辑方法

（1）在上例中已创建了三条样式曲线如图 3-65（a）所示，其中曲线 1 和 2 为平面曲线，曲线 3 为空间自由曲线。

（2）双击图形区中的曲线 1，系统自动进入"曲线编辑"状态，被选中的曲线呈黄色亮显示，并在其两个端点处各出现一个"×"型标志。如果当前"捕捉"功能已激活，将光标缓缓移至其中的一个端点，待光标顶部出现"+"标志时，说明已经准确地捕捉到顶点，左键单击，于是在顶点处激活该曲线的一条切向量并呈绿色高亮显示，如图 3-65（b）所示。

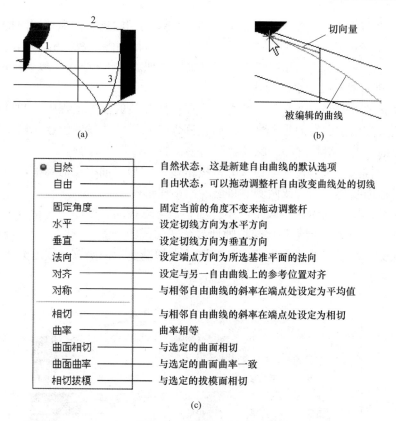

(a)

(b)

自然	自然状态，这是新建自由曲线的默认选项
自由	自由状态，可以拖动调整杆自由改变曲线处的切线
固定角度	固定当前的角度不变来拖动调整杆
水平	设定切线方向为水平方向
垂直	设定切线方向为垂直方向
法向	设定端点方向为所选基准平面的法向
对齐	设定与另一自由曲线上的参考位置对齐
对称	与相邻自由曲线的斜率在端点处设定为平均值
相切	与相邻自由曲线的斜率在端点处设定为相切
曲率	曲率相等
曲面相切	与选定的曲面相切
曲面曲率	与选定的曲面曲率一致
相切拔模	与选定的拔模面相切

(c)

图 3-65　捕捉与切向量

（a）三条样式曲线；（b）激活切向量；（c）切向量快捷菜单

（3）将光标缓缓移至切向量的末端，压下右键，出现如图 3-65（c）所示的快捷菜单，图中对菜单中各个选项的具体意义和功能做了说明。

（4）曲线 1 为平面曲线，它位于当前的"活动平面"DTM3 之上，其上方的端点是由捕捉旋转曲面片的边线所得。因此我们希望这条曲线的上方与该边线相切。故在快捷菜单中选择"相切"选项，并沿着边线的延长线方向拖动切向量，如图 3-66（a）所示。在左右拖动切向量的过程中注意曲线的变化，当变化到满意的状态时，释放左键。

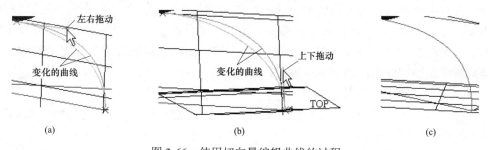

(a)　　　　　　　　　　　(b)　　　　　　　　　　　(c)

图 3-66　使用切向量编辑曲线的过程

（a）调整上方端点切向量；（b）调整下方端点切向量；（c）编辑后的曲线

（5）接下来调整曲线 1 下方端点的状态。将光标移至下方端点，左键单击，下方端点的切向量被激活呈绿色高亮显示，如图 3-66（b）所示。压下右键，在快捷菜单中选择"法向"

91

选项，选中 TOP 基准面作为参考，并沿着上下方向拖动切向量。在拖动切向量的过程中注意曲线的变化，当变化到满意的状态时，释放左键。最后得到图 3-66（c）所示编辑后的曲线。

对图 3-65（a）中的曲线 2 和曲线 3 也可以采用类似方法进行编辑，以取得最满意的效果。

2. 通过曲率鉴别和控制样式曲线

曲率是样式曲线的最重要几何参数之一。在样式曲线的创建过程中，通过曲率分析能够非常直观地观察和鉴别曲线的光顺性，从而较好地控制样式曲线的创建质量。这种方法比用肉眼直接判断曲线的平滑程度和光顺性要强得多。具体操作步骤如下：

（1）单击"样式"工具栏上的曲率分析按钮 ，弹出"曲率"对话框，然后选取要分析的曲线，沿着该曲线的一侧（或两侧）将出现曲率梳形图。

（2）如果梳形图的显示区域较小，不便观察，可以拨动"曲率"对话框上的比例拨盘，将比例值调到 10，此时，梳形图比较清晰地显示在曲线的一侧。这时，我们能够非常直观地看到该曲线的曲率在靠近曲线上方端点处有比较大的畸变，说明该曲线的光顺性不够理想，如图 3-67（a）所示。

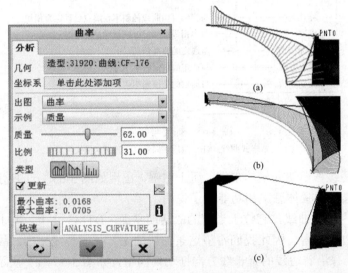

图 3-67　使用曲率分析编辑样式曲线

（3）再双击该曲线，进入曲线编辑状态；激活曲线上方端点处的切向量，对这部分曲线进行调整。在调整过程中，我们将发现曲线上每一点的曲率会随着切向量的拖动而发生变化。待曲率变化到图 3-67（b）所示情况时，整个曲率梳形图已显得比较均匀且变化平缓。

（4）停止拖动切向量，结束曲线编辑，最后得到的曲线 1 如图 3-67（c）所示。

3. 样式曲线的分割、延伸与合成

可以对已创建的样式曲线进行分割、延伸或合成，这些操作都是在曲线编辑模式下实现的。前两种操作比较简单。

（1）分割操作：图 3-68 所示为一样式曲线。选中需要分割处的节点，单击右键在弹出的快捷菜单中选取"分割"，即执行分割命令，把这条曲线分成各自独立的两条曲线。分割后的曲线都可以独自进行编辑，图中为分割成的曲线 2 被编辑后的状况。

（2）延伸操作：图 3-69 所示为一样式曲线。选中需要延伸处的节点先按下 Shift+Alt 键，再单击延伸点处，即执行延伸命令，把这条曲线延伸为一条光滑的曲线。

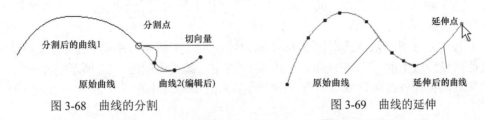

图 3-68　曲线的分割　　　　　　　　　　　　图 3-69　曲线的延伸

（3）合成操作：图 3-70（a）所示为两条样式曲线。进行合成操作之前应先把"捕捉"功能激活，拖动需要合成的曲线的端点靠近另一条曲线的端点处，此时光标上方将出现一个"+"标志，单击右键，在弹出的快捷菜单中选取"组合"命令，即执行合成命令，把这两条曲线合成为一条光滑的曲线如图 3-70（c）所示。

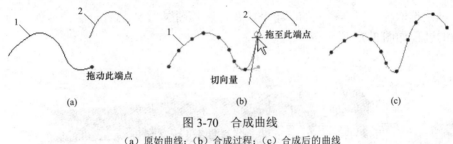

（a）　　　　　　　　　　（b）　　　　　　　　　　（c）

图 3-70　合成曲线

（a）原始曲线；（b）合成过程；（c）合成后的曲线

3.6　样式曲面的创建与编辑

　　Creo Parametric 3.0 样式（Style）模块中的样式曲面功能十分强大，它可以在样式曲线的基础上创建出各种形式的复杂曲面，而且具有多种编辑和修改功能，令所创建的样式曲面达到最完美的程度，以满足各类产品外形设计和工业样式设计的需求。

3.6.1　由曲线生成样式曲面

　　这里仍借用 3.5.1 小节中的实例来展示如何由曲线（包括点）来生成样式曲面。

　　图 3-71 所示为已绘制好的草绘曲线、样式曲线和点。

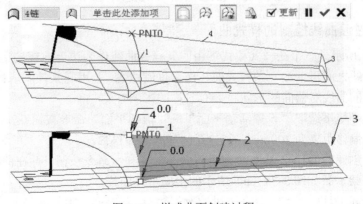

图 3-71　样式曲面创建过程

（1）单击工具栏上的按钮，进入样式工作模式。

（2）由资源曲线创建样式曲面。单击样式工具栏上的曲面命令按钮，出现如图 3-71 所示的曲面操控板。

（3）按住 Ctrl 键，依次选取图 3-71 中的曲线 1、2、3 和 4，图形区出现待生成曲面的预览，且曲面操控板上的按钮被激活，单击按钮，即生成如图 3-72 所示的样式曲面。

接下来，在样式曲面环境下创建一个 5 边型曲面。

图 3-72　创建的样式曲面

（4）继续选取样式工具栏上的命令按钮，选择图 3-71 中另外一组曲线作为边界曲线，创建曲面的过程如图 3-73 所示。

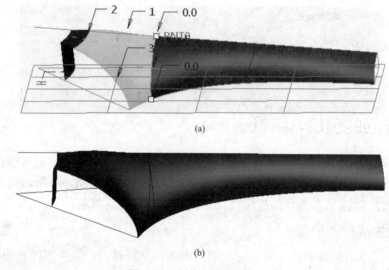

(a)

(b)

图 3-73　创建 5 边样式曲面
(a) 创建 5 边样式曲面的过程；(b) 创建的 5 边样式曲面

3.6.2　由中间过渡曲线控制的样式曲面

图 3-74（a）所示是一个在样式模式下由四条样式曲线作为边界曲线构造的样式曲面。如果在两个弧形曲线之间再增加一条样式曲线作为过渡曲线，并用它来控制所构造的样式曲面，观察一下修改过的曲线对曲面的形状将会有怎样的影响？

（1）在样式环境下选取"设置活动平面"→"内部平面"命令按钮，以 RIGHT 基准面为参考，设定偏移距离为 200mm，创建新的基准面 DTM2。

（2）设定新创建的 DTM2 基准面为活动平面，单击命令按钮，并在曲线操控板上选取平面曲线，增绘一条如图 3-74（b）所示的中间过渡曲线。

（3）单击样式工具栏上的命令按钮，仍然选择图 3-74（a）中的四条曲线作为边界曲线，选好第四条曲线之后，图形区所预览的曲面与图 3-74（a）的曲面完全一样。

（4）将光标移至图形区空白处，按下右键，在弹出的快捷菜单中选取"内部收集器"（系统把中间过渡曲线视作内部曲线），然后选取新增多过渡曲线，此时待生成的曲面预览发生了变化，再单击曲面操控板上的 ✔ 按钮，即生成如图 3-74（c）所示的受中间曲线控制度样式曲面。

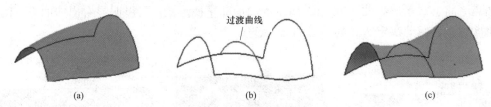

图 3-74　用中间过渡曲线控制样式曲面
（a）原 4 边曲面线；（b）增加过渡曲线；（c）受过渡曲线控制的曲面

如果增加的过渡曲线是位于 FRONT 基准面上，如图 3-75（a）所示。那么重新构造这一样式曲面时，选取这条新增的过渡曲线作为内部曲线，就可以得到如图 3-75（b）所示的马鞍形曲面。

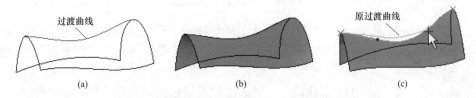

图 3-75　调整中间过渡曲线改变样式曲面形状
（a）新增过渡曲线；（b）受新的过渡曲线控制的曲面；（c）调整过渡曲线

从此例可以看出在构造样式曲面时，根据需要增加中间过渡曲线，将会有效地操控样式曲面的形状。更有意义的是，在创建样式曲面之后，还可以重新编辑过渡曲线，那么原来创建的样式曲面将随着过渡曲线的变化而发生变化，从而使设计达到最满意的设计效果。图 3-75（c）所示就是在样式曲面生成之后，利用曲线编辑功能来修改过渡曲线的情况：点击过渡曲线上的两个节点往下拖动，使过渡曲线中间部分的曲率加大，曲面随之更往下陷，即增大了马鞍的凹度。

3.6.3　样式曲面的编辑

实际上，在 3.5.2 小节的第二个例子中就是通过修改样式曲线来编辑样式曲面的。也就是说编辑样式曲面中的样式曲线，是编辑样式曲面的有效方法。除此之外，还有另外一些对样式曲面直接进行编辑、修改的方法。

1. 样式曲面的修剪

图 3-73 中所创建的 5 边样式曲面从光顺性的角度来看不够理想，其缺点是整张曲面的曲率从上至下变化得过大，显得"陡峭"。为此可以尝试用多种方法来构造曲面，以达到最理想的设计效果。这里采用的是修剪曲面：截取其比较平坦、变化趋势稍缓的那一部分，摒弃过于"陡峭"的部分，这部分曲面采取补片的方法补齐。

（1）删除图 3-73 中已创建 5 边样式曲面。进入样式环境，选中样式工作界面右下方"样式树"中的 SF186 曲面，单击右键，在快捷菜单中选取删除，删去已经创建的 5 边样式曲面。

（2）单击样式工具条上的 按钮，选择图 3-76（a）中的四条曲线作为边界曲线，出现样式曲面的预览，单击曲面操控板上的 按钮，创建了新的样式曲面如图 3-76（b）所示。

然而仔细观察，该曲面的下方仍然显得"陡峭"，但上方 1/3 部分显得较为平缓，可以保留。当然如果采用曲面曲率梳形图来观察分析会更为清晰。单击类型操控板上的"曲率"命令按钮 ，将会显示出如图 3-76（c）所示的曲面曲率梳形图，可以明显看出曲面下方的曲率变化确实过大。因此决定舍弃其下方的 2/3 部分。

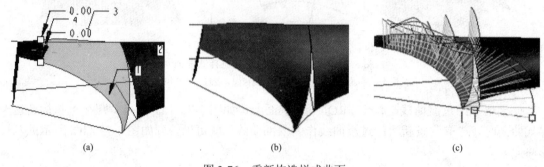

（a）　　　　　　　　　　　　（b）　　　　　　　　　　　　（c）

图 3-76　重新构造样式曲面

（3）创建 COS 型曲线。单击样式工具条上的 按钮，在曲线操控板上选取 选项，然后点击所要依附的曲面。利用捕捉功能沿着曲面的上边线缓缓拖动，当捕捉到曲面右上角度顶点时单击左键，获得一个端点，然后将光标再沿着左下侧的边线拖动，大约在该边线的 1/3 处单击左键，即生成一条 COS 型曲线。再进入曲线编辑模式，利用"切向量"编辑方法将该曲线调整到图 3-77（a）所示的形状，退出曲线编辑。

（4）修剪曲面。单击工具栏上的曲面修剪按钮 ，按照修剪操控板上的三个步骤依次选择曲面作为修剪对象，接着点击刚生成的 COS 曲线为修剪工具，最后点击曲面上所要修剪的那一部分，这时在预览中可以观察到将要修剪掉的部分被分离出来，单击曲面修剪操控板上的 按钮，得到修剪后的曲面如图 3-77（b）所示。

（5）最后进行补片。单击样式工具条上的 命令按钮，选择图 3-77（b）中的四条曲线作为边界曲线，单击曲面操控板上的 按钮，完成后的曲面如图 3-77（c）所示。

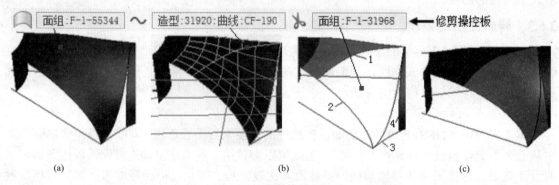

（a）　　　　　　　　　　　　（b）　　　　　　　　　　　　（c）

图 3-77　曲面修剪和补片

（a）创建修剪曲线；（b）修剪中的选择；（c）补片

说明：如果作为修剪工具的曲线是一条闭合的曲线，那么被封闭曲线包围的区域（或该区域外部）将被修剪去。

2．样式曲面的连接

样式模式下的曲面连接是指一个新创建的曲面与另一个已存在的曲面之间的邻接关系。这种连接关系共有四种类型：

● 位置关系：指两个曲面之间仅共用一个边界，在边界处没有共同的切线或曲率。

● 相切关系：指两个曲面之间不仅共用一个边界，而且在沿边界处的每一点上都相切。

● 曲率关系：在连接过程中，曲面可以越过边界连续相切，同时两曲面沿着边界的曲率都相等。

● 斜度关系：指两个曲面之间共用同一个边界，通过边界上的每一条母线的倾斜角度都相等。

下面通过一个具体例子来演示曲面连接中的各种关系。

（1）图 3-78（a）所示是用旋转操作建立的圆锥曲面和位于 DTM1 基准面上的半个圆。

（2）启动 Creo Parametric，单击工具栏上的 按钮，进入"样式"工作模式。设定 TOP 基准面为活动平面。

（3）创建平面曲线。单击样式工具条上的 按钮，在曲线操控板上选取平面曲线命令，利用捕捉功能令光标沿着圆弧向顶点缓缓拖动，当捕捉到顶点时单击左键，获得一个端点，然后将光标沿着曲面的圆弧边线拖动，当捕捉到顶点时点击左键，即生成一条平面曲线；利用同样的方法绘制另一条平面曲线。

（4）进入曲线编辑模式，利用"切向量"编辑方法将该两条曲线调整到图 3-78（a）所示的形状，退出曲线编辑。

（5）单击样式工具条上的 命令按钮，选择图 3-78（b）中的四条曲线作为边界曲线，单击曲面操控板上的 按钮，创建新的曲面。

（6）进行曲面连接。单击样式工具条上的曲面连接命令按钮 ，选择旋转曲面为被连接面。系统默认的连接条件为"位置关系"，注意图 3-78（b）中位于相邻边界线处有一个黄色的虚线条，这就是"位置关系"的标志。单击连接操控板上的 按钮，即获得图 3-78（c）所示的连接曲面。

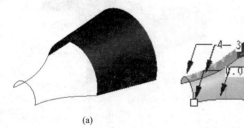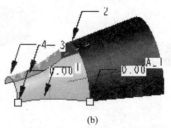

(a)　　　　　　　　　　(b)　　　　　　　　　　(c)

图 3-78　具有位置关系的连接曲面

(a) 原始曲面；(b) 曲面连接过程；(c) 连接后的曲面

实际上，这种位置连接关系只是确定了两个曲面的相互位置，两个曲面之间仅有共用的边界，连接关系对两个曲面的形状均无影响。

如果在连接过程中将光标移向边界线处的连接标志，然后按下右键，将会弹出"关系选项"快捷菜单，菜单中的各个选项分别对应着前面介绍的四种连接关系。

（7）若选取快捷菜单中的"相切"选项，这时在创建相切连接关系的过程中将发现原来的黄色虚线标志变成了单箭头标志，所创建的连接曲面如图 3-79（a）所示。

（8）若选取快捷菜单中的"曲率"选项，这时在创建具有"曲率"连接关系的过程中，将发现原来的黄色单箭头标志变成了双箭头标志，所创建的连接曲面如图 3-79（b）所示。选取类型操控板上的"曲率"命令 可以观察两个曲面的曲率，将会发现它们在共用边界线上的曲率是相等的。

（9）若选取快捷菜单中的"斜度"选项，这时在创建具有相同斜度的连接关系过程中，将发现原来位于共同边界上的黄色双箭头标志变成了单侧箭头标志，所创建的连接曲面如图 3-79（c）所示。

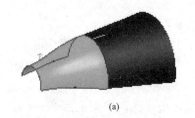 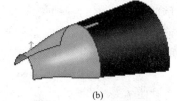 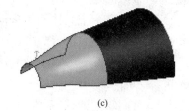

（a） （b） （c）

图 3-79　曲面连接关系

（a）相切关系；（b）曲率关系；（c）斜度关系

3. 样式曲面的偏移

样式曲面创建之后，它和在标准工作模式下创建的曲面一样可以进行偏移和加厚操作，因此这些编辑功能都是在返回到标准工作模式下进行。

仍以上面演示的连接曲面为例说明如何对样式曲面进行偏移操作。

（1）将过滤器设置为"面组"，点击待偏移的曲面，该曲面变为粉红色；选取编辑工具栏上的"偏移"命令，在弹出的偏移操控板上输入偏移量为 10mm；通过点击操控板上的 按钮，可以改变偏移的方向。确定之后，单击操控板上的 按钮，得到如图 3-80（a）所示向内侧偏移的曲面。

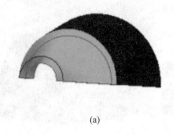 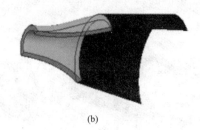

（a） （b）

图 3-80　曲面的偏移

（a）向内侧偏移到曲面；（b）带有侧曲面的偏移

（2）在执行偏移操作过程中，如果打开操控板上的选项下拉面板，点击其中的"创建侧曲面"，单击操控板上的 按钮，可以得到如图 3-80（b）所示的带有侧曲面的曲面。

4. 样式曲面的加厚

曲面加厚的操作与偏移相类似。从理论上说，任何曲面的厚度值都为 0，所以相对于实体而言，又把曲面称为片体。因此，对曲面实施加厚操作后，曲面有了确定的厚度，就从原来的片体转换为实体。仍以上述曲面为例，具体操作如下：

（1）将过滤器设置为"面组"，点击待加厚的曲面，该曲面变为粉红色；选取工具栏上的"加厚"命令，在弹出的偏移操控板上输入加厚量为 10mm；通过单击操控板上的％按钮，可以改变加厚的方向。确定之后，单击操控板上的✔按钮，被加厚的曲面变成如图 3-81（a）所示向外侧加厚的实体。

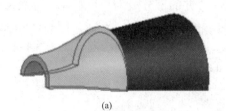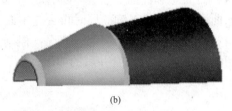

(a)　　　　　　　　　　　　　(b)

图 3-81　曲面的加厚
（a）将曲面向外侧加厚；（b）曲面加厚之后可以倒角

（2）由于曲面经加厚之后变成了实体，就可以对它进行诸如倒角、倒圆角、抽壳等之类的操作。单击工具栏上的倒角命令按钮 ，在倒角操控板上输入倒角值 8mm；然后在按下 Ctrl 键的同时，选取加厚之后的两个圆弧边，单击操控板上的✔按钮，即得到如图 3-81（b）所示被倒角的加厚实体。

5. 样式曲面的合并与实体化

两个样式曲面之间可以进行合并操作，使之合并成一个曲面；样式曲面也可以与在标准模式下生成的曲面（如拉伸曲面、旋转曲面、混合曲面及扫描曲面等）进行合并。但应注意：如果有多张曲面需要进行合并的话，每一次只能进行两张曲面的合并，然后把合并后的曲面与第三张曲面再进行合并，如此继续下去，直到把多张曲面合并为一张曲面。下面通过一个具体的例子予以演示：

（1）打开本章 3.2.3 小节创建的椭圆球曲面 ellipse.prt 文件，将其向内侧加厚 2mm 形成实体。进入样式工作模式，在 DTM1 基准面（与 RIGHT 面的距离为 120mm）和 TOP 基准面上分别绘制两条样式曲线，如图 3-82（a）所示。退出样式环境。

（2）分别将两条样式曲线拉伸为两个曲面片，并作镜像处理，得到如图 3-82（b）所示的四张曲面片。

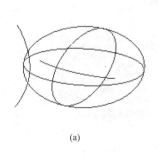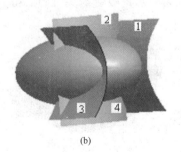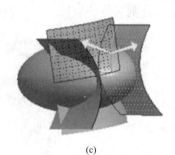

(a)　　　　　　　　　　(b)　　　　　　　　　　(c)

图 3-82　曲面合并
（a）创建的样式曲线；（b）创建的四张曲面；（c）曲面 1、2 合并

（3）合并曲面。首先将过滤器设置为"面组"。选中曲面片 1，按下 Ctrl 键的同时再去选中曲面 2，然后单击模型工具条上的合并命令按钮🔲，将要被合并的两个曲面呈粉红色网格状亮显，如图 3-82（c）所示，注意在图形区出现两个黄色箭头。因为两个曲面进行合并时，会把曲面上的某些区域修剪掉，这里的黄色箭头所指向的区域则是要保留的区域，如果发现箭头的指向不符合要求，可以通过单击合并操控板上的╳按钮来调整。箭头方向确定后，单击操控板上的✔按钮，曲面 1 和曲面 2 便合并为一个曲面。

（4）曲面 1 和曲面 2 合并后会修剪去部分面域，合并的部分成为一个整体。再次选中合并后的曲面，按下 Ctrl 键的同时再去选中曲面 3，然后单击模型工具条上的合并命令按钮🔲，出现与第一次合并过程相类似的情况，根据设计要求调整黄色箭头的指向，单击操控板上的✔按钮，得到与曲面 3 合并后的曲面，如图 3-83（a）所示。

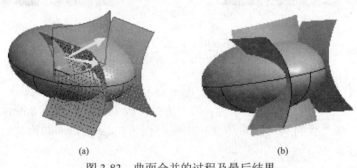

图 3-83　曲面合并的过程及最后结果
（a）与曲面 3 合并后；（b）全部合并

（5）接下来，再仿照步骤（4）的操作，把前三张曲面合并后的曲面与曲面 4 进行合并，同样要注意调整黄色箭头的指向。得到最后的合并曲面如图 3-83（b）所示。

使用最后得到合并曲面片可以进行"实体化"操作，实体化操作能根据具体的需要对原有的实体进行分割操作，这是一项很有用的功能，在本书的后续内容中还会多次用到。这里针对已具有一定厚度的椭圆球进行实体化操作，以获得分割的实体。

（6）再次捕捉合并后的曲面，然后选取主菜单工具栏上的"实体化"命令，图形区出现如图 3-84（a）所示的黄色箭头，箭头的指向表示经实体化分割后将被去除的实体。此时，若单击实体化操控板上的✔按钮，得到被分割的实体如图 3-84（b）所示。

（7）在实体化的过程中可以通过点击操控板上的╳按钮来调整黄色箭头的方向，从而决定被分割实体的取舍。图 3-84（c）所示是改变箭头方向后得到的实体。

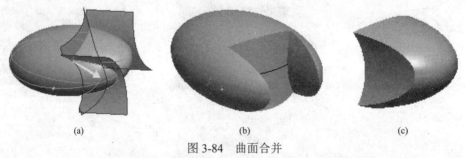

图 3-84　曲面合并
（a）实体化操作过程；（b）被分割的实体 1；（c）被分割的实体 2

需要说明的是：实体化操作在 Creo Parametric 软件中是一项很有用的功能。在其他一些 CAD/CAM 软件（如 CATIA、Siemens NX、Solid Works 等）中，对两个实体之间的求交操作一般是采用"布尔运算"的交集来实现的；而 Creo Parametric 的强项和优势是参数化，它虽不具备交集之类的布尔运算操作，但是依靠实体化操作同样能实现相对应的功能。

3.7　曲面应用综合实例

通过上述各节的介绍，可以比较全面地了解到了 Creo Parametric 3.0 创建曲面的各种方法，这一节，将通过几个综合实例来展示曲面的应用。

3.7.1　正十二面体与足球曲面片

所谓正多面体是由若干个全等的正多边形围成，并且在各个顶点上相交的棱边数目都相等的凸多面体。迄今为止的研究表明，在三维欧几里德空间中，可能构成的正多面体仅有下列五种：正四面体、正六面体、正八面体、正十二面体、正二十面体，通常也称它们为"柏拉图体"。

据历史学和科学史资料报道，大约在 2300 多年前（公元前 360 年），人类就已经开始注意到正多面体完美无缺的构形以及它们所具有的一些独特性质。到了 20 世纪中叶，从几何学的意义上来看，这些由人类思维活动创建的纯粹几何体，已经被求解得相当详尽了。然而，2000 多年来，在已知的自然界范围内却未能找到正十二面体、正二十面体的具体例证。

有趣的是，1985 年，在一次偶然的机遇中，研究人员发现了一种含有六十个碳原子的巴基球——碳六十（C_{60}，Buckyball），它的结构（见图 3-85）就是千百年来人们一直孜孜以求的正二十面体在自然界的实例。1996 年，美国 Rice 大学的斯莫利（R. E. Smalley）和可尔（R. F. Curl）两位教授，及英国 Sussex 大学的克罗托（H. W. Kroto）教授由于首先合成出碳六十，并且确定其正确的分子结构而获得诺贝尔化学奖。

在以往的研究中，人们通常应用解析法来求解正十二面体和正二十面体，原因是使用传统的尺、规作图来表达和求解这两种形体会使问题变得相当复杂。遗憾的是使用解析法也相当烦琐。计算机辅助设计理论和计算机图形学技术的发展，提供了一种极为简易的方法，能够快速地创建这样的结构图形。由于该方法能够快捷地解决此类几何多面体的设计，人们又称其为计算机辅助几何设计（CAGD）。

本节将利用 Creo Parametric 软件所提供的功能实现正十二面体的设计，并进而将其构造为如图 3-86 所示的具有 20 个三角曲面片的足球面体。

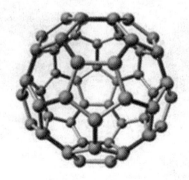

图 3-85　C_{60} 的分子结构——正 20 面体

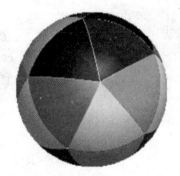

图 3-86　具有 20 个三角曲面片的足球面体

创建足球面体所需要的基本参数为：

- 拔模角：$\alpha = 26.565\,051\,18°$ 这是本例的唯一独立参数。由解析法可得：

$$\alpha = \arccos(-1/\sqrt{5}) - 90°$$

- 边长：L，可以取任意正数，这里取 $L = 80mm$
- 拉伸高度：$H = L \times \tan54° \times \tan[(\alpha + 90°)/2] = 178.162\,618\,4mm$
- 圆角半径：$R = 1.1 \times L = 88mm$

具体操作步骤如下：

（1）在 Creo Parametric 标准模式下单击模型工具条上的拉伸命令按钮 ，以 TOP 基准面为草绘平面进入草绘环境，绘制一个如图 3-87（a）所示的边长为 80mm 的正五边形。

（2）退出草绘，在拉伸操控板上输入拉伸高度为 178.162 618 4mm；打开操控板上的"选项"下拉菜单，勾选"添加锥度"选项框，在数值栏内输入 26.565 051 18°，单击拉伸操控板上的 按钮，得到如图 3-87（b）所示的具有拔模锥度的拉伸实体（正五棱锥）。

（3）再次使用拉伸命令，注意：在拉伸操控板上点击 按钮，将实体切换为片体。以拔模实体的大端面为草绘平面，进入草绘环境。

（4）使用草绘工具条上的 命令，抽取步骤 1 绘制的草图截面并进行镜像处理得到如图 3-87（c）所示的草图，删除所抽取的草绘截面。退出草绘，在拉伸操控板上输入拉伸高度为 35mm；打开操控板上的"选项"下拉菜单，勾选"添加锥度"选项框，在数值栏内输入 26.565 051 18°，单击拉伸操控板上的 按钮，得到如图 3-87（d）所示的具有拔模锥度的拉伸片体。

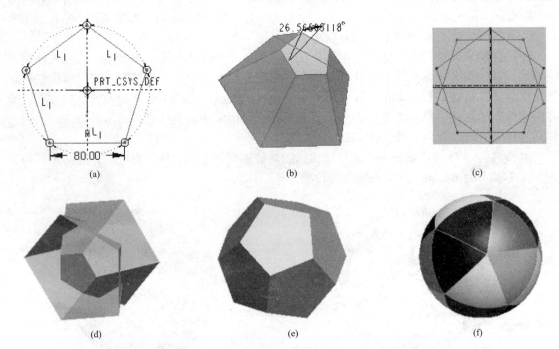

图 3-87　具有 20 个三角曲面片的足球面体创建过程

（a）绘制草图；（b）拉伸并拔模；（c）片体拉伸到草图；（d）片体拔模和实体化操作；
（e）生成正十二面体；（f）着色后的球面

（5）进行实体化操作。将过滤器设置为面组，点选被拔模的片体，选取工具栏上的实体化命令，在弹出的实体化操控板上点击减料命令，黄色箭头方向指向拔模实体的大端（即将被去除的部分，若否，可单击按钮进行切换），单击实体化操控板上的按钮，即创建如图 3-87（e）所示边长为 80mm 的正十二面体。

（6）对正十二面体的每条棱边进行倒圆角，设定圆角半径为 R88mm，得到由 20 张三角曲面片构成的足球曲面体。最后对每张曲面片进行着色处理得到图 3-87（f）所示的彩色足球。

3.7.2　用曲面片构造复式弹簧

所谓复式弹簧是指其总体走向为一个图素（点或圆）绕着一根中心轴旋转并呈螺旋状上升；而另一个图素又沿着这个螺旋状的曲线或曲面做螺旋式旋转，构成一种比较复杂的螺旋结构，我们称其为复式弹簧。在工业或民用电热元件（电炉、电热棒等）中就常用到类似这样的结构。

创建复式弹簧的操作步骤如下：

（1）创建螺旋面。选取工具栏上的"扫描"→"螺旋扫描"命令，选择 FRONT 基准面为参考，绘制图 3-88（a）所示的扫描轨迹和螺旋中心线，退出草绘环境。

（2）单击扫描操控板上的按钮，进入草绘环境。以扫描轨迹的起点为始点，绘制一条水平线如图 3-88（b）所示。

（3）在弹出螺距输入框中输入螺距值为 60mm，按下 Enter 键或单击输入框上的按钮，确认螺距值。完成螺纹扫描的所有准备之后，单击螺旋对话框上的确定按钮，即得到图 3-88（c）所示的螺旋面。

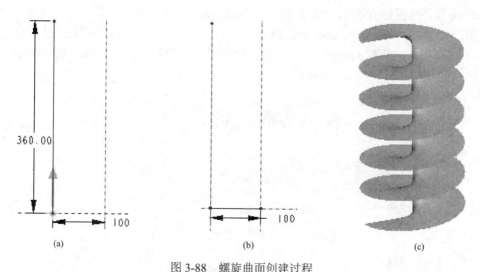

图 3-88　螺旋曲面创建过程
（a）草绘扫描轨迹；（b）草绘扫描截面；（c）创建螺旋面

（4）修剪螺旋面。单击模型工具条上的拉伸命令按钮，在弹出的拉伸操控板上选取片体，以 TOP 基准面为草绘平面，绘制一个直径为 ϕ190mm 的圆，退出草绘环境；将其拉伸为高 365mm 的圆柱片体，随之单击拉伸操控板上的减料按钮，系统自动把步骤（3）生成的螺旋面作为修剪对象。单击操控板上的按钮，即得到图 3-89（a）所示被修剪的片状螺旋条。

（5）使用扫描生成复式弹簧的扫描轨迹。

1）单击模型工具条上的扫描命令按钮，选取片状螺旋条外侧的边线作为扫描的原点，该边线呈红色高亮显，且黄色箭头指出了扫描的起点和方向，如图 3-89（b）所示。

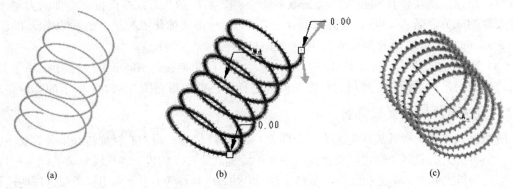

图 3-89　创建扫描曲面

（a）修剪后的片状螺旋条；（b）扫描过程；（c）扫描曲面

2）单击扫描操控板上的草绘按钮![icon]，系统自动进入草绘环境。以步骤（1）所显示的原点为中心绘制一个直径为 φ15mm 的圆及一条径向线，该径向线与 X 轴的夹角可为任意值，待下一步由一个特殊的参数来界定。

3）选取工具栏上的"工具"→"d＝关系"选项，出现"关系"对话框如图 3-90 所示；这时图形区上的各参数均变成它们的 ID 标志，如径向线与 X 轴的夹角值转换为 sd4。点击该标志，sd4 显示在"关系"对话框内。单击对话框上的 *fx*，在弹出的函数类型菜单中选取"trajpar"函数，并继续在表达式右边输入"*360*300"，然后单击"关系"对话框上的"确定"按钮，对话框关闭。此时 sd4 的值由公式"sd4＝trajpar*360*300"界定。图 3-90（b）转化为图 3-90（a）。然后将 φ15mm 的圆转化为构造线，退出草绘。单击操控板上的 ✔ 按钮，即生成图 3-89（c）所示的扫描曲面。

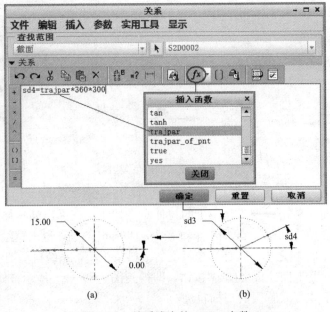

图 3-90　关系式中的 trajpar 参数

　　说明："trajpar"是 Creo Parametric 中的一个内部参数（轨迹参数），它是一个从 0 到 1 线性变化的变量。在扫描开始时，trajpar 的值是 0；结束时为 1。它在 0 和 1 之间的每个取值代表扫描特征的长度百分比。例如：在草绘时，使用工具菜单下的"关系"命令，关系式 sd# = trajpar + n，此时尺寸 sd# 受到 trajpar + n 控制。在扫描开始时值为 n，结束时值为 n + 1。截面的高度尺寸呈线性变化。当 sd# = sin(trajpar*360) + n，即截面的高度尺寸受该表达式的控制，将会按 sin 曲线变化。本例 sd4 = trajpar*360*300 表示在高度 360mm 范围内，有 300 次从 0→1 的变化。如此扫描，即得到如图 3-89（c）所示的曲面。

　　（6）点击工具栏上的"扫描"命令，在弹出的扫描对话框和轨迹选择快捷菜单中选择"选取草绘"选项，然后点击步骤（5）创建的变截面扫描曲面的外侧边线，接受默认的选项，此时操控板上的 ⬚ 按钮被激活，单击 ⬚ 按钮，进入草绘环境。

　　（7）以起始点为圆心，绘制如图 3-91（a）所示直径为 6mm 的圆，作为构成该复式弹簧原材料的直径，退出草绘。单击扫描对话框上的"确定"按钮，即生成如图 3-91（b）所示的复式弹簧。

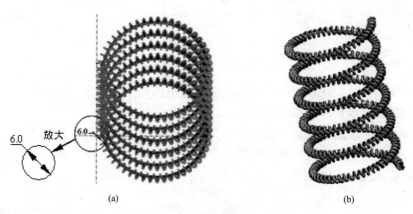

图 3-91　生成复式弹簧

（a）草绘扫描截面；（b）创建弹簧

3.7.3　矿泉水瓶底部样式曲面

　　矿泉水瓶是采用吹塑工艺在模具中把 PT 或 PC 等高分子材料吹塑成形。因此要批量制造矿泉水瓶，必须事先开模。制造模具的前提是要把矿泉水瓶的外形设计出来，而矿泉水瓶底部的三维模型比较复杂，要求也较高。本节即以矿泉水瓶底部的三维样式为例来展示 Creo Parametric 曲面设计的功能。

　　1. 创建矿泉水瓶底部的基础模型

　　（1）单击模型工具条上的旋转命令按钮，以 FRONT 基准面为草绘平面，进入草绘环境，绘制图 3-92（a）所示的中心线和截面，退出草绘。将该截面旋转 360° 得到矿泉水瓶底部的基础模型如图 3-92（b）所示。

　　（2）以 TOP 基准面为参考，创建基准面 DTM1，设定其至 TOP 面的距离为 30mm。

　　2. 创建样式曲线及其投影

　　（1）单击模型工具条上的 ⬚ 按钮，进入样式工作模式。设定 DTM1 基准面为活动平面；

单击样式工具条上的～按钮，在曲线操控板上选取◢选项，绘制如图 3-93（a）所示的平面曲线，注意应采用捕捉功能确保曲线的两个端点位于 FRONT 面上，且利用曲线编辑功能设定该曲线两个端点处的切向量在 FRONT 面的法向上。完成后退出样式环境。

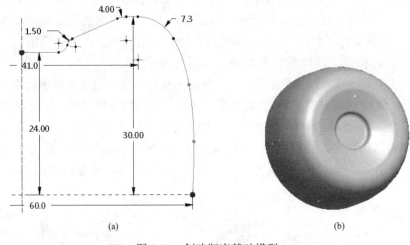

(a)　　　　　　　　　　　　　　(b)

图 3-92　创建瓶底基础模型

（a）草绘截面；（b）瓶底基础模型

（2）进行镜像操作。选中刚绘制的样式曲线，单击模型工具条上的镜像按钮〗〖，单击镜像操控板上的按钮，得到样式曲线的镜像。

（3）选取工具栏上的"投影"命令，打开投影操控板上的参考下拉菜单：首先选中样式曲线及其镜像，然后选择瓶底基础模型作为投影的面组，最后选择 Y 轴为投影方向。单击投影操控板上的✔按钮，得到红色的投影曲线如图 3-93（b）所示。

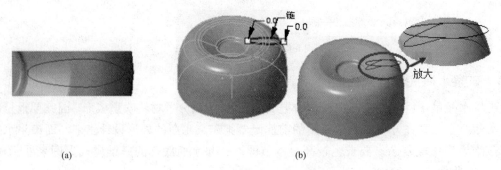

(a)　　　　　　　　　　　　　　(b)

图 3-93　创建投影曲线的过程

（a）创建样式曲线及其镜像；（b）创建投影曲线

3. 阵列投影曲线并修剪曲面

（1）选中投影曲线，单击模型工具条上的阵列按钮⊞，在弹出的阵列操控板上首先使用"方向"来定义阵列成员，继而选取阵列类型为旋转方式⑮，点击图形区瓶底基础模型的中心线作为旋转轴，最后输入阵列个数为 5，旋转角度增量为 72°。完成后单击阵列操控板上的✔按钮，得到阵列后的投影曲线如图 3-94（a）所示。

（2）将过滤器中的选项设定为"面组"，点选瓶底基础模型面，选取工具栏上的"修剪"

命令，点击瓶底基础模型面作为被修剪的面组，选取五个投影曲线中的一个作为修剪工具，预览中的黄色箭头指向下方，单击修剪操控板上的 ✔ 按钮，修剪掉第一块曲面片，如图 3-94（b）所示。

（3）采用步骤（2）的修剪方法，依次用另外四个投影曲线作为修剪工具对面组进行修剪，最后修剪去五块曲面片后的面组如图 3-94（c）所示。

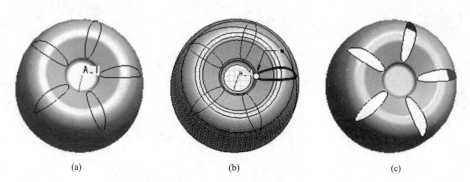

(a)   (b)   (c)

图 3-94 阵列后的投影曲线及用投影曲线修剪面组
（a）阵列；（b）修剪一处；（c）修剪五处

4. 创建补片

（1）单击工具栏上的 ▢ 按钮，进入样式工作模式。

（2）点击样式工具栏上的曲面按钮 ▢，依次点选图 3-95 中的 7 条曲线链，图形区出现曲面预览：新生成的补片与基础曲面呈位置连接关系（图中黄色虚线）。鼠标右键点击黄色虚线，在弹出的快捷菜单中选择"相切"，虚线变成单箭头，说明补片与基础曲面成相切关系（右侧也作此处理）。单击曲面操控板上的 ✔ 按钮，得到第一个补片。

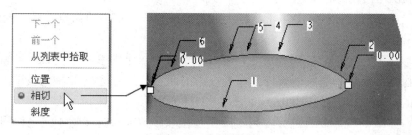

图 3-95 创建补片

（3）进行阵列操作。退出样式环境，返回标准建模模式。在模型树上选中刚生成的补片，单击模型工具条上的阵列命令按钮 ▦，在阵列操控板上的输入操作与第 4 步中的步骤（1）完全相同，完成后单击阵列操控板上的 ✔ 按钮，得到阵列后的补片如图 3-96（a）所示。

5. 进行曲面合并

（1）首先将过滤器设置为"面组"。选中补片 1，按下 Ctrl 键的同时再去选中基础模型曲面，然后单击模型工具条上的合并命令按钮 ▱，将要被合并的两个曲面如图 3-96（b）呈淡黄色网格状亮显示，单击合并操控板上的按钮，得到补片 1 与基础模型曲面合并后的曲面。

（2）接着点选补片 2，按下 Ctrl 键的同时再去选中上一步合并后的曲面，再次单击模型工具条上的合并命令按钮 ⌂，将要被合并的两个曲面呈粉红色网格状亮显示，单击合并操控板上的按钮，得到补片2合并后的曲面。

（3）如此继续合并下去直到5张补片全部与基础模型曲面合并在一起，成为一张整体曲面，如图3-96（c）所示。

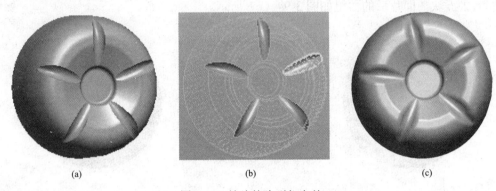

（a） （b） （c）

图3-96 补片的阵列与合并

（a）补片阵列后的结果；（b）曲面合并过程；（c）合并完成后倒圆角

6. 创建另外5个凹槽曲面

接下来，仿照上述各步骤的操作，创建另外5个凹槽曲面。

（1）以中心轴A1为参考，创建基准面DTM2，令其与FRONT面的夹角为36°。

（2）单击工具栏上的 ⌂ 按钮，进入样式工作模式。设定DTM1基准面为活动平面；单击样式工具条上的 ～ 按钮，在曲线操控板上选取 ⌂ 选项，绘制如图3-97（a）所示的样式曲线，注意应确保曲线的两个端点位于DTM2面上，且利用曲线编辑功能设定该曲线两个端点处的切向量在DTM2面的法向上。完成后退出样式环境。

选中刚绘制的样式曲线，单击工具栏上的镜像按钮 ⌂，单击镜像操控板上的 ✔ 按钮，得到样式曲线的镜像。

（3）选取工具栏上的"投影"命令，打开投影操控板上的参考下拉菜单：首先选中样式曲线及其镜像，然后选择瓶底基础模型作为投影的面组，最后选择Y轴为投影方向。单击投影操控板上的 ✔ 按钮，得到投影曲线如图3-97（b）所示。

（4）对刚生成的投影曲线进行阵列。操作过程和参数输入与步骤4完全相同。

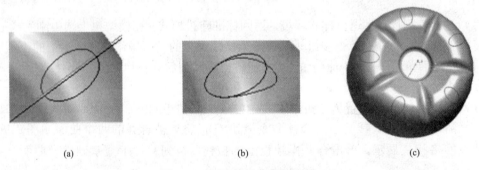

（a） （b） （c）

图3-97 创建投影曲线并阵列

（a）创建样式曲线并镜像；（b）生成投影曲线；（c）阵列投影曲线

（5）单击工具栏上的 ⬜ 按钮，进入样式工作模式。单击样式工具条上的 ⬜ 按钮，按照修剪操控板上的次序和提示依次选取要修剪的面组、修剪工具（这里为其中一条投影曲线）及待剪除的曲面部分。单击修剪操控板上的 ✔ 按钮，即可得到由第一条投影曲线修剪后的面组。图 3-98（a）显示出修剪的过程。

（6）继续上一步的操作，以第二条投影曲线作为修剪工具修剪面组……直到第五条投影曲线修剪完毕，得到被修剪后的面组如图 3-98（b）所示。退出样式环境。

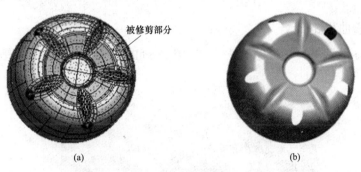

(a)　　　　　　　　　　　　　(b)

图 3-98　用投影曲线修剪面组

（a）在样式环境下修剪面组；（b）修剪后的面组

（7）添加一条草绘曲线。在标准工作模式下以 DTM2 基准面为草绘平面，绘制一条如图 3-99 所示的样条曲线。为确保该样条曲线与投影曲线的两端重合，可以使用 ⬜ 命令得到投影曲线，便于捕捉端点。

（8）使用边界混合方法创建曲面。单击工具栏上的 ⬀ 按钮，弹出边界混合操控板。按下 Ctrl 键的同时，按次序选取图 3-99（b）中的曲线 1、2（草绘曲线）和 3，单击操控板上的 ✔ 按钮，得到第一张边界混合曲面补片。接下来，按照同样的操作方法创建第二块补片，直到生成如图 3-99（c）所示的五张曲面补片。

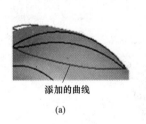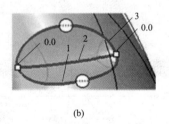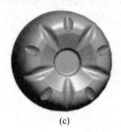

(a)　　　　　　　　　　(b)　　　　　　　　　　(c)

图 3-99　创建边界混合曲面并阵列

（9）进行曲面合并。曲面合并的方法与本例步骤 6 的操作方法完全相同，这里不再赘述。

（10）倒圆角。对合并后的五条棱边进行倒圆角处理，设定圆角半径为 *R*3mm。

7. 对合并后的整体曲面进行加厚处理

首先如图 3-100 所示，选中已全部合并的整张曲面，选取工具栏上的 "加厚" 命令，设定厚度为 0.5mm，单击加厚操控板上的 ✔ 按钮，最后得到矿泉水瓶底的样式，如图 3-101 所示。

图 3-100　曲面加厚　　　　　图 3-101　完成后的矿泉水瓶底部样式

3.7.4　异形管道曲面的设计

图 3-102 所示为四缸发动机排气歧管，使用 Creo Parametric 3.0 创建该排气歧管的操作过程和步骤如下：

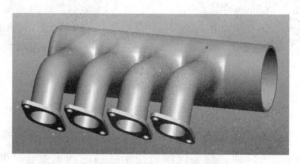

图 3-102　四缸发动机排气歧管

1．创建初始图元

进入 Creo Parametric 标准工作环境，打开本书配套资料 ch_3 文件夹中的 diverg.prt 文件如图 3-103 所示。已创建了两个半径分别为 R40mm 和 R21mm 的半圆柱面片体，一个半径为 R40mm 的 1/4 圆柱面片体及三个基准面 DTM1、DTM2 和 DTM3；其中 DTM1 和 DTM3 距 RIGHT 基准面分别为 60mm 和 30mm；DTM2 距 TOP 基准面 60mm，作为创建排气歧管的初始图元。

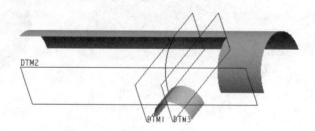

图 3-103　构造排气歧管的初始图元

2．创建样式曲面

（1）单击工具栏上的 按钮，进入样式工作环境。使用平面曲线功能，绘制图 3-104（a）所示的两条曲线，并使用曲线编辑功能将其切向量分别与 DTM1、DTM2 及 TOP 面成法向。

（2）单击样式工具条上的曲面按钮 ，依次选中图 3-104（b）中的曲线 1～5，可预览将要生成的曲面，注意到在构造曲线时已通过切向量进行了调整，所以待生成的曲面与相邻曲面皆为"相切"关系。单击曲面操控板上的 ✔ 按钮，得到图 3-104（c）所示的样式曲面。

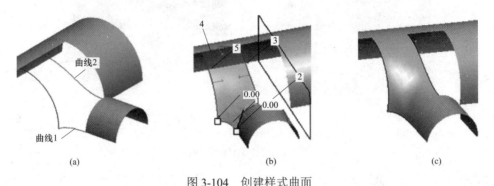

图 3-104　创建样式曲面
（a）创建样式曲线并调整；（b）曲面构造过程；（c）生成的样式曲面

仔细观察所生成的样式曲面，其上半部分比较光滑，而下半部分则显得较为陡峭，且不够光滑。为此需要对此曲面进行修剪，然后再构造补片以弥补其不足。

3. 修剪曲面、添加补片

（1）创建 COS。单击工具栏上的 ∼ 按钮，选取曲线操控板上的 COS 按钮 ▣，利用捕捉功能，绘制图 3-105（a）所示的 COS 曲线，并使用曲线编辑功能将其切向量分别与 DTM1、DTM2 成法向。

（2）单击样式工具条上的曲面修剪按钮 ▣，按照修剪操控板上的提示依次选中被修剪的曲面、修剪工具（即 COS）和待修剪部分，修剪过程见图 3-105（b），单击 ✔ 按钮，可得到图 3-105（c）所示修剪后的曲面。

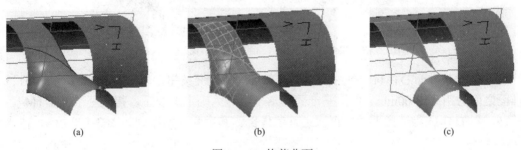

图 3-105　修剪曲面
（a）创建 COS；（b）修剪过程；（c）修剪后的曲面

（3）再次单击样式工具栏上的曲面按钮 ▣，先后依次选中图 3-106（a）中的曲线 1～4，可预览将要生成的曲面，在预览中可看到补片与相邻曲面皆为"相切"关系。单击曲面操控板上的 ✔ 按钮，即得到图 3-106（b）所示的补片，在样式环境下补片与被修剪的曲面自动以"相切邻接"方式连接成一个整体曲面。从图中可以看出该曲面的样式质量已明显得到提高。

样式曲面完成之后，单击 ✔ 按钮，退出样式环境，返回到 Creo Parametric 标准工作模式。

4. 镜像操作及曲面合并

（1）将过滤器设置为"面组"，选中由样式模式创建的曲面，单击工具栏上的镜像按钮 ▣，以 DTM3 为镜像平面，生成与样式曲面相对称的曲面，且彼此以相切关系邻接，见图 3-107。

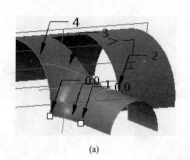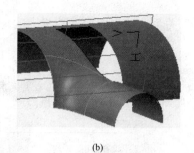

(a)　　　　　　　　　　　　　　(b)

图 3-106　添加补片

（a）创建补片的过程；（b）生成的补片

（2）按下 Ctrl 键的同时，先后选中两个互为镜像的曲面，单击工具栏上的合并命令按钮，单击合并操控板上的✔按钮，将二者合并为一个曲面片。

采用类似的方法将刚合并的曲面与半径 $R21$mm 的半圆柱面合并。

（3）选中上一步合并在一起的曲面，单击模型工具条上的镜像按钮，以 DTM1 为镜像平面，单击镜像操控板上的✔按钮，得到合并曲面的一个镜像如图 3-108 所示；再使用合并功能将二者合并为一个曲面如图 3-108 所示。

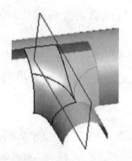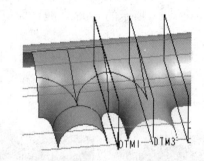

图 3-107　镜像操作 1　　　　　图 3-108　镜像操作 2

（4）创建基准面 DTM4。单击模型工具条上的基准面按钮，以 DTM1 为参考，并设定两基准面之间的距离为 60mm，单击基准面对话框上的"确定"按钮，得到基准面 DTM4。

（5）以 DTM4 为镜像平面，再次进行镜像操作和合并操作得到如图 3-109 所示的曲面。

图 3-109　再次镜像

（6）再次以 FRONT 面为镜像平面，对图 3-109 所示的曲面进行镜像操作，然后进行曲面合并，得到如图 3-110 所示的曲面。

5. 在曲面左侧添加堵头

选取片体方式进行旋转操作，以 FRONT 面为草绘平面，绘制如图 3-111 所示的截面和中心线，将其旋转 360° 得到左侧封闭的曲面如图 3-111 所示。

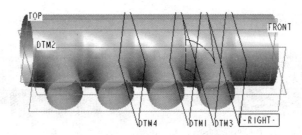

图 3-110　合并操作后的曲面

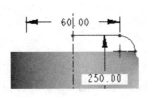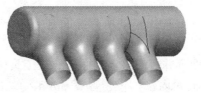

图 3-111　左侧封闭的曲面

6. 创建扫描混合曲面

（1）首先以 DTM3 基准面为草绘平面，绘制一条扫描轨迹曲线，退出草绘环境，此时绘制的扫描轨迹呈绿色高亮显；单击基准工具条上的基准点按钮 ，在扫描轨迹曲线的末端创建基准点 PNT1。

（2）以扫描轨迹曲线和点 PNT1 为参考，创建基准面 DTM5，设定该基准面通过 PNT1 且垂直于扫描轨迹曲线。

（3）以 DTM5 面为草绘平面，绘制直径 ϕ42mm 的圆作为扫描混合截面 1。

（4）选取工具栏上的"扫描混合"命令，按步骤（1）绘制的扫描轨迹曲线；展开扫描混合操控板上的"截面"下拉面板，激活"选取截面"选项，选取步骤（3）创建的混合截面 1，再点击下拉面板上的"插入"，然后选取 ϕ42mm 的圆柱片体的端面边线作为混合截面 2，在工作区形成扫描混合的预览，注意两个混合截面的矢量应一致，单击扫描混合操控板上的 按钮，得到扫描混合曲面如图 3-112 所示。

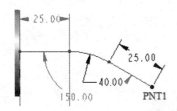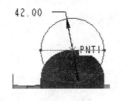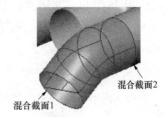

图 3-112　扫描混合操作

7. 阵列操作

选中模型树上的扫描混合特征，单击模型工具条上的阵列按钮 ，选取阵列操控板上的"方向"阵列方式，再选取工作区内坐标系的 X 轴为阵列方向，设定阵列个数为 4，阵列增量为 60mm，通过阵列预览确定各参数无误，单击操控板上的 按钮，得到阵列后的曲面。阵列过程如图 3-113 所示。

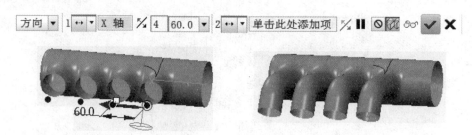

图 3-113　阵列操作

8. 合并曲面并加厚

（1）仿照上述合并操作把所有曲面合并为一个整体曲面（每次合并只能是两张曲面的合并）。

（2）接着选中合并后的整体曲面，选取工具栏上的"加厚"命令，点击加厚预览中的黄色箭头令其指向曲面内部，设定厚度 3mm，单击操控板上的 ✔ 按钮，得到加厚的实体如图 3-114 所示。

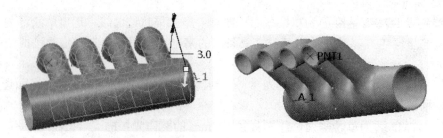

图 3-114　加厚操作

9. 创建安装底座

（1）选取工具栏上的拉伸命令按钮 🗗，以 DTM6 为草绘平面进入草绘环境，补选 PNT1 为第二参考，以 PNT1 为对称中心，绘制图 3-115 所示的截面，将其拉伸 5mm 得到一个安装底座。

（2）再仿照步骤 8 所进行的阵列操作，得到四个安装底座如图 3-115 所示。

至此，完成了四缸发动机排气歧管的设计，以 divergent.prt 为文件名存盘。

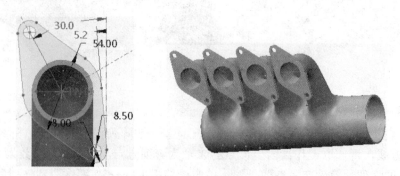

图 3-115　创建安装底座

练习 3

3-1　图 3-116 所示摩托车尾灯灯罩的主视图。试采用扫描、曲面延伸、加厚、修剪等功能创建该灯罩的三维实体模型。

图 3-116　摩托车尾灯罩

3-2　图 3-117 所示为一花瓶的曲面片体模型。其顶部曲线的变化规律如式（3-1）所示

$$\begin{cases} x = (75 + 0.5\sin n\alpha)\cos\alpha \\ y = (75 + 0.5\sin n\alpha)\sin\alpha \\ z = 40 + 5\sin n\alpha \end{cases} \tag{3-1}$$

试用工具菜单中的"表达式"来创建该花瓶的顶部曲线，再使用"通过曲线组"方法创建此花瓶曲面。

图 3-117　曲顶花瓶曲面片体

3-3　图 3-118（a）所示为采用混合扫描得到的异形曲面。该区面由一条扫描引导线控制扫描轨迹，由五个大小、形状不同的截面控制整个曲面的形状。由图中右侧部位可以看出，该曲面的构造产生了瑕疵（曲面发生褶皱）。试采用编辑定义的方法返回到混合扫描特征建模过程中，分别对引导曲线和混合截面进行修改，以得到如图 3-118（b）所示的表面光顺的样式曲面。

(a)　　　　　　　　　　　　　　　　　　　　　(b)

图 3-118　对扫描混合曲面进行修改

3-4　图 3-119 所示为汽车轮毂的三维视图,试仿照本章矿泉水瓶底部的建模方法,采用样式曲面建模方式,创建该轮毂的三维实体模型。设定轮毂的厚度为 2mm。

设该轮毂的最大直径为 ϕ650mm,中心孔直径为 ϕ80mm。其他参数由读者参考实际情况自行设定。

3-5　图 3-120(a)所示为一电风扇叶片的三维造型。试用本章介绍的扫描曲面和曲面编辑(修剪、阵列及加厚)等功能,创建该叶片的主体模型。

设叶片最大直径为 ϕ400mm,中部壳体直径 ϕ60mm,内部肋宽度 6mm,高度 40mm,芯轴孔径 10mm。

图 3-119　汽车轮毂三维视图

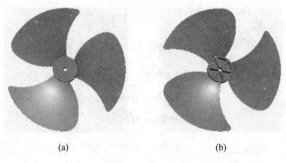

(a)　　　　　　　　　(b)

图 3-120　电风扇叶片造型

(a)正面;(b)反面

第4章 Creo 3.0 典型零件设计

本章将通过各类常用机械零件设计的实例，来综合展示 Creo 3.0 特征、参数化建模和曲面建模的各种先进和强大的功能。

4.1 轴类零件设计

4.1.1 轴类零件的设计特点

轴类零件是机械产品中最常用的零件之一，根据其功能和主形状的不同，轴类零件可分为直轴和曲轴两大类。直轴主要以阶梯轴为主，用于各类机电产品的传动、转动部位，承载其他传动部件（如轴承、齿轮、蜗轮、凸轮等）或功能部件（如涡轮转子、电枢转子等）。光轴主要用作芯轴、芯棒等，相对比较简单。曲轴常用于发动机的曲柄连杆机构和凸轮轴配气机构中，形状往往比较复杂。不论是直轴还是曲轴，其结构基本相似，主形状大都由圆柱、圆台或空心圆柱组成，另外再根据功能的需求增加一些具体的工艺特征，如中心孔、沟槽、键槽、倒角、圆角、螺纹等。

直轴类零件基本是以其中心线为对称的回转结构，因此不少三维设计教程中都采用回转操作来创建其主体模型，即首先采用草绘功能绘制出轴的半个封闭剖面，然后令该剖面绕中心线旋转 360°生成主模型。这种建模方法固然建模效率较高，但并不符合直轴类零件的实际加工工艺过程。本书强调的是 CAD/CAPP/CAM 的一体化，即在设计阶段（CAD）就应该充分考虑到该零件的工艺性（CAPP）和加工制造（CAM）方法，这样设计参数或设计信息才能有效地传递到产品开发的后续环节，使设计资源在工艺和制造环节得以共享和充分利用。这种设计思想符合现代设计制造中"产品全生命周期的管理"（PLM）和"基于模型定义"（Model Based Definition，MBD）的理论和方法，也正是"德国工业 4.0"和"中国制造 2025"中的核心要义之一，应该大力提倡。

一个阶梯轴的加工制造过程和工艺路线大体是：棒状毛坯（棒料或锻料）→在车床上进行体积切削→生成一端的多个台阶→掉头夹持→继续进行体积切削→生成另一端台阶→车槽→倒角→圆角→在铣床上铣削键槽→（热处理）磨削。如果我们在设计阶段就能较充分地考虑这一工艺流程进行建模，那么在创建各个特征时所用到的（或者说所隐含的）参数和信息都能为后续的工艺、加工制造和装配环节所共享，这些设计信息甚至可以传递到数控加工程序之中而得到最充分的利用，从而最大限度地减少了信息的重复输入和冗余。这样，才真正地实现了 PLM 的理念，有效地提高设计质量和效率。

4.1.2 阶梯轴的创建

本小节将通过使用 Creo Parametric 进行若干种轴类零件设计的实例来说明和实现上述设计思想。

1.普通阶梯轴

（1）单击工具栏上的"拉伸"命令 ⬜️，以 FRONT 基准面作为草绘平面，绘制直径 ϕ30mm 的圆，退出草绘，将其拉伸为如图 4-1（a）所示长度 154mm 的圆柱，作为阶梯轴棒料毛坯。

（2）以 TOP 基准面为草绘平面，绘制矩形，使用尺寸约束命令 ⬜️ 设定矩形左边线到毛坯轴右端面的距离为 92mm，矩形上边线到毛坯中心线的距离为 11mm（这个矩形的右下顶点就是将来车削时车刀的起始点，长边就是车刀轴向进给长度，短边则为车刀径向进给长度），并绘制一条中心线，退出草绘。单击工具栏上的旋转减料命令 🔧，即可获得第一个阶梯。

（3）继续采用类似上一步的操作方法，分别绘制矩形，并分别设定左边线到右端面的长度为 59mm、43mm 及 12mm，各个矩形的上边至中心线的距离分别为 10mm、9mm 及 7.5mm，进行三次旋转操作，即可获得阶梯轴右侧四个阶梯的创建。创建过程分别参见图 4-1（b）和（c）所示。

（4）左侧的三个台阶也均采取类似的操作，最后得到的阶梯轴如图 4-1（d）所示。

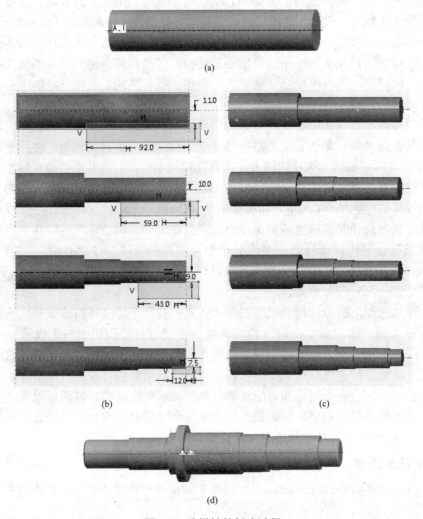

图 4-1 阶梯轴的创建过程

（a）阶梯轴毛坯；（b）草绘剖面；（c）旋转减料创建的多个台阶；（d）阶梯轴模型

（5）创建三个退刀槽。

1）首先创建左侧的退刀槽，以 FRONT 面为草绘面进入草绘环境，使用投影工具，点击退刀槽所在位置的右侧边，得到其投影；如图 4-2 所示的截面，完成后，单击 按钮退出草绘。

2）再使用偏移工具，点击退刀槽所在圆柱面的边线，弹出如图 4-2（a）所示的数据框及向内黄色箭头，在数据库内输入 0.5，单击 按钮，得到一条偏移线。

3）再点击步骤 1）生成的投影线，弹出的如图 4-2（b）所示的数据框内及向右黄色箭头，在数据框内输入"−2"，单击 按钮，得到另一条偏移线及图 4-2（c）所示的旋转截面。退出草绘环境。

4）单击工具栏上的旋转工具按钮，以轴的中心线为旋转轴，进行减料操作，即可创建左侧的退刀槽。

仿照上述各步骤的操作，可创建轴右侧的另外两个退刀槽。

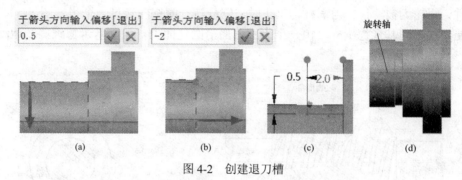

图 4-2　创建退刀槽

（a）偏移 1；（b）偏移 2；（c）旋转截面；（d）创建退刀槽

（6）创建键槽。阶梯轴上的两个键槽分别位于左端直径 $\phi 15\text{mm}$ 及中部直径 $\phi 22\text{mm}$ 的轴段上，为此须先创建两个基准平面，以绘制键槽草图。

1）以 RIGHT 面为参照，分别创建两个与其相距 7.5mm 和 11mm 的基准面 DTM1、DTM2。

2）以 DTM1 面为草绘平面，绘制如图 4-3（a）的草图，然后使用拉伸减料方式，深度为 4mm，获得左侧键槽。

3）以 DTM2 面为草绘平面，绘制如图 4-3（b）的草图，也使用拉伸减料方式，深度为 5.5mm，获得中部的键槽。

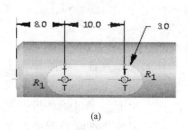

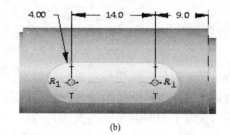

图 4-3　创建键槽

（a）键槽 1 草图；（b）键槽 2 草图

（7）单击工具条上的"倒斜角"命令，输入倒角尺寸 1mm（系统默认为 45°倒角）单击需要倒角的边，即获得 $1 \times 45°$ 的倒角。完成轴的创建，如图 4-4。以 shaft.prt 作为文件名存盘。

图 4-4　创建完成的阶梯轴

4.1.3　蜗杆轴设计

蜗杆、蜗轮传动是常见的机械传动和变速机构之一，在工程中应用得十分广泛。其特点是传动比大、机构紧凑、传动平稳。蜗杆、蜗轮副常用于垂直交错轴之间的降速传动，蜗杆为主动件，蜗轮为被动件。当蜗杆为单头时，蜗杆转一圈蜗轮转过一个齿（图 4-5）。最常见的蜗杆是圆柱形阿基米德蜗杆，由一个齿廓截面沿圆柱面上一条阿基米德螺旋线运动形成单头蜗杆。

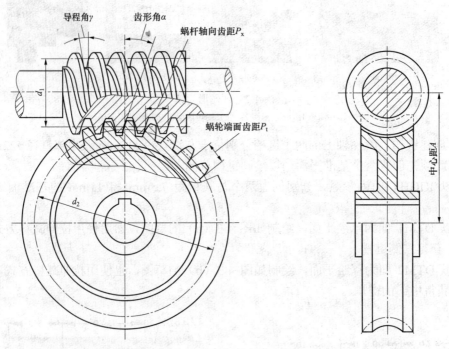

图 4-5　蜗杆、蜗轮的传动原理

为了保证蜗杆、蜗轮传动机构的紧凑，蜗杆的齿形部分大都布置在一根阶梯轴上，所以称之为蜗杆轴。蜗杆的齿形是用一把成形车刀在车床上进行车削加工而形成的阿基米德蜗杆螺旋面，成形车刀两侧边间的夹角为 $2\alpha = 40°$，刀具切削刃的平面应通过蜗杆轴的轴线，所切成的轴向齿廓侧边为直线。因此，用螺纹扫描方法生成阿基米德蜗杆螺旋面所用到的截面为夹角 40°的等腰梯形。

蜗杆轴的阶梯轴主体（蜗杆轴毛坯）的创建与上述阶梯轴的创建方法类似，为节省篇幅，这里就不再赘述。

本例的任务是在图 4-6 所示的阶梯轴（文件名 worm_shaft.prt）上创建蜗杆齿形特征。

图 4-6　用于蜗杆的阶梯轴

蜗杆的主要设计参数如下：

- 轴向模数：$m_x = 2mm$　　　　　　　　　　　　//即蜗轮的端面模数
- 头数：$Z_1 = 1$
- 分度圆压力角：$\alpha = 20°$
- 蜗杆导程角：$\gamma = 4°05'08'' = 4.085\ 6°$　　　//与蜗轮的螺旋角 β 相等
- 分度圆直径：$d = 28mm$
- 齿根圆直径：$d_b = 22.1mm$
- 齿顶圆直径：$d_t = 32mm$
- 螺距：$P = 28 \times 3.141\ 6 \times \tan\gamma = 6.283\ 1$
- 分度圆齿厚：$L = P/2 = 3.141\ 6mm$
- 螺旋方向：右旋
- 中心距：$A = 40mm$　　　　　　　　　　　　//蜗杆轴线与蜗轮中心线之间的距离

根据以上各设计参数，创建蜗杆齿形轮廓的步骤如下：

（1）绘制螺纹扫描轨迹。进入草绘环境，绘制如图 4-7（a）所示的螺纹扫描轨迹，注意将扫描轨迹的起始点设置在蜗杆分度圆周上且偏离右端面 10mm 处（请读者考虑原因）。完成后退出草绘环境。

（2）选取工具栏上的"扫描"→"螺纹扫描"，弹出螺旋扫描操控板，选择减料方式，接受操控板上的"使用右手定则"选项。展开"参考"下拉设置菜单。

（3）点击模型树上步骤（1）绘制的直线（草绘 1）作为扫引轨迹；"旋转轴"下方的"选择项"自动激活，选取图形区内蜗杆的中心线作为扫描中心轴，如图 4-7（a）所示。

（4）图形区出现螺距（PITCH）标志，在操控板的"螺距值"数据框内输入 6.283 1mm，然后按下 Enter 键。

（5）此时螺旋扫描操控板上的草绘按钮 ☑ 被激活，单击 ☑，进入草绘环境。以引导线端点为参考，绘制如图 4-7（b）所示的蜗杆齿槽剖面，图中所标注的尺寸 3.14 为蜗杆齿槽分度圆齿厚，注意此段直线须通过扫引轨迹始点，尺寸确定后应将其转换为"构造线"；尺寸 14.0 为蜗杆分度圆半径，11.6 为蜗杆齿根圆半径。单击 ✔ 退出草绘器，返回到螺旋扫描操控板。

（6）单击螺纹扫描对话框中的 ✔ 按钮，即生成蜗杆螺旋齿形如图 4-7（c）所示。完成后以 worm_shaft.prt 为文件名存盘。

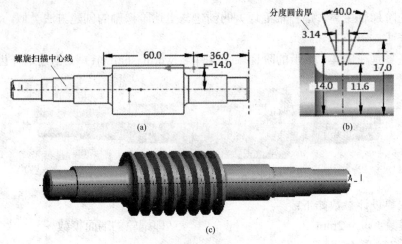

图 4-7　创建蜗杆螺旋齿形操作过程

（a）绘制螺纹扫引轨迹；（b）绘制蜗杆齿槽梯形剖面；（c）生成蜗杆螺旋齿形

4.1.4　花键轴的设计

　　有些用作驱动轴的轴径较小时，如果仍采用单键与其他零件（如齿轮、带轮、凸轮等）相连接，往往不能满足传递较大扭矩的要求。这时可以采用花键方式连接，因此需要用专用的拉刀在轴上拉制花键槽。我国对花键的有专门的规范：GB/T 1144—2001 和 GB/T 3478.1—2008 分别为矩形花键和圆柱直齿渐开线花键的国家标准，如图 4-8（b）所示。这里以汽车差速器所使用的一种花键齿轮轴为例介绍其设计过程。

　　1. 创建花键轴毛坯

　　（1）进入草绘环境，绘制如图 4-8（a）所示的剖面，退出草绘，以 Z 轴为旋转轴，用旋转方式创建花键轴毛坯如图 4-8（c）所示。

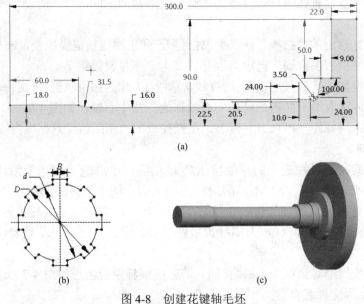

图 4-8　创建花键轴毛坯

（a）草图；（b）花键标准；（c）花键轴毛坯

　　说明：该花键轴为汽车差速器的输出轴，实际长度接近车身宽度的 1/2，为便于观察，现将其轴向尺寸缩为 300mm，其他尺寸基本不变。

　　（2）使用旋转减料操作对花键轴毛坯进行修剪，如图 4-9 所示。

　　（3）以轮盘右侧面为草绘平面，绘制如图 4-10 所示的轮辐减重槽截面，通过拉伸减料生成一个减重槽；然后以花键轴中心线为阵列中心进行阵列，得到如图 4-10 所示的 7 个槽孔；最后进行 2×45°和 1×45°倒角处理。

图 4-9　旋转减料　　　　　　　　　　图 4-10　轮辐减重并阵列

　　2. 创建花键

　　（1）单击工具栏上的拉伸命令，以花键轴毛坯的左端面作为草绘平面，利用草绘工具条上的命令，绘制如图 4-11（a）所示的单个花键槽的截面，退出草绘，使用拉伸减料，生成一个花键槽如图 4-11（b）所示。

　　（2）拉伸减料完毕，生成的花键槽为绿色高亮显，点击工具栏上的命令，选取"轴"阵列方式，以花键轴中心线为阵列中心轴，输入阵列个数 8，角度增量为 45°，单击"确定"按钮，即得到如图 4-11（c）所示的花键轴。以 driver_axis.prt 为文件名存盘。

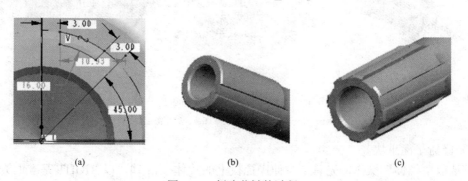

（a）　　　　　　　　　　（b）　　　　　　　　　　（c）

图 4-11　创建花键的过程

（a）草绘键槽剖面；（b）拉伸减料生成键槽；（c）阵列键槽生成花键

4.1.5　四缸发动机曲轴设计

　　图 4-12 所示为一四缸发动机的曲轴，这是一个相对比较复杂的零件。但它的主特征中有很多相同部分且具有对称性，如四个缸的连杆轴径是完全相同，八个平衡重块的几何特征也基本一致，布置在不同的部位和方位（第 1、2、3、4 缸轴径的相位各相差 90°），确保四只轴颈在四冲程循环的不同工况下能够获得均等的驱动力以避免出现"死点"。

　　具体操作步骤如下（读者可参看本书配套资料中的视频文件 crank_shaft.avi）：

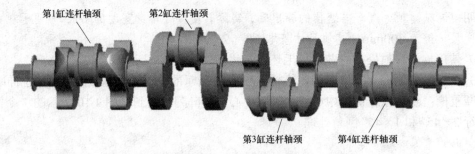

图 4-12　四缸发动机曲轴

（1）单击"拉伸"按钮 ⬚，选择 FRONT 基准面作为草绘平面，在草绘环境下绘制 ϕ40mm 的圆，退出草绘，创建 ϕ40mm×35mm 的圆柱，注意选择拉伸操控板上的 ⬚ 选项，向 FRONT 基准面的两侧拉伸。然后再次执行拉伸操作，以圆柱左端面为草绘面，草绘 ϕ55mm 的圆，并将其拉伸为 2mm 高的圆柱，获得图 4-13（a）所示的基础模型。

（2）单击工具栏上的"拉伸"按钮，选择 ϕ55mm×2mm 圆柱面的左侧端面作为草绘平面，绘制如图 4-13（b）所示的草绘截面，退出草绘环境。选择刚绘制的草绘作为拉伸截面，在"拉伸"对话框中输入拉伸值为 25mm，生成如图 4-13（c）所示的平衡重块。

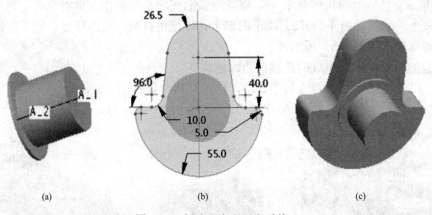

(a)　　　　　　　　　　　　(b)　　　　　　　　　　　　(c)

图 4-13　创建凸台和平衡重块

（a）凸台；（b）平衡重块草图；（c）平衡重块

（3）修剪平衡重块。

1）选取"拉伸"操作，先单击拉伸操控板上的片体按钮 ⬚，以 RIGHT 基准面为草绘平面，在草绘环境下选取草绘工具条上的 ⬚ 按钮，绘制如图 4-14（a）所示的样条曲线。注意样条曲线的下端与平衡重块的右侧边相切。为保证样条曲线的光滑性，可切换到主菜单上的"分析"菜单项，单击"曲率"按钮，选中刚绘制的样条曲线，可获得如图 4-14（a）所示的曲率梳形图。如发现图中红色曲率线位于样条曲线的两侧，说明所绘制的样条曲线严重不光滑，可用鼠标左键选中相应的节点左右或上下拖动，细心地调整各节点的位置，使曲率值沿样条曲线均匀变化，最终获得较光滑的曲线。

2）两次双击鼠标中键，结束"分析"。退出草绘环境，返回拉伸状态。选择拉伸操控板中的 ⬚ 选项，向 RIGHT 基准面的两侧拉伸 80mm，再单击操控板上的 ⬚ 按钮，并选中减料方式 ⬚，最后单击 ✓ 按钮，得到被修剪后的平衡重块如图 4-14（b）所示。

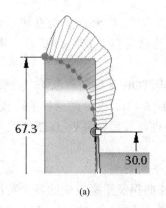

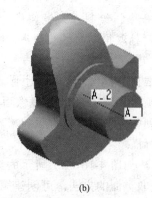

(a)　　　　　　　　　　　　　　　　(b)

图 4-14　创建样条曲线并修剪平衡重块

（a）样条曲线与曲率梳形图；（b）修剪后的平衡重块

（4）以新创建的平衡重块左侧面为草绘平面，绘制 $\phi 40$mm 的圆，退出草绘环境。单击"拉伸"按钮，创建 $\phi 40$mm×12.5mm 的圆柱。继续以该圆柱的左侧面为草绘平面，绘制 $\phi 66.5$mm 的圆，然后使用"拉伸"功能，创建 $\phi 66.5$mm×6mm 的圆柱；再以该圆柱的左端面为草绘剖面，绘制 $\phi 56$mm 的圆，然后使用"拉伸"功能，创建 $\phi 56$mm×24mm 的圆柱。

（5）选中模型树上的拉伸 2 特征，以 FRONT 为镜像平面，获得拉伸 2 的镜像特征，如图 4-15（a）所示。

（6）单击工具栏上的"基准平面"按钮 ▱，选取 FRONT 基准平面作为参考面，在弹出的"基准平面"对话框的"距离"文本框中输入 75mm，然后单击"确定"按钮，创建基准平面 DTM1。

（7）接着在按下 Ctrl 键的同时，先后选取图 4-14（b）中虚线框内的 7 个特征（其中包括修剪特征）作为镜像对象，单击工具栏上的镜像按钮 ⅷ，以 DTM1 基准面作为镜像平面，单击操控板上的 ✓ 按钮，从而得到第 1 曲拐如图 4-15（c）所示。

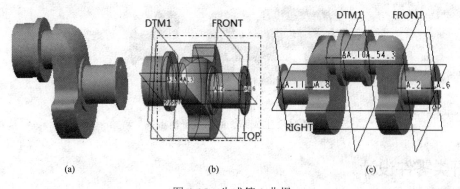

(a)　　　　　　　　　　(b)　　　　　　　　　　(c)

图 4-15　生成第 1 曲拐

（8）可采取与上述各项操作类似的方法，获得如图 4-16 所示的第 2 曲拐及平衡重块。

注意：为了保证平衡重块修剪的一致性，可以对步骤（3）所绘制的样条曲线进行"投影"，具体操作如下：

1）以 RIGHT 基准面为草绘平面，进入草绘环境，点击草绘工具条上的 ▢ 命令，然后选取步骤（3）所绘制的样条曲线，进行投影。

2）使用╬命令，绘制一条镜像线，并设定该线与第 1 曲拐平衡重块右端面的距离为 130.5mm。选取刚抽取得到的样条曲线，使用镜像命令获得图 4-16（a）所示的黄色样条曲线。退出草绘。

3）创建基准面 DTM4，使其通过曲轴中心线且与 TOP 面的夹角为 45°。选取工具栏上的"镜像"命令按钮╟，以 DTM4 为镜像面，得到图 4-16（b）中的绿色样条曲线。

4）将刚得到的样条曲线进行拉伸减料操作，获得修剪面，再以 DTM3 为镜像平面，获得另一侧的修剪面。

这样即可创建如图 4-16（c）所示的第 2 曲拐及平衡重块。

（9）同样采取类似的方法，可创建第 3 缸和第 4 曲拐及平衡重块的各个特征。

（10）选择发动机曲轴最左侧端面作为草绘平面，绘制一个 25mm×25mm 的矩形，经拉伸操作获得图中曲轴最左侧的正四面体特征。

（11）以发动机曲轴最右侧端面为基础平面，绘制 ϕ30mm 的圆，将其拉伸为 ϕ30mm× 50mm 的圆柱并倒角及创建 10mm×40mm×4.4mm 的键槽，最后得到如图 4-12 所示的四缸发动机曲轴的完整模型。以 crank_shaft.prt 为文件名存盘。

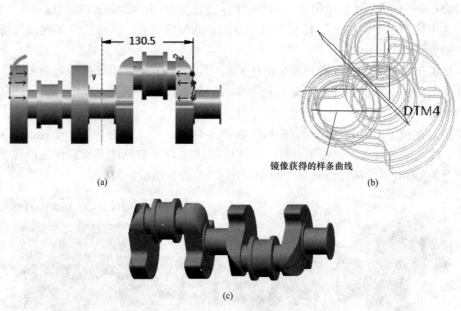

图 4-16   生成第 2 曲拐及平衡重块

4.2   杆类零件设计

4.2.1   发动机连杆及连杆盖设计

1. 发动机连杆设计

（1）选取工具栏上的拉伸命令▱，以 TOP 基准平面为草绘平面，进入草绘环境。绘制如图 4-17 所示的草绘截面，完成后退出草绘环境。

（2）选择双向拉伸命令，输入拉伸量 23mm，单击✔按钮，创建如图 4-17 所示的连杆毛坯。

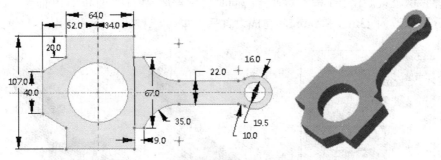

图 4-17　创建连杆毛坯

（3）创建减重凹槽腔。选取拉伸减料方式，以连杆的上端面为草绘平面，进入草绘环境。使用草绘工具条上的"偏移" ![icon] 命令，设定偏移量为 3mm，绘制如图 4-17 所示的减重凹槽草绘截面，完成后退出草绘环境。选择拉伸减料命令 ![icon]，输入拉伸深度为 8，单击 ![icon] 按钮，创建如图 4-17 所示的减重凹槽。

（4）拔模和修圆角。单击工具条上的"拔模"命令，选取连杆顶面为"拔模枢轴"，选择减重凹槽周边面作为拔模面，在拔模角度栏中输入拔模角 5°，单击"确定"按钮，获得拔模特征。

（5）创建另一侧减重凹槽。在模型树上选择减重槽拉伸项、拔模项两个特征，单击右键，在弹出的快捷菜单中选取"组"命令，将两个特征合并为"组"，选取工具栏上的"镜像"命令按钮 ![icon]，以 TOP 基准面为镜像平面，单击镜像特征对话框上的 ![icon] 按钮，即可获得连杆另一侧的减重凹槽及拔模项。

（6）对减重槽底部进行倒圆角。选取工具栏上的"倒圆角"命令按钮 ![icon]，以两侧减重槽底部周边曲线作为修圆角对象，输入圆角半径 R3，单击 ![icon] 按钮，得到拔模及倒圆角后的减重凹槽如图 4-18 所示。

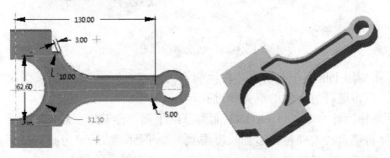

图 4-18　创建连杆减重凹槽

（7）对连杆两侧进行"完全倒圆角"。选取工具栏上的"倒圆角"命令按钮 ![icon]，打开倒圆角操控板上的"设置"栏（图 4-19），分别选取连杆的两个端面为参考曲面，然后选取连杆的一个侧面为驱动曲面（即被倒圆角面），"设置"栏中的"完全倒圆角"被激活，单击确定按钮，即可创建完全倒圆角。按照同样的操作可获得另一侧的完全倒圆角。

（8）创建螺栓沉孔。单击模型工具栏上的孔命令按钮 ![icon]；先设定孔的直径为 ϕ18.5mm，深度为 9.5mm，然后展开图 4-20 所示孔操控板上的放置下拉面板，选择放置类型为线性，其下方的偏移参考框被激活，在按下 Ctrl 键的同时分别点选 RIGHT 面和 TOP 面作为线性参考，将偏移量分别修改为 43mm 和 0mm，完成设置后，单击✔按钮，获得沉孔。

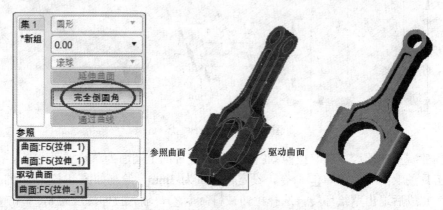

图 4-19　创建完全倒圆角

（9）创建螺栓过孔。采用类似的方法，以沉孔底面为过孔的放置面，设定孔的直径为 ϕ12.5mm，深度为 60mm，放置类型与沉孔完全一样，单击✔按钮，获得过孔。

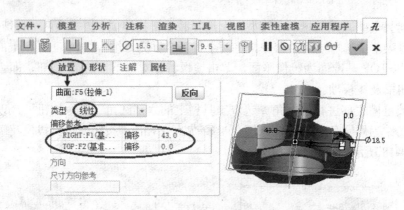

图 4-20　创建螺栓过孔

（10）选择模型树上的两个孔节点，将他们合为一"组"，然后使用镜像命令，以 RIGHT 面为镜像参考，获得连杆另一侧的沉孔和过孔。

（11）最后选择拉伸命令，以 FRONT 面为草绘平面，沿着水平轴绘制一条直线，退出草绘。先选择片体将该直线双向拉伸适当长度得到一个平面，然后单击减料按钮，得到实体的上半部分——连杆，将其命名为 connected_rod.prt 文件保存。

2. 连杆盖设计

接续上述操作。选择模型树上的最后一个节点（即刚完成的拉伸减料）右击，在上下文菜单中选择编辑操作中的命令，再单击拉伸操控板上的按钮改变修剪方向，原来的上半部分切换为下端的连杆盖。单击✔按钮，获得连杆盖，以 connect_rod_cap 为文件名存盘。

修剪过程及创建完成的连杆及连杆盖分别如图 4-21（a）、（b）及（c）所示。

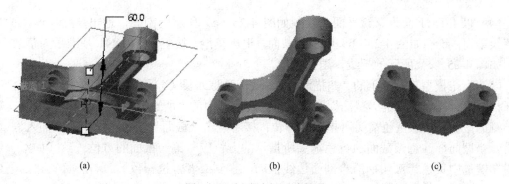

图 4-21　创建连杆及连杆盖

（a）修剪过程；（b）连杆；（c）连杆盖

4.2.2　发动机气门推杆设计

图 4-22 所示为汽车发动机上的一个推杆零件。该零件设计的难点是如何创建中心圆柱体与两侧的短圆柱的跨接部分，这需要采用"扫描混合"操作来实现，为此得事先构造扫描引导线和混合剖面。下面介绍该零件的创建过程。

（1）首先采用拉伸命令，以 TOP 基准面为草绘平面，绘制直径 $\phi40$mm 的圆，并将其向两侧拉伸，设定拉伸距离为 108mm。然后分别以该圆柱的上下端面为草绘平面，在其两侧各绘制直径 $\phi30$mm 的圆，设定两圆中心到中心圆柱的距离皆为 82mm，其中一个向上、另一个向下各拉伸 16mm。完成后的模型如图 4-23 所示。

图 4-22　气门推杆三维模型　　　　　　图 4-23　创建三个圆柱

（2）以中心圆柱的上端面为草绘平面，进入草绘环境。利用草绘工具条上的 ▢ 命令，分别获得 $\phi40$mm 与 $\phi30$mm 的圆的投影，然后作两圆的切线（注意：切点均不在两圆的中心线上）。分别绘制连接两切点的两条直线如图 4-24 所示，退出草绘。

（3）创建基准平面 DTM1 和 DTM2。点击工具栏上的 ⬜ 按钮，首先选取连接两切点的直线作为"通过"参考，然后在按下"Ctrl"键的同时用鼠标左键点击 RIGHT 基准面作为"平行"参考。单击"确定"按钮，得到基准面 DTM1。继续单击工具条上的 ⬜ 按钮，选取另一条切点连线作为"通过"参考，仍以 RIGHT 基准面为"平行"参考。单击"确定"按钮，得到另一个基准面 DTM2。

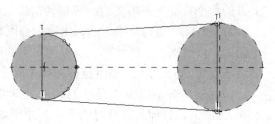

图 4-24　绘制两圆切线及切点连线

（4）以 DTM1 面为草绘平面，绘制如图 4-25（a）所示的剖面，退出草绘。再以 DTM2 为草绘平面，绘制如图 4-25（b）所示的截面，退出草绘。接着以 FRONT 基准面为草绘平面，绘制如图 4-25（c）所示的折线，退出草绘。

（5）点击模型工具栏上的"扫描混合"命令，选取步骤（4）草绘的折线作为扫描引导线，打开扫描混合操控板上的"截面"下拉菜单，选取其中的"所选截面"，首先用左键点击短圆柱一侧的截面，注意黄色箭头所指示的方位；接着点击"截面"下拉菜单中的"插入"，再点击另一个截面，注意该截面的黄色箭头所指示的方位应与第一截面的方位一致（如不一致，可用左键选中黄色箭头句柄沿着剖面边线拖动，直到二者方位一致）。单击 ✔ 按钮，创建左侧跨接扫描混合特征如图 4-25（d）所示。

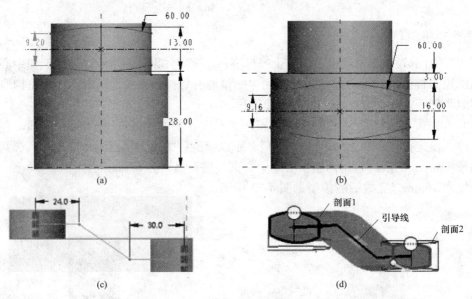

图 4-25　使用扫描混合创建跨接特征

（6）利用镜像功能获得右侧的跨接特征。

当然，我们可以采用与上述各步骤相同的方法获得右侧的跨接特征。但是有一种更为简捷的方法可以实现。

1）选中模型树上的"混合扫描"节点，使用镜像命令 ，以 RIGHT 基准面为镜像平面，再次使用镜像命令 ，以 TOP 基准面为镜像平面，可在右侧上下方得到两个扫描混合特征。而上方的那个特征是不需要的，应将其切除。

2）以 TOP 面为草绘平面，先将中心圆柱的边线投影到草绘平面上，再绘制一个多边形，以覆盖右侧的跨接特征为准，删除多余的线素，退出草绘。采用拉伸减料去除上方的扫描混合特征。

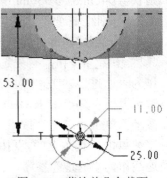

图 4-26　草绘前凸台截面

（7）最后分别以中心圆柱的顶面为草绘平面，绘制直径为 ϕ30mm 的圆，拉伸减料获得通孔；再绘制如图 4-26 所示的前凸台截面，然后将其拉伸 20mm，得到如图 4-22 所示完整的气门推杆实体，以 lever.prt 为文件名存盘。

4.3　盘类零件设计

4.3.1　盘类零件的设计特点

盘类零件在机械产品和机械零件中的种类较多，像端盖、轴承压盖、齿轮、带轮、链轮、蜗轮、棘轮、凸轮等都属于盘类零件。盘类零件结构的共性特点是都具备一个旋转形的主特征，一般先是在车床上加工这些主特征构成的毛坯，然后在这个主特征上再附着其他一些特征，如齿形轮廓面、凸轮面、V 形槽、T 形槽、棘齿面、螺旋面、孔等，后者则通过其他一些切削手段（成形车削、钻削、滚齿等）完成。

从特征建模的角度出发，再考虑到盘类零件的减材加工工艺过程，盘类零件的创建过程应该是先利用基本截面进行旋转操作，生成旋转主特征作为零件的毛坯，然后创建其他一些功能特征，再通过布尔运算的求差或求和操作与主特征形成一体，最后通过一些修饰特征和工艺特征完成盘类零件的创建。

但是盘类零件中的齿轮（包括标准直齿圆柱齿轮、螺旋斜齿轮、直齿、弧齿圆锥齿轮等）、蜗轮、凸轮等零件，它们的齿廓曲面（如渐开面或双曲面等）和凸轮曲面往往比较复杂，非一般的直线或圆弧曲线所能表达的。如齿轮的齿廓曲线必须符合渐开线的生成规律创建，斜齿轮和蜗轮的扫掠引导线是螺旋线，而凸轮曲线则是按照某种运动规律表达式的要求生成。因此在创建此类零件的功能特征之前，必须事先做好这些特殊曲线或曲面数据的准备工作。

Creo Parametric 为用户提供了多种方法来完成数据准备工作。例如，利用曲线操作中的"规律曲线"功能来执行公式的运算并绘制出各类曲线。这些公式可以利用 Creo Parametric 主菜单上的"工具"→"d＝关系"命令进行表述，在建模操作过程中可以调用这些公式进行运算，从而获得预想的曲线；还可以利用曲线操作中的"样条"工具，对事先准备好的离散列表点数据进行 NURBS 曲线（曲面）拟合，生成与列表点对应的连续曲线（曲面）。在本节中，将结合一些具体工程零件建模的实例，来介绍创建此类样条曲线的过程，并着重结合齿轮渐开线和圆锥齿轮的创建过程，展示本书编著者的若干创新思想。

4.3.2　轴承盖的系列化设计

1. 轴承盖的一般设计

轴承盖的功能主要是压紧轴承，且保持箱体端面的密封，轴承盖上也有紧固螺栓的通过孔，并且还具有供输入轴或输出轴通过的过孔；为了防止箱体内润滑油的外溢，在轴承压盖内设置有油毡腔。为了适用于不同的轴和轴承，轴承盖零件的外形、尺寸可以随轴或轴承尺寸的变化而变化。

这里先介绍按一般的特征建模的方法创建轴承盖的过程。

（1）以 FRONT 基准平面作为绘图平面，进入草绘环境，绘制如图 4-27 所示的草绘截面，退出草绘。

（2）选取工具栏上的"旋转"命令，以 Y 轴为旋转轴，单击 ✔ 按钮，即可创建如图 4-27 所示的轴承压盖。

（3）最后，采用拉伸减料功能，在轴承盖上创建三个直径为 $\phi6.5$mm 的螺栓过孔。

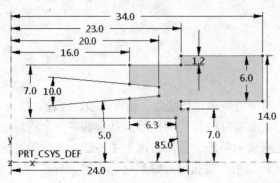

图 4-27 创建轴承盖的过程

2. 轴承盖的参数化、系列化设计

一般在一个比较复杂的装配体中，往往有若干个相同或相似的零部件。比如在本章后面将要介绍的关于箱体建模中，与之相匹配的轴承压盖形式就有 5 种，包括 1 个端盖和 4 个轴承压盖。这 5 个轴承压盖形状近似，尺寸却略有不同。其中的一个压盖的尺寸和形状如图 4-30 所示。我们在上一例中已经使用特征建模的方式创建了它的三维模型，如果还用这种方法再创建另一个与其形状相似但尺寸不同的压盖，就必须完全重复上例的操作过程。

倘若换一个思路来创建这些压盖的三维模型，能否有更简捷的办法呢？Creo Parametric 为我们提供了这样的功能：首先通过一次建模操作，获得某系列零件中的一种零件的模型作为此类零件的建模"模板"。然后利用模型工具栏上的"工具"→"d=关系"命令建立零件的尺寸参数和参数间的关系，使用这个模板，给各有关参数赋予不同的值，这些实际参数将会以"数据驱动"的方式使原模板零件实现"再生"，从而比较轻易地获得多个零件的三维模型。这种设计方法称之为"数据驱动"的参数化设计方法。

表 4-1 给出了该系列的 5 种轴承压盖（分别为 bearing_cover_0、bearing_cover_1、bearing_cover_2、bearing_cover_3 及 flange_cover）的结构参数，请读者注意这些参数的变化规律及对零件产生的影响；尤其是当参数 $d_3 = 0$ 时，轴承盖的 $\phi16$mm 过孔消失，零件即由原来的轴承压盖转变为密封端盖 flange_cover。

按照上述思路，我们首先把图 4-28（b）中所标注的实际尺寸转换为图 4-28（a）所示的"形式参数"，对于每一种轴承压盖，这些"形式参数"都分别与表 4-1 中的数据相对应。

创建一个"模板"（例如 bearing_cover_0）之后，利用"工具"菜单中的"关系"功能建立与这些形式参数相对应的"实际参数"列表并赋以关系表达式，这些实际参数将通过"再生"功能对模板进行修改，即可获得新的轴承压盖的三维实体模型。

表 4-1 轴承压盖系列零件结构参数

参数 零件名	D	d_1	d_2	d_3	d_4	d_0	B	b_1	b_2	n	α
	mm						mm				(°)
bearing_cover_0	68	48	40	20	58	4.5	10	5	3	4	90
bearing_cover_1	68	48	40	16	58	4.5	10	5	3	4	90
bearing_cover_2	58	40	32	16	49	4.5	10	5	3	3	120
bearing_cover_3	54	34	27	13	44	4.5	10	5	3	3	120
flange_cover	54	34	27	0	44	4.5	10	5	3	3	120

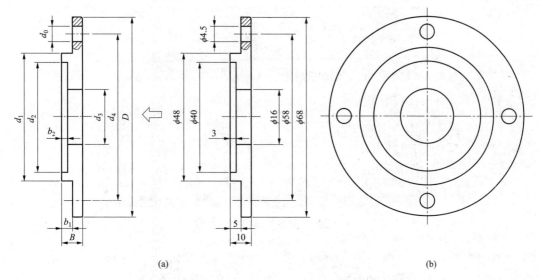

图 4-28　用参数标志的轴承盖

"关系"式中的参数发生变化之后，通过"再生"操作，数字化的模型将随之发生相应的变化，这正体现了 Creo Parametric "数据驱动"的本质。下面我们具体的介绍如何利用这一功能快速、高效的创建系列化的轴承压盖，所要做到工作是在已创建 bearing_cover_0 并将其作为"模板"的基础上进行的。

（1）创建轴承压盖 bearing_cover_0 的三维模型之后，选取主菜单上的"工具"→"d＝关系"命令，弹出"关系"窗口，用左键依次点击零件模型中的各个特征，在"关系"窗口中将会出现与各特征有关的参数如图 4-29 所示。这些参数与表 4-1 中 bearing_cover_0 的数据一一相对应。此时，单击"关系"窗口中的 按钮，图 4-30（a）中各特征参数值转化为其相应的 ID 标志如图 4-30（b）所示。

（2）这些 ID 就是上面所说的参与创建特征的各个实际参数的代号。将光标置于"关系"窗口中的空白区，依次用鼠标左键点击模型上各特征的 ID，它们就会依次出现在关系窗口的数据输入区内。例如图 4-30（a）中的 d_0、d_1 分别是特征 1 的拉伸长度和圆的直径；d_2、d_3 则分别是特征 2 的拉伸长度和圆的直径等。请注意 d_{11} 是进行阵列的角度增量，p_{14} 是阵列的个数，显然这两个参数是相关的；另外 d_9 是与 d_0、d_3 相关的。图 4-29 中数据输入区内的各个参数值对应于轴承压盖 bearing_cover_0 的数据；图 4-30（a）和图 4-30（b）表明了实际参数与形式参数（ID）之间的对应关系。

（3）如果我们想得到轴承压盖 bearing_cover_1 的三维实体模型，就不必再一个一个特征地去创建，只需将图 4-29 中数据输入区内的各个参数值修改为表 3-1 中 bearing_cover_1 的对应数据，如图 4-31 所示。修改完成后，单击"确定"按钮，保存新的"关系"。

（4）单击主菜单上的 按钮，立即可生成轴承压盖 bearing_cover_1 的三维实体模型。我们注意到该轴承盖的一些特征已发生了变化，其中最为明显的是螺钉过孔已由原来的 4 个变为 3 个。此时，可选取主菜单上的"文件"→"保存副本"命令，将其命名为 bearing_cover_1.prt 存盘。

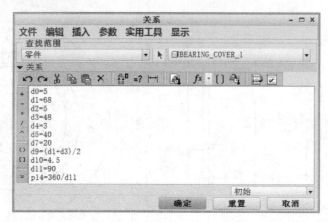

图 4-29 "关系"窗口中的参数

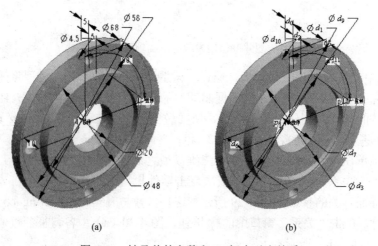

(a)　　　　　　　　　　　　　　(b)

图 4-30　轴承盖的参数和 ID 标志对应关系

（5）类似地，如果想得到轴承压盖 bearing_cover_2 的三维实体模型，也只需要将图 4-31 中的关系数据修改为表 4-1 中 bearing_cover_2 所对应当数据，"确定"存盘，然后执行"再生"操作即可。

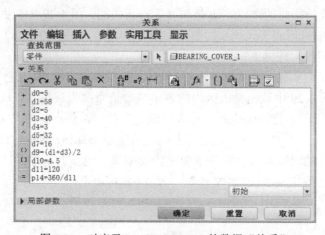

图 4-31　对应于 bearing_cover_1 的数据"关系"

如此，可以高效快捷地获得该系列多个轴承压盖的三维数字化实体模型如图 4-32 所示。

图 4-32　轴承盖系列零件三维模型

4.3.3　带轮设计

常用的带轮有三角皮带轮和同步齿形带轮，本节介绍使用 Creo Parametric 创建这两种带轮的方法和操作过程。

1. 三角带轮的设计

图 4-33 所示为一三角带轮的三维模型。从其三维模型的基本特征来看，它是以旋转为主要特征的零件，于是人们很自然地想到以草绘方式绘制如图 4-34 所示的截面，然后通过旋转 360° 完成该带轮的创建。

这固然是创建 V 形带轮的方法之一，但实施过程中，绘制图 4-34（b）所示的截面可能要花费稍长的时间。如果换一个思路，充分利用三维建模的高效手段，尽量减少草图的作图量，将有可能提高建模效率，且更符合加工的实际情况。请看如下 V 形带轮的创建过程：

图 4-33　带轮实体

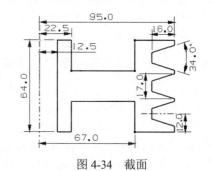

图 4-34　截面

（1）创建带轮毛坯。单击工具栏上的 按钮，以 TOP 基准面为草图平面进入草图环境，绘制一个 ϕ190mm 的圆作为草图截面，退出草图环境。将该草绘截面双向拉伸 64mm，得到带轮毛坯。

（2）采用拉伸减料方式生成两侧减料环腔。以带轮毛坯的端面为草绘平面，绘制一个 ϕ134mm 的圆，将其拉伸并设定拉伸深度为 20mm，选取减料得到一侧凹腔。再进行镜像操作，以 TOP 面为镜像平面，得到另一侧凹腔，如图 4-35（a）所示。

（3）仍以 TOP 基准面为草图平面进入草图环境，绘制一个 ϕ25mm 的圆作为草图截面，将该草绘截面双向拉伸 64mm，得到如图 4-35（b）所示的凸台。并在底部倒圆角 R3mm。

（4）在端面上绘制图 4-35（c）所示的截面，经拉伸减料创建中心孔和键槽。

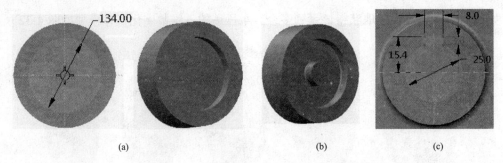

图 4-35　创建两侧环腔、中心凸台、孔及键槽

（5）以 RIGHT 面为草绘平面，绘制如图 4-36 所示截面，退出草绘。使用旋转方式并以带轮中心线为旋转轴，在旋转操控板上点击减料按钮 ⟋，单击操控板上的 ✔ 按钮，得到带轮上的一个 V 形槽如图 4-37 所示。

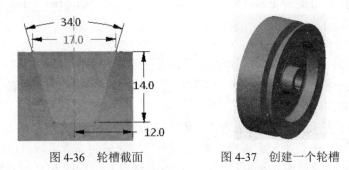

图 4-36　轮槽截面　　　　　图 4-37　创建一个轮槽

（6）此时刚生成的 V 形槽为高亮显，单击工具栏上的阵列按钮 ⦂⦂，接受阵列操控板上的 "尺寸" 阵列类型选项，单击工作区内尺寸 12，并将其改写为 20；打开操控板上 "尺寸" 下拉菜单，可以看到 20 已成为尺寸 12 方向上的阵列增量，在阵列项目数栏中输入 3，单击 ✔ 按钮，即得到如图 4-38 所示具有三个 V 形槽的带轮。完成后命名为 strap_wheel.prt 文件存盘。

2. 同步齿形带轮的设计

同步带传动靠带齿与轮齿之间的啮合实现传动，两者无相对滑动，能保证固定的传动比，而使圆周速度同步，从而保持两轴或多轴运动的同步，故称为同步带传动。这种传动的优点是：预紧力小，工作平稳，具有良好的减震能力；所用带轮直径可较小，结构比较紧凑，带的柔韧性好，且不需维护与润滑，可以在放射性介质中工作。同步带传动的传动效率可高达

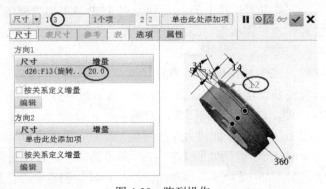

图 4-38　阵列操作

0.98。由于同步带薄而轻，抗拉强度高，故带速可高达 40m/s，传动比可达 10，传递功率可达 200kW。应用十分广泛。

　　我国 GB/T 11361、GB/T 11616 等中对同步带传动结构设计的参数做了具体的规定。常用的有梯形齿同步带（图 4-39）、渐开线齿同步带和弧形齿同步带等几种。本节介绍使用 Creo Parametric 创建梯形同步带轮的过程和步骤。

　　本例同步带轮的设计主参数如下：

- 齿数：$Z=18$
- 半角：$\beta=20°$
- 带轮宽：$b=18$
- 节距：$p_b=9.525$（轻型）
- 节圆直径：$d=Z \times p_b / \pi = 54.57\text{mm}$
- 外圆直径：$d_0 = d - 2 \times \delta = 53.81\text{mm}$
- 槽深：$h_g = 2.67\text{mm}$
- 槽宽：$b_w = 3.05\text{mm}$
- 根圆圆角：$r_f = 1.19\text{mm}$
- 顶圆圆角：$r_a = 1.17\text{mm}$

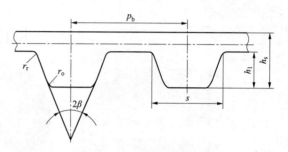

图 4-39　梯形齿同步带齿形

以下，给出同步齿形带轮的设计步骤：

　　（1）点击工具栏上的"拉伸"命令，以 TOP 面为草绘平面绘制 ϕ53.81mm 的圆，将其拉伸为 18mm 高的圆柱。

　　（2）继续使用拉伸命令，以圆柱底面作为草绘面进入草绘环境，绘制 ϕ47mm 的圆，将其拉伸为 14mm 高的圆柱，如图 4-40（a）所示。在该圆柱的顶面上绘制 ϕ43mm 的圆，进行拉伸减料，深度为 29mm，得到如图 4-40（b）所示的内腔。

(a) 　　　　　　　　　　　　　　　(b)

图 4-40　创建同步带轮圆柱和圆台

　　（3）创建齿槽。进行拉伸操作，以 ϕ53.81mm 圆柱端面为草绘图平面，进入草绘图环境，绘制如图 4-41（a）所示的齿槽截面，退出草图，设定拉伸距离为 20mm，得到同步带轮的一个齿槽如图 4-41（b）所示。

　　（4）选取工具栏上的阵列按钮 ，以同步带轮毛坯的中心线为旋转轴，在阵列操控板上输入角度增量为 20°，个数 18，单击 按钮，得到带轮的 18 个齿槽如图 4-41（c）所示。

　　（5）创建观察窗。具体步骤如下：

　　1）点击工具栏上的"拉伸"命令，以同步带轮端面为草绘平面，绘制如图 4-42（a）所示的草图截面，选取减料方式，设定拉伸距离为 5mm，单击 按钮，得到一个观察窗窗口，进行倒圆角处理（R0.5mm）。然后将窗口特征与倒圆角特征合并为组。

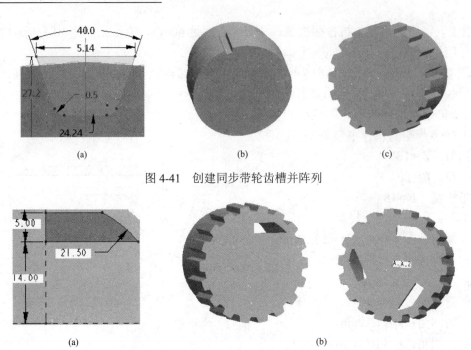

图 4-41   创建同步带轮齿槽并阵列

图 4-42   创建观察窗并阵列

2）接着仿照步骤（4）对"组"进行旋转阵列，输入角度增量 120°，阵列个数为 3，得到 3 个观察窗口如图 4-42（b）所示。

（6）创建棘爪（该棘爪与棘轮相配合，可以保证同步带轮只在一个方向旋转）。

1）首先创建基准平面。点击工具栏上的"基准平面"命令，在"基准平面"对话框内输入偏离值 1mm，选取同步带轮内腔底面为参考平面，单击"确定"按钮，创建基准平面 DTM1。

2）以新创建的基准平面为草绘平面，进入草绘环境，绘制如图 4-43（a）所示的草图截面，退出草图。将该草图截面拉伸 3mm，得到 1 个棘爪，并进行到圆角处理。

3）仿照步骤（5）观察窗窗口的阵列方法，得到阵列后的三个棘爪。最后完成的同步齿形带轮模型如图 4-43（b）所示，并以 syncro_wheel.prt 为文件名存盘。

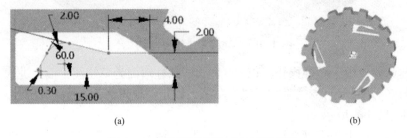

图 4-43   棘爪草图及完成的同步带轮

（a）草图；（b）生成棘爪并阵列

4.3.4   凸轮设计

图 4-44（a）所示为内燃机配气机构的简图。凸轮 1 绕轴心转动，当矢径变化的凸轮轮廓与气门挺杆 2 的平底接触时，推动气门挺杆向下运动打开气门（或在弹簧恢复力的作

用下向上运动关闭气门），当以凸轮回转中心的圆弧段与气门挺杆接触时，气门挺杆将静止不动。凸轮 1 连续转动，就能驱动气门挺杆间歇地、按预期规律往复运动，从而实现开启和关闭气门的功能。由气门挺杆的运动规律可反求凸轮的轮廓外形——这是进行凸轮设计的依据。

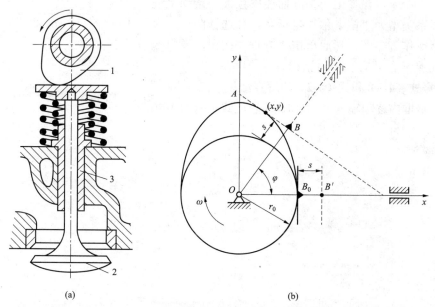

图 4-44　内燃机配气凸轮机构及其数学模型
（a）配气机构简图；（b）数学模型

　　如图 4-44（a）中凸轮机构中的从动部件由气门挺杆与其上方的平板组成，可称为平底从动件。与之相配套的凸轮轮廓必须是全部外凸的。为了计算凸轮轮廓线某一点的坐标位置，可以用图 4-44（b）所示的数学模型来描述该凸轮机构中平底从动件的运动规律。由平底从动件上 B 点的变化规律可以推导出凸轮轮廓线上任一点的坐标位置，从而导出凸轮轮廓曲线的参数方程式（4-1）、推程及一阶导数式（4-2）。

　　平底从动件的运动规律可以是等速、等加速或等减速（二次多项式）、简谐运动（余弦加速度）等多种形式。本设计例中，平底从动件的运动规律为等加速、等减速与匀速运动的组合形式，如图 4-45 所示。其中 $\phi = 90°$，$r_0 = 25\text{mm}$，$h = 8\text{mm}$。

$$
\begin{cases}
x = (s + r_0)\cos\varphi - \dfrac{\mathrm{d}s}{\mathrm{d}\phi}\sin\varphi \\[2mm]
y = (s + r_0)\sin\varphi + \dfrac{\mathrm{d}s}{\mathrm{d}\phi}\cos\varphi
\end{cases}
\tag{4-1}
$$

$$
\begin{cases}
s = \dfrac{2h}{\phi^2}\varphi^2 \\[2mm]
\dfrac{\mathrm{d}s}{\mathrm{d}\varphi} = \dfrac{4h}{\phi^2}\varphi
\end{cases}
\tag{4-2}
$$

　　根据以上分析和计算，创建图 4-44（a）所示的盘形凸轮的步骤与过程如下：

（1）首先采用拉伸方式创建一个直径为ϕ50mm 的基圆（以 FRONT 面为草绘平面，双向拉伸 30mm）。

（2）创建凸轮曲线。

1）选取模型工具栏上的"基准"→"曲线"→"来自方程的曲线"命令，在弹出的基准曲线操控板中接受系统默认的坐标系类型为"笛卡尔"坐标系，并选择图形区内当前的坐标系作为参考，然后单击"方程"按钮，弹出一个如图 4-46 所示的"方程"对话框。

2）根据式（4-1）和式（4-2）的解算结果，在"方程"对话框的文本框内逐项输入 x、y 和 z 的表达式，如图 4-46 所示。

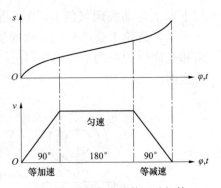

图 4-45　平底从动件运动规律

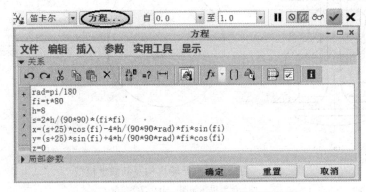

图 4-46　创建等加速段凸轮轮廓曲线段过程

其中 rad 是将角度转换为弧度的转换因子；f_i（即φ）为凸轮在等加速段角度变化的瞬时值，t 为 Creo Parametric 系统的内部参数，t 的取值在 0～1 之间，t 的每个取值，有一个对应的 f_i 值，如此可得到凸轮轮廓线上的一个个点的 X、Y 坐标值。系统根据这一系列点的轨迹拟合成凸轮在等加速段的轮廓曲线。

（3）创建凸轮实体。

1）再次进入拉伸工作方式，以 FRONT 面为草绘平面，进入草绘环境。首先绘制一条中心线作为镜像线，点击草绘工具栏上的□按钮，将步骤（2）生成的凸轮在等加速段的轮廓曲线投影到草绘平面上，然后以镜像方式得到等减速段的轮廓曲线。

2）接着绘制一个直径ϕ66mm 的圆（r_0+h 为该圆半径），使用修剪功能将多余的图素修剪掉，最后得到图 4-47（a）所示的草绘截面。退出草绘。

3）返回拉伸状态，采用双向拉伸方式，设定拉伸宽度为 24mm，单击拉伸操控板上的✔按钮，得到凸轮实体。

（4）创建ϕ30 内孔及 8mm×17.4mm 键槽。仍以 FRONT 面为草绘平面，绘制直径ϕ30mm 的圆及键槽，采用双向拉伸及减料方式，设定拉伸宽度为 40mm，单击拉伸操控板上的✔按钮，得到内孔和键槽。

（5）倒圆角。步骤（3）所生成的凸轮等加速、等加速段曲线段与匀速曲线段为相交连接，为减少凸轮机构工作过程中的冲击，应进行倒圆角。将相交棱线修为 R5mm 的圆角。

完成后所得到的盘形凸轮如图 4-47（b）所示。

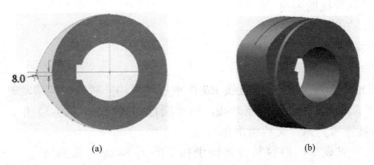

(a)　　　　　　　　　　　　　　　(b)

图 4-47　凸轮轮廓截面和凸轮实体

4.4　齿轮和蜗轮的设计

齿轮是机械产品中最常用的零件之一，齿轮传动是靠主动齿轮的轮齿侧边依次拨动从动齿轮侧边来传递运动和动力的，一对标准圆柱齿轮的啮合传动如图 4-48 所示。齿轮机构可以传递空间任意轴间的运动和动力，且具有传动平稳、可靠，使用范围广（传递速度和规律的范围大），使用寿命长等特点，故广泛应用于机械传动中。

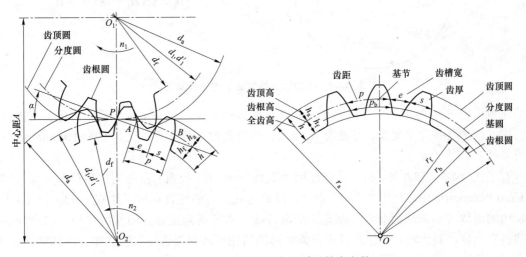

图 4-48　一对齿轮的啮合关系及基本参数

广义的齿轮机构除了标准圆柱齿轮（外啮合或内啮合）之外，还有齿轮齿条、斜齿轮、人字齿轮（以上为平面齿轮机构）和用于空间齿轮机构的直齿锥齿轮、斜齿锥齿轮，蜗轮、蜗杆及准双曲面齿轮、格利森圆弧齿轮等。

4.4.1　标准直齿圆柱齿轮设计

齿轮传动具有传动精度高、传动平稳等特点。因为齿轮的齿廓是由渐开线曲面构成的，渐开线轮齿侧边之间无滑动的啮合是实现高精度和平稳传动的关键。

1. 标准直齿圆柱齿轮的主要参数和计算公式

一对相互啮合的标准圆柱齿轮的基本参数中，模数 m、齿数 Z、分度圆直径 d、齿形角（或分度圆压力角）α 是齿轮的主参数。图 4-49 中各参数的几何意义如下：

- θ_k：K_0K 段渐开线的展角
- r_k：渐开线的矢径
- α_k：压力角
- r_b：基圆的半径 $r_b = d\cos\alpha/2$ （4-3）

根据机械原理，当图 4-49 中的直线 BB 由虚线位置沿一圆周做纯滚动时，其上任一点 K 在平面上的轨迹 K_0K，称为该圆的渐开线，这个圆称为基圆。式（4-3）中，d 为齿轮分度圆的直径，α 为分度圆压力角（又称齿形角）。

由渐开线的生成规律，很容易得到极坐标下的 r_k 和 θ_k 与压力角 α_k 之间的函数关系如式（4-4），这里，θ_k 是压力角 α_k 的函数，在机械原理中称其为渐开线函数或 Involute 函数。

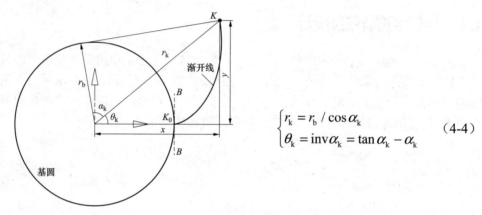

$$\begin{cases} r_k = r_b / \cos\alpha_k \\ \theta_k = \text{inv}\,\alpha_k = \tan\alpha_k - \alpha_k \end{cases} \qquad (4\text{-}4)$$

图 4-49　齿轮渐开线生成原理及计算方法

注意：式中 α_k 的单位可以是角度或弧度，但 $\tan(\alpha_k)$ 的值一定是弧度，因此在具体计算过程中，须将其转为角度量，才能与 α_k 相减，所得到的是角度量，这是 Creo Parametric 所默认的单位。

有了式（4-3）和式（4-4），可以使用"工具"→"d＝关系"命令创建齿形渐开线；但是在 Creo Parametric 中，利用"方程"命令，以表达式方式能更直观地描述式（4-3）和式（4-4）所表达的函数关系，从而非常方便地构造渐开线。本节将向读者介绍使用这种方法来创建标准圆柱直齿轮、斜齿轮、蜗轮及直齿、弧齿圆锥齿轮（格利森齿轮）的具体方法和操作过程。

设某标准直齿圆柱齿轮的基本参数如下：

- 模数：$m = 3\text{mm}$
- 齿数：$Z = 30$
- 分度圆压力角：$\alpha = 20°$
- 齿宽：$b = 25\text{mm}$
- 分度圆直径：$d = m \times Z = 90\text{mm}$
- 齿顶高系数：$h_a = 1$
- 顶隙系数：$c^* = 0.25$
- 齿根圆直径：$d_f = d - 2 \times (h_a + c^*) \times m = 82.5\text{mm}$
- 齿顶圆直径：$d_a = d + 2 \times h_a \times m = 96\text{mm}$

2. 标准直齿圆柱齿轮的设计过程

该齿轮的创建步骤如下:

(1) 创建齿轮毛坯。选取旋转命令,以 TOP 面为草绘平面,以 FRONT 面为参考,进入草绘环境,绘制如图 4-50 所示的剖面,退出草绘环境。接受旋转操控板上的默认设置,以 Z 轴为旋转轴,单击 ✔ 按钮,创建如图 4-50 所示的齿轮毛坯。

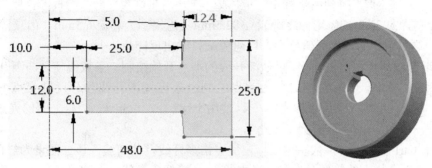

图 4-50　齿轮毛坯的剖面和主特征

(2) 使用"倒角"命令对毛坯的 4 个圆柱边倒角 $1.5 \times 45°$,为内孔 2 个边倒角 $1 \times 45°$;使用"倒圆角"命令对齿轮幅板倒圆角 $R2$mm;在幅板面上绘制一个 8mm × 13.4mm 的对称矩形,经拉伸减料操作生成键槽。

(3) 创建齿轮渐开线齿槽。

1) 生成渐开线。选取模型工具栏上的"基准"→"曲线"→"来自方程的曲线"命令,在弹出的基准曲线操控板上的坐标系类型中选取"柱坐标",并选择图形区内当前的坐标系作为参考,然后点击"方程"按钮,弹出一个如图 4-51 所示的"方程"对话框。单击"方程"按钮,弹出"方程"对话框,参考式(4-3)在"方程"对话框内按柱坐标方式输入 r、theta 及 Z 的表达式,完成后单击确定按钮,最后单击操控板上的 ✔ 按钮完成渐开线的创建。操作过程如图 4-51 (a) 所示,生成的齿轮渐开线如图 4-51 (b) 所示。

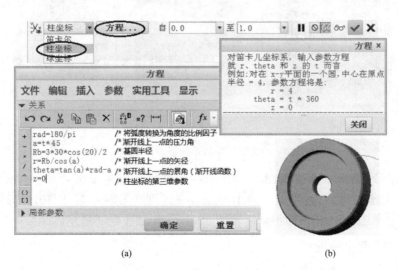

(a)　　　　　　　　　　　　　　　　(b)

图 4-51　"从方程"创建渐开线

(a) 从方程创建曲线;(b) 生成的渐开线

注：方程中的角度单位为"度"（Degree），渐开线的展角从 0°～45°即可满足要求。

说明：在"缺省"条件下，Creo Parametric 是在 FRONT 基准平面上生成基准曲线的，因此若以旋转方式创建齿轮毛坯时，应以 TOP 面为草绘平面，以 FRONT 面为参考，这样才能确保齿轮的端面与 FRONT 面平行。

2）选取工具栏上的"拉伸"命令，以 FRONT 基准平面为草绘平面，首先使用草绘工具栏上的"投影"命令◻，得到由步骤 1）所生成的渐开线在草绘平面上的投影，然后绘制三个圆，直径分别为 ϕ90mm（齿轮分度圆）、ϕ82.5mm（齿根圆）和 ϕ96.5mm（齿顶圆实际直径为 ϕ96mm，这里绘制的比实际值略大，以避免减料时出现碎片）。

3）若渐开线与齿根圆未相交，可从渐开线的端点开始绘制一条直线使之与渐开线相切并与齿根圆相交。接着，以齿轮中心点为起点绘制一条连接渐开线与分度圆交点的直线 L_1，然后使用⋮命令，绘制一条镜像参考线 L_2，使用|↔|命令，设定 L_1 与 L_2 之间的夹角为 360°/30/2/2 = 3° ——该齿轮的"分度圆半齿角"。

4）按下 Ctrl 键的同时，依次用鼠标左键点击渐开线及其切线，该二图素为红色高亮显，然后使用草绘工具栏上的镜像命令𝕝，以直线 L_2 为镜像参考线，得到镜像后的渐开线和切线如图 4-52（a）所示。

5）单击草绘工具栏上的↘按钮，在切线与齿根圆之间倒圆角，设定圆角半径为 0.5mm，并对两个圆角进行"相等"约束。

6）修剪曲线，获得齿槽轮廓剖面。点击草绘工具条上的"修剪"命令S↗，把多余的图素修剪掉。修剪完成后得到的渐开线齿槽轮廓剖面如图 4-52（b）所示。单击✔按钮退出草绘环境。

7）在拉伸操控板上选取减料命令◸，并选择双向拉伸减料，设定拉伸宽度为 30mm，单击"确定"按钮，获得齿轮的一个齿槽，如图 4-52（c）所示。

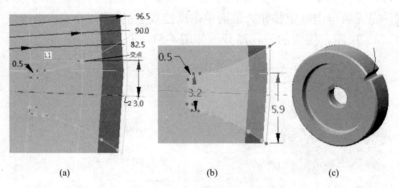

图 4-52　创建渐开线齿槽轮廓剖面及一个齿槽

（4）进行阵列操作，获得全部齿廓。选中模型树上刚生成的齿槽，单击工具栏上的阵列按钮⊞，以齿轮的中心线为阵列中心轴，在阵列个数栏中输入 30，阵列角度增量为 360°/30 = 12°，单击✔按钮，即得到齿轮的 30 个齿廓如图 4-53 所示。

4.4.2　斜齿圆柱齿轮的设计

1. 斜齿轮的特点及其参数

标准圆柱齿轮的齿廓曲面是由标准渐开线经拉伸而生成的渐开面，而斜齿圆柱齿轮的齿

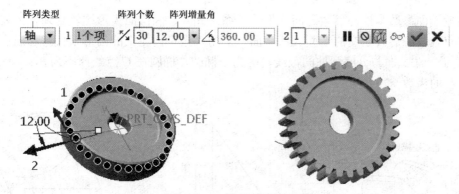

图 4-53 齿槽阵列操作过程

廓曲面则是螺旋渐开面。它是由图 4-54 中的 S 面（称发生面）在基圆柱上相切并做纯滚动，发生面上的一条与基圆柱母线成 β 角的直线 KK 在空间所展开的轨迹。一对平行轴斜齿轮啮合传动时（图 4-54），可以看成啮合面分别与两个基圆圆柱相切并做纯滚动，发生面上的斜线 KK 分别在两基圆柱上形成螺旋角相同、方向相反的渐开螺旋面，这对齿轮的瞬时接触线即为 KK 线，是一条斜线，这就是斜齿轮的由来。

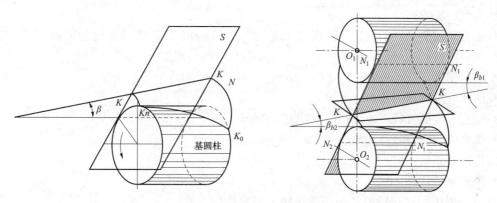

图 4-54 斜齿轮的工作原理

一对斜齿轮啮合时，先由前端面进入啮合状态，然后由后端面退出啮合，其接触线由短变长，再由长变短，这种接触啮合方式提高了重合度，使齿轮传动的冲击、振动减小，传动较平稳，适用于高速传动。

图 4-55 表明了斜齿轮的接触线和螺旋角在齿轮分度圆展开面上的方位，即这条螺旋线可以看成是展开面上一条与分度圆母线成 β 角的直线在分度圆周面上的投影。

由图 4-55 可以看出，斜齿轮的轮齿倾斜了 β 角，称其为螺旋角；而从端面上看，斜齿圆柱齿轮传动与直齿圆柱齿轮传动相同，因此可按端面参数用直齿轮的计算公式进行斜齿轮基本尺寸的计算，而其齿形则是端面渐开线构成的轮廓截面沿着螺旋线扫掠而成的，也就是说斜齿轮的齿面为渐开螺旋面，故其端面齿形与法面（垂直于轮齿方向的截面）齿形是不同的。因此端面和法面的参数也不同。在加工斜齿轮时，切齿刀具的选择及轮齿的切制是以法向为准的；所以对于斜齿轮来说一般工程上给出其法向模数，而毛坯的参数按端面参数定义。我们一再强调在设计时一定要充分地考虑其后的制造过程，即 CAD/CAM 的一体化，所以必须建立斜齿轮端面参数与法面参数之间的换算关系。此外，因法面齿形比较复杂，需要用位于过齿宽中点且与螺旋线正交的平面（法截面）上的"当量齿轮"的齿形来代替法面齿形。如图 4-56 所示，法截面与分度圆柱的截线轮廓为一椭圆，椭圆在 C 点的曲率为 ρ，由此可计算出当量齿轮的齿数

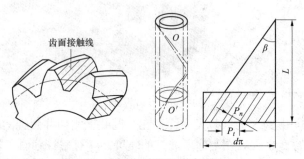

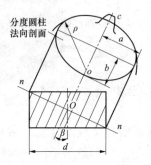

图 4-55　斜齿轮的接触线和倾斜角　　　　　　　图 4-56　斜齿轮的当量齿轮

$$Z_v = Z/\cos^3\beta \qquad (4-5)$$

本例斜齿圆柱齿轮的基本参数如下：

- 齿数：$Z = 29$
- 螺旋角：$\beta = 21°47'12''$，转换成十进制为 $\beta = 21.786\,7°$，螺旋方向为右旋
- 法向模数：$m_n = 2.5\text{mm}$
- 端面模数：$m_t = m_n/\cos\beta = 2.692\,3\text{mm}$
- 法向分度圆压力角：$\alpha_n = 20°$
- 端面分度圆直径：$d_t = m_t \times Z = 78.076\,9\text{mm}$
- 端面齿顶圆直径：$d_a = d_t + 2 \times m_t \times h_a = 83.461\,5\text{mm}$
- 齿顶高系数：$h_a = 1$
- 顶隙系数：$c^* = 0.25$

把以上斜齿圆柱齿轮的各项参数转换为当量齿轮参数：

- 当量齿轮齿数：$Z_v = Z/\cos^3\beta = 36.220\,6$（一般情况下带有小数，不得圆整）
- 当量齿轮分度圆直径：$d_{vt} = m_n \times Z_v = 2.5 \times 36.220\,6 = 90.551\,5\text{mm}$
- 当量齿轮齿根圆直径：$d_{vf} = d_t - 2 \times (h_a + c^*) \times m_n = 84.301\,5\text{mm}$
- 当量齿轮齿顶圆直径：$d_{va} = d_t + 2 \times h_a \times m_n = 96.801\,5\text{mm}$（取 98mm）

2. 斜齿轮的设计过程

根据以上分析和计算获得的各基本参数，可以参考标准直齿圆柱齿轮的建模方法来创建斜齿圆柱齿轮。需要再次强调的是：斜齿轮的齿廓面应由其当量齿轮的齿槽截面沿着螺旋线进行扫描才能获得。具体操作步骤如下：

（1）创建斜齿轮毛坯。点击旋转命令，以 TOP 基准面为草绘平面，进入草绘环境，绘制如图 4-57 所示的剖面，退出草绘环境。选取 Z 轴为旋转轴，单击旋转操控板上的 ✔ 按钮，创建如图 4-57 所示的齿轮毛坯。然后进行工艺处理："倒角"、"倒圆角"及创建键槽。

（2）创建扫描引导线。根据图 4-55 中对斜齿轮倾斜角的定义，螺旋角 β 是斜齿轮分度圆柱面上螺旋线的切线与其轴线的夹角，因此在分度圆展开面上一条与 Z 轴夹角为 β 的斜线在

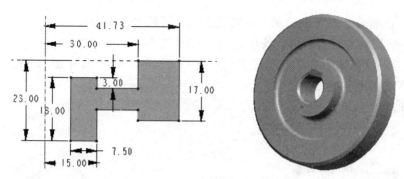

图 4-57　斜齿轮毛坯的剖面和主特征

分度圆柱面上的投影就是所要求的螺旋线。

据此我们可以得到扫描引导线的创建方法如下：

1）首先以 TOP 面为草绘平面，用旋转方式创建一个直径 $\phi 78.0769$ 的分度圆柱面。

2）创建基准面 DTM1。单击基准工具条上的 ⬜ 按钮，以 RIGHT 面为参考，设定 DTM1 与 RIGHT 成法向，同时与分度圆柱面相切。

3）以 DTM1 为草绘平面，以齿宽中点为起点绘制一条与分度圆母线成 21.7867°（螺旋角 β 之值，见图 4-55）的斜线（上半段）。

4）选中刚绘制的草绘直线使其为红色高亮显，选择工具栏上的"投影"按钮 ⬡，选取分度圆柱面为投影面，单击 ✔ 按钮，即获得上半段斜线的投影曲线 1 如图 4-58 所示，原来的直线自动隐藏。再次 DTM1 为草绘平面，以齿宽中点为起点绘制与上半段直线倾斜角度一样的下半段斜线，同样也把它投影到分度圆柱面上，得到下半段斜线的投影曲线 2 如图 4-59 所示。此时可将分度圆柱面隐藏。

5）创建基准点 PNT0。选中投影曲线，单击基准工具条上的 ⬡ 按钮，按下 Ctrl 键的同时选中 RIGHT 面，得到投影曲线与 RIGHT 面的交点 PNT0。

（3）创建斜齿轮当量齿轮渐开线。

1）创建当量齿轮所在的基准面 DTM2 和基准轴 A_3。单击工具栏上的 ⬜ 按钮，选中模型树上被隐藏的草绘斜线，按下 Ctrl 键的同时选取 PNT0，单击"确定"按钮，得到过 PNT0 且与斜线正交的基准面 DTM2，如图 4-58 所示。接着单击工具栏上的 ⁄ 按钮，按下 Ctrl 键的同时选中 RIGHT 面，得到 DTM2 与 RIGHT 面的交线即基准轴 A_3。

2）以 DTM2 为草绘平面，进入草绘环境（增选 PNT0 和基准轴 A_3 为草绘基准）。以 PNT0

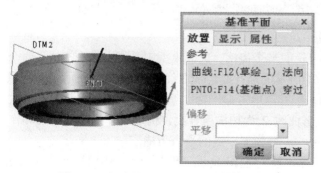

图 4-58　创建基准面 DTM2 和基准轴 A_3

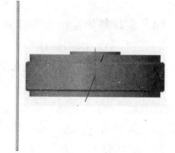

图 4-59　绘制下方的斜线并投影

147

为起点，沿着基准轴 A_3 方向绘制一条直线 L_1，令其长度为 42.041 2mm（当量齿轮分度圆半径），以 L_1 的终点为起点再绘制一条与 L_1 垂直的直线 L_2。退出草绘。

3）创建坐标系 CS0。单击工具栏上的坐标系按钮 ✕，按下 Ctrl 键的同时，分别选中 L_1 和 L_2，创建如图 4-60 所示的坐标系 CS0，通过坐标系控制框上的"方向"选项卡，单击对应于与 X 和 Y 轴的"反向"按钮，可以改变 X 轴或 Y 轴的方向。

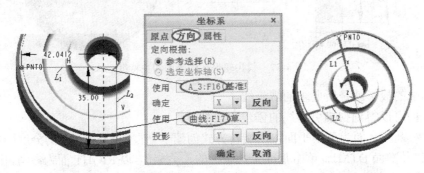

图 4-60　创建坐标系 CS0

4）以 CS0 为坐标系创建当量齿轮渐开线齿槽轮廓。仿照标准直齿轮渐开线的生成方法创建斜齿轮当量齿轮渐开线，在方程对话框的坐标类型中选择"柱坐标"，在文本框内按柱坐标方式输入各参数的表达式。生成斜齿轮当量齿轮的渐开线如图 4-61 所示。

仿照标准直齿圆柱齿轮创建步骤 2）～7），先后对渐开线作镜像变换及曲线修剪，得到斜齿轮端面齿槽轮廓曲线如图 4-61 所示。注意：斜齿轮当量齿轮的分度圆半齿角为 90°/ 36.220 6 = 2.484 8°。

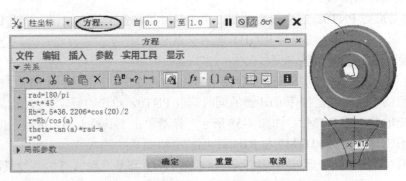

图 4-61　创建当量齿轮渐开线及齿槽剖面

（4）创建斜齿轮齿槽实体并阵列。

1）进行第一次扫描操作获得斜齿轮的半个齿槽。选取模型工具栏上的"扫描"命令，以投影曲线 1 为扫描引导线，选取图 4-61 所示的渐开线齿廓曲线环作为扫描截面，注意选择"扫描"操控板上的实体命令 ▢ 和减料命令 ◩，单击 ✔ 按钮，得到一侧的半个齿槽；再次选取模型工具栏上的"扫描"命令，以投影曲线 2 为扫描引导线，仍以渐开线齿廓曲线环作为扫描截面，同样选择实体 ▢ 和减料命令 ◩，得到另一侧的半个齿槽。

2）选中模型树上的两个扫描节点，将它们组成一"组"，然后使用阵列命令 ▦，选择"轴"方式，以齿轮的中心线为阵列中心轴，在阵列个数栏中输入 29，阵列角度增量为 360°/29 = 12.413 8°，单击 ✔ 按钮，即得到斜齿轮的 29 个齿廓如图 4-62 所示。完成斜齿轮的创建，以 helical_gear.prt 为文件名存盘。

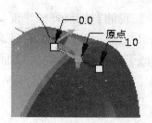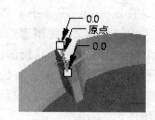

图 4-62　分两段扫描生成齿槽并阵列创建斜齿轮

4.4.3　圆锥齿轮的设计

1. 直齿圆锥齿轮的设计

直齿锥齿轮主要用于垂直相交的两轴之间的传动（图 4-63）。

一对标准直齿锥齿轮传动时，两轮的分度圆锥与各自的节圆锥重合。由于锥齿轮的轮齿分布在锥面上，所以轮齿的一端大，另一端小，沿齿宽方向上的轮齿大小均不相同，故轮齿全长上的模数、齿高、齿廓宽度等都不相同。所以锥齿轮齿廓的模型不能采取标准圆柱直齿轮那样的方法去创建。但是其齿形轮廓曲线仍然是以标准圆柱直齿轮的齿形轮廓为基础的，只不过其齿槽的生成不能像圆柱直齿轮那样简单地拉伸获得。

图 4-63 中左上角为一对锥齿轮啮合的剖面图，作圆锥 O_1C_1C 和 O_2C_2C 使之分别在两轮节圆锥处与两轮的大端锥面相切，切点分别为 C_1、C 和 C_2。则这两个圆锥称为背锥。将两轮的球面渐开线 ab 和 $e\phi$ 分别投影到各自的背锥上，得到在背锥上的渐开线 $a'b'$ 和 $e'\phi'$，由该图可知投影出来的齿形与原齿形非常相似且接近，因此可以用背锥上的齿形代替圆锥齿轮的球面渐开线。

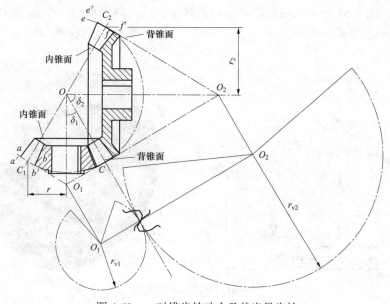

图 4-63　一对锥齿轮啮合及其当量齿轮

根据上述分析，可以获得直齿圆锥齿轮的建模方案：即把一对标准直齿锥齿轮传动看成是在大端面的背锥上的一对当量齿轮（Virtual Gear）的啮合传动，并规定以大端面的参数作为直齿圆锥齿轮的标准参数，其基本尺寸的计算也在大端面上进行。

直齿圆锥齿轮的当量齿轮是这样定义的：将其中一个锥齿轮的背锥展开成平面后，可以得到一个扇形齿轮，其齿数为锥齿轮的齿数 Z，将扇形的缺口补全（齿数增加），使之成为完整的圆柱齿轮，这个齿轮称为锥齿轮的当量齿轮，其齿形近似于直齿圆锥齿轮大端面的齿形。当量齿轮的分度圆半径 r_v 等于背锥锥距 $r_v = r/\cos\delta$；锥齿轮当量齿轮的齿数 $Z_v = Z/\cos\delta$。这样，就可以像处理标准圆柱齿轮那样分别在锥齿轮的大端面和小端面上创建渐开线齿廓截面，然后采用混合方法生成锥齿轮的齿槽。

本例要创建的锥齿轮主要几何参数为：

- 大端端面模数：$m_t = 2\text{mm}$
- 齿数：$Z = 30$
- 分度圆压力角（齿形角）：$\alpha = 20°$
- 分度圆直径：$d = 60\text{mm}$
- 分度圆锥角：$\delta = 55°$
- 齿根圆锥角：$\delta_r = 51°15'$
- 齿顶圆锥角：$\delta_a = 58°07'$
- 齿顶圆直径：$d_a = 62.3\text{mm}$
- 锥距：$R = m_t \times Z/\sin(\delta/2) = 36.6232\text{mm}$
- 齿宽：取 $b = 0.25 \sim 0.3R$ 和 $b = 10m_t$ 中较小者，$b = 10\text{mm}$（取整）
- 当量齿轮齿数：$Z_g = Z/\cos(\delta) = 52.303$，
- 小端当量齿轮模数：$m_s = m_t \times (R-b)/R = 1.3993\text{mm}$（取 $b = 11$ 进行计算）

创建直齿圆锥齿轮的步骤如下：

（1）创建锥齿轮毛坯。单击工具栏上的旋转命令 ⊹，以 TOP 基准面为草绘平面，进入草绘环境，绘制如图 4-64 所示的锥齿轮截面和旋转中心线。退出草绘，单击"确定"按钮，得到如图 4-64 所示的锥齿轮毛坯。

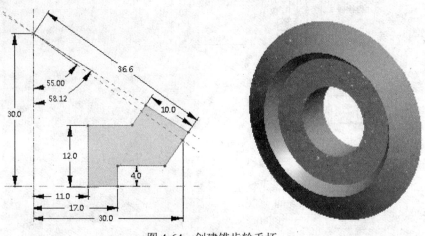

图 4-64　创建锥齿轮毛坯

说明：图中标注尺寸为 11（齿宽 $b+1$）的四段图素已转换为"构造线"，它们不参与此后的旋转操作，只是为了避免后续的减料操作运算不出现残余碎片。

（2）创建大端当量齿轮的工作基准面 DTM1。首先点击"基准平面"按钮 ⬜，选取 RIGHT 基准面为第一参考，并设定为"法向"；选取大端背锥面为第二参考，设定为"相切"，单击"确定"按钮，创建如图 4-65 所示的基准平面 DTM1。

（3）创建大端当量齿轮的中心点。选取工具栏上的"基准点"命令 ✗✗，首先点选基准平面 DTM1，接着，在揿下"Ctrl"键的同时，点击圆锥齿轮毛坯的中心线，得到二者的交点 PNT0，此为大端当量齿轮的中心点。

图 4-65　创建基准平面 DTM1

（4）以 DTM1 为草绘平面，进入草绘环境，绘制如图 4-66 所示的草绘：其中圆锥齿轮大端的当量齿轮分度圆直径 $d_m = d/\cos\delta = \phi104.606$mm，齿根圆直径为 99.606mm，齿顶圆的直径可略大一些，以避免后续减料时出现碎片。过 PNT0 作两条正交的直线 L_1 和 L_2，其中 L_1 竖直向上。

（5）新建坐标系。选取工具栏上的"坐标系"命令 ⅀，将坐标系原点定位在刚生成的 PNT0 上，再打开"坐标系"对话框中的"定向"选项卡，激活"参考选择"，点击 L_1 作为坐标系 X 轴的方向，在按下 Ctrl 键的同时，再点击 L_2 作为 Y 轴的方向，然后单击"确定"按钮，得到如图 4-66 所示的坐标系 CS0。

（6）在当前坐标系下创建当量齿轮渐开线。采取与标准圆柱齿轮相类似的方法，创建大端当量齿轮的渐开线。在图 4-67 的方程对话框的文本框内输入当量齿轮的渐开线表达式，切记：使用的是圆锥齿轮大端当量齿轮参数，如齿数为 52.303。得到的渐开线如图 4-68 所示。

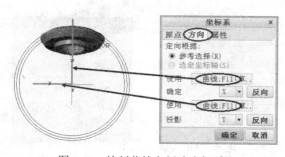

图 4-66　绘制草绘和新建坐标系

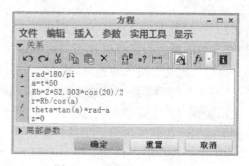

图 4-67　渐开线表达式输入

（7）绘制大端当量齿轮齿槽截面（仿照标准圆柱齿轮的齿槽截面绘制方法）：

1）以 DTM1 基准面为草绘平面，进入草绘环境，首先使用草绘工具栏上的"投影"命令▢，得到步骤（6）所生成的渐开线在草绘平面上的投影，并加绘一段与渐开线相切、且与齿根圆相交的直线；绘制一条从 PNT0 到分度圆与渐开线交点的直线 L_3，使用 ⋮ 命令，绘制一条通过 PNT0（当量齿轮中心点）的中心线作为镜像线，并设定镜像线与直线 L_3 的夹角为 $90°/52.303 = 1.720\ 7°$（当量齿轮分度圆半齿角）。

2）使用草绘工具条上的"镜像"命令，以渐开线和切线为镜像对象，以镜像线为参考，得到齿槽的另一侧。然后进行倒圆角和修剪，得到如图 4-68 所示的大端当量齿轮渐开线齿槽轮廓截面。退出草绘。

按照上述思路，可以仿照绘制大端当量齿轮齿槽截面的方法，再绘制小端当量齿轮的齿槽截面（注意：小端模数 = 1.399 3mm），然后通过"混合"操作来创建锥齿轮的一个齿槽。

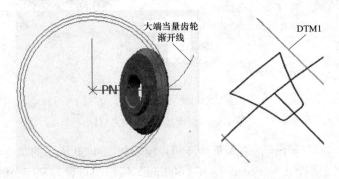

图 4-68　生成当量齿轮渐开线和大端齿槽截面

但由直齿锥齿轮的结构原理可知：直齿锥齿轮齿廓的延长线必交于其顶锥点。如果把该点也视之为一个草图截面，从而免去了绘制小端当量齿轮齿槽轮廓草图的工作量，同样也可以用混合功能来生成锥齿轮的一个齿槽。

（8）采用"混合"操作创建锥面齿槽。

1）创建基准平面 DTM2 和基准点。单击"基准平面"按钮▱，以 FRONT 面为参考，并设定偏移距离为 30mm，获得基准平面 DTM2。再单击"基准点"按钮✕✕，在按下 Ctrl 键的同时，先后选取 DTM2 和锥齿轮的中心线，求得它们的交点 PNT1，如图 4-69 所示。接着选取主菜单上的"分析"→"距离"命令测得 PNT1 与 DTM1 之间的距离为 36.623 2mm（即锥距 R）备用。

2）点击模型工具栏上的"形状"→"混合"命令，弹出"混合"操控板。选择减料方式，如图 4-70 所示，选择草绘截面，点击"定义"进入草绘环境。

3）首先使用草绘工具栏上的"投影"命令▢，并选择"环"，点击由步骤 7）生成的大端当量齿轮齿槽轮廓中的某个图素，得到大端当量齿轮的齿槽轮廓的投影。退出草绘。

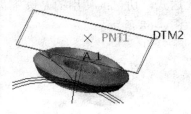

图 4-69　创建 PNT1

4）混合操控板上自动追加了截面 2，并激活"草绘平面位置定义方式"栏下的"偏移尺寸"选项；此时需要在偏移栏内输入截面 2 与截面 1 的偏移量 36.623 2mm。注意：图形区的偏移方位应与实际偏移情况相符，否则，可拖动偏移尺寸句柄改变其方位。

5）点击草绘，再次进入草绘环境。使用草绘工具栏上的"点"命令，选择图形区内的 PNT1，得到与之重合的草绘点，即锥齿轮的顶锥点作为截面 2。操作过程如图 4-70 所示。完成截面 2 的绘制后，退出草绘，返回到"混合"操作模式。此时，将会出现齿槽减料的预览，确认后，单击✔按钮，得到锥齿轮的一个齿槽。

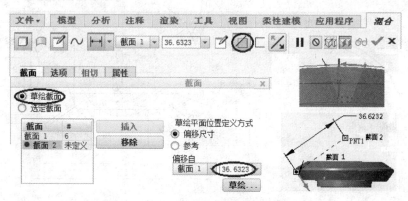

图 4-70　混合操作过程

（9）此时生成的齿槽为红色高亮显，单击工具栏上的"阵列"按钮 ⚏，选取阵列类型为"轴"，点选锥齿轮中心线，输入阵列个数 30，角度增量为 12°，单击"确定"按钮，创建出直齿锥齿轮如图 4-71 所示。以 bevel_gear.prt 为文件名存盘。

图 4-71　"混合"操作获得齿槽实体并阵列生成全部齿廓

2. 弧齿圆锥齿轮的设计

如同斜齿圆柱齿轮一样，弧齿锥齿轮啮合也可以提高重合度，使传动更平稳，噪声更低；不仅承载能力高于直齿锥齿轮，便于控制和调整齿面接触区，而且对误差和变形不太敏感，常用于圆周速度 $v > 5\text{m/s}$ 的相交轴（通常为 90°）之间的动力和运动传动，具有传递扭矩大、传递运动精确、可靠性高的特点。由于其承载能力大、传动平稳、噪声小、结构紧凑等优点，是航空（发动机）、造船（发动机）、汽车（差速器）、能源、装备、国防等部门产品的关键零件，因此弧齿锥齿轮的设计和制造在现代化机械制造业中占有十分重要的地位。

弧齿锥齿轮的齿形如图 4-72（a）所示，它是一种节锥齿线为曲线的锥齿轮，其齿形是齿廓曲线沿分度圆锥面上的一条螺旋线扫描而形成的。该螺旋线过分度圆锥面齿线上任一点的切线与分度圆锥母线之间的夹角称为螺旋角 β，在设计和制造时，通常把这一点设置在分度圆锥面齿宽中点处，因此，又称其为齿宽中点螺旋线；螺旋的方向按下面的方法确定：面对齿轮顶锥面，自齿宽中点到大端，齿线的旋向为顺时针方向为右旋齿轮，齿线的旋向为逆时针方向为左旋齿轮。一对相互啮合的螺旋弧齿锥齿轮的螺旋方向按主动轮转向确定，若主动轮为右旋，则被动轮必为左旋，反之亦然。

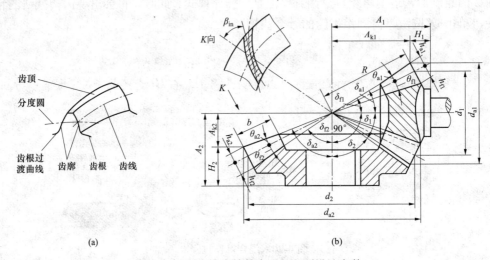

图 4-72 弧齿锥齿轮的齿形及主要设计参数

美国格利森公司是生产弧齿锥齿轮铣齿机的著名厂家，它制定了"格利森制"的弧齿锥齿轮标准。"格利森制"的弧齿锥齿轮的几何设计、强度计算和切齿调整计算法被各国广泛采用。我国目前尚未制定弧齿锥齿轮的基本齿廓标准，国内有关生产企业多沿用"格利森制"。

弧齿锥齿轮的设计与直齿锥齿轮的设计方法相似，也须从当量齿轮做起。本例所设计的"格利森制"弧齿锥齿轮的主要参数如下：

- 齿数：$Z_n = 46$
- 法向压力角：$\alpha = 20°$
- 大端端面模数：$m_t = 5\text{mm}$
- 齿宽中点螺旋角：$\beta_r = 35°$，螺旋方向为右旋
- 大端螺旋角：$\beta_e = 44.100\ 0°$（通过绘图测量求得）
- 小端螺旋角：$\beta_i = 26.009\ 1°$
- 大端分度圆直径：$d = m_t \times Z_n = 230\text{mm}$
- 分度圆锥角 $\delta = 71.939\ 5°$
- 齿顶圆锥角：$\delta_a = 73.572\ 0°$
- 齿根圆锥角：$\delta_f = 68.659\ 2°$
- 锥距：$R = m_t \times Z_n / \sin(\delta/2) = 120.959\ 7\text{mm}$
- 齿宽：取 $b = 0.25R = 30\text{mm}$（取整）
- 端面当量齿轮齿数：$Z_{gv} = Z_n / \cos\delta = 148.377\ 0$
- 大端当量齿轮分度圆直径：$d_{gv} = m_t \times Z_{gv} = 741.885\text{mm}$
- 大端当量齿轮基圆直径：$d_{gb} = d_{gv} \times \cos\alpha_t$
- 齿顶高系数：$c^* = 0.85$

- 顶隙系数：$h^* = 0.188$（等顶隙收缩齿）
- 大端当量齿轮分度圆压力角：$\alpha_t = \arctan(\tan\alpha/\cos\beta_e) = 26.813°$
- 大端当量齿轮齿顶圆直径：$d_{ga} = d_{gv} + 2 \times m_t \times c^* = 750.385 \text{mm}$
- 大端当量齿轮齿根圆直径：$d_{gf} = d_{gv} - 2 \times m_t \times (1+h^*) = 730.005 \text{mm}$
- 小端端面模数：$m_s = m_t \times (R-b)/R = 3.718\,6 \text{mm}$（取 $b = 31$ 进行计算）
- 小端当量齿轮分度圆压力角：$\alpha_t = \arctan(\tan\alpha/\cos\beta_i) = 22.019°$
- 小端当量齿轮分度圆直径：$d_{sv} = m_s \times Z_{gv} = 551.754\,7 \text{mm}$
- 小端当量齿轮齿顶圆直径：$d_{sa} = d_{sv} + 2 \times m_s \times c^* = 558.076\,3 \text{mm}$
- 小端当量齿轮齿根圆直径：$d_{sf} = d_{sv} - 2 \times m_s \times (1+h^*) = 542.919\,3 \text{mm}$
- 齿宽中点处端面模数：$m_s = m_t \times (R-15)/R = 4.38 \text{mm}$
- 齿宽中点处当量齿轮分度圆压力角：$\alpha_t = \arctan(\tan\alpha/\cos\beta_r) = 23.956\,8°$
- 齿宽中点处当量齿轮分度圆直径：$d_{sv} = m_s \times Z_{gv} = 649.891\,3 \text{mm}$
- 齿宽中点处当量齿轮齿顶圆直径：$d_{sa} = d_{sv} + 2 \times m_s \times c^* = 657.337\,3 \text{mm}$
- 齿宽中点处当量齿轮齿根圆直径：$d_{sf} = d_{sv} - 2 \times m_s \times (1+h^*) = 640.798\,4 \text{mm}$

根据以上弧齿锥齿轮的工作原理和各参数，设计格利森制弧齿锥齿轮的步骤如下：

（1）创建锥齿轮毛坯。单击工具栏上的旋转命令 ⊕，以 TOP 基准面为草绘平面，进入草绘环境，绘制如图 4-73 所示的弧齿锥齿轮截面和旋转中心线。退出草绘，单击"确定"按钮，得到如图 4-73 所示的锥齿轮毛坯，并对齿顶面棱边进行 $1.5 \times 45°$ 倒角。

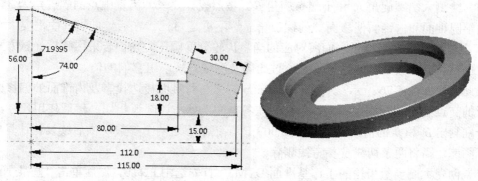

图 4-73　创建锥齿轮毛坯

（2）创建分度圆锥面、内锥面偏移面及齿宽中点锥面。分度圆锥面是创建螺旋弧齿锥齿轮的重要参考。使用旋转命令 ⊕，以 TOP 基准面为草绘平面，进入草绘环境，绘制如图 4-74 所示的分度圆锥面的截线和旋转中心线。退出草绘，在旋转操控板上选取片体 ⎕ 命令，设置双向旋转 60°，生成分度圆锥面片体。采取类似的旋转操作，在草绘中以内锥面的边线为参照，使用 ⎕ 功能，设置偏移量为 1mm。经旋转得到内锥面的偏移面。再次进行旋转操作，以内锥面偏移面为参照，使用 ⎕ 功能，设置偏移量为 16mm。得到齿宽中点锥面。所创建的三个曲面片如图 4-74 所示。

（3）创建齿宽中点螺旋线及其投影线。

1）首先以 RIGHT 基准面为参考，创建一个与其成法向且与分度圆锥面相切的基准平面 DTM1。

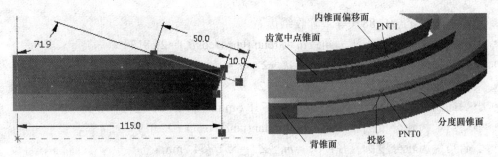

图 4-74　创建分度圆锥面、内锥面偏移面及齿宽中点锥面

2）以 DTM1 为草绘平面，过分度圆锥面齿宽中点绘制一条直线，它与分度圆锥面母线的夹角为 35°，再绘制一个与该直线相切于齿宽中点、半径 $R120mm$ 的圆弧（即铣刀盘名义半径）。完成后仅保留圆弧，删除直线和其他参考线，退出草绘。

3）此时 35° 螺旋线为红色高亮显。选取主菜单上的"投影"命令 ≈，系统提示选择投影面，点选分度圆锥面，单击"确定"按钮，得到螺旋线在分度圆锥面上的投影，原来的螺旋线自动隐藏，如图 4-75 所示。

4）创建基准点 PNT0 和 PNT1。此时投影曲线为红色高亮显。点击工具条上的基准点命令 ×ₓ，在按下"Ctrl"键的同时点选背锥面，单击"确定"按钮，得到投影曲线与背锥面的交点 PNT0；采用类似的操作，得到投影曲线与内锥面偏移面的交点 PNT1。所创建的两个交点如图 4-74 所示，完成后将分度圆锥面和两个偏移面隐藏。

（4）绘测大端螺旋角 β_e 和小端螺旋角 β_i。按照设计要求，齿宽中点的螺旋角为 35°，但是在大端圆锥面和内锥面偏移面处的螺旋角显然不再是 35°。在后续的设计中需要大端螺旋角 β_e 和小端螺旋角 β_i 来修正它们所对应的当量齿轮分度圆压力角。若采用解析计算方式获得 β_e 和 β_i 的值将会比较烦琐，这里不妨通过绘图及测量方式求出它们的值。

为此需要如图 4-76 所示，分别在 $R120mm$ 圆弧与背锥面棱边投影及内锥面的偏移面的棱边投影的交点处绘制两条直线，并令它们在各自交点处与该圆弧相切；然后使用尺寸约束命令，分别测出 β_e 和 β_i 的值为 44.1° 和 26.009 1°。记录下这两个参数，供后续设计计算使用。退出草图前，需将两条切线及参考线删除。

（5）创建大端当量齿轮的工作基准面 DTM3。首先选中 PNT0，然后单击"基准平面"按钮 ▱，按下 Ctrl 键，增选锥齿轮中心线为第二参考，单击"确定"按钮，得到基准面 DTM2，再次单击"基准平面"按钮 ▱，按下"Ctrl"键，增选背锥面为第二参考，并设定基准面与

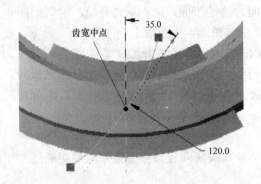

图 4-75　齿宽中点螺旋线

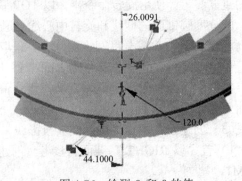

图 4-76　绘测 β_e 和 β_i 的值

DTM2 为 "法向"，与背锥面为 "相切"，单击 "确定" 按钮，创建如图 4-77 所示的基准平面 DTM3。接着使用基准点命令 $\times\!\!\times$，增选弧齿锥齿轮中心线为第二参考，得到 DTM 3 与锥齿轮中心线的交点 PNT2，此为大端当量齿轮的中心点。

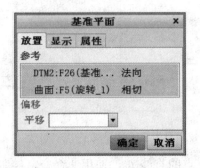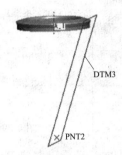

图 4-77　创建基准平面和大端当量齿轮中心点

（6）设置坐标系。

1）首先以 DTM3 为草绘平面，加选 PNT2 为补充参考，并在 "参考" 对话框中单击 "求解" 按钮，使参考状态为 "完全放置的"，进入草绘环境，绘制两条正交的直线 L_1 和 L_2，其中 L_1 通过 PNT0 和 PNT2，退出草绘。

2）单击工具栏上的 "坐标系" 按钮 $\times$，将坐标系原点定位在点 PNT2 上，再打开 "坐标系" 对话框中的 "定向" 选项卡，激活 "参考选取"，点击 L_1 作为坐标系 X 轴的方向，在按下 Ctrl 键的同时，再点击 L_2 作为 Y 轴的方向，然后单击 "确定" 按钮，得到如图 4-78 所示的坐标系 CS0。

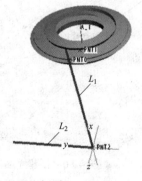

图 4-78　绘制草绘和设置坐标系

（7）在当前坐标系下创建当量齿轮渐开线。采取与标准圆柱齿轮相类似的方法，创建大端当量齿轮的渐开线。在图 4-79（a）记事本中使用的是圆锥齿轮大端当量齿轮的参数，如模数为 5，齿数为 148.377，分度圆压力角为 23.956 8°。所得到的渐开线如图 4-79（b）所示。

（8）绘制大端当量齿轮齿槽截面（仿照标准圆柱齿轮的齿槽截面绘制方法）。

1）以 DTM3 基准面为草绘平面进入草绘环境，首先使用草绘工具条上的 "投影" 命令 $\square$，把步骤（7）所生成的渐开线投影到草绘平面上。然后分别绘制大端当量齿轮分度圆 $\phi741.885$mm、齿根圆 $\phi730.005$mm 及齿顶圆 $\phi752.0$mm（直径可略大些）。

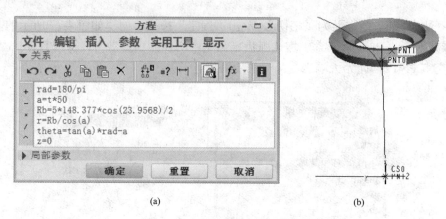

(a)　　　　　　　　　　　　　　　　(b)

图 4-79　创建当量齿轮的渐开线

2）绘制从 PNT2 至分度圆与渐开线交点的直线 L_0，使用 ⋮ 命令，绘制一条中心线作为镜像线，并设定该镜像线与直线 L_0 间的夹角为 $90°/148.377 = 0.606\ 5°$（当量齿轮分度圆半齿角）。

3）使用草绘工具条上的"镜像"命令，以渐开线为镜像对象，以镜像线为参考，得到齿槽的另一侧。然后进行倒圆角（$R1.5\mathrm{mm}$）和修剪，得到如图 4-80 所示的大端当量齿轮渐开线齿槽轮廓截面。退出草绘。

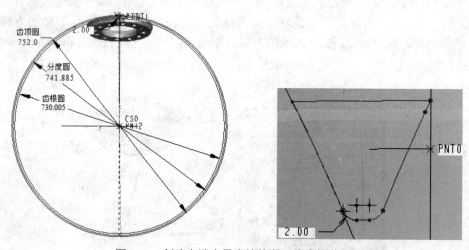

图 4-80　创建大端当量齿轮的渐开线齿槽截面

（9）创建小端当量齿轮的工作基准面 DTM5。首先选中 PNT1，然后单击"基准平面"按钮 ⬜，按下 Ctrl 键，增选弧齿锥齿轮中心线为第二参考，单击"确定"按钮，得到基准面 DTM4，再次单击"基准平面"按钮 ⬜，按下 Ctrl 键，增选步骤 2）创建的顶锥侧面偏移面为第二参考，设定与 DTM4 为"法向"，与偏移面为"相切"，单击"确定"按钮，创建如图 4-81 所示的基准平面 DTM5。接着使用基准点命令 ×✕，增选弧齿锥齿轮中心线为第二参考，得到 DTM5 与中心线的交点 PNT4，此为小端当量齿轮的中心点。

（10）设置坐标系。

1）以 DTM5 为草绘平面，加选 PNT4 为补充参考，并在"参考"对话框中单击"求解"

按钮，使参考状态为"完全放置的"，进入草绘环境，绘制两条正交的直线 L_3 和 L_4，其中 L_3 通过 PNT1 和 PNT4，退出草绘。

2）单击工具条上的"坐标系"按钮 ⤢，将坐标系原点定位在点 PNT4 上，再打开"坐标系"对话框中的"定向"选项卡，激活"参考选取"，点击 L_3 作为坐标系 X 轴的方向，在按下 Ctrl 键的同时，再点击 L_4 作为 Y 轴的方向，然后单击"确定"按钮，得到如图 4-82 所示的坐标系 CS1。

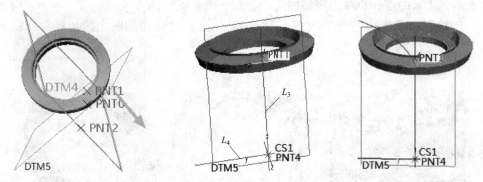

图 4-81　创建基准平面 DTM5　　　　图 4-82　设置坐标系并创建小端当量齿轮渐开线

（11）在当前坐标系下创建当量齿轮渐开线采取与标准圆柱齿轮相类似的方法，创建小端当量齿轮的渐开线。注意在记事本中使用的是圆锥齿轮小端当量齿轮的参数，如模数为 3.718 6，压力角为 23.956 8。所得到的渐开线如图 4-82 所示。

（12）绘制小端当量齿轮齿槽截面（仿照大端齿槽截面绘制方法）。

1）以 DTM5 基准面为草绘平面进入草绘环境，首先使用草绘工具条上的"投影"命令 ▢，得到把步骤（11）所生成的渐开线投影到草绘平面上。分别绘制小端当量齿轮分度圆 ϕ551.754 7mm、齿根圆 ϕ542.919 3mm 及齿顶圆 ϕ560.0mm（直径可略大一些）。

2）绘制从 PNT4 至分度圆与渐开线交点的直线 L_5，使用 ⁝ 命令，绘制一条镜像线，设定镜像线与直线 L_5 之间的夹角为 $90°/148.377 = 0.606\ 5°$（当量齿轮分度圆半齿角）。

3）使用草绘工具栏上的"镜像"命令，以渐开线为镜像对象，以镜像线为参考，得到齿槽的另一侧渐开线。然后进行倒圆角（R1.5mm）和修剪，得到如图 4-83 所示的小端当量齿轮渐开线齿槽轮廓截面。退出草绘。

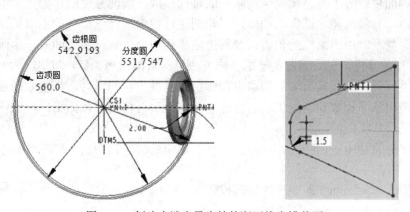

图 4-83　创建小端当量齿轮的渐开线齿槽截面

（13）前面已提到，齿宽中点参数是弧齿锥齿轮的重要设计依据，为了更准确地控制弧齿的走向，还必须添加齿宽中点齿槽截面。可采用与上述大端齿槽截面及小端齿槽截面完全相同的方法，在创建齿宽中点齿槽截面。齿宽中点处的有关参数如下：

（14）以扫描混合方式创建弧齿锥齿轮的一个齿槽。选取工具栏上的"扫描混合"命令，首先点击步骤（3）生成的"齿宽中点螺旋线"投影曲线作为扫描引导线，然后打开扫描混合操控板上的"截面"下拉面板，激活"选取截面"，分别选取步骤（8）、（12）和步骤（13）创建的大端、齿宽中点和小端齿槽截面，注意黄色矢量箭头的方位应一致，单击"确定"按钮，即可创建弧齿锥齿轮的一个齿槽如图 4-84 所示。对齿槽的两个棱边进行倒圆角处理（$R2$mm）。

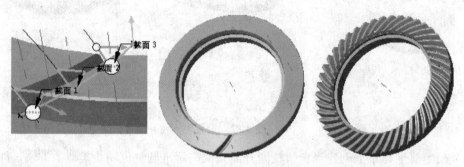

图 4-84　创建弧齿锥齿轮齿槽及格利森齿轮的三维实体模型

（15）将生成的齿槽与倒圆角合并为一组，选取模型树上的组节点，单击工具栏上的"阵列"按钮 ∷，选取阵列类型为"轴"，点选锥齿轮中心线，输入阵列个数 46，角度增量为 $360°/46 = 7.826$，单击"确定"按钮，创建出如图 4-84 所示的格利森弧齿锥齿轮。以 gleason_gear.prt 为文件名存盘。

4.4.4　蜗轮设计

1. 蜗轮的特点及主要参数

蜗轮、蜗杆机构能够实现相交成 90° 的交错轴间的传动，具有传动比大、传动平稳、无噪声等特点，且有自锁性，即蜗杆可以带动蜗轮，而蜗轮不能带动蜗杆。其缺点是传动效率较低。

蜗轮的端面模数等于与之相啮合的蜗杆的轴向模数，端面分度圆压力角等于蜗杆的轴向分度圆压力角。与斜齿轮、锥齿轮相似，蜗轮创建过程中渐开线齿廓的生成仍是建模的关键点。需要注意的是，由于蜗轮的轮齿也像斜齿轮那样与分度圆母线之间有一个倾斜的螺旋角 β（它等于蜗杆的导程角 γ），因此创建蜗轮的方法也与斜齿轮相类似，即蜗轮的毛坯结构需以其端面参数进行设计，而其齿形的构造也需要引入当量齿轮的概念，齿廓截面需要在螺旋线的法平面内使用法面模数和当量齿轮的方法创建。然后再将齿槽截面沿蜗杆的螺旋线方向进行扫描而生成渐开线齿槽。

在杆类零件设计中，已经介绍过有关蜗杆的建模过程，其中的一些参数与本例的蜗轮创建有关。

- 端面模数 $m_t = 2$mm（即蜗杆的轴向模数）
- 法面模数 $m_n = m_t \times \cos(\beta) = 1.995$mm

- 齿数：$Z_2 = 26$
- 法面分度圆压力角：$\alpha_n = \arctan(\tan\alpha/\cos\beta) = 20.047°$
- 螺旋角：$\beta = 4°05'08'' = 4.0856°$（与蜗杆导程角 γ 相等；螺旋方向为右旋）
- 分度圆直径：$d = 52mm$
- 喉圆半径：$r_g = 24mm$
- 当量齿轮齿数 $Z_v = Z_2/\cos^3\beta = 26.199$
- 当量齿轮齿数 $Z_v = Z_2/\cos^3\beta = 26.199$
- 当量齿轮分度圆直径：$d_v = Z_v m_n = 52.267mm$
- 当量齿轮齿根圆直径：$d_f = 47.2795mm$（蜗轮的齿隙系数为 0.2）
- 当量齿轮齿顶圆直径：$d_a = 57mm$（可适当略大些，蜗轮的齿顶高系数为 1）
- 中心距：$A = 40mm$（蜗杆轴线与蜗轮中心线之间的距离）

2. 蜗轮的设计过程

以下给出该蜗轮设计的步骤：

（1）创建蜗轮毛坯。单击工具栏上的旋转命令 ⟳，以 TOP 基准面为草绘平面，进入草绘环境，绘制如图 4-85 所示的蜗轮截面和旋转中心线。退出草绘，单击"确定"按钮，得到如图 4-85 所示的蜗轮毛坯，并对两端面棱边进行 $1 \times 45°$ 倒角。在其端面上绘制 $6mm \times 13.8mm$ 的对称矩形，经拉伸减料获得蜗轮的键槽。

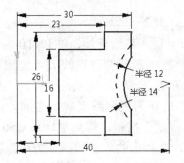

图 4-85　蜗轮草绘截面及创建蜗轮毛坯

（2）创建投影线作为渐开线齿槽截面的扫掠轨迹。前面已经提及蜗轮是与蜗杆配套使用的，创建蜗杆时所生成的螺旋线的一部分正是创建蜗轮齿槽所需要的扫掠轨迹线。

1）使用片拉伸命令，以 TOP 面为草绘平面绘制一段半径为 $R14mm$，圆心位于 Y 轴上且距离 X 轴为 40mm 的圆弧，将其双向拉伸 20mm，得到部分圆柱面。

2）以 RIGHT 面为草绘平面，以蜗轮宽度的中点为起点往上方画一段直线，使用尺寸约束命令设置该直线与 Y 轴的夹角为 $4.0856°$。退出草绘，使用投影命令将该段直线投影到圆柱面上，得到投影 1。采用类似的方法，仍以中点为起点往下方画一段直线，角度与上方的直线一致，退出草绘，也把这段直线投影到圆柱面上，得到投影 2，如图 4-86。隐藏圆柱面。

3）使用"基准平面"命令 ⟋，按下 Ctrl 键，先以投影 1 为第一参考，并选择垂直，再选择齿宽中点作为第二参考，类型为穿过。单击"确定"按钮，得到基准面 DTM1。再使用点命令 ⁎⁎，求得 DMT1 与投影 1 的交点 PNT0，如图 4-87 所示。

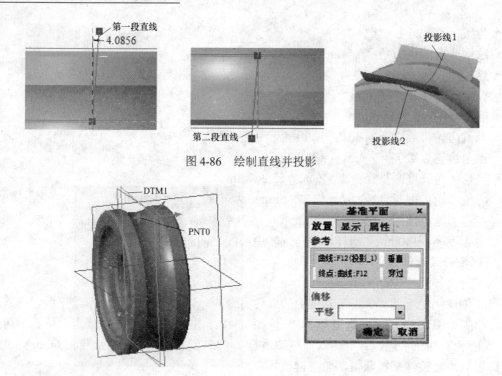

图 4-86　绘制直线并投影

图 4-87　创建基准平面 DTM1

（3）创建蜗轮渐开线。

1）设置坐标系。首先以 DTM1 为草绘平面，进入草绘环境，以 PNT0 为起点，绘制一条与 Y 轴平行的直线 L_1，再以 L_1 的终点为起点绘制与 L_1 正交的直线 L_2，退出草绘。单击工具栏上的"坐标系"按钮，将坐标系原点定位于 L_2 与 L_1 的交点，再打开"坐标系"对话框中的"定向"选项卡，激活"参考选取"，点击 L_1 作为坐标系 X 轴的方向，在按下 Ctrl 键的同时，再点击 L_2 作为 Y 轴的方向，然后单击"确定"按钮，得到坐标系 CS0。

2）单击工具栏上的"基准曲线"按钮，在弹出的"曲线：从方程"操控板上选择坐标系类型"为柱坐标，再选取模型区中的 CS0 坐标系；然后单击"方程"按钮，在弹出方程对话框，输入如图 4-88 所示的蜗轮渐开线的表达式（注意使用法面模数和当量齿轮参数），单击"确定"按钮，生成蜗轮的渐开线如图 4-88 所示。

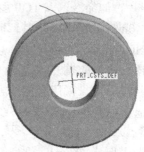

图 4-88　通过方程创建蜗轮渐开线

（4）创建蜗轮渐开线齿槽截面。

1）以 DTM1 面为草绘平面，进入草绘环境，首先使用草绘工具栏上的"投影"命令 □，把步骤（3）所生成的渐开线投影到草绘平面上。分别绘制蜗轮分度圆 ϕ52mm、齿根圆 ϕ47.2mm 及齿顶圆（直径可略大一些）。

2）接下来采用本章标准圆柱齿轮齿形渐开线的镜像变换及曲线修剪方法进行操作，注意在绘制镜像线时该蜗轮的分度圆半齿角为 90°/26＝3.461 5°，得到蜗轮齿槽截面如图 4-89 所示。

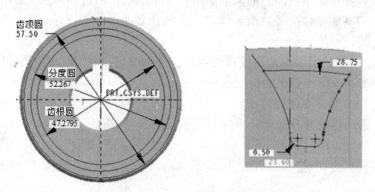

图 4-89　创建蜗轮渐开线齿槽截面

（5）使用"扫描"操作创建蜗轮齿槽。选取模型工具栏上的"扫描"命令，弹出如图 4-90 所示的"扫描"操控板，选择减料方式。点击投影 1 作为扫描轨迹，操控板上的 ☑ 被激活，点击 ☑ 进入草绘环境，使用草绘工具条上的"投影"命令 □（选取"环"操作），得到由步骤（4）所生成的蜗轮齿槽截面轮廓线在草绘面上的投影，退出草绘。"扫描"操控板上的 ✔ 按钮，可创建蜗轮的半个齿槽。再次使用"扫描"命令，以投影 2 作为扫描轨迹，仍然使用蜗轮齿槽截面轮廓线在草绘面上的投影，得到另一半齿槽。操作过程如图 4-90（a）所示。

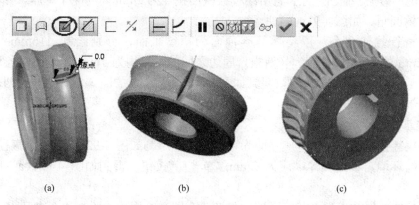

图 4-90　齿槽扫描操作及阵列后的蜗轮实体

(a) 扫描；(b) 倒圆角、合并；(c) 阵列

（6）阵列生成蜗轮三维实体模型。对两次扫描减料得到的齿槽的顶缘进行倒圆角处理，圆角半径为 R1mm；在模型树上同时选取两个半齿槽及倒圆角，按下鼠标右键，将三者组合为一"组"，单击工具栏上的阵列按钮 ▦，选取阵列类型为"轴"，点选蜗轮中心线，输入阵列个数 26，角度增量为 360°/26＝13.846°，单击"确定"按钮，创建出完整的蜗轮如图 4-90（c）所示。以 worm_wheel.prt 为文件名存盘。

4.5 箱体/壳体/腔体类零件设计

箱体/壳体/腔体类零件一般用来支承和包容其他零件，其结构往往比较复杂。此类零件的结构特点是：

（1）根据此类零件的作用，它们大多由内腔、轴承孔、凸台和加强肋板等组成。

（2）为了安装其他零件，并且把箱体自身再装在基座上，常设计有安装底板、安装孔、螺孔、定位销孔等。

（3）箱体/壳体/腔体类零件通常以铸件或焊接件为毛坯。因此为减少箱体的加工面，节约加工成本，箱体外侧一般设置凸台等。

（4）为了防尘，通常要使箱体密封，此外又为了使箱体内的运动零件得到润滑，箱体内要注入润滑油，因此箱壁部分常设计有安装箱盖、轴承盖、油标及油塞等零件的凸台、凹坑、螺孔等。

参考上述结构特点，这一节以齿轮减速箱体和汽车差速器的行星齿轮室为例介绍此类零件的设计方法。

4.5.1 减速箱箱体设计

1. 创建箱体底板和四壁

（1）点击工具栏上的拉伸命令，以 TOP 基准面作为草绘平面，进入草绘环境，绘制 116mm×142mm 对称矩形，退出草绘环境。设定拉伸长度为 7mm，单击按钮，生成薄板作为箱体的基础。

（2）继续执行拉伸命令，以刚创建的薄板底面作为草绘平面，进入草绘环境，绘制图 4-91 所示的 4 个矩形截面，退出草绘；将所绘草绘截面拉伸为 2mm 高的 4 个基座，并将 4 个棱边修成 R8mm 的圆角。如图 4-91（a）所示。

（3）仍执行拉伸命令，以箱体基础顶面为草绘平面，分别绘制 116mm×104mm 和 102mm×90mm 的两个对称矩形，（两矩形周边之间的距离均为 7mm），退出草绘环境，设定拉伸距离为 111mm，单击按钮，得到如图 4-91（b）所示的腔体，对箱体的四个棱边进行倒圆角 R5mm。

2. 创建基座圆台及螺栓过孔

（1）仍执行拉伸命令，以基座顶面为草绘平面，绘制如图 4-92 所示 4 个直径φ16mm 的圆，退出草绘环境，设定拉伸高度为 2mm，单击按钮，得到如图 4-92（a）所示的四只圆台。

（2）以拉伸减料方式进入草绘环境，参考 4 个圆台的中心，绘制 4 个直径φ8.5mm 的圆，退出草绘环境，将它们拉伸 12mm 获得 4 个通孔如图 4-92（b）所示。

3. 创建箱体内外侧凸台及通孔

（1）以拉伸方式进入草绘环境，以箱体的左外侧面为草绘平面，绘制如图 4-93（a）所示的草绘截面；退出草绘，设定拉伸距离为 9mm，获得外侧凸台。

（2）以拉伸方式进入草绘环境，以箱体的左内侧面为草绘平面，绘制如图 4-93（b）所示的草绘截面；退出草绘，设定拉伸距离为 16mm，获得如图 4-93（c）所示的内侧凸台。

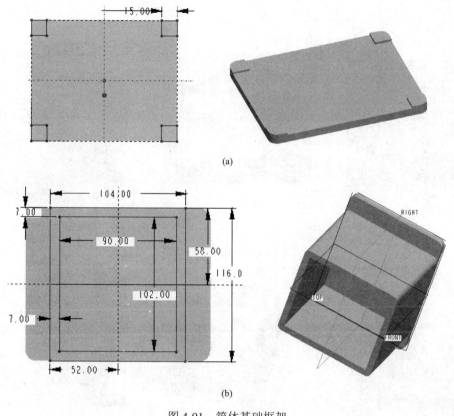

图 4-91　箱体基础框架

（a）箱体底座；（b）箱体四壁

图 4-92　创建底座圆台及螺栓孔

（a）创建圆台；（b）创建螺栓过孔

（3）以拉伸方式进入草绘环境，以箱体右外侧面为草绘平面，绘制如图 4-94 所示的直径为ϕ54mm 的圆；退出草绘，将此截面拉伸 9mm，获得右外侧凸台如图 4-94 所示。

（4）采取与步骤（2）相类似的方法，分别在箱体的正面和后面各创建一个直径为ϕ58mm、高度为 12mm 的凸台（互为对称），如图 4-95 所示。

（5）以拉伸方式进入草绘环境，以箱体右内侧面为草绘平面，绘制如图 4-96（a）所示的截面；退出草绘；设定拉伸距离为 12mm，获得如图 4-96（b）所示的内侧凸台。

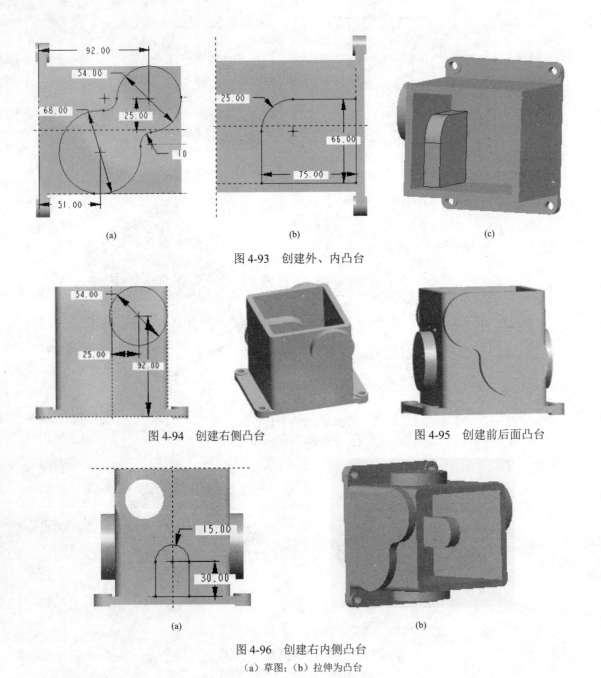

图 4-93　创建外、内凸台

图 4-94　创建右侧凸台　　　　　图 4-95　创建前后面凸台

图 4-96　创建右内侧凸台

（a）草图；（b）拉伸为凸台

4. 创建箱体上的通孔

（1）以拉伸减料方式进入草绘环境，以左外侧凸台端面为草绘平面，绘制如图 4-97（a）所示直径为φ48mm 的圆；退出草绘；设定拉伸长度 15mm，获得通孔。类似地，绘制如图 4-97（a）所示直径为φ35mm 的圆；退出草绘，选取"拉伸"命令，将此圆拉伸 115mm，获得箱体左右两侧贯通的孔如图 4-97（b）所示。

（2）然后仿照步骤（1）在右内侧凸台上创建φ20mm 的通孔，如图 4-97（b）所示。

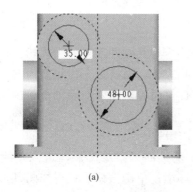

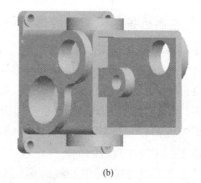

(a)　　　　　　　　　　　　　　　　(b)

图 4-97　创建右内侧凸台及 4 个通孔

（3）以拉伸减料方式进入草绘环境，以 ϕ58mm×12mm 的凸台端面为草绘平面，绘制直径为 ϕ40mm 的圆；退出草绘；选取"拉伸"命令，设定拉伸长度为 120mm，获得前后面凸台的通孔，如图 4-98 所示。

（4）以拉伸方式进入草绘环境，以箱体顶面为草图平面，绘制 4 个 ϕ14mm 的圆；退出草图，设定拉伸长度为 16mm，将 4 个圆向下拉伸作为螺孔的基体。接着使用孔命令，在此基体上创建 4 个 M8×12 的螺纹孔，孔的定位方式为线性。得到螺纹孔如图 4-99 所示。

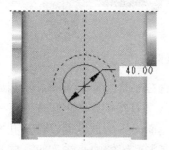

图 4-98　创建前后凸台通孔　　　　　图 4-99　创建顶部 4 个螺纹孔

（5）以拉伸减料方式进入草绘环境，以箱体右外侧面为草图平面，绘制如图 4-100（a）所示直径分别为 ϕ22mm 和 ϕ14mm 的 2 个圆，退出草图；设定拉伸距离 2mm，获得内凹平台。

（6）仿照步骤（5）创建下方凹台上 ϕ15mm 和 ϕ8.7mm 的通孔如图 4-100（b）所示。

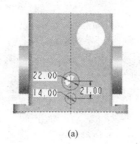

(a)　　　　　　　　　　　　　　　　(b)

图 4-100　创建右外侧凹台及通孔

完成箱体建模后，以 gear_box.prt 为文件名存盘。

4.5.2 汽车差速器行星齿轮室（腔体）设计

汽车差速器行星齿轮室是一种腔体，它自身随着与其刚性连接的大齿轮（通常是直齿圆锥齿轮或弧齿锥齿轮副中的较大的一个齿轮）一起旋转，而安装在齿轮室内的行星齿轮又根据转弯的需要自转，从而得到"差速"的效果。行星齿轮室还要安装轴承、齿轮轴等，以保证行星齿轮能与其对应的锥齿轮正确啮合和旋转。

本节介绍差速器行星齿轮室的创建过程和操作步骤。

（1）单击工具栏上的旋转命令 ❖，以 TOP 基准面为草绘平面，进入草绘环境，绘制如图 4-101 所示的剖面和旋转中心线。退出草绘环境，单击按钮，获得如图 4-101 所示的行星齿轮室毛坯。

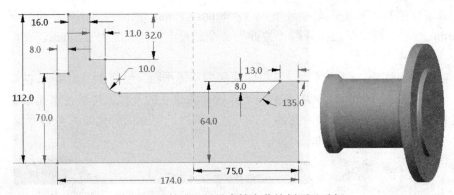

图 4-101　差速器行星齿轮室草绘剖面及毛坯

（2）以拉伸减料方式进入草绘环境，以行星齿轮室毛坯的右端面为草绘平面，绘制如图 4-102 所示直径为 $\phi128$mm 圆，退出草绘；设定拉伸距离 10mm，获得一个内凹的平台。

（3）单击工具栏上的"孔"命令 ，以行星齿轮室的左侧面为孔的放置面，打开孔操控板上的放置下拉菜单，设置孔的放置类型为"直径"方式，点击毛坯的中心线为第一参考，在按下"Ctrl"键的同时，点选放置面的边线为第二参考，此时孔操控板上的 按钮被激活，单击 按钮，创建 $\phi100$mm 的通孔；然后执行倒角命令，对有关棱边进行 $1\times45°$ 倒角，结果如图 4-102 所示。

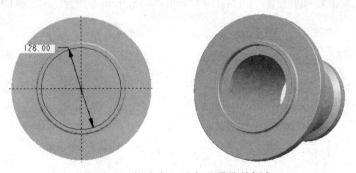

图 4-102　创建内凹平台及通孔并倒角

（4）创建行星齿轮安装平台及孔。

1）首先以 TOP 基准面为参考，选取工具栏上的基准面命令 ，设定偏移距离为 45mm，创建一个如图 4-103 所示的基准平面 DTM1。

2）以拉伸方式进入草绘环境，以 DTM1 基准面为草绘平面，绘制如图 4-104 所示直径为 ϕ40mm 的圆，退出草绘；选取拉伸操控板上的 ![type icon] 类型，点取 ϕ100mm 孔的内圆柱面，获得一个行星安装平台。接着参考步骤（3）的操作方法，创建直径 ϕ25mm 的通孔如图 4-105（a）所示。

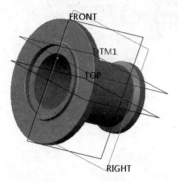

图 4-103　创建基准面 DTM1

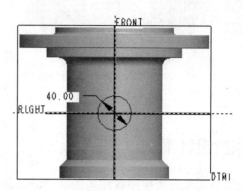

图 4-104　绘制草图

3）揿下 Shift 键，同时选中刚创建的平台和孔，按下鼠标右键，在弹出的快捷菜单中选择"组"命令，将二者合并为一个组。刚合并成组的安装平台和孔为红色高亮显，单击工具栏上的阵列命令按钮 ![icon]，在阵列操控板上选择"轴"类型，点击毛坯的中心线为参考，接受系统的默认设置，单击 ![icon] 按钮，得到四个行星安装平台及孔如图 4-105（b）所示。

(a)　　　　　　　　　　　　　(b)

图 4-105　创建行星齿轮安装平台

（5）再次使用"孔"命令，以行星齿轮室的右侧大端面为孔的放置面，打开孔操控板上的放置下拉菜单，设置孔的放置类型为"直径"方式，以 TOP 面为第一参考，位于直径 ϕ190mm 的圆周上，并设定孔的直径为 ϕ16mm，深度为 40mm，单击 ![icon] 按钮，创建单个孔。

（6）刚创建的孔为红色高亮显，单击工具栏上的阵列命令按钮 ![icon]，在阵列操控板上选择"轴"类型，选取毛坯的中心线作为圆周阵列的中心轴，输入阵列个数为 10，角度增量为 36，单击 ![icon] 按钮，得到 10 个螺钉过孔如图 4-106 所示。

完成行星齿轮室的创建，以 gear_house 为文件名存盘。

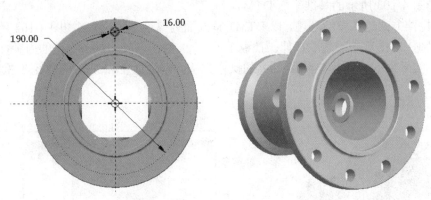

图 4-106　创建大齿轮安装螺钉过孔并阵列

4.6　综合设计案例

这一节将通过若干实际设计案例，介绍综合运用 Creo 3.0 的特征和参数化建模及曲面建模技术功能来创建工业和民用产品的方法和技巧。

4.6.1　汽车方向盘的设计

汽车方向盘是各类车型中必不可少的关键部件，图 4-107 为两款新式轿车的方向盘造型。

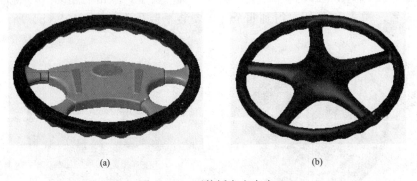

(a)　　　　　　　　　　　　　　　　　(b)

图 4-107　两款轿车方向盘

方向盘的设计和制造必须满足表面光滑流畅、把握舒适，且具有足够的强度和刚度等条件，从而给驾车人一种美观、适用、安全的感觉；位于方向盘下方的"指形"凸凹曲面更是关系到安全和可靠驾驶的重要特征之一。因此对汽车方向盘的设计须用高质量的曲线和曲面来构建。

制造方向盘的方法一般是先设计出其主体模型，然后用它反拷出模具型腔，用以加工出模具，再采用精密注塑的方法生产出来。而注塑模的型腔表面质量要求是非常高的。因此方向盘主体模型必须精心设计。

现以图 4-107（a）所示的方向盘为例，介绍使用 Creo Parametric 创建方向盘的操作过程和步骤。

（1）进入 Creo Parametric 标准工作环境，首先以 FRONT 面为草绘平面，绘制如图 4-108 所示的草绘 1，并将其向上拉伸 40mm，再次选中模型树上的草绘 1，并将其向下拉伸 16mm。

（2）以 TOP 面为草绘平面,绘制如图 4-109 所示两段相切的圆弧,将其绕 Z 轴旋转 360°,选择旋转操控板上的 🔲 按钮,修剪图 4-108 中的实体,再以 RIGHT 面为镜像平面,得到如图 4-109 所示顶部为球面的实体。

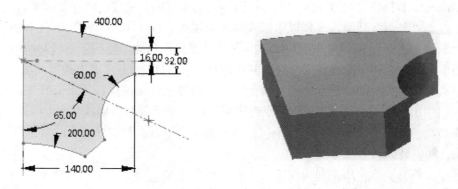

图 4-108　草绘截面并拉伸成实体

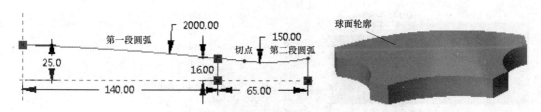

图 4-109　草绘 2 旋转修剪实体并镜像

（3）使用"倒圆角"命令,对图 4-109 所示的实体倒圆角。

1）先一次点选该实体顶部和底部的 6 个圆弧边,设定圆角半径为 R5mm。

2）变半径倒圆角。点选图 4-110 中的圆弧边的中部,展开"倒圆角"操控板的"设置"下拉面板,右击半径栏中的参数,在弹出的快捷菜单中选择"添加半径",输入 10mm,将"位置"栏内的参数修改为 0.5,单击倒圆角操控板上的 🔲 按钮,得到变半径倒圆角后的效果如图 4-110 所示。

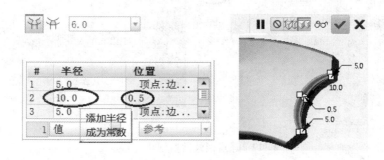

图 4-110　变半径倒圆角

3）再次使用"倒圆角"命令,对实体的两个矩形侧面的边进行倒圆角,设定圆角半径为 R5mm。

4）选中模型树上的组、拉伸 2 及倒圆角 1、2、3 共 5 个节点,击右键选择组→分组选项,将这 5 个节点合并为一组。然后使用镜像命令以 FRONT 面为镜像参考，得到方向盘的中间部分整个实体，如图 4-111 所示。

（4）创建 3 个基准面：令 DTM1 与 RIGHT 面平行且与之相距 205mm，DTM2 与 RIGHT 面相距 160mm，DTM3 过图 4-108 中的 65°斜线且与 FRONT 面成法向，如图 4-111 所示。

（5）进入"类型"环境，分别以中部实体的右端面、DTM1、DTM2 及 TOP 面为当前平面，绘制图 4-112 所示的四条平面曲线，并利用"捕捉"功能，使四条曲线均两两相交，并用"切向量"工具来调整曲线的平滑性；其中曲线 4 在 TOP 面上。退出类型环境。

（6）选取工具栏上的"边界混合"命令，弹出边界混合操控板，按下 Ctrl 键，首先点选图 4-112 中的曲线 1、曲线 2 和曲线 3，点击中键确认并激活第二方向收集区；再按下 Ctrl 键，点选图 4-112 中的曲线 4 和曲线 5，图形区出现如图 4-112 所示的边界混合曲面预览，单击"确定"按钮，即创建该边界混合曲面。

注意：在预览中的曲线 1 和曲线 2 边上分别出现 4 个⊡标志，右键点击该标志，在弹出的快捷菜单中均选择"相切"。这样可保证在后续的曲面镜像、合并操作中能得到光滑的连接。

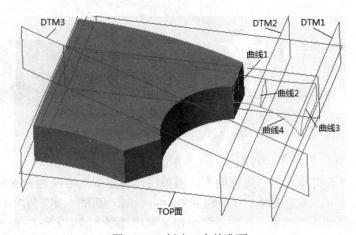

图 4-111　创建 3 个基准面

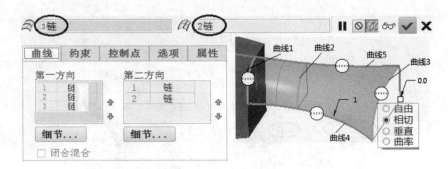

图 4-112　通过曲线网格创建边界曲面

（7）对边界混合曲面进行镜像变换、合并、加厚。

1）选中刚创建的边界混合曲面为变换对象，以 TOP 面为镜像平面，获得另一半曲面。

2）在模型树上将边界混合曲面及镜像得到的曲面合为一组，然后再次使用镜像命令，以 DTM3 为镜像平面，获得下方的曲面片；再同时选中这两组曲面，以 RIGHT 面为镜像平面，获得左侧的两组曲面。

3）分别对这4组曲面进行合并操作：再同时选中合并后的4组曲面，以FRONT面为镜像平面，获得下方的4组曲面，然后分别对上下两组曲面进行两两合并，得到完整的四张曲面片。

4）选中四张曲面片中的一个，点击工具栏上的加厚命令，在加厚操控板上输入厚度值3mm，使图形区中的黄色矢量指向内侧，单击按钮，得到一个加厚的实体；其他三组也照此方法加厚。

5）对四个加厚的实体进行倒圆角操作，设定圆角半径为2mm。

以上镜像变换、合并、加厚及倒圆角的过程和结果如图4-113所示。

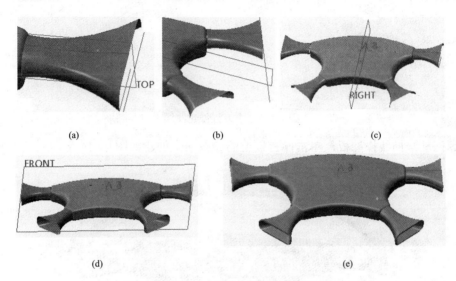

图4-113 镜像变换、合并、加厚及倒圆角操作过程
（a）镜像1；（b）镜像2；（c）镜像3及合并；（d）合并2；（e）加厚及倒圆角

（8）以TOP面为草绘平面，绘制如图4-114所示的半个椭圆曲线，设定椭圆的长短轴半径分别为45mm和30mm。退出草绘后绕Z轴旋转0°～-180°，得到图4-114所示的曲面。

图4-114 草绘椭圆及旋转操作

（9）创建基准曲线。该基准曲线为一环状波形三维曲线，波形的变化按正弦规律变化，首尾连接。本例取其0°～180°的部分，以便与步骤8创建的椭圆环状曲面的边线构成边界混合曲面并进行合并，其数学表达式见式（4-6）。

$$\begin{cases} x = (R + \sin n\alpha / 2)\cos\alpha \\ y = (R + \sin n\alpha / 2)\sin\alpha \\ z = H + H\_C\sin n\alpha \end{cases} \tag{4-6}$$

1）首先选取模型工具栏上的"基准"→"曲线"→"来自方程的曲线"命令，以当前的坐标系为参考，并把"坐标系"切换为"柱坐标"，然后按照式（4-6）在图 4-115 中所示的记事本编辑框内依次输入方程的各个参数，单击"确定"按钮保存。

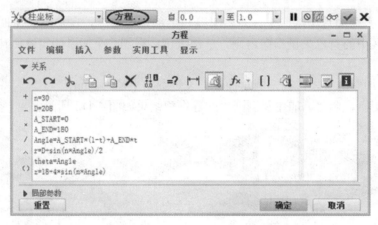

图 4-115　由方程创建曲线

2）返回基准曲线操控板，单击操控板上的 ✔ 按钮，创建如图 4-116 所示的波形曲线。

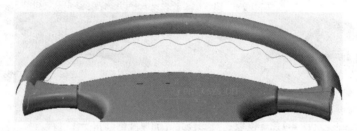

图 4-116　创建半环状波形曲线

（10）创建波形曲面。

1）选取工具栏上的"边界混合"命令，弹出边界混合操控板，按下 Ctrl 键，依次点选图 4-116 中椭圆半环形曲面的外侧边 1、波形曲线 2 和椭圆半环形曲面的内侧边 3，此时工作区已出现所构造的曲面预览，单击操控板上的 ✔ 按钮，创建指痕曲面如图 4-117 所示。

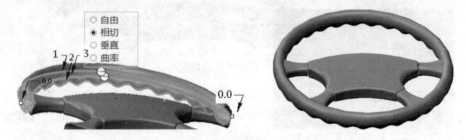

图 4-117　创建指痕曲面及环状实体

2）使用合并功能将刚生成的指痕曲面与椭圆半环曲面合并为一体。以 TOP 面为镜像平面，对合并后的曲面进行镜像操作，得到另一半曲面。再进行一次合并构成整个环状曲面，然后向内侧加厚 3mm，得到如图 4-117 所示的实体。

（11）对各实体相交处进行倒圆角操作设定圆角半径为 *R*12mm。

（12）曲面局部偏移。先选中方向盘中部弧面部分，然后选择工具栏设定"偏移"命令，在弹出的偏移操控板上选择拔模形式，设定拔模角度为 15°；在中部区域绘制椭圆和两个条状矩形，退出草绘，单击操控板上的 ✔ 按钮，得到商标基面和汽车高音喇叭按钮及控制按钮等。以 steering.prt 命名存盘，完成汽车方向盘的设计，如图 4-118 所示。

图 4-118　汽车方向盘模型

4.6.2　电吹风机外壳设计

电吹风机是常用的家用电器之一，市场上流行着各种款式的电吹风机。电吹风机的设计者们都在努力追求款式更新颖、操作更舒适、使用更安全的创新产品。因此我们设计电吹风机时也必须注意满足造型美观、把握舒适、安全可靠等要求。

（1）创建一个新文件，命名为 shell_fun.prt。单击工具栏上的旋转命令按钮 ⬦，以 FRONT 面为草绘平面，绘制如图 4-119 所示的样条曲线和旋转中心线，退出草绘，将其旋转为纺锤状实体特征。

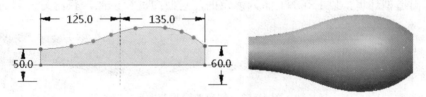

图 4-119　创建实体

（2）创建外壳表面修饰花纹。选中纺锤体的表面使其为红色高亮显，选取工具栏上的"偏移"命令按钮 ，在弹出的偏移操控板上选取"拔模"方式，输入偏移量 3mm，斜度 25°。打开参考下拉面板，单击草绘栏上的"定义"按钮，选取 FRONT 面草绘平面，绘制如图 4-120 所示的截面，退出草绘并单击操控板上的 ✔ 按钮，创建带有斜度的偏移特征。然后以 FRONT 面为镜像平面获得偏移特征的镜像，得到图 4-120 所示的特征作为壳体的毛坯。

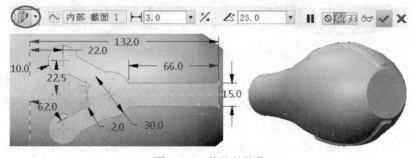

图 4-120　偏移并镜像

（3）修剪壳体毛坯。单击特征工具条上的拉伸命令按钮，选取拉伸操控板上的片体，以 FRONT 面为草绘平面，绘制如图 4-121（a）所示的直线，将其双向拉伸成图 4-121（b）所示曲面。此时再单击拉伸操控板上实体按钮□和减料按钮✐，拉伸曲面成为修剪工具，单击操控板上的✔按钮，修剪掉毛坯右侧部分。然后进行倒圆角处理后如图 4-121（c）所示。

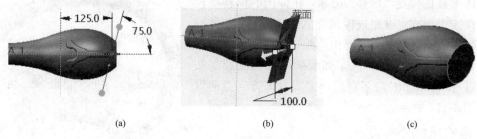

图 4-121　修剪并倒圆角

（4）创建手柄。

1）建立两个基准平面。以 RIGHT 面为参考，创建基准面 DTM1，令其到 RIGHT 面的距离为 70mm，求 DTM1 面与 TOP 面的交线为基准轴 A2；再创建通过 A2 轴，并与 DTM1 面成 15° 的基准面 DTM2。

2）单击特征工具条上的"造型"命令按钮▣，进入自由曲面环境。分别以 DTM2 面和 FRONT 面为活动平面，绘制平面曲线 1 和曲线 2，然后由这 2 条曲线构建曲面如图 4-122 所示。然后退出造型环境，以 FRONT 面为镜像面，对曲面进行镜像，获得另一侧的曲面。

图 4-122　创建曲线和曲面

3）再次进入造型环境。首先使用曲线功能以 FRONT 面为活动平面，绘制一条波浪线，然后使用曲面功能，先后选择步骤 2）创建的曲面的一条边线、波浪线、另一条边线，创建带有指形压痕的曲面如图 4-123 所示，设定与相邻曲面为相切关系。

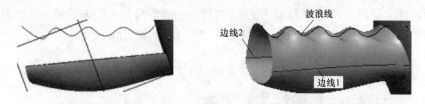

图 4-123　创建带有指形压痕的曲面

4）再次使用曲线功能，绘制如图 4-124（a）所示的曲线，退出造型环境。使用边界混合，如图 4-124（b）所示依次选择曲线 1、曲线 2 和曲线 3（曲线 3 需用 Shift 键 2 次选中）创建手柄底部曲面如图 4-124（c）所示。

5）进行曲面合并及实体化。经过以上四个步骤共生成四张曲面片，使用曲面合并功能把两张曲面片合并为一张，再和第三张曲面片合并，最后将合并好的曲面再和第四张曲面片合并得到在一起的曲面如图 4-125（a）所示。将过滤器设定为"面组"，选择合并后的整体曲面，

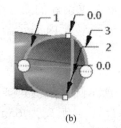
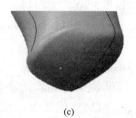

(a)　　　　　　(b)　　　　　　(c)

图 4-124　创建手柄底部曲面

选取工具栏上的"实体化"命令，出现如图 4-125（b）所示的预览，注意黄色箭头指向内部，单击操控板上的 ✔ 按钮，得到壳体与手柄连为一体的实体。

（5）进行倒圆角和抽壳。在手柄与壳体的交界处倒圆角，设定圆角半径 $R12$mm，手柄端部圆角半径 $R3$mm。单击特征工具条上的抽壳命令按钮 ⬛，设定壁厚 1.5mm，壳体左侧端面为去除面，得到抽壳后吹风机外壳如图 4-126 所示。

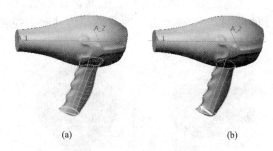

(a)　　　　　　　　(b)

图 4-125　曲面合并及实体化

（6）出风口处添加"鸭嘴"。为了减少热风从出风口上方逃逸，可在出风口处添加"鸭嘴"形挡风罩。

1）选取"旋转"功能，以 FRONT 面为草绘平面，绘制如图 4-127（a）所示的截面和旋转中心线，将该截面旋转 60°后，再以 FRONT 面为镜像平面，得到旋转特征的镜像如图 4-127（b）所示。

2）首先在鸭嘴两侧凸出部分倒圆角 $R3$mm；然后在凹角处进行圆锥方式倒圆角，设定 $D_1=7$，$D_2=10$，圆锥系数为 0.4，得到圆锥形倒角如图 4-127（c）所示。

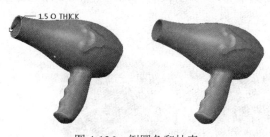

图 4-126　倒圆角和抽壳

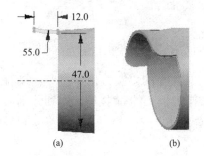
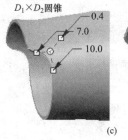

(a)　　　　　　(b)　　　　　　(c)

图 4-127　倒圆角和抽壳

177

（7）获得吹风机外壳的整体模型只是完成设计的第一步，要想将此外壳付诸制造（例如进一步设计制作模具并进行注塑以及便于装配内部元器件），还需继续将其分割成若干部分。

（8）创建四张曲面片。

1）在 TOP 面上绘制如图 4-128（a）所示圆弧，将其向下拉伸 70mm。

2）创建 DTM3 基准面，使其与 DTM1 的距离为 65mm。以 DTM3 为草绘平面绘制如图 4-128（b）所示的草绘，然后将其拉伸 50mm，并以 FRONT 面为镜像平面，得到其镜像。

3）创建 DTM4 基准面，使其通过基准轴 A_2 且与 DTM2 成法向。以 DTM4 为草绘平面绘制如图 4-128（c）所示的草绘，将其向上拉伸 70mm。四张曲面如图 4-128（d）所示。

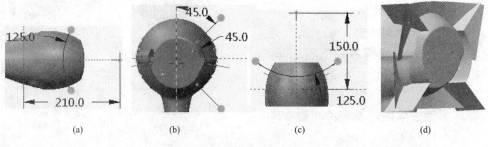

图 4-128　创建四张曲面

4）曲面合并。将四张曲面片合并为一张曲面。具体合并方法必须是依次两两合并。合并的过程也是彼此修剪的过程，合并过程中黄色箭头所指向的是保留的部分，因此要注意分别与图 4-129（a）、（b）、（c）所示的情况相对应。

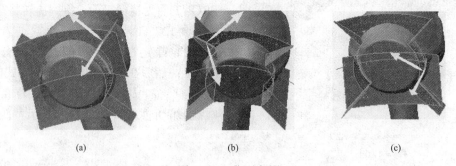

图 4-129　曲面合并
（a）第一次合并；（b）第二次合并；（c）第三次合并

（9）实体化分割。选中合并后的面组，选取工具栏上的"实体化"命令，接着点击实体化操控板上的减料按钮 ，图形区出现预览，单击操控板上的 按钮，得到分割后的吹风机主体部分如图 4-130（a）所示，选取主菜单上的"文件"→"另存为"命令，以 shell_body 为文件名存盘。

选中模型树上的"实体化 3"，按下右键，在弹出的快捷菜单中选取"编辑定义"，图形区再次出现实体化预览，单击操控板上的 按钮，改变黄色箭头的指向，单击操控板上的按钮，得到分割后的吹风机外壳尾部后盖如图 4-130 (b) 所示。

（10）创建分型面并用以分割吹风机外壳主体。分型面是设计模具的重要依据，一般情况下，分型面位于注塑件的最大截面处，这样将便于注塑完毕后零件能顺利出模。

1）单击特征工具条上的拉伸命令按钮 ，选取拉伸操控板上的片体 ，以 FRONT 面为草绘平面，绘制如图 4-131 (a) 所示的曲线，将其双向拉伸为 160mm 宽的曲面。此时再单击拉伸操控板上实体按钮 和减料按钮 ，拉伸曲面成为剪切工具，单击操控板上的 按钮，修剪掉外壳主体左侧部分，得到壳体的右半部分如图 4-131 (b) 所示。

2）选中模型树上的"拉伸 4"，按下右键，在弹出的快捷菜单中选取"编辑定义"，图形区再次出现修剪预览，单击操控板上的 按钮，改变黄色箭头的指向，单击操控板上的 按钮，得到分割后的壳体的左半部分如图 4-131 (c) 所示。

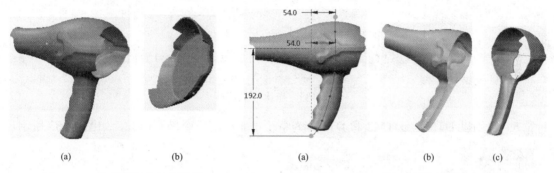

<table>
<tr><td>(a)</td><td>(b)</td><td>(a)</td><td>(b)</td><td>(c)</td></tr>
</table>

图 4-130　分割壳体主体和后盖　　　　　　　　图 4-131　以分型面分割外壳
（a）壳体主体；（b）后盖　　　　　　　（a）草绘曲线创建分型面；（b）左半部分；（c）右半部分

4.6.3　手壶设计

图 4-132 是一副具有典型中国风格的茶壶——手壶的造型，它由壶体和壶盖两部分装配而成。本节介绍用 Creo Parametric 3.0 创建手壶壶体和壶盖的方法和过程。

壶体由 4 个主要特征构成：壶身、壶嘴、手柄、压板。

1. 创建壶体和壶嘴

（1）首先执行工具栏上的"旋转"命令，选择片体 ；以 FRONT 面为草绘平面，绘制如图 4-133 所示的草绘截面，绕 Z 轴旋转 360°，得到壶体曲面。

（2）以 FRONT 面为草绘平面，绘制如图 4-134 所示的壶嘴扫描曲线。

（3）点击工具栏上的基准点命令，分别在壶嘴扫描曲线的两个端点设置 3 个基准点 PNT0、PNT1 和 PNT2，PNT2 位于曲线的 0.7 比率处；点击工具栏上的基准轴命令，创建过基准点 PNT0 和 PNT1 的基准轴 A_3。

（4）点击工具栏上的基准面命令，分别创建

图 4-132　中国风格的手壶造型

过基准点 PNT0、PNT1 和 PNT2 且与壶嘴扫描曲线成法向的基准面 DTM1、DTM2 和 DTM3。

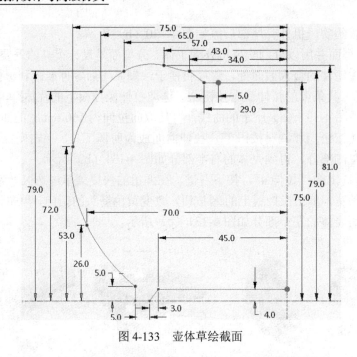

图 4-133 壶体草绘截面

（5）分别以 DTM1、DTM2 和 DTM3 为草绘平面绘制三个椭圆曲线，如图 4-135 所示。

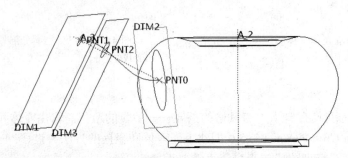

图 4-134 创建基准曲线、基准点、基准轴和基准平面

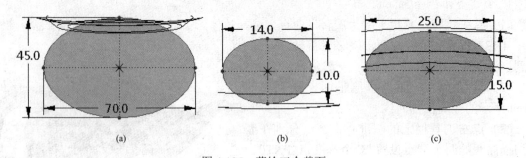

图 4-135 草绘三个截面

（a）壶嘴底部截面；（b）壶嘴顶部截面；（c）壶嘴中部截面

（6）点击工具栏上的"扫描混合"命令，选取步骤（2）绘制的扫描曲线。展开操控板上的"截面"选项卡，选择"选定截面"，在按下 Ctrl 键的同时依次选中图 4-136 中的三个截面，出现扫描混合曲面的预览，单击操控板上的 ✔ 按钮，得到如图 4-136 所示的扫描混合曲面。

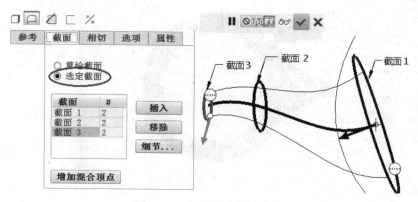

图 4-136　扫描混合创建壶嘴

（7）合并壶身与壶嘴。按下 Ctrl 键的同时分别选中壶身和壶嘴曲面，单击工具栏上的"合并"按钮，图形区出现合并的预览。黄色矢量指向将保留的部分且呈网格状，单击操控板上的 ✗ 按钮，可以调整矢量方向决定取舍。单击 ✓ 按钮，得到合并后的壶身、壶嘴如图 4-137 所示。在相交处倒圆角，设定圆角半径 R20mm。

图 4-137　合并壶身、壶嘴并倒圆角

2. 创建手柄

（1）创建基准平面 DTM4，令其与 RIGHT 面的距离为 90mm。以 DTM4 为草绘平面，绘制如图 4-138 所示的曲线。

（2）再以 FRONT 面为草绘平面，绘制如图 4-139 所示的曲线，退出草绘。

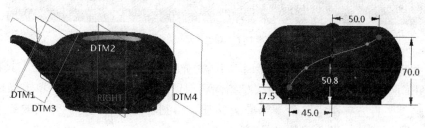

图 4-138　创建 DTM4 及草绘 5

（3）单击工具栏上的"相交"命令按钮 🔗，弹出"相交"操控板。此时刚绘制的草绘 6 默认为"第一草绘"，再选中图 4-138 所示的草绘 5 作为"第二草绘"，图形区出现将要创建的相交曲线的预览，单击 ✓ 按钮，得到相交曲线如图 4-140 所示，草绘 5 和草绘 6 自动隐藏。

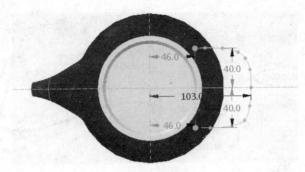

图 4-139　草绘 6

图 4-140　创建相交曲线

说明：这里的相交曲线实际上草绘 6 向由草绘 5 拉伸所得曲面片上的投影所得投影曲线，可见"相交"命令是 Creo Parametric 软件的一个复合功能。请注意先选择草绘 6，再选择草绘 5 这个次序很重要，否则将会得到完全不同的相交曲线。有兴趣的读者不妨一试。

（4）扫描生成茶壶手柄。点击工具栏上的"扫描"命令，刚生成的相交曲线被默认为扫描轨迹，点选操控板上的片体按钮，然后单击按钮，自动进入草绘环境。绘制图 4-141 所示的截面，退出草绘，出现扫描片体的预览，单击按钮，得到壶柄曲面如图 4-142（a）所示。

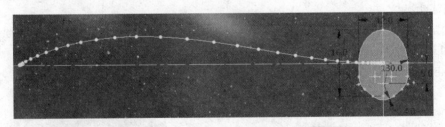

图 4-141　草绘扫描截面

（5）合并壶身与壶柄曲面。按下 Ctrl 键的同时先后选中壶身和壶柄，单击工具栏上的"合并"按钮，图形区出现合并预览，黄色矢量指向将保留的部分且呈网格状，单击操控板上的按钮，可以调整矢量方向决定取舍。单击按钮，得到合并后的壶身、壶柄如图 4-142（b）所示。在相交处倒圆角，设定圆角半径 R6mm。

3. 创建压板

（1）创建基准轴和基准面。点击工具栏上的"基准轴"命令，按下 Ctrl 键的同时先后选中 TOP 面和 DTM4 面，得到两个面的交线，单击"确定"按钮生成基准轴 A_5；再点击工具栏上的"基准面"命令，按下 Ctrl 键并选中 TOP 面，设定与 TOP 面的夹角为 15°，单击"确定"按钮，生成基准面 DTM5。

(a)　　　　　　　　　　　　　　(b)

图 4-142　生成壶柄曲面、合并及倒圆角

（a）壶柄曲面；（b）壶身壶柄合并及倒圆角

（2）点击工具栏上的"拉伸"命令，点选操控板上的片体按钮，以 DTM5 为草绘平面，绘制如图 4-143（a）所示的样条曲线，退出草绘。将该曲线拉伸为宽 23mm 的片体。

（3）修剪片体并加厚。首先选中刚拉伸的片体，工具栏上的"修剪"按钮被激活，单击"修剪"按钮，再选中壶身曲面，图形区出现合并预览，黄色矢量指向将保留的部分且呈网格状，单击操控板上的 按钮，可以调整矢量方向决定取舍。单击 按钮，得到修剪后的压板片体。单击工具栏上的"加厚"按钮，将该片体向下加厚 4mm。然后进行倒圆角操作，得到如图 4-143（b）所示的压板。

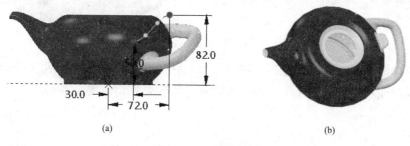

(a)　　　　　　　　　　　　　　(b)

图 4-143　生成压板

（a）压板曲线；（b）生成压板并倒圆角

4. 壶身加厚

最后将壶身曲面（包括壶嘴、壶柄）向内侧加厚 1.5mm，并对壶身与压板相交处倒圆角，设定圆角半径 R6mm。然后通过"渲染"操作将整个壶体渲染成宜兴紫砂壶色，得到图 4-132 所示的中国风格手壶壶体。以 hand_pot_body 为文件名存盘。

5. 壶盖设计

壶盖的设计可参考壶体上方开口的形状和尺寸进行，相对比较简单。

（1）新建一个名为 hand_pot_cover 的零件文件。点击工具栏上的"旋转"命令，点选片体按钮，以 TOP 面为草绘平面，绘制如图 4-144 所示的截面，退出草绘。

（2）以 Z 轴为旋转轴，旋转 360°生成图 4-145 所示的片体。

（3）加厚操作。选中壶盖曲面，工具栏上的"加厚"命令按钮被激活，单击"加厚"按钮，设定厚度为 1.5mm，单击 按钮，得到壶盖实体。

（4）打透气孔。单击工具栏上的"拉伸"命令按钮，选择减料按钮。以 FRONT 面为草绘平面，绘制直径为 ϕ2.5mm 的圆，单击 按钮退出草绘。通过拉伸减料生成壶盖上的透

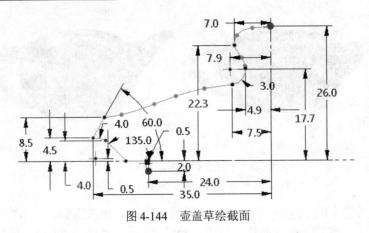

图 4-144   壶盖草绘截面

气孔。生成的壶盖如图 4-145 所示。

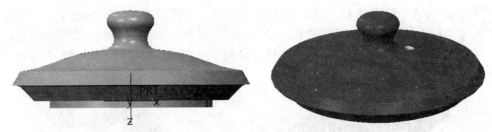

图 4-145   生成壶盖曲面并加厚、打透气孔及倒圆角

（5）对壶盖的各边及透气孔的边进行倒圆角，分别设定圆角半径为 *R*0.5mm 和 *R*0.3mm。

（6）最后对壶盖进行渲染，使之与壶体的宜兴紫砂壶色相一致。

练习 4

4-1   某检测仪器的支柱二维视图如图 4-146（a）所示，试建立如图 4-146（b）所示该支柱的三维实体模型。

4-2   格利森弧齿齿轮副中小齿轮的设计参数如下，试参考本章所介绍的格利森弧齿齿轮副中大齿轮设计步骤和过程，创建小齿轮的三维实体模型（图 4-147）。

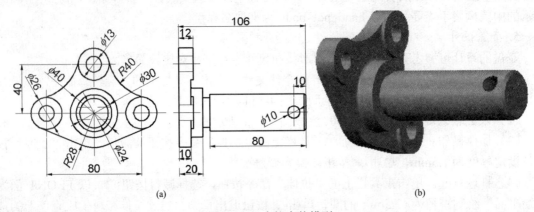

(a)   (b)

图 4-146   支柱实体模型

- 齿数：$Z_n = 15$
- 法向压力角：$\alpha = 20°$
- 大端端面模数：$m_t = 5mm$
- 齿宽中点螺旋角：$\beta = 35°$，螺旋方向为左旋
- 齿顶高系数：$h^* = 0.85$
- 顶隙系数：$h = 0.188$
- 分度圆锥角：$\delta = 18.060\,5°$
- 大端分度圆直径：$d = m_t \times Z_n = 75mm$
- 大端锥距：$R = 120.959\,7mm$
- 齿顶圆锥角：$\delta_a = 20.572\,0°$
- 齿根圆锥角：$\delta_f = 16.659\,2°$
- 齿宽：$b = 0.25R = 30mm$（取整）
- 端面当量齿轮压力角：$\alpha_t = \arctan(\tan\alpha/\cos\beta) = 23.956\,8°$
- 大端端面当量齿轮齿数：$Z_{gv} = Z_n/\cos\delta = 15.777\,4$
- 大端端面当量齿轮分度圆直径：$d_{gv} = m_t \times Z_{gv} = 78.886\,8mm$
- 大端端面当量齿轮基圆直径：$d_{gb} = d_{gv} \times \cos\alpha_t$
- 大端端面当量齿轮齿顶圆直径：$d_{ga} = d_{gv} + 2 \times m_t \times h^* = 87.386\,8mm$（等顶隙收缩齿）
- 大端端面当量齿轮齿根圆直径：$d_{gf} = d_{gv} - 2 \times m_t \times (1+h) = 67.006\,8mm$
- 小端端面模数：$m_m = m_t \times (R-b)/R = 3.718\,6mm$（取 $b = 31mm$）
- 小端端面当量齿轮分度圆直径：$d_{sv} = m \times Z_s = 58.669\,8mm$
- 小端端面当量齿轮基圆直径：$d_{bs} = d_{sv} \times \cos\alpha_t$
- 小端端面当量齿轮齿顶圆直径：$d_{sa} = d_{sv} + 2 \times m_m \times h^* = 64.991\,4mm$
- 小端端面当量齿轮齿根圆直径：$d_{sf} = d_{sv} - 2 \times m_m \times (1+h) = 49.834\,4mm$
- 分度圆齿宽中点螺旋线半径：50mm

4-3　某刹车装置的压板如图 4-148 所示，仿照本章介绍的压板建模方法，试用扫描混合操作创建该零件的三维实体模型。

4-4　另一款汽车方向盘的造型如图 4-149 所示，仿照本章介绍的方向盘建模方法，创建该方向盘的三维实体模型。

图 4-147　弧齿锥齿轮

图 4-148　压板三维实体模型

图 4-149　方向盘三维造型

第5章　Creo 3.0装配建模——产品设计

5.1　产品装配设计综述

装配是机电产品设计制造的最后一道工序，为此，设计师必须为整机装配提供一套完整的三维装配模型，这个数字化的产品模型被称之为"总装配体"。一个机电产品的装配过程不仅是把设计好的各个零部件组装在一起，同时还对这些零部件的尺寸以及它们之间的相对关系进行检查，通过装配过程中的约束、配对来发现它们之间可能发生的干涉或冲突，以进一步修改零部件设计中存在的问题，保证装配出合乎质量要求的产品。

5.1.1　产品装配模型的层次结构

任何一个产品基本上都可以这样看待，即一个产品——总装配体可以分解为若干不同层次的子装配体（部件），子装配体又可以分解为若干更下层的子装配体和零件，表现为一定的层次性。装配体、子装配体、零件之间的这种层次关系可以直观地表示成一个装配层次结构（图5-1）。

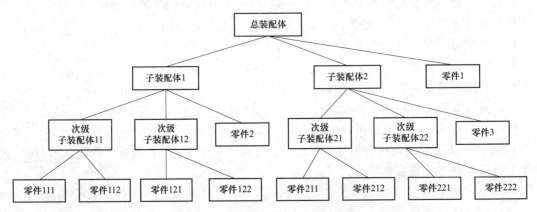

图 5-1　产品装配模型的层次关系

Creo 3.0 的装配功能也包容于 Creo Parametric 3.0 基础模式中，并支持如下三种装配设计方法：

（1）自底向上的装配设计（Bottom-Up）。这是比较传统的装配设计方法，是指首先创建各零部件模型，再由这些零部件装配组合成子装配体，最后再由这些子装配体与其他零部件一起装配组合成整个产品装配体的装配方法。

（2）自顶向下的装配设计（Top-Down）。这种设计方法是首先在装配环境下完成主装配体的框架设计，并同时考虑整个装配体的总体布局，以及其他零部件的基本轮廓和位置，然后在装配体中逐个创建零部件模型。全部完成装配设计之后，再把各子装配体模型和单个可以直接用于加工制造的零件模型另外存储为独立的零部件。这种装配设计方法常用于产品模型的概念设计。

（3）混合式装配设计（hybrid）。将自底向上的装配与自顶向下的装配结合在一起，即既可以把已经创建的零部件加载并经过配对约束组装到装配体中，也可以根据需要在装配过程中创建一些新的零件。故称之为混合式装配设计，在装配设计中设计师可以根据具体情况在前两种装配模式下切换，灵活运用。

在 Creo Parametric 3.0 的装配模块中，还蕴涵着其他一些创新的设计理念，如"上下文相关的"装配设计（Designing In context-sensitive）思维和方法，通过关联性链接各零、部件之间几何信息，并提供多种装配约束关系，零件材料表及组件立体爆炸图等。

还有用户自定义的"客户化特征制作模块"（User-Defined Features），可集合组织数个特征，自定关联性和表达式，利用参数的输入插入任意尺寸的相关特征，快速创建零件模型。例如：连接头、插槽、四角筋、扣件、特殊螺纹、弹簧、专利符号等。

再有值得一提的是：由于 Creo Parametric 3.0 在特征和参数化建模及装配建模中使用的是一个"单一的"数据库，因此整个建模过程中都受到该"单一"数据库的支持，对于自底向上的装配来说，零件模型的每一个变化，都会以再生的方式自动地传递到装配模型中去；而对于自顶向下的装配来说，这种变化的传递则是双向的。即零件模型的每一个变化，以再生的方式自动地传递到装配模型中去；而且装配建模过程中发生的变化，也会直接影响到零件模型的变化，从而使三维零件的模型装配实现跨文档之间的关联性更新。

本章重点介绍前两种装配设计方法，即自底向上的装配和自顶向下的装配设计方法，在自顶向下的装配设计中将会涉及上面提到的一些新的设计理念，如"上下文相关"、"数据信息的传递"等。学会了这两种装配方法，第三种（混合式）装配方法自然就不难掌握。

在自底向上的装配设计过程中，是把这些零部件和子装配体都一个个先设计好，然后再逐个地装配起来构成总装配体。

5.1.2　虚拟装配技术的优点和过程

Creo Parametric 3.0 的装配模块所提供的装配功能实际上是一种虚拟装配。在 Creo Parametric 3.0 系统的单一数据库中存储着各个零部件和组件的设计信息，当把一个零件或组件加载到一个装配模型中时，仅仅是确立装配模型文件与被加载的零件模型文件之间的映射关系，而并未复制该零件模型的所有数据信息，而且与装配顺序无关。这种数字化的虚拟装配与产品的实际装配（物性化的）过程不同，后者需要把真实的零件组装在一起，而且必须严格地遵循装配顺序，如果先装配的零件阻挡了后装配的零件，就无法再继续进行装配，必须拆除错装的零部件，重新装配别的零部件。

虚拟装配技术的优点体现在如下几个方面：

（1）装配过程是通过模型文件之间的映射关系实现的，可以最大限度地减少总装配体模型文件的容量，便于操作管理，尤其是对于大型、复杂产品的装配更有意义。

（2）有利于实现装配设计的参数化，即一旦被组装的零件模型文件发生变化，对应的装配模型文件在打开时也随之更新；反过来，如果在装配体模型中对某个零件模型文件进行了修改，这个零件模型也将被更新。也就是说，设计信息的变更和传递是双向的。

（3）允许在总装配过程中创建新的零件并同时将其装配在装配体中。

（4）允许在总装配体中对子装配体或零件进行"重定位"、"替换"及进行"干涉"分析等操作，以获得更好的装配效果。

（5）由于不受装配顺序的限制，不像实际装配那样，一旦顺序出错，就得装了再拆，拆了再装，可以大大提高装配设计的效率。

为了支持这种虚拟装配，要求总装配体模型文件、子装配体模型文件及需要装配的所有零件模型文件都必须位于同一个文件夹内，这样在打开装配完工的总装配体模型时，所有被映射的子装配体及零件模型都能被直接访问到。

在 Creo Parametric 3.0 的装配模块中，可以参考其他零件或非零件特征（如基准面、基准轴、基准、坐标系或装配骨架）来定位零件，将已经生成的零件装配在一起，构成一个组件（装配件），并检查零件之间是否存在干涉，以及组件是否符合设计要求。完成装配后，用户还可以根据设计需要更改模型，组件中发生的变化还可以自动传回零件。

1. 装配的基本过程

（1）把一个基础元件或装配骨架模型放进空组件文件中作为基准，开始装配。

（2）然后使用"放置约束"添加后续元件，并相对于基准元件定向。这些约束确定面、轴线或边是否对齐、匹配、偏移或角度关系，并确定它们之间的约束或偏移值。

2. 装配约束

要完成装配工作通常需满足如下几个条件：

（1）必须有足够的约束才能在三维环境下相对一个零件完成对另一个零件的放置。通常是在两个方向建立参考，定义一个曲面或边关系（匹配或偏移），并输入参考值。

（2）装配到组件上的零件有足够的约束确定其装配位置和装配关系时，该零件即被认为是完全约束。完全约束之后仍然可以添加"附加约束"，以达到某些特殊的要求。

（3）零件即使是没有被完全约束，也可以添加到组件中去。这种情况下，称为该零件被"封装"。

可以逐个地交互式输入、放置和约束零件来生成组件，也可以使用"自动"方式确定放置约束加快处理过程。

3. 装配约束类型

Creo Parametric 3.0 的装配模块中"元件放置"操控板所提供的约束类型主要有以下几种（图 5-2）：

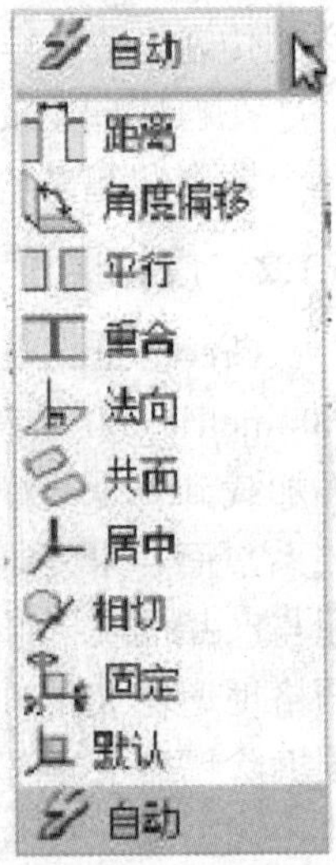

（1）重合：曲面（平面）或基准平面的重合；轴线的重合；坐标系重合。

（2）角度偏移：使两个曲面或基准平面偏移一定角度；或轴线偏移一定角度。

（3）平行：使两个曲面或基准平面平行；或轴线平行。

图 5-2　约束类型

（4）法向：使两个曲面或基准平面成法向；或轴线与平面成法向；或轴线与轴线成法向。

（5）相切（Tangent）：控制两曲面在切点的接触。

（6）共面：约束两曲面配对，以使一个曲面及曲面上的基准点、轴线位于另一个曲面上。

（7）距离：约束两曲面平行配对，使二者之间的距离为一定值。

5.2　自底向上的装配设计

本节以光电鼠标和汽车差速器总成两个产品装配为例，介绍在 Creo Parametric 3.0 装配环境下进行自底向上的装配设计方法。

5.2.1　光电鼠标外壳总装举例

本书第 5 章已创建了光电鼠标外壳的一些主要零件的三维模型。组成光电鼠标外壳的七个零件模型的文件名和名称分别是：

- Pe_mouse_bottom.prt：鼠标底座
- Pe_mouse_wheel.prt：鼠标中键滚轮
- Pe_mouse_axis.prt：鼠标滚轮轴
- Pe_mouse_ring.prt：鼠标滚轮轴卡环
- Pe_mouse_top.prt：鼠标上盖
- Pe_mouse_key_left.prt：鼠标左键
- Pe_mouse_key_right.prt：鼠标右键

以上七个零件大致可分为两部分，前四个零件组装为鼠标的底部组件 pe_mouse_bottom.asm，如图 5-3（a）所示，后三个零件组装为鼠标的上部组件 pe_mouse_top.asm，如图 5-3（b）所示，这两个组件再进一步组装成整个鼠标外壳 pe_mouse.asm，如图 5-3（c）所示。这种装配方式比较符合图 5-1 所描述的产品按模块或功能设计的装配层次原则。

图 5-3　装配在一起的光电鼠标外壳
（a）鼠标的底部；（b）鼠标的顶部；（c）完整的鼠标外壳

以上这些零件和组件的三维模型均存放在本书配套资料中名为"ch_5"的文件夹内 pe_mouse 目录下。

鼠标外壳模型的主要装配关系包括如下几个方面：

（1）从本书第 5 章所介绍的光电鼠标外壳主要零件三维实体模型创建过程可知，鼠标底座（pe_mouse_bottom.prt）和鼠标上盖（pe_mouse_top.prt）是用样条曲面对本属一个实体的鼠标基体剖切而分离成的两个部分，它们有一个共同的坐标系。因此，鼠标底座组件和鼠标上部组件的装配可以用它们共同的坐标系 Prt_csys_def 来进行约束。

（2）鼠标中键滚轮（pe_mouse_wheel.prt）与鼠标滚轮轴（pe_mouse_axis.prt）之间的装配关系是插入和同轴约束。

（3）鼠标中键滚轮与底座上的两个支承之间具有面匹配约束。

（4）鼠标滚轮轴卡环（pe_mouse_ring.prt）与鼠标滚轮轴之间具有同轴和曲面配合约束。

（5）鼠标左、右键与鼠标上盖之间分别具有曲面匹配和位移约束，既要保证面之间的贴合，还要保证留有移动的间隙，才能保证左、右键的灵活操作。

下面，将以上述光电鼠标外壳组件装配为例，介绍产品装配模型创建的具体过程和步骤。

1. 装配设计的准备工作

（1）设置工作目录。启动 Creo Parametric 3.0，在操作界面的主菜单上选择"选择工作目录"命令，在弹出的"选择工作目录"对话框中单击▭按钮，新建工作目录"Pe_Mouse_Asm"，单击确定按钮完成工作目录的设定，如图 5-4 所示。

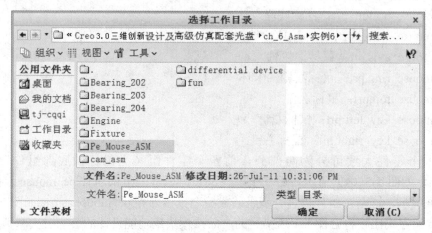

图 5-4 "选择工作目录"对话框

（2）将 Creo Parametric 3.0 最小化，返回 Windows 环境，把有关光电鼠标的所有零件都复制到 Pe_Mouse_Asm 目录之下。回到 Parametric 3.0 的工作界面，单击工具栏中的▭按钮，系统弹出"新建"对话框，如图 5-5（a）所示。

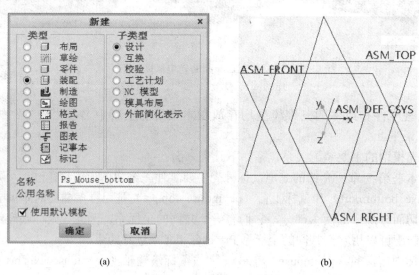

(a)   (b)

图 5-5 新建装配文件及系统默认基准
（a）"新建"对话框；（b）装配基准

（3）在"新建"对话框的"类型"分组框中选取"装配"选项，在"子类型"分组框中选取"设计"选项，在"名称"编辑框中输入文件名 Pe_mouse_bottom，放弃默认的"使用默认模板"，选择"mmns_asm_design"制式，单击 **确定** 按钮，就进入了装配环

境。在装配环境中系统默认为各基准（基
准面、坐标系等）均自动加上前缀"ASM"，
如图 5-5（b）所示。

（4）展开工具栏上"装配"下拉菜单，
出现如图 5-6 所示的 4 个选项，图中对各选
项的功能做了简要描述。

2. 鼠标外壳底部组件的装配

在自底向上的装配过程中，要创建子组
件或组件，必须首先创建装配基础特征或基

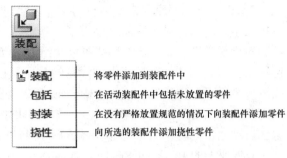

图 5-6　"装配"下拉菜单中各项功能

础元件，然后才可创建或装配其他元件到现有组件和基准特征中，后续元件的装配都要
直接或间接地参考基础元件，所以一般选用一个不太可能从组件中移除的元件作为基础
元件。

（1）在主菜单中依次选取"文件"→"新建"选项或者单击工具栏中的 □ 按钮，系统弹
出如图 5-4 所示的"新建"对话框。在"新建"对话框中的"类型"分组框中选取"组件"
选项，在"子类型"分组框中选取"设计"选项，最后在"名称"编辑框中输入文件名
"pe_mouse_bottom"，单击 确定 按钮，进入装配模块。

（2）基础元件装配——装入第一个零件：鼠标底座。进入装配模块后，在工具栏上直接
点击 按钮，系统弹出"打开"对话框并自动指向步骤（1）所选定的工作目录。选中已存在
的第一个待装配零件"pe_mouse_bottom.prt"，单击 打开 按钮，弹出"元件放置"操控板并将
该零件调入工作区，如图 5-7 所示，同时伴随着刚调入的零件还出现一个新的标志——"3D
动态移动滑块"。这是新版的 Creo Parametric 3.0 系统的一项重要新功能：3D 动态移动滑块
上有标志 X、Y、Z 三个坐标方向的平移矢量和分别绕着 X、Y、Z 轴的旋转矢量，鼠标若指向
X、Y、Z 三个平移矢量的任何一个并左右或上下拖动，待装配的零件将随之移动位置，若指
向 X、Y、Z 三个旋转矢量的任何一个并拖动，待装配的零件将随之转动。如此可以帮助操作
者快速地将零件定向、定位，非常有利于下一步的装配约束。一般情况下系统要求用户将打
开的零件按照一定的装配约束关系进行空间定位，这里我们选择坐标系重合方式，即分别
选择零件坐标系和装配件坐标系，然后单击操控板上的 ✔ 按钮，将鼠标底座装配到位。

（3）装配鼠标中键滚轮。

1）再次单击装配工具栏上的 按钮，在"打开"对话框中选择零件"pe_mouse_wheel.prt"
文件，单击 打开 按钮，第二个装配件鼠标中键滚轮模型出现在工作区。拖动 3D 动态移动滑
块的平移矢量或旋转矢量，使滚轮移位到合适位置。

图 5-7　装配基础元件——鼠标底座

2）根据鼠标底座与中键滚轮的实际装配关系，在弹出的"元件放置"操控板的"放置"下拉菜单中可以选择相应的约束类型选项，以对元件进行约束定位。

对于初学者来说，这一选择可以交给 Creo Parametric 3.0 来做，即由系统"自动"地来确定约束类型。例如当前鼠标中键滚轮的装配，在操控板上显示的是"自动"方式，当操作者按图 5-8 所示，先后选中滚轮的中心轴 A_2 及底座上的中心轴 A_20 之后，系统将"自动"地判断为"重合"约束。打开"元件放置"操控板上的"放置"下拉菜单，可以看到约束类型已自动地将其转换为"重合"，且对齐的特征要素分别是滚轮上的 PE_MOUSE_WHEEL：A_2 及底座上的 PE_MOUSE_BOTTOM：A_20，表明此时已建立了底座和滚轮之间的轴对齐（重合）关系。

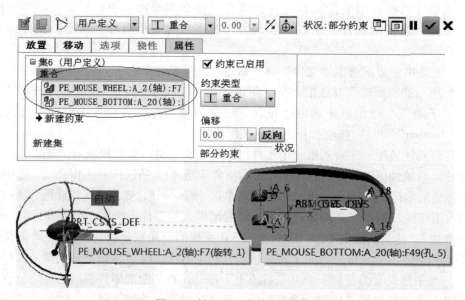

图 5-8　轴对齐约束的操作过程

此时注意到"放置"下拉菜单的底部显示该元件为"部分约束"，这表示还需要建立新的约束关系以对其准确定位。

3）系统会自动地提示操作者继续选择第二项约束。首先选择滚轮的左侧面，然后选择底座支承架的内侧面，系统自动地判断出为"匹配"约束类型，如图 5-9 所示。

为确保在该步骤操作中能快速、方便地选取装配组件和装配元件的轴进行对齐约束，可以利用 Creo Parametric 3.0 提供的"过滤器"功能。单击工作区右下方的过滤器右侧的 ▼ 按钮，将其展开，选取其中的"轴"选项，这样就把"轴"以外的其他图素给"过滤"了。当用鼠标左键在装配组件或装配元件上选择图素时，将只会选中"轴类"图素，而不会误选到其他图素。从而方便和加快了约束进程。类似地，在其他场合下，可以分别选择"基准平面"、"曲面"或"边"等，而把其他图素过滤。

4）为保证滚轮能够在支承架上自由滚动，需在其两侧留有适当的装配间隙。将"放置"下拉菜单中第二约束右侧的"重合"切换为"距离"，偏移量修改为 0.2，然后按下【回车】键。工作区会显示红色箭头指示偏移方向，单击红色箭头可以改变偏移方向。确认后，单击操控板上的 ✔ 按钮，完成中键滚轮的装配，如图 5-10 所示。

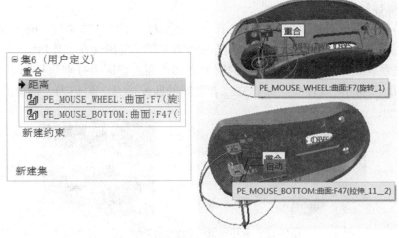

图 5-9 鼠标中键滚轮与支撑底座的同轴约束

（4）装配鼠标中键滚轮轴销。

1）继续单击装配工具栏上的 按钮，在"打开"对话框中选择零件"pe_mouse_axis.prt"文件，单击 打开 按钮，此时第三个装配件鼠标中键滚轮轴销模型出现在工作区。

2）根据滚轮轴销与中键滚轮之间的同轴装配关系，在工作区分别选择图 5-11（a）中滚轮的中心轴 A_2 和轴销的中心轴 A_4，此时已建立二者之间的同轴关系。在"放置"下拉菜单的底部显示该元件为"部分约束"，并提示还需建立新的约束关系。

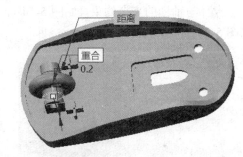

图 5-10 鼠标中键滚轮与底座支承完全约束定位

3）接着分别先后选择工作区中轴销的内侧面和底座支承架的外侧面，系统自动地判定为面"匹配"约束，如图 5-11（b）所示。

4）类似地，为保证轴销能够在支承架上自由滚动，也需留有适当的装配间隙。单击"放置"下拉菜单中第二约束"匹配"右侧的"偏移"数据区（当前显示为"重合"），将偏移量修改为 0.25，然后按下"回车"键。工作区会显示红色箭头指示偏移方向，单击红色箭头可以改变偏移方向。确认后，单击 确定 按钮，即完成轴销的装配，如图 5-11（c）所示。

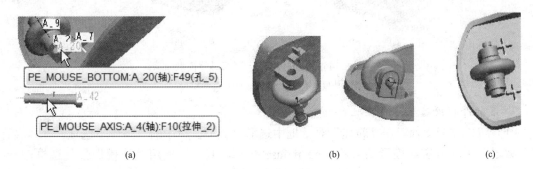

| (a) | (b) | (c) |

图 5-11 轴销装配
（a）重合约束；（b）面匹配约束；（c）完全约束定位

（5）装配鼠标轴销卡环。

1）继续单击装配工具栏上的 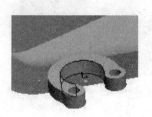按钮，在"打开"对话框中选择零件"pe_mouse_ring.prt"文件，单击 **打开** 按钮，此时第四个装配件鼠标轴销卡环模型出现在工作区。

2）仍接受系统默认的"自动"选择约束的方式，在工作区中分别选择图 5-12 中的滚轮轴销的圆柱面和卡环的内圆柱面，即建立二者之间的匹配关系。但仍为"部分约束"。

图 5-12　卡环与滚轮轴销圆柱面匹配

3）分别先后选择如图 5-13 所示的工作区中轴销环形槽的内侧面和卡环的外侧面，即实现了卡环与轴销的完全约束，如图 5-14（a）所示。单击确定按钮，完成鼠标底部组件的装配，如图 5-14（b）所示。

图 5-13　卡环与滚轮轴销的平面匹配

(a)　　　　　　　　　　　　　(b)

图 5-14　装配好的鼠标底部组件模型

（a）卡环与轴销的完全约束；（b）底部组件模型

3. 鼠标外壳顶盖组件的装配

（1）新建装配文件。在"新建"对话框中选取"类型"栏中的"组件"选项，在"名称"文本编辑框中输入装配模型的名称"pe_mouse_top"，取消"使用默认模板"复选框，选择"mmns_asm_design"制式，然后单击"确定"按钮。

（2）装配基础元件。单击图形窗口右侧工具栏中的 按钮，系统弹出"打开"对话框，在指定的零件模型存放目录中（光电鼠标总成文件夹）打开鼠标的一个部件"pe_mouse_top.prt"作为装配模型的"基础元件"，如图 5-15 所示。

（3）装配鼠标左键。接着，打开鼠标的另一个零件"pe_mouse_key_left.prt"，鼠标左键模型进入工作区。分别选取"pe_mouse_top.prt"和"pe_mouse_key_left.prt"相匹配的竖直面，作为第一项约束；为了保证鼠标左、右键在使用时能够灵活地上、下微动，需在"元件放置"操控板中把距离调整为 0.2，确认后，按下【回车】键，接受系统默认的偏移方向，系统将对所选取的面进行匹配并且产生给定的偏移，如图 5-16 所示。这时仍为"部分约束"，还需继续对该元件进行约束。

图 5-15　pe_mouse_top.prt 作为基础件

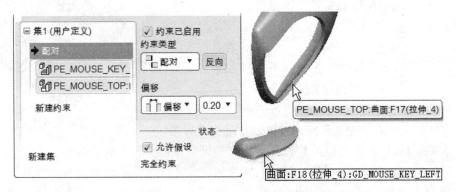

图 5-16　选取相应的竖直面及偏移量

（4）分别选取"pe_mouse_top.prt"和"pe_mouse_key_left.prt"的前端面，如图 5-17 所示，系统将自动对所选取的端面进行"重合"约束。

这时在操控板"放置"下拉菜单的下方出现"完全约束"的提示，说明该零件的装配过程已经完成。单击操控板上的 ✔ 按钮，得到的装配模型如图 5-18 所示。

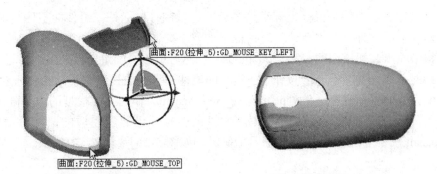

图 5-17　匹配约束　　　　　　　图 5-18　鼠标左键装配后的模型

（5）装配鼠标右键。可以采取与上述类似的约束定位方式完成另外一个零件"pe_mouse_key_right. prt"的装配。注意在调整鼠标右键与鼠标上盖竖直面的间隙时，偏移方向恰与左键的偏移方向相反。鼠标右键装配过程如图 5-19 所示。

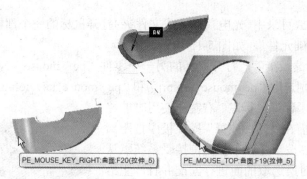

图 5-19　鼠标右键装配

　　鼠标右键装配完成后,即完成了光电鼠标上部组件的
装配。图 5-20 即为装配好的鼠标上盖组件。

　　说明:与创建特征和零件模型相类似,在装配过程中
也可以对装配完毕的组件进行修改。例如,若在装配时为
了考虑零件之间的面与面的匹配偏移,可以在事后通过
"编辑定义"的方式来调整间隙。具体做法是:

　　1)在模型树中选取"pe_mouse_key_left",按下鼠标
右键,在出现的快捷菜单中选取编辑定义,系统又返回到

图 5-20　装配好的鼠标上部组件模型

"pe_mouse_key_left"零件已经装配好的状态,同时又弹出"元件放置"操控板。

　　2)因为"pe_mouse_key_left"零件已装配到位,可以在操控板的"放置"下拉菜单中通
过一系列操作来调整"pe_mouse_key_left"零件与"pe_mouse_top"零件之间的间隙。首先可
删除第 2 个"重合"约束,保留第 1 个"重合"约束(因为间隙发生在该约束上)。然后选取
"连接"选项卡(这时工作区装配模型中所保留的约束面轮廓变为紫色),单击"距离",输入
"0.2",按【回车】确认。

　　3)对鼠标右键的配合间隙调整也可以采用类似的方法实现。

　　4. 鼠标外壳组件的总体装配

　　在获得鼠标底座组件和鼠标上部组件之后,可以进行鼠标外壳组件的整体装配。

　　(1)新建装配文件。在"新建"对话框中选取"类型"栏中的"组件"选项,在"名称"
文本编辑框中输入装配模型的名称"pe_mouse",然后单击"确定"按钮。

　　(2)装配基础元件。单击 按钮,在指定的零件模型存放目录中(光电鼠标总成文件夹)
打开已装配完成的鼠标底座组件"pe_mouse_bottom.asm"作为装配模型的"基础元件"。

　　(3)装配鼠标上盖组件。接着,在同一目录中打开已装配完成的鼠标上盖组件"pe_
mouse_top.asm",鼠标上盖组件模型进入工作区,如图 5-21 所示。

图 5-21　鼠标上盖组件模型加载到工作区

因为鼠标上盖与底座本来就是由一个整体分割开来的，它们曾经共用一个坐标系，因此可以采用图 5-22 所示的坐标系重合的方法进行约束。

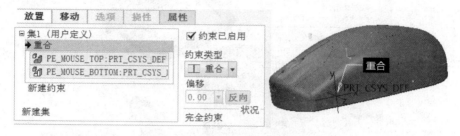

图 5-22　坐标系一致

（4）分别选取鼠标底座组件的坐标系和鼠标上部组件的坐标系，这时在"放置"下拉菜单中出现 PE_MOUSE_TOP：Prt_csys_def，及 PE_MOUSE_ BOTTOM：Prt_csys_def，此时已建立二者之间的坐标系重合关系，同时在"放置"下拉菜单的下方已显示完全约束。装配完成后的鼠标外壳总体如图 5-23 所示。

5.2.2　组件装配的分解

通过主菜单上的视图"分解"和"编辑位置"功能，在已获得光电鼠标外壳组件整体装配的基础上，进行鼠标外壳装配组件的分解。

图 5-23　完成后的鼠标外壳总体装配

（1）启动 Creo Parametric 3.0 之后，打开 pe_mouse.asm 文件，光电鼠标外壳整体装配组件模型在工作区显示。

（2）选取工具栏上的"🔲 分解图"命令，系统将以动画方式自动把光电鼠标组件初步分解如图 5-24 所示的几个部分。

图 5-24　鼠标外壳组件的初步分解

（3）为了更清楚地了解装配组件中各零件或部件的装配关系，可以通过"编辑位置"命令对分解视图做进一步的处理。选取工具栏上的🖱命令，弹出如图 5-25 所示的对话框。此时可选取鼠标底座上的轴 A_4 作为移动参考。

（4）然后用鼠标左键单击装配组件中的一个元件：轴销，压下左键，即可上下或左右移动鼠标把该元件拖动至合适的位置后，再次按下左键确认定位。继续选择其他的元件，如中键滚轮、卡环，分别把它们放在适当的位置，得到如图 5-26 所示的分解效果。

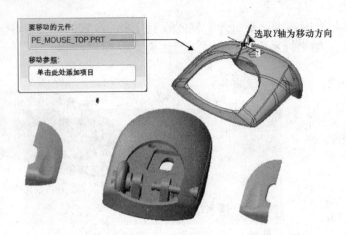

图 5-25　编辑位置

（5）最后再次选取工具栏上的 ✏ 命令，系统弹出"编辑位置"操控板之后，先用鼠标左键单击鼠标上盖元件，然后点击坐标系上的 Y 轴，接着压下左键拖动鼠标上盖到适当的位置后松开左键；如果还需要在 X 方向上移动，可继续点击坐标系上的 X 轴，压下左键拖动鼠标，确认位置后松开左键即可，如图 5-26 所示。

采用同样的方法可以编辑滚轮、轴销及卡环的位置，最后得到如图 5-26 所示的分解效果。此时光电鼠标装配组件中的元件个数和彼此装配关系可以非常直观地表示出来。

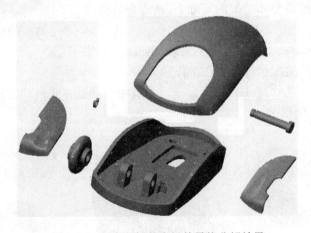

图 5-26　光电鼠标外壳组件最终分解效果

5.2.3　汽车差速器总成装配设计

汽车差速器总成是所有汽车产品中一个非常重要的不可缺少的组件。它的功能是保证汽车在转弯时其驱动轮的左右两轮能获得不同的速度（差速）：即当车辆右转弯时，左轮的转速应高于右轮；反之，车辆左转弯时，右轮的转速应高于左轮，这样才能确保车辆在各种方向或崎岖不平的道路上正确、安全地行驶。

实现上述"差速"功能的差速器总装图如图 5-27 所示，它包括一对弧齿锥齿轮（主减速器）、一组行星齿轮、行星齿轮室左右驱动轴、法兰、行星齿轮轴承及轮胎等主要零件（为简化操作，略去了差速器中的其他轴承部件和所有的紧固件）。其中大多数零件的三维建模过程已在本书第 4 章中做了详细介绍，有些留给读者作为练习。全部零件存放在本书配套资料中 ch_5 文件夹的"differential_device"目录下。读者在进行装配演练时可将该文件夹的内容全部复制到硬盘内以备使用。

按照本章 5.1.1 节所介绍的产品装配层次结构，图 5-27 所示的汽车差速器可以描述为三层：差速器总成为顶层，行星齿轮室子装配、驱动轴子装配和轴承（标准组件）为第二层，构成这些装配组件的所有零件为第三层。其层次结构如图 5-28 所示。这样我们就可以把一个相对比较复杂的汽车差速器装配分成若干个相对较简单的子装配件，然后由这些子装配件再来装配差速器总成，从而使我们的装配工作更为清晰和层次分明。

图 5-27　汽车差速器总装图

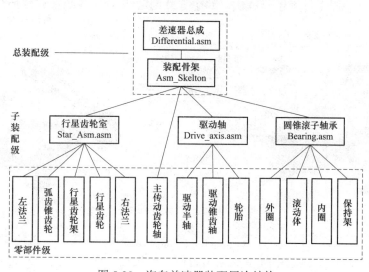

图 5-28　汽车差速器装配层次结构

下面按照上述思路来介绍汽车差速器装配的全过程。

进行正式装配之前必须把已经创建的差速器总成所有零件复制到一个文件夹中，现设定该文件夹的名称为 differential_device，每个零部件所对应的文件名为：

- 左法兰：flant_l.prt
- 弧齿锥齿轮：gleason_gear_r.prt
- 行星齿轮架：house.prt
- 行星齿轮：conic_gear_star.prt
- 右法兰：flant_r.prt
- 驱动锥齿轮：conic_gear.prt
- 驱动半轴：axia_wheel.prt
- 轮胎：tire_lr.prt
- 主传动齿轮轴：gleason_gear_l.prt
- 轴承：bearing_asm.asm（圆锥滚子轴承为标准件——GB/T 297—1994，可视为一个部件）

1. 行星齿轮室的装配

（1）加载基础件。启动 Creo Parametric 3.0 系统，创建一个新的装配组件，将其命名为 star_asm，系统会自动地为其匹配一个后缀名 asm，即文件名为 star_asm.asm。单击工具栏上的 按钮，在"打开"对话框中选择零件"house.prt"文件，单击 **打开** 按钮，将行星齿轮架零件加载到装配工作区。因为这是该子装配体的第一个零件（称装配基础件），不存在约束的问题。所以直接单击装配操控板上的 按钮，将基础件定位。

（2）装配行星齿轮。

1）单击装配工具栏上的 按钮，在"打开"对话框中选择零件"conic_gear_star.prt"文件，单击 **打开** 按钮，将行星齿轮加载到装配工作区，使用 3D 动态移动滑块将其平移到合适的位置。然后再以自动方式选择约束类型：首先选中行星齿轮的中心轴线 A_2，接着选中行星齿轮架上的轴线 A_4，此时在两条轴线之间生成一条红色虚线，表明二者之间的"重合"约束关系已经建立，压下左键予以确认，两个零件的轴线重合，如图 5-29 所示。

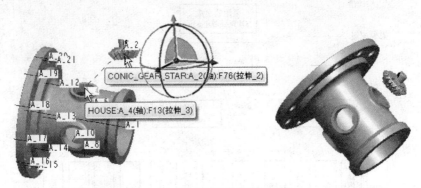

图 5-29　使两个零件的轴线重合

2）此时在元件放置操控板"放置"下拉菜单的下方显示部分约束，故还需增加新的约束。选中行星齿轮的上端面，再选中行星齿轮架内侧平台表面，此时在两个面之间生成一条红色虚线，表明二者之间的"重合"约束关系已经建立，压下左键予以确认，两个零件的约束面重合，如图 5-30 所示。此时在元件放置操控板"放置"下拉菜单的下方显示完全约束，单击装配操控板上的 ✔ 按钮，行星齿轮被准确地定位在行星齿轮架上。

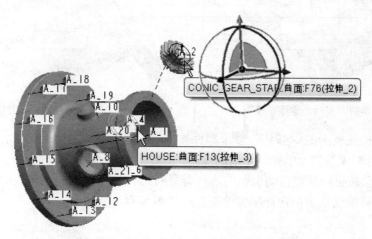

图 5-30　使两个零件的约束面重合

3）选中装配模型树上的行星齿轮，单击工具栏上的阵列按钮 ▦，在阵列操控板上的"参考"阵列类型被自动激活，因为在构建行星齿轮架时，行星齿轮的安装平台就是通过阵列得到的，当装配行星齿轮时，系统能自动识别阵列类型，从而提高装配效率。单击阵列操控板上的 ✔ 按钮，四个行星齿轮都被准确地定位在行星齿轮架上，如图 5-31 所示。

图 5-31　行星齿轮约束定位并阵列

（3）装配圆锥滚子轴承。

1）单击工具栏上的 ⬏ 按钮，在"打开"对话框中选择"bearing_30203.asm"文件，单击 **打开** 按钮，将圆锥滚子轴承部件加载到工作区，使用 3D 动态移动滑块将其平移或旋转到合适的位置。然后再以自动方式选择约束类型：首先选中轴承外圈的中心轴线 A_1，接着选中行星齿轮的中心轴线 A_1，此时在两条轴线之间生成一条红色虚线，表明二者之间的"重合"约束关系已经建立，压下左键予以确认，两个零件的轴线重合，操作过程如图 5-32 所示。

2）此时在元件放置操控板"放置"下拉菜单的下方显示部分约束，故还需增加新的约束。选中轴承内圈的右端面，再选中行星齿轮架左侧圆柱体的右端面，此时在两个面之间生成一条红色虚线，表明二者之间的"配对"约束关系已经建立，压下左键予以确认，两个零件的约束面重合，如图 5-33 所示。

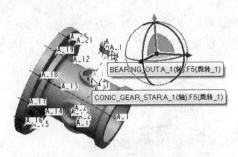

图 5-32 使两个零件轴线重合

图 5-33 配对约束使两个零件的约束面重合

单击装配操控板上的 ✔ 按钮，轴承部件被准确地定位在行星齿轮架上。

3）选中装配模型树上的轴承子装配项，单击装配工具条上的阵列按钮 ⠿，在阵列操控板上可以看到，系统也同样能自动识别出阵列类型为"参考"。单击阵列操控板上的 ✔ 按钮，四个轴承部件都被准确地定位在行星齿轮架上，如图 5-34 所示。

图 5-34 轴承约束定位并阵列

（4）装配弧齿锥齿轮。

1）单击装配工具栏上的 ⬐ 按钮，在"打开"对话框中选择零件"gleason_gear_r.prt"文件，单击 **打开** 按钮，将弧齿锥齿轮零件加载到装配工作区，使用 3D 动态移动滑块将其旋转及平移到合适的位置。然后再以自动方式选择约束类型：首先选中弧齿锥齿轮的中心轴线 A_1，接着选中行星齿轮架的中心轴线 A_1，此时在两条轴线之间生成一条红色虚线，表明二者之间的"对齐"约束关系已经建立，压下左键确认，两个零件即位于同一轴线上，如图 5-35 所示。

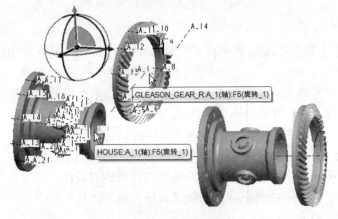

图 5-35 使两个零件轴线重合

2）此时在元件放置操控板"放置"下拉菜单的下方显示部分约束，故还需增加新的约束。选中弧齿锥齿轮的左端面，再选中行星齿轮架左侧圆柱体的右端面，此时在两个面之间生成一条红色虚线，表明二者之间的"配对"约束关系已经建立，压下左键予以确认，两个零件的约束面重合，如图 5-36 所示。

图 5-36　使两个零件的约束面重合

3）此时在元件放置操控板"放置"下拉菜单下方虽显示完全约束，但按下鼠标中键旋转视图将会发现弧齿锥齿轮和行星齿轮架的安装螺栓孔并未对齐，还需增加新的约束。单击"放置"下拉菜单的"新建约束"，接着增选弧齿锥齿轮的螺栓孔轴线 A_13 及行星齿轮架的螺栓孔轴线 A_21，此时在两条轴线之间也生成一条红线，表明又增加了二者之间的"对齐"约束关系，压下左键予以确认，弧齿锥齿轮被准确地定位在行星齿轮架上，如图 5-37 所示。

图 5-37　增加螺栓孔轴线对齐约束

（4）装配左法兰。

1）单击装配工具栏上的 按钮，在"打开"对话框中选择零件"flant_l.prt"文件，单击 **打开** 按钮，将左法兰加载到装配工作区，分别使用"3D 动态移动滑块"将其旋转及平移到合适的位置。然后再以自动方式选择约束类型：首先选中左法兰的中心轴线 A_1，接着选中行星齿轮架的中心轴线 A_1，此时在两条轴线之间生成一条红色虚线，表明二者之间的"重合"约束关系已经建立，压下左键予以确认，两个零件的轴线重合，如图 5-38 所示。

2）此时在元件放置操控板"放置"下拉菜单的下方显示部分约束，故还需增加新的约束。选中左法兰的右端面，再选中行星齿轮架左侧凹槽的左端面，此时在两个面之间生成一条红色虚线，表明二者之间的"重合"约束关系已经建立，压下左键予以确认，两个零件的约束面重合。单击装配操控板上的 按钮，左法兰被准确地定位在行星齿轮架上。

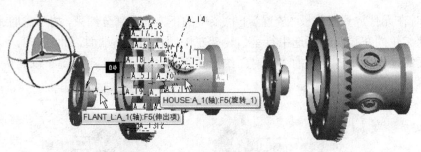

图 5-38　使两个零件轴线重合

（5）装配右法兰。采用与左法兰的装配相类似的方法，可以把右法兰准确地装配在行星齿轮架的右侧。完成后的行星齿轮室子装配体如图 5-39 所示。

2. 驱动轴装配

（1）加载基础件。启动 Creo Parametric 3.0，创建一个新的装配组件，将其命名为 drive_axis，系统会自动地为其匹配一个以 asm 为后缀名的文件名：drive_axis.asm。单击工具栏上的 按钮，在"打开"对话框中选择零件"axis_wheel.prt"文件，单击 打开 按钮，将驱动轴零件加载到装配工作区，并作为装配基础件，直接单击装配操控板上的 ✔ 按钮，将基础件定位。

（2）装配锥齿轮。

1）单击装配工具栏上的 按钮，在"打开"对话框中选择零件"conic_gear.prt"文件，单击 打开 按钮，将锥齿轮零件加载到装配工作区，以自动方式选择约束类型：首先选中弧齿锥齿轮的中心轴线 A_1，接着选中驱动轴的中心轴线 A_1，建立二者之间的"对齐"约束关系，如图 5-40 所示。两个零件被约束在同一轴线上。

图 5-39　行星齿轮室子装配体

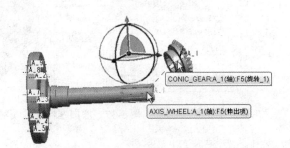

图 5-40　使两个零件轴线重合

2）继续进行配对约束。选中锥齿轮的左端面，再选中驱动轴的右端面，将建立二者之间的"重合"约束关系，如图 5-41 所示。

图 5-41　重合约束

3）如果此时点击左键确认，两个零件的约束面将重合，这显然不合理。正确的做法是：点击元件放置操控板"放置"下拉菜单上的"重合"选项右侧的 ▼ 按钮，选择其中的"距离"选项并输入距离值 30mm，最后单击装配操控板上的 ✔ 按钮，即可将锥齿轮准确定位，如图 5-42 所示。

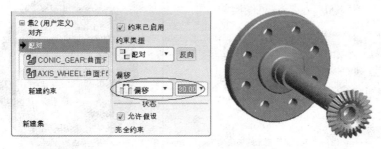

图 5-42　设置偏移量使锥齿轮准确定位

（3）装配轮胎。

1）单击装配工具栏上的 按钮，在"打开"对话框中选择零件"tire_lr.prt"文件，单击 **打开** 按钮，将轮胎部件加载到装配工作区，以自动方式选择约束类型：首先选中驱动轴的中心轴线 A_1，接着选中轮胎的中心轴线 A_1，建立二者之间的"对齐"约束关系，如图 5-43 所示。两个零件被约束在同一轴线上。

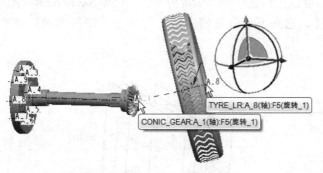

图 5-43　使两个零件轴线重合

2）继续进行配对约束。选中锥齿轮的左端面，再选中驱动轴的右端面，将建立二者之间的"重合"约束关系，如图 5-44 所示。

图 5-44　面重合约束

3）在元件放置操控板"放置"下拉菜单上系统默认的是"偏移"选项，单击其右侧的 ▼ 按钮，选择其中的"重合"选项，最后应将单击装配操控板上的 ✔ 按钮，即可将轮胎准确定位，如图 5-45 所示。

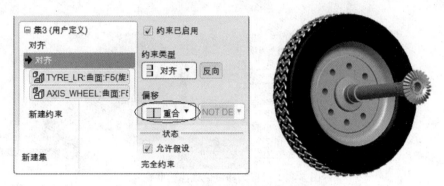

图 5-45   设定约束面重合将轮胎准确定位

圆锥滚子轴承的装配将在本章后续内容中予以介绍。

3. 差速器总装

构成差速器总成的三个子装配体之间将包含一对 Gleason 弧齿锥齿轮的啮合及行星齿轮与锥齿轮的啮合，它们之间有严格的中心距要求。为了保证装配正确无误，为第 7 章的运动仿真做好准备，我们可以先构建一个"装配骨架"：Asm_Skelton.prt（图 5-46）。"装配骨架"作为一个虚拟的零件，它并不包含任何实体，而只有一些基准面和基准轴，作为总装配的参考。

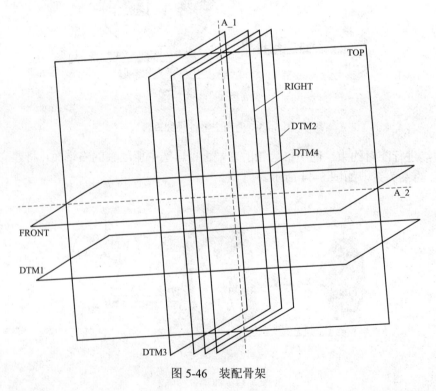

图 5-46   装配骨架

（1）创建差速器总装的"装配骨架"。

1）新建一个名为 Asm_Skelton.prt 文件，注意：应选择"mmns_asm_design"制式。创建 FRONT 面与 RIGHT 面的交线为基准轴 A_1，FRONT 面与 TOP 面的交线为基准轴 A_2。

2）以 FRONT 面为参考，创建 DTM1 基准面，设定二者之间的距离为 126mm；再以 RIGHT 面为参考，创建 DTM2（左）和 DTM3（右）基准面，后者到 RIGHT 面距离均为 38mm；最后仍以 RIGHT 面为参考，创建 DTM4 基准面，设定二者之间的距离为 19mm。所创建的装配骨架如图 5-46 所示。

（2）新建一个名为 Differential.asm 的组件，进入装配环境后，首先加载装配骨架 Asm_Skelton.prt 文件，单击"元件放置"操控板上的 ✔ 按钮，将其作为基础件定位。

（3）装配行星齿轮室子装配体。单击装配工具栏上的 按钮，在"打开"对话框中选择组件"star_asm"文件，单击 打开 按钮，将行星齿轮室子装配体加载到装配工作区，以自动方式选择约束类型：首先选中行星齿轮架的中心轴线 A_1，接着选中装配骨架上的中心轴线 A_2，建立二者之间的"对齐"约束关系，如图 5-47 所示。

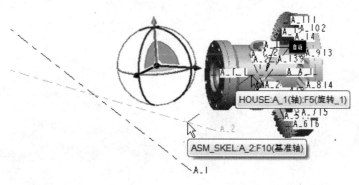

图 5-47　以装配骨架为参考装配行星齿轮室——轴重合

（4）继续进行配对约束。首先选中行星齿轮架的 RIGHT 基准面，再选中装配骨架的 RIGHT 面，并设定二者的约束关系为"重合"，如图 5-48 所示。

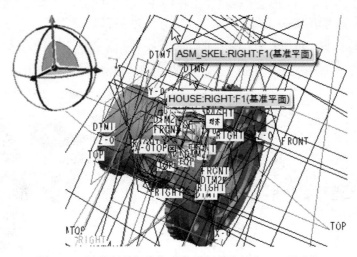

图 5-48　以装配骨架为参考装配行星齿轮室——面重合

（5）在元件放置操控板"放置"下拉菜单上系统默认的是"偏移"选项，单击其右侧的▼按钮，选择其中的"重合"选项，最后应将单击装配操控板上的✔按钮，即可将行星齿轮架准确定位。

（6）装配右驱动轴。在装配驱动轴时，为了便于捕捉到有关约束面（包括基准面）和轴（包括基准轴），可以在工作界面左侧的装配模型树上找到 house.prt，按下右键将其隐藏；此外，从上一步的行星齿轮室的装配中已经可以看到，在进行面约束时必须打开平面显示按钮🔲，这样对于一个稍微复杂的装配来说，在工作区必然会出现多个错综纷繁的基准面的图素，给捕捉需要的约束面带来不便，这一方面又说明了创建装配骨架（Asm_Skelton）作为装配参考的重要性，另一方面也要求操作者要仔细、耐心地去寻找和准确地捕捉所需的约束面。在过滤器中选择"面组"，可能会稍许减少寻找和捕捉的难度，另一个比较有效的方法是把与当前装配无关的零部件暂时隐藏起来，可明显地减少基准面。但最需要的还是操作者的仔细和耐心！

1）单击装配工具栏上的🔲按钮，在"打开"对话框中选择组件"driver_axis.asm"文件，单击 **打开** 按钮，将驱动轴子装配体加载到装配工作区，以自动方式选择约束类型：首先选中驱动轴的轴线 A_1，接着选中装配骨架上的基准轴 A_2，建立二者之间的"对齐"约束关系，如图 5-49 所示。

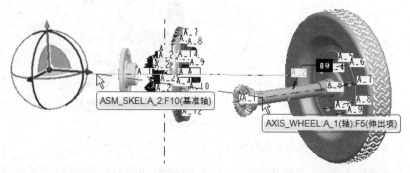

图 5-49　以装配骨架为参考装配驱动轴——轴重合

2）继续进行面约束。首先选中驱动轴上锥齿轮的右侧端面，再选中装配骨架上的 DTM2 基准面，并设定二者的约束关系为"重合"，如图 5-50 所示。

此时在装配操控板"放置"下拉菜单的下方显示"完全约束"，单击装配操控板上的✔按钮，即可将驱动轴子装配体准确定位，如图 5-51 所示。

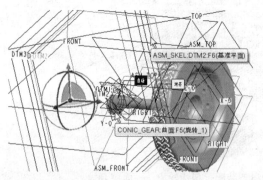

图 5-50　以装配骨架为参考装配驱动轴——面重合

图 5-51　装配定位的驱动轴

左驱动轴的装配与右驱动轴的装配方法相类似，在选择面约束时，应注意捕捉锥齿轮的左侧端面，可使用 3D 动态移动滑块功能，把驱动轴调整到行星齿轮室左侧适当位置，使之与装配骨架上的 DTM3 基准面为"重合"约束关系。

（7）装配减速锥齿轮轴。

1）单击装配工具栏上的 按钮，在"打开"对话框中选择减速锥齿轮轴"gleason_gear_l.prt"文件，单击 **打开** 按钮，将减速锥齿轮轴加载到装配工作区，以自动方式选择约束类型：首先选中减速锥齿轮轴的轴线 A_1，接着选中装配骨架上的基准轴 A_1，建立二者之间的"重合"约束关系，如图 5-52 所示。

图 5-52　以装配骨架为参考装配减速锥齿轮轴——轴重合

2）继续进行面约束。首先选中减速锥齿轮轴的左侧端面，再选中装配骨架上的 DTM1 基准面，并设定二者的约束关系为"重合"。

此时在装配操控板"放置"下拉菜单的下方显示"完全约束"，单击装配操控板上的 按钮，即可将转向锥齿轮轴定位，如图 5-53 所示。

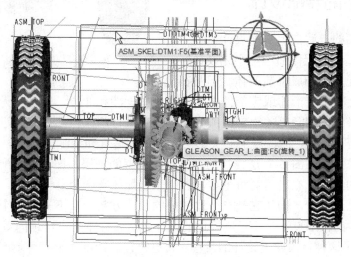

图 5-53　以装配骨架为参考装配转向锥齿轮轴——面配对

如果现在我们将一对相互啮合的 Gleason 弧齿锥齿轮的啮合部位适当放大如图 5-54 所示，

就会发现它们之间轮齿啮合并不理想。故需要返回到刚才的装配环境中进行调整。具体操作方法是：

（8）一对相互啮合齿轮的调整。

1）右键单击装配模型树上的 GLEASON_GEAR_L 节点，在弹出的快捷菜单中选取"编辑定义"选项，返回到刚才的装配过程，3D 动态移动滑块也同时出现在图形区。

2）打开装配操控板"放置"下拉菜单，选取第二项约束"对齐"，将其右侧约束选项"偏移"栏内的重合改选为"定向"，然后选中 3D 动态移动滑块，捕捉蓝色旋转矢量缓缓拖动，此时转向锥齿轮轴将绕着其轴线 A_1 转动，待转动到合适的位置消除轮齿的干涉时，释放左键，然后单击装配操控板上的 ✔ 按钮，两个弧齿锥齿轮的啮合位置将被重定位，从而消除了这对弧齿锥齿轮的啮合干涉，如图 5-54 和图 5-55 所示。

图 5-54　齿轮啮合发生干涉　　　　　图 5-55　调整后消除干涉

在本例装配中其他齿轮的啮合干涉都可以采用这种办法予以消解。

取消对行星齿轮架的隐藏，最后装配完成的汽车差速器总成如图 5-56 所示。

图 5-56　装配完成的汽车差速器

5.3　自顶向下的装配设计

上一节所介绍的自底向上装配设计过程中，是把这些零部件和子装配体都一个个先设计好，然后再逐个地装配起来构成总装配体。但是在组装过程中很可能会在子装配体或零部件之间发生一些干涉和冲突，以至于无法装配出合格的总装配体，那就必须返回到有关零部件或子装配体中进行修改，然后重新进行装配；而且这样的反复可能会遭遇多次，因此就势必会影响到装配的进度和装配的效率。

能否换一个思路？在图 5-1 所描述的产品装配模型的顶层，即在总装配体级就开始全面地考虑整个产品的结构、布局，对每个零部件或子装配体有一个总体上的、初步的安排；然后经过分析、对比、评价，确认它是一个比较好的设计方案，接下来再逐个地、具体地进行子装配体和零部件的详细设计。这里所描述的设计方法就称之为"自顶向下的设计"。

图 5-57 描述了这种自顶向下设计的流程，它更符合设计者对于一种新产品的构思和设计过程。自顶向下设计是首先从产品的顶层开始，通过在装配中建立零件来完成整个产品设计的方法，这种设计方法在产品的概念设计（见图 5-57 中虚线框部分）环节尤为重要。

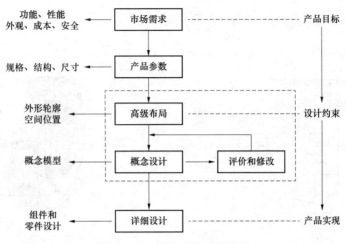

图 5-57　自顶向下的设计流程

为了支持这种自顶向下的设计方法，本书著者提出了一个面向三维设计的"顶层基本骨架"（Top Basic Skeleton，TBS）概念，并称其为"TBS 模型"。即在产品设计的最初阶段，按照该产品的最基本功能和要求，在设计的"顶层"构筑一个三维的"基本骨架"模型，随后的设计过程基本上都是在该"顶层基本骨架"的基础上进行复制、细化、修改、完善并最终完成整个产品设计的过程。

产品的 TBS 模型是一个具有多级抽象层次的装配级设计模型，它能反应产品的功能需求和几何特征，并能实现不同层次抽象信息的统一表达。从产品的空间结构上来看，产品的 TBS 类似于该产品的三维装配布置图，它能够代表产品模型的主要空间位置和空间形状，能够基本反映构成产品的各个子模块之间的拓扑关系以及其主要运动功能，是一个用 3DLayout 来驱动自顶向下设计的核心。

TBS 模型能支持在三维设计环境下设计信息的动态传递。所谓动态传递是指：设计信息不仅能够自顶向下传递，而且能够自下而上传递；不仅能够纵向传递，而且能够横向传递；还能够实现对设计信息的共享、控制和信息变更的传递。从 TBS 模型自身的不断发展以及它与后续设计的继承和相关关系上来看，它是整个产品自顶向下设计过程中的核心，是各个子装配之间相互联系的中间桥梁和纽带，从而实现对整个自顶向下设计过程的驱动。

TBS 概念的引入为三维设计带来一种创新性的设计方法。在顶层构筑产品 TBS 模型时，更注重在最初的产品总体布局中捕获和抽取各子装配和零件间的基本特征以及相互关联性和依赖性。这才是 TBS 模型的真正内涵。

TBS 模型可以结合参数化设计技术实现自顶向下的设计，它作为产品各个模块的整体结构功能框架，以参考复制和设计变更的方式生成各个子模块（子装配）和具体零件的细节设计，然后将细节设计后的零件以坐标重合的方式装配在一起，摒弃了传统装配零件之间的对齐、配对或定位的装配模式。TBS 支持变型设计，即通过对原有设计模型进行快速修改，以获得新的设计效果。

5.3.1　创建圆锥滚子轴承的 TBS 模型

本小节通过圆锥滚子轴承的装配设计过程来说明基于 TBS 模型的自顶向下的设计方法。图 5-58 是 GB/T 297—2015 代号为 30203 的圆锥滚子轴承二维平面图和三维效果图。图中各几何参数与表 5-1 中轴承代号 30203 的数据相对应。

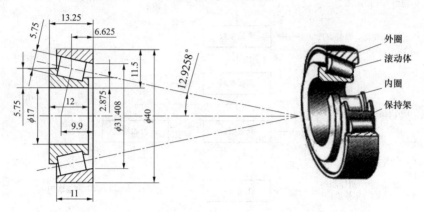

图 5-58　圆锥滚子轴承 30203 型二维图及效果图

表 5-1　　　　　　**02 系列圆锥滚子轴承参数表（摘自 GB/T 297—2015）**

轴承代号	d	D	T	B	C	E	L	α
30202	15	37	11.25	10	9	28.904	7.5	12°57′10″
30203	17	40	13.25	12	11	31.408	8	12°57′10″
30204	20	47	15.25	14	12	37.504	9	12°57′10″
30205	25	52	16.25	15	13	41.135	10	14°02′10″

按照上述基于 TBS 模型自顶向下的设计思路，对 30203 型圆锥滚子轴承的装配设计过程如下：

1. 进行装配总体布局

（1）启动 Creo Parametric 3.0，选取主菜单上的"新建"命令，在弹出的"新建文件"对话框中选择"组件"选项，在文件名栏内输入总装配体的文件名为 bearing_asm_203，单击"确定"按钮，系统自动进入装配模块。

在圆锥滚子轴承装配体中共有 4 种零件：内圈、外圈、保持架和滚子，还有一个作为顶层基本骨架（即 TBS）的特殊零件，此后在装配模式下的详细设计都是以该零件为基础展开的。可以分别使用在装配模式下的"创建元件"命令将这四种零件以"空"零件的形式添加到总装配体中。

（2）单击装配工具条上的"创建"命令按钮，在弹出的"元件创建"对话框中选取"骨架模型"，系统自动为该零件命名为 bearing_asm_203_Skel"，单击"确定"按钮，予以接受。

（3）在弹出的"创建选项"对话框中选取"空"，单击"确定"按钮，在装配模型树上可以看到骨架模型 bearing_asm_203_Skel 已被添加到装配体中，如图 5-59 所示。

（4）采用同样的方法创建 Bearing_out_203、Bearing_in_203、Bearing_frame_203、Bearing_rollers_203 等四个"空"零件。注意：这四个零件都是具体的轴承零件，所以在"元件创建"对话框中应选取"零件"。

此时在装配模型树上可以看到上述 5 个零件的名称，已经初步完成总装配体的布局。

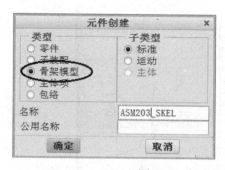 

图 5-59　创建骨架模型空零件

2. 建立圆锥滚子轴承总装配体 TBS 模型

（1）右键单击装配模型树上的 bearing_asm_203_Skel 标志，在弹出的快捷菜单中选取"激活"，此时尽管整个工作界面未发生任何变化，但此后所做的工作都是针对 bearing_asm_203_Skel 的。

（2）以 ASM_FRONT 基准面为草绘平面进入草绘环境，绘制如图 5-60 所示的草图，完成后退出草绘。

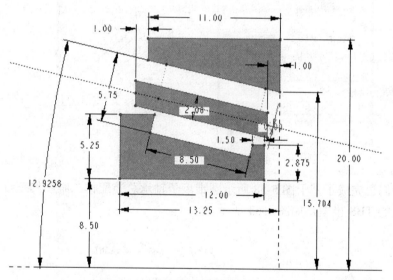

图 5-60　绘制骨架模型草图（草绘 1）

（3）以 FRONT 基准面为草绘平面，进入草绘环境，选取绘图工具条上的□命令，以"环"的方式将草图中 5.75×8.5 的矩形投影到 FRONT 面。退出草绘。

这样建立的草绘 2 与草绘 1 具有"父子"继承关系，当草绘 1 中的矩形发生变化时，将及时地传递到草绘 2 中去，使之发生相应地变化。这种"父子"关系就体现出前文所说的关联性和依赖性。

（4）进行几何阵列。选中刚绘制的草绘 2，单击特征工具条上的阵列按钮，在阵列操控板上选取阵列类型为"方向"，阵列方式为旋转，以滚子截面的中心线为旋转轴，输入阵列个数为 2，角度增量为 90°，单击阵列操控板上的✔按钮，得到被阵列的矩形如图 5-61 所示。

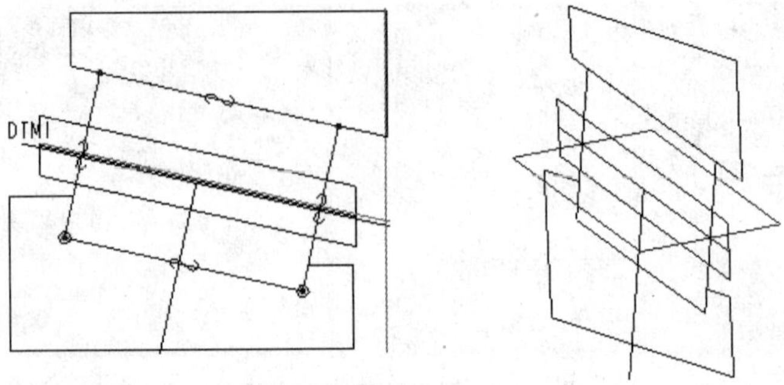
DTM1

图 5-61 绘制草绘 2 并阵列

（5）创建基准面 DTM1。单击基准工具栏上的“基准面”命令按钮，首先选取 ASM_FRONT 面为参考，并设定 DTM1 与其成法向，在按下 CTRL 键的同时选中草绘中与 X 轴成 12.925 8° 的斜线，单击“确定”按钮，得到基准面 DTM1，如图 5-62 所示。基准面 DTM1 与步骤（4）所阵列的矩形位于同一平面上。

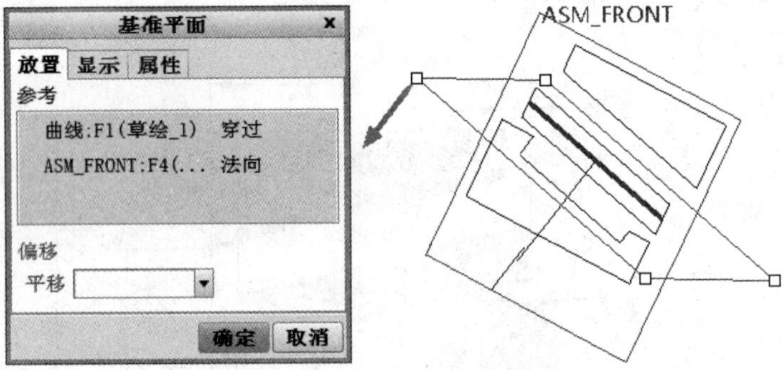
基准平面
放置
显示
属性
参考
曲线:F1(草绘_1) 穿过
ASM_FRONT:F4(... 法向
偏移
平移
确定
取消
ASM_FRONT

图 5-62 创建基准面 DTM1

至此，我们已完成了基于图 5-58 所示圆锥滚子轴承总装配体二维图的三维布局，这才是我们前面定义的 TBS 模型，如图 5-63 所示。

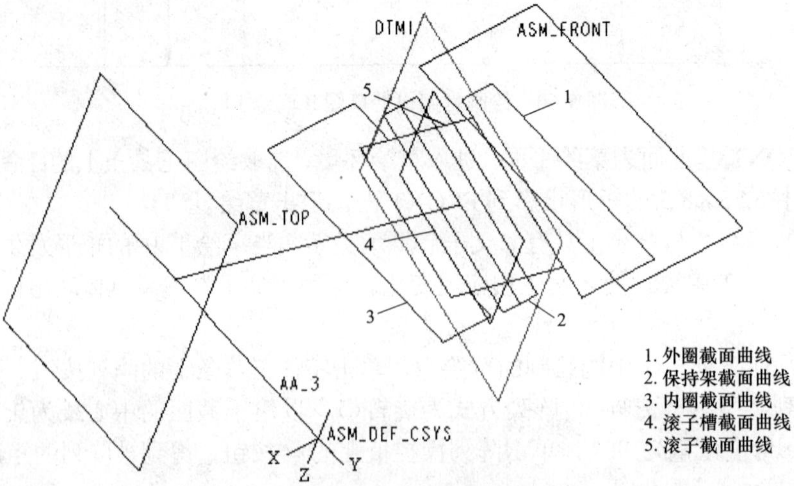
DTM1
ASM_FRONT
ASM_TOP
AA_3
ASM_DEF_CSYS
X
Y
Z
1
2
3
4
5
1. 外圈截面曲线
2. 保持架截面曲线
3. 内圈截面曲线
4. 滚子槽截面曲线
5. 滚子截面曲线

图 5-63 三维 TBS 模型

它具有如下一些基本特征：

1）它是由三维的点、曲线和曲面构成的，并包含坐标系和基准面。

2）它是参数化的。其中每个图素的尺寸和约束都与后面将要提到的"关系"式有关；如果改变这些参数的值，TBS 模型将会发生相应的变化，同时也导致更深层次的变化。

3）图 5-63 中的 5 个封闭环曲线分别与顶层 TBS 模型布局中的轴承内圈、外圈、保持架、滚子部件及滚子槽相对应。

5.3.2　以 TBS 模型为核心的自顶向下装配设计

下面，以 TBS 模型为基础展开圆锥滚子轴承的详细设计。

1. 创建轴承外圈

右键单击装配模型树上的 bearing_out_203（轴承外圈）节点，在弹出的快捷菜单中选取"激活"，此后所做的工作都是针对 bearing_out_203 的。

（1）选取工具栏上的旋转命令按钮，以 FRONT 面为草绘平面进入草绘环境。增选 RIGHT、TOP 面为参考。首先绘制一条旋转中心线，然后选取草绘工具栏上的□按钮，在"类型"选项框中选择"环"，复制如图 5-64 所示的轴承外圈截面，退出草绘。

（2）单击旋转操控板上的✔按钮，得到如图 5-64 所示的轴承外圈实体特征。

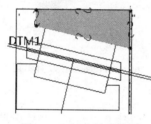

图 5-64　创建轴承外圈

2. 创建轴承内圈

（1）将刚生成的外圈实体隐藏起来。右键单击装配模型树上的 bearing_in_203（轴承内圈）节点，在弹出的快捷菜单中选取"激活"，此后所做的工作都是针对 bearing_in_203 的。

（2）仿照创建外圈的操作方法进行旋转操作，以 FRONT 面为草绘平面进入草绘环境。使用□命令，在草绘中复制如图 5-65 所示的轴承内圈截面，并绘制一条旋转中心线。退出草绘。单击旋转操控板上的✔按钮，得到如图 5-65 所示的轴承内圈实体特征。

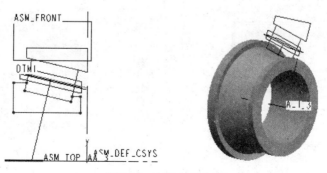

图 5-65　创建轴承内圈

3. 创建滚动体

（1）将刚生成的内圈实体隐藏起来。右键单击装配模型树上的 bearing_rollers_203（轴承滚动体）标志，在弹出的快捷菜单中选取"激活"，此后所做的工作都是针对 bearing_rollers_203 的。

（2）仿照创建外圈的操作方法，使用▢命令，在草绘中复制 TBS 中的滚动体截面，并绘制一条旋转中心线。由于滚动体是其半个截面绕着其中心线旋转生成的，所以应捕捉图 5-66 中矩形两个短边的中点绘制一条中心线，然后使用删除段命令▷修剪掉多余的图素，完成后退出草绘。单击旋转操控板上的 ✔ 按钮，得到如图 5-66 所示的轴承滚动体实体特征。

（3）阵列滚动体。选中刚创建的滚动体，单击特征工具条上的阵列按钮▦，在阵列操控板是选取阵列类型为"方向"，阵列方式为旋转↻，以 A_1 为旋转轴，输入阵列个数为 8，角度增量为 45°，单击阵列操控板上的 ✔ 按钮，得到被阵列的滚动体如图 5-66 所示。

图 5-66　创建轴承滚动体并阵列

4. 创建保持架

（1）右键单击装配模型树上的 bearing_frame_203（保持架）标志，在弹出的快捷菜单中选取"激活"，此后所做的工作都是针对 bearing_frame_203 的。

（2）仿照创建外圈的操作方法，先绘制一条旋转中心线，如图 5-67（a）所示。使用▢命令，在草绘中复制如图 5-67（a）所示的轴承保持架截面，退出草绘。单击旋转操控板上的 ✔ 按钮，得到轴承保持架实体特征。

（3）拉伸减料生成滚子槽。为便于捕捉滚子槽截面曲线，可将刚生成的保持架以线框方式显示。选取工具栏上的拉伸命令按钮🗗，以 DTM1 面为草绘平面进入草绘环境。增选 ASM_DEF_CSYS 坐标系为参考。选取草绘工具条上的▢按钮，在"类型"选项框中选择"环"，

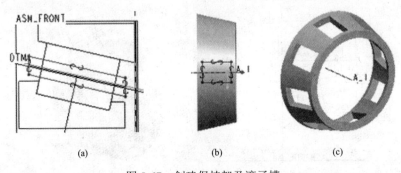

(a)　　　　　　　　　　　(b)　　　　　　　　　　　(c)

图 5-67　创建保持架及滚子槽

复制如图 5-67（b）所示的滚子槽截面，退出草绘。

（4）在拉伸操控板上选取双向拉伸，拉伸长度为 3mm，单击减料按钮 ，单击操控板上的 按钮，在保持架上生成一个滚子槽。

（5）阵列滚子槽。采取与滚子阵列相类似的方法，对滚子槽进行阵列，最后得到如图 5-67（c）所示的保持架。

至此，在装配模式下已完成了对圆锥滚子轴承所有零件的创建。在以上建模过程中，读者可以看到所创建的各个零件特征的细节都是在顶层骨架（TBS 模型）中获得所需要信息的。这就充分体现出了 TBS 模型在自顶向下的装配设计中所起到信息传递的核心作用。而且信息的传递不仅是自上而下的，还可以是自下而上的。

右键单击模型树上的外圈标志（bearing_out_203），在弹出的快捷菜单中选取"打开"，然后对其两个端面棱边进行倒角处理，设定倒角参数为 1×45°。

同样也对内圈的内孔两侧棱边也进行 1×45° 倒角处理。倒角后的效果如图 5-68（a）所示。完成后，再通过主菜单上的窗口切换到 Bearing_asm 的工作界面，这时可以看到我们并没有直接对总装配体做任何改动，但是在底层对外圈、内圈所做的倒角处理已经全部传递到顶层了。图 5-68（b）所示为完成总装配后的 30203 圆锥滚子轴承。

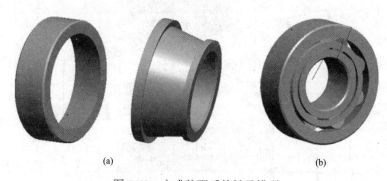

(a)　　　　　　　　　　　　　　　　　　　(b)

图 5-68　完成装配后的轴承模型

5.4　基于 TBS 装配模型的产品变型设计

上一节所介绍的自顶向下的装配设计过程与自底向上的装配设计显然有明显的不同，主要体现在以下几个方面：

（1）所有的零部件都是在装配状态下创建的，而不需要事先一个个创建再添加到组件中去，且不必采用"重合""距离""角度偏移""相切"等约束。

（2）每个零部件的创建都依赖于一个在顶层创建的三维 TBS 模型。也就是说，在总装配级就通过 TBS 模型对各个零部件进行了总体布局，此后每个零部件的详细设计都是围绕着TBS 模型而展开的。

（3）更重要的是：由于采用了参数化的表达式与 TBS 模型的紧密关联，当改变表达式中的有关参数之后，整个装配体模型会随之发生相应的变换，从而能够高效地支持产品的变型设计。这是本章提出的基于 TBS 模型的自顶向下的设计方法的最大贡献之处。

为了验证这一点，我们不妨再返回 TBS 模型，在顶层来改变圆锥滚子轴承的有关参数，看看将发生什么样的变化（事先在当前工作路径下新建 Bearing_202、Bearing_204 文件夹）？

上一节所创建的圆锥滚子轴承总装配体 bearing_asm.asm 是针对国标 30203 圆锥滚子轴承而设置参数的。现在利用这个装配体作为建模模板，通过改变参数的方法来快速地实现变型设计，分别获得 30202 和 30204 圆锥滚子轴承的装配体模型。

（1）由 30203 装配模板变型到 30202 装配体。

1）启动 Creo Parametric 3.0，打开 bearing_asm.asm 文件，进入装配模块。

2）右击装配模型树上的 bearing_skel_.prt 文件，在快捷菜单中选择"激活"命令，将骨架模型转换为当前工作部件。

3）右击模型树上的草绘 1，在快捷菜单中选择"编辑定义"命令，进入草绘环境。

4）选取主菜单上的"工具"→"d=关系"命令，弹出"关系"对话框，此时图 5-60 中各图素几何参数的实际值全部转换为图 5-69 所示的"代号"，如 sd1 为轴承外圈宽度 11 的代号；sd43 为外圈半径 R20 的代号；sd89 为内圈宽度 12 的代号；sd44 为轴承总宽度 13.25 的代号等。

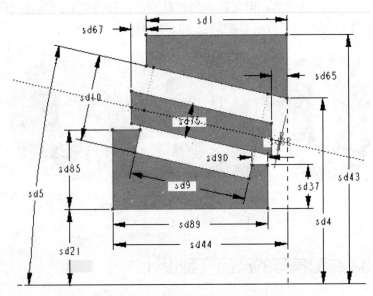

图 5-69　用代号表达的草图尺寸

5）左键单击草图中有关图素的代号，则 sdxx 就会相应地出现在图 5-70 所示的"关系"对话框中。

现在我们可以根据变型设计的要求，在"关系"对话框中改变 sdxx 的值。比如将 30203 轴承的所有参数改变为表 5-1 中 30202 轴承所对应的参数，如 sd1 = 9，sd89 = 10，sd44 = 11.25，sd43 = 37/2 等。只需要改变那些需要修改的参数，如保持架的宽度是靠其他尺寸约束的，可以不做修改。修改完成后的"关系"对话框如图 5-70 所示。单击"关系"对话框上的"确定"按钮，确认修改。此时草图内的各图素在数据"关系"的驱动之下随之发生相应地变化，实际上当前的草图已完全转化为轴承 30202 的骨架模型的一部分。

6）由"关系"驱动的 30202 骨架模型草图如图 5-71 所示。单击 ✔ 按钮，退出草绘 1。

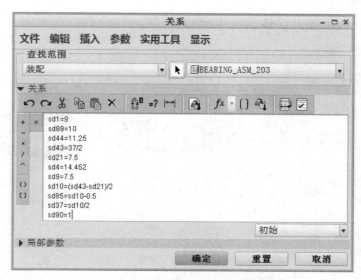

图 5-70　圆锥滚子轴承 30202 的关系表达式

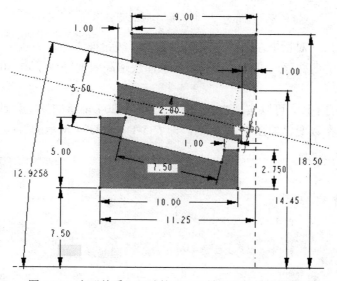

图 5-71　由"关系"驱动的 30202 轴承骨架模型草绘 1

骨架模型中的草绘 2 与草绘 1 是"父子"关系，它会完全继承草绘 1 所发生的变化，所以不需要做任何修改。

7）通过主菜单上的"窗口"命令将工作界面切换到 Bearing_asm，在骨架模型中发生的所有变化将全部传递到轴承总装模型中来——当前的数字化模型已经变型为圆锥滚子轴承 30202 的数字化模型了。

8）选取主菜单上的"文件"→"另存为"命令，在"另存为"对话框的新建名称栏中输入"Bearing_30202"，并选择事先建立的"Bearing_202"文件夹存放，单击"确定"按钮。

9）装配体的模型名称已改为"Bearing_30202"，其他各零件的名称也需做相应改变。在弹出的"组件保存为副本"对话框中，单击"操作"栏下的"重新使用"，选取其中的"新名称"选项，然后将各个零件名都做相应地修改（图 5-72），如将 Bearing_out_203 改为

Bearing_out_202，Bearing_in_203 改为 Bearing_in_202 等。

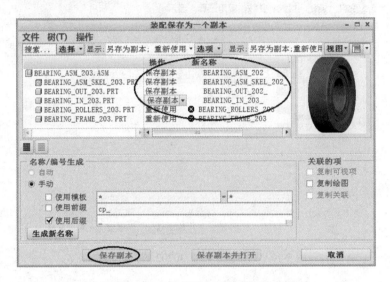

图 5-72　保存副本时改变名称

　　全部修改完之后，对话框左下方的"保存副本"按钮被激活，单击之，30202 轴承的所有零件都以它自身的名称存入硬盘保存起来。从而快速高效地完成了由 30203 轴承向 30202 轴承的变型设计。

　　（2）采用同样的手段，可以实现由 30203 轴承向 30204 轴承的变型设计。变型过程中"关系"对话框中的各参数变化如图 5-73 所示，即表 5-1 中 30204 轴承的各有关参数。

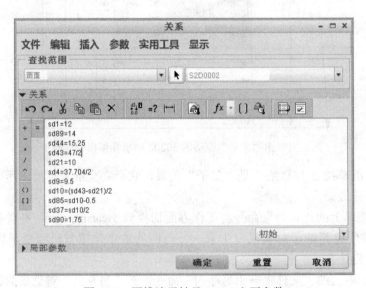

图 5-73　圆锥滚子轴承 30204 主要参数

　　完成后将总装配体保存副本，名称为 Bearing_204，其他各零件也相应地更改为 30204 轴承的属性，如将 Bearing_out_203 改为 Bearing_out_204，Bearing_in_203 改为 Bearing_in_204 等。并保存在事先建立的"Bearing_204"文件夹中。

以上的变型过程已经非常清楚地展示出了 TBS 模型自上而下传递信息的作用，即顶层的参数变化导致下层零件特征的变化。然而底层的变化同样能反馈到顶层，引起总装配体发生变化。这就是 TBS 模型的双向传递作用。

例如，由于 30204 轴承的几何尺寸有了明显增加，需要增加滚动体的个数，我们可以在底层——Bearing_rollers_204 零件上进行如下变型操作：

1）右击装配模型树上的 Bearing_rollers_204，在快捷菜单中选择"打开"，即进入 Bearing_rollers_204 的建模工作环境。右击模型树上的"阵列"，在快捷菜单中选择"编辑定义"，重新打开"阵列"操控板，将阵列个数修改为 10，角度增量修改为 36，单击"阵列"操控板的 ✔ 按钮，即可得到阵列后的 10 个滚子模型。

2）同样，在装配模式下打开 Bearing_frame_204 保持架零件，像 Bearing_rollers_204 那样以"编辑定义"方式把阵列个数修改为 10，角度增量为 36，30204 轴承保持架也发生了变型。

3）通过主菜单上的"窗口"切换到装配模式，将会发现在底层的变型已经全部传递到总装配体上来——能够比较明显地观察到的是由原来的 8 个滚子变成现在的 10 个滚子，而且保持架上滚子槽的个数和位置也随之发生变化。

三种圆锥滚子轴承 30202、30203、30204 恰好是 GB/T 297—2015 系列产品中的前 3 种，它们的装配模型分别如图 5-74（a）、（b）及（c）所示。

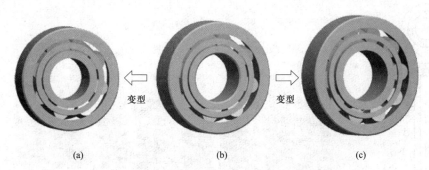

图 5-74　由 30203 轴承向 30202 和 30204 轴承的变型
（a）30202；（b）30203；（c）30204

通过以上操作，我们利用一种圆锥滚子轴承的装配设计模板，采用参数化数据驱动的方式，非常便捷地获得了另外两种圆锥滚子轴承的装配模型，从而实现了产品的变型设计。其中在顶层构建的 TBS 模型在变型设计过程中起到了组织、控制、改变和传递设计信息的至关重要的作用。

需要特别指出的是：我们人类社会经济发展至今，几乎 90%以上的产品都是通过各种各样的变型设计而得到的，掌握高效、便捷的变型设计方法无疑有着重要的意义。因此，基于 TBS 为核心的产品装配模型变型设计方法不啻为一种高效便捷的设计方法。

5.5　带有挠性件的产品装配

在不少产品装配中，我们很可能会遇到像弹簧那样的零件，在受到外来约束力（如在一定的拉力或压力）的作用下，其形状和尺寸将会发生变化，称此类零件为"挠性件"。挠性件的装配必须符合约束条件，根据装配位置合理地调整其尺寸，否则就会发生干涉。本节以内燃机配气机构中的弹簧装配为例，介绍挠性件装配的处理方法。

图 5-75（a）所示为内燃机凸轮配气机构的工作示意图。凸轮 1 绕其中心做逆时针旋转，当凸轮的变半径轮廓作用在平底从动件 2 上时，即驱动从动件向下运动，安装在支架 4 上的弹簧 3 被压缩；气门挺杆 5 是与从动件 2 装配固定在一起的，从动件和气门挺杆的下移即可打开气门进气或排气。当凸轮轮廓的等半径部分作用在从动件上时，从动件和气门挺杆相对静止不动，保持一定的进气或排气时间；当凸轮的另一侧变半径轮廓作用在平底从动件 2 上时，从动件和气门挺杆在弹簧的恢复力作用下向上运动，从而把气门关闭。布置在凸轮轴上的若干个凸轮具有不同的方位，因此凸轮轴在旋转的过程中气门的开闭就能够与活塞运动的各个冲程相匹配，从而完成配气的功能。

图 5-75（b）所示为四缸四冲程内燃机凸轮配气机构的总装图。由于凸轮轴上的 8 个凸轮根据各冲程的工况要求布置在不同的方位上，所以弹簧被压缩的状态也因凸轮的方位不同而有所不同，例如图 5-75（b）中从右向左第 5 个凸轮轮廓的凸起部分是向下的，它驱动平底从动件向下运动的距离较大。因此位于该位置上的弹簧被压缩得较多。在 5-75（b）所示的工况下，8 个弹簧共有 3 种不同的压缩状态。在装配在各种不同工况下的弹簧元件时，就必须考虑到元件的"挠性"。

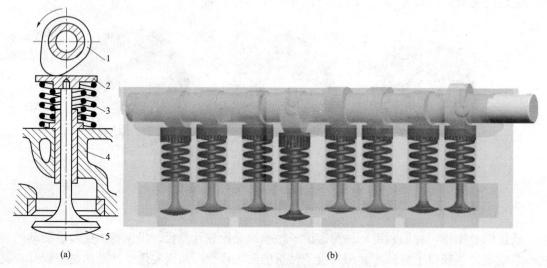

图 5-75　内燃机凸轮配器机构
（a）示意图；（b）总装图

这里以第 1 个弹簧（具有共性）、第 5 个弹簧和第 8 个弹簧（具有特殊性）的装配为例介绍"挠性件"的装配技巧和过程。

1. 装配凸轮轴

此前凸轮轴箱（box.prt）已作为基础件装配到装配体中。

（1）单击装配工具栏上的 按钮，在"打开"对话框中选择凸轮轴"cam_axis.prt"文件，单击 **打开** 按钮，将凸轮轴加载到装配工作区，以自动方式选择约束类型：首先选中凸轮轴的轴线 A_1，接着选中凸轮轴箱上的基准轴 A_13，建立二者之间的"重合"约束关系，如图 5-76 所示。

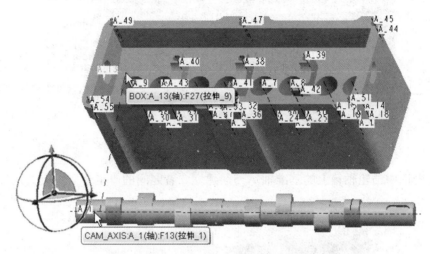

图 5-76　凸轮轴装配——轴对齐

（2）继续选中凸轮轴上的基准面 DTM9，接着选中凸轮轴箱上的 RIGHT 基准面，建立二者之间的"重合"约束关系，如图 5-77 所示。

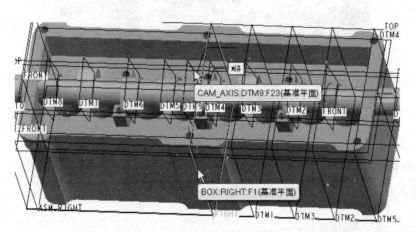

图 5-77　凸轮轴装配——面对齐

这时若打开元件放置操控板上的"放置"下拉菜单，将会看到系统已提示"完全约束"。但是凸轮轴绕着自身中心轴线旋转的自由度并未受到约束，为避免后续装配平底从动件时可能会影响凸轮轴的方位，必须再增加一个新的附加约束。

（3）点击"放置"下拉菜单上的"新建约束"，以自动方式选择约束类型：首先选中凸轮轴上键槽的底面，接着选中凸轮轴箱上的 TOP 基准面，在"偏移"栏中选择"定向"约束关系，设定键槽底面与 TOP 面平行。单击装配操控板上的 ✔ 按钮，凸轮轴被准确地定位在凸轮箱上，如图 5-78 所示。

2. 装配平底从动件 1

（1）单击装配工具栏上的 ⬛ 按钮，在"打开"对话框中选择从动件"plant.prt"文件，单击 **打开** 按钮，将从动件加载到装配工作区，以自动方式选择约束类型：首先选中从动件的轴

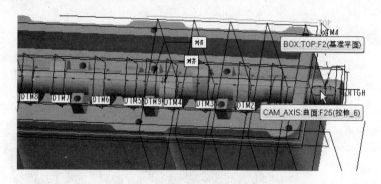

图 5-78 凸轮轴装配——定向

线 A_1，接着选中凸轮轴箱上的基准轴 A_5，建立二者之间的"重合"约束关系，如图 5-79 所示。

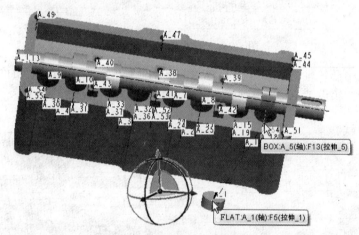

图 5-79 从动件装配——轴对齐

（2）继续选中从动件的顶面，接着选中凸轮轴上第一个凸轮的圆柱面，建立二者之间的"相切"约束关系，如图 5-80 所示。从动件已准确约束到位。

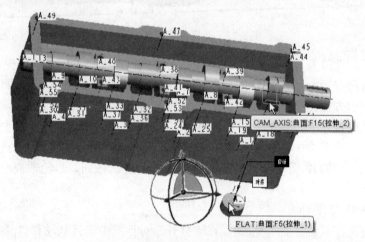

图 5-80 从动件装配——面相切

其他 7 个从动件的装配方法基本相同。需注意在装配第 5 个和第 8 个从动件时，其第二个约束面应分别与第 5 个和第 8 个凸轮轮廓的变半径曲面相切，如图 5-81 所示。

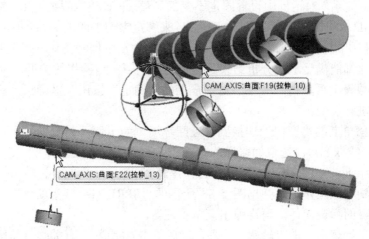

图 5-81　从动件与第 5/第 8 凸轮相切的情况

3. 装配弹簧 1

弹簧装配是本例装配的重点和关键。由于弹簧是挠性件，在装配之前须对弹簧零件特征做一些预处理：在外力的作用下圆柱弹簧长度的变化服从"胡克定律"——伸长或压缩与拉力或压力成正比，另外在其物理形态上的表现是：在拉力或压力的作用下，其圈数不变，而螺距发生变化。因此我们可以利用 Creo Parametric 3.0 中的"关系"来描述上述变与不变的参数关系。具体操作过程如下：

（1）打开已创建的弹簧零件 spring.prt，选取主菜单上的"工具"→"d＝关系"命令，弹出图 5-82 所示的"关系"对话框。

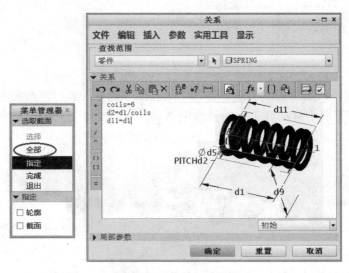

图 5-82　"关系"对话框

（2）单击工作区内的弹簧特征，弹出"菜单管理器"，单击其中的"全部"，则关于弹簧螺旋特征的参数（扫引线长度 d1、螺距 d2 及弹簧截面 ϕd5）都显示出来；再点击模型树上的拉伸（减料）特征，拉伸截面的参数（高度 d11、宽度 d10 和拉伸深度 d9）也显示出来。

（3）首先在"关系"对话框中设置固定不变的参数——coils（圈数）=6，然后分别点击我们感兴趣的参数 d2 和 d1，用关系式 d2＝d1/coils 来绑定它们之间的关系。再设定减料拉伸截面的高度 d11 与扫引线长度 d1 相等。这样无论在机构中发生何种变化，弹簧的圈数、高度的变化及螺距的变化都能满足上述分析结果。这也是我们下一步操作的依据。

（4）完成参数设定后单击"关系"对话框上的"确定"按钮予以确认，然后将弹簧零件重新存盘，准备进行装配。

（5）通过主菜单上的"窗口"切换到总装配环境，为了便于装配弹簧，可右击装配模型树上的箱体零件（box.prt），选取"隐藏"命令选项，将其隐藏起来。选取工具栏上的"装配"→"挠性"命令，在"打开"对话框中选择弹簧"spring.prt"文件，单击 <kbd>打开(0)</kbd> 按钮，将弹簧加载到装配工作区，弹出图 5-83 所示的"SPRING：可变项目"对话框。在系统提示下点击刚加载的弹簧元件，再次弹出菜单管理器。

（6）选取菜单管理器中的"轮廓"选项，然后单击"完成"，有关弹簧轮廓的几个参数在图形区显示出来，选中待调整的"可变项目"——扫引线长度尺寸 60，然后单击"SPRING：可变项目"对话框上的 ➕ 按钮，待调整的尺寸被加载到对话框内，将"新值"设置为 60−5＝55mm，单击对话框上的"确定"按钮，弹簧的长度立即被压缩到 55mm，螺距也按照 d2＝d1/coils 的关系相应发生改变，如图 5-83 所示。

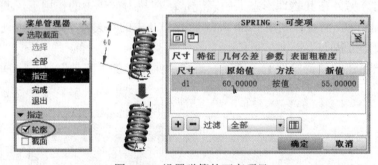

图 5-83　设置弹簧的可变项目

（7）接下来可以按照常规的"轴对齐"、"面匹配"的方法进行弹簧装配。首先选中弹簧 1 的轴线 A_1，接着选中从动件 1 上的基准轴 A_1，建立二者之间的"对齐"约束关系，如图 5-84 所示。

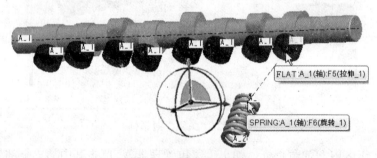

图 5-84　轴线重合约束

（8）继续选中弹簧被修剪的顶面，接着选中从动件内腔顶面，建立二者之间的"配对"约束关系，并设定为"重合"，如图 5-85 所示。弹簧 1 被装配到位。弹簧 1 已由原来的自由长度 60mm 被压缩到 55mm，即受到一定的预压力。

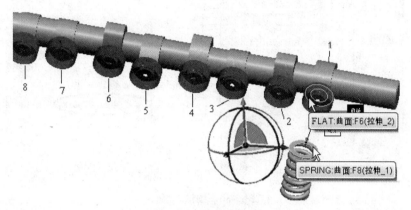

图 5-85　面重合约束

由于从动件 2、3、4、6、7 都是与凸轮的等半径处相切，因此弹簧 2、3、4、6、7 的装配与弹簧 1 的装配过程完全相同。当然也需要作为"挠性件"进行处理——弹簧长度均压缩到 55mm。具体操作就不再赘述。

4. 装配弹簧 5

由于从动件 5 是与第 5 个凸轮轮廓的变半径的顶端相切，在初始状态它将令弹簧压缩到最大值，弹簧被压缩后的长度为 60－5－8＝47mm。因此对弹簧 5 做"可变项目"调整时，应将图 5-83 中"SPRING：可变项目"对话框上的"新值"修改为 47mm。此后其他的装配操作过程与装配弹簧 1 的步骤（7）、（8）相同。

5. 装配弹簧 8

从动件 8 是与第 8 个凸轮变半径轮廓的中部相切，由于该凸轮轮廓曲面是以按从动件等加速运动规律变化的，因此比较难于计算弹簧被压缩后的长度。所幸的是 Creo Parametric 3.0 为我们提供了一个测量的手段，可以较方便地获得该尺寸。

（1）首先选取主窗口图形工具栏上的◻按钮，将装配模型由原来的着色显示方式转变为线框方式，以便于观察和捕捉图素。

（2）选取主菜单上的"分析"→"测量"→"距离"命令≋，弹出"距离"对话框。在过滤器中选择"面位置"，用鼠标左键仔细地搜索弹簧支架的边线（面的投影），即图 5-86 中的第一点，压下左键，然后垂直向上拖动光标至从动件的内圆柱顶面，压下左键，此时系统测出这两点之间的垂直距离为 51.775 3mm，并显示在"距离"对话框内。该距离就应该是弹簧 8 装配在从动件和箱体弹簧基座间被压缩后的长度。

（3）做好以上测量准备工作之后，在装配环境下加载弹簧 8，并对其做类似于步骤（6）的"可变项目"调整，将图 5-83 中"Spring：可变项目"对话框上的"新值"修改为 51.775 3mm。此后其他的装配操作过程与装配弹簧 1 的步骤（7）、（8）相同。

8 个弹簧全部装配完毕后，在线框显示模式下，我们可以看到图 5-87 中弹簧 5 和弹簧 8 的长度及螺距变化情况与其他 6 个弹簧的情况有所不同。

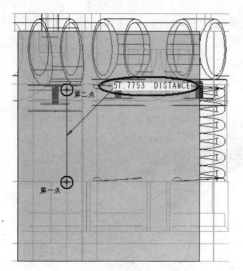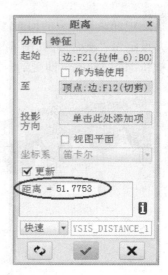

图 5-86 测量距离

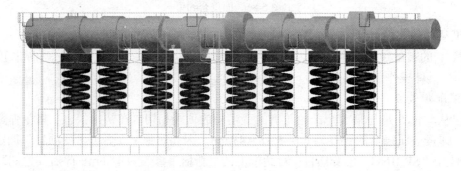

图 5-87 弹簧——挠性件装配后的变化

6. 装配气门挺杆

（1）单击装配工具栏上的 按钮，在"打开"对话框中选择气门挺杆"air_rod.prt"文件，单击 **打开** 按钮，将气门挺杆加载到装配工作区，以自动方式选择约束类型：首先选中气门挺杆的轴线 A_1，接着选中从动件上的轴线 A_1，建立二者之间的"重合"约束关系，如图 5-88 所示。

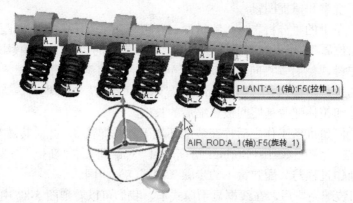

图 5-88 弹簧——挠性件装配后的变化

（2）继续选中气门挺杆的圆柱顶面，接着选中从动件上的内圆柱端面，建立二者之间的"配对"约束关系，如图 5-89 所示。气门挺杆 1 被准确装配到位。

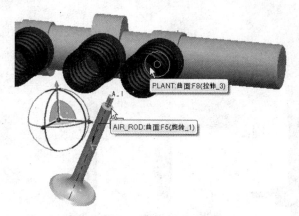

图 5-89　弹簧——挠性件装配后的变化

另外 7 个气门挺杆的装配方法完全相同，这里就不再赘述。

气门挺杆全部装配完毕之后，内燃机凸轮配气机构总成（未包括紧固件和轴承等）就全部装配成功。可以通过右击模型树上的凸轮箱体 box.prt，选取"取消隐藏"，把刚才隐藏的凸轮箱体重新显示出来，形成一个完整的装配体。

为了便于观察到箱体内部的零部件，可以再次选中模型树上的凸轮箱体 box.prt，然后选取主菜单上的"视图"→"显示样式"→"透明"命令，装配体就转换为图 5-75（b）所示的形式：凸轮箱体以透明方式显示。如果选取主菜单上的"视图"→"显示样式"→"线框"命令，装配体就转换为图 5-90 所示的形式：凸轮箱体以线框方式显示，观察效果可能会更好一些。

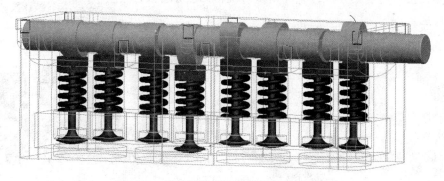

图 5-90　箱体以线框方式显示的总装配体

练习 5

5-1　在本书配套资料 ch_5\fun 文件夹中有一组*.prt 文件，它们是构成图 5-91 所示摇头电风扇装配模型的各零部件。将该文件夹中的所有文件全部复制到硬盘中，试仿照本章"自底向上"的装配过程，完成摇头电风扇的装配。

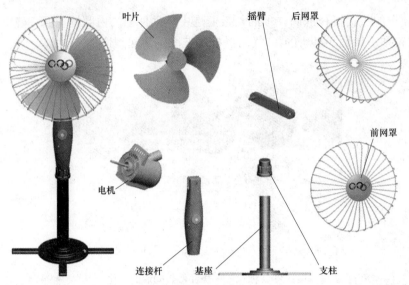

图 5-91　摇头电风扇装配模型

5-2　在本书配套资料 ch_5\pump 文件夹中有一组*.prt 文件，它们是构成图 5-92 所示齿轮液压泵装配模型的各零部件。将该文件夹中的所有文件全部复制到硬盘中，试仿照本章"自底向上"的装配过程，完成齿轮液压泵的装配。

5-3　图 5-93 所示为一四缸发动机曲轴、连杆及活塞总成，主要由曲轴、连杆、活塞、活塞销轴等四种零件构成，这些零件都存放在本书配套资料 Ch_5\Engine 文件夹中，试采用"自底向上"的装配方法，完成该发动机曲轴、连杆及活塞总成的装配。

图 5-92　齿轮液压泵装配模型

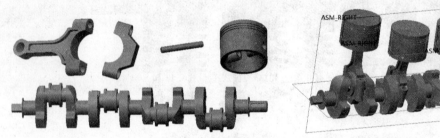

图 5-93　四缸发动机曲轴、连杆及活塞总成装配模型

提示：（1）先把连杆与连杆盖、活塞与活塞销各装配成一个子装配体，再与曲轴进行装配。

（2）四个活塞必须保持在同一个平面（如图 5-93 中的 ASM_RIGHT 基准面）上。

第6章 Creo 3.0 工程图设计

6.1 Creo 3.0 工程图模块简介

在创建零件模型或进行产品装配之后，大多需要生成二维工程视图。因为二维视图是整个加工和制造过程的重要依据，不论是在车间或是在工具房，二维视图对机械工人在加工和制造产品中都十分重要。为此，Creo Parametric 3.0 中包含一个强有力的工程图模块——专门用于创建 2D 工程图的工作环境，提供了生成各类视图、标注尺寸、尺寸公差及形位公差、表面粗糙度及表格（包括标题栏）等所需要的各种工具。

Creo 3.0 的工程图模块是工作在已经创建的零件或装配体实体模型的基础上的。在创建或打开一个实体模型之后，如果新建一个"绘图"文件，系统将把当前的实体模型默认为新建工程图的设计对象。接下来，就可以使用工程图模块中的各种工具或命令非常方便地创建与该实体模型相关联的工程图，其中包括：各种向视图、剖面图、剖视图、局部放大图、轴测图以及剖面线的自动填充；尺寸标注，尺寸公差、形位公差的标注及粗糙度的标注；生成所需要的各种表格和标题栏，直到生成符合企业标准、国家标注（GB）或 ISO 标准的工程图纸。通常所生成的工程图文件以.drw（Draw）为后缀扩展名，当然也可将其保存为.DWG 或.DXF 文件，以供其他 CAD 系统共享。

Creo 3.0 工程图模块的最大优势是它的双向相关性，即在零件设计、装配设计及工程制图三者之中任何一个模块内对模型所做出的修改，都能反映到其他两个模块中去。

6.1.1 进入 Creo 3.0 工程图模块

要生成工程视图，首先应创建或打开一个零件或装配体的实体模型，这里以图 6-1（a）所示的 support.prt 为例简要介绍如何进入及使用 Creo 3.0 的工程图模块，具体步骤如下：

（1）打开名为 support.prt 的实体模型文件，如图 6-1（a）所示，开始创建其工程图。

（2）首先从三维模型状态进入 2D 工程图状态。在主菜单中依次选取"文件"→"新建"选项或者单击工具栏中的 按钮，系统弹出如图 6-1（b）所示的"新建"对话框。取消下方对"使用默认模板"的勾选，并为待创建的绘图文件命名（通常以实体模型的名称为文件名，系统会自动为其添加.drw 的扩展名），单击"确定"按钮，弹出图 6-1（c）所示的"新建绘图"对话框，在该对话框中有四个栏目：

1）"默认模型"栏。栏内的文本框中默认显示的是刚才打开的实体文件名。单击其中的 浏览... 按钮，可以浏览文件，选择已有的其他 3D 实体模型来生成 2D 工程图。

2）"指定模板"栏。由于此前取消了对"使用默认模板"的勾选，系统默认的模板为"空"，即留待设计者自行完成视图布局。

3）"方向"栏。有"纵向""横向"和"可变"三种。系统默认的是"横向"，这也是大多数工程图纸使用的方向。

4）"大小"栏。该选项用来定义图纸的规格。对 ISO 和 GB 来说，图纸规格分为 A0、

A1、A2、A3 及 A4 共五种，可根据该模型的实际尺寸大小及绘图比例选择合适的图纸页面，本例选择 A4 图纸。

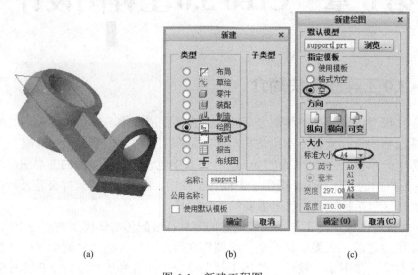

(a)　　　　　　　　　(b)　　　　　　　　　(c)

图 6-1　新建工程图

(a) 实体模型；(b) 新建对话框；(c) 新建绘图对话框

　　在新建绘图对话框内选定各选项之后，单击确定按钮，即可进入 Creo 3.0 的工程图模块，在绘图工作界面的左侧会出现一个新的绘图树，并生成一个新的制图页节点。

　　在向工程图添加模型文件之前，必须在模型文件与绘图文件之间建立关联，这称为"添加模型"。可以在任意数量的模型与工程图之间建立关联，但每次只能激活一个模型。处于活动状态的模型是将为其创建工程视图的模型。激活的模型名称显示在界面的顶部。

6.1.2　工程图模块工作界面及主要功能

　　进入工程图模块之后，Creo Parametric 3.0 的工作界面也随之切换到如图 6-2 所示的绘图工作界面。

　　在绘图工作界面中，有两个最常用到的选项卡：布局选项卡和注释选项卡。这两个选项卡中分别有创建工程图所需的多项工具。进入绘图环境后，系统默认打开的是"布局"选项卡，并显示出与视图布局有关的各种工具按钮，称之为布局工具栏。

　　1."布局"工具栏

　　布局工具栏内有六个分区，每个分区内有创建视图、编辑视图和修改视图所需的工具。

　　（1）"文档"分区　使用图 6-2（b）所示"文档"分区中的新页面命令可新建一个绘图页面；使用页面设置命令可以对先前选定的页面规格、方向等进行编辑、修改；使用移动或复制页面命令可以移动或复制选定的绘图页面；而锁定视图移动命令是与能否移动当前页面上的视图的位置有关。系统默认的是锁定视图移动，即该按钮被压下，在操作过程中无法移动页面上的视图；若想移动调制视图的位置，须点击该按钮将其释放，那么页面上被选中的视图边框上将会出现移动句柄，拖动某个句柄可以改变视图的位置，同时与之相关联的视图的位置也同时发生变动。将所移动的视图拖至合适的位置后，释放左键即可将其定位。

　　（2）"插入"分区　如图 6-2（c）所示，插入分区中的"图形""叠加"和"对象"命令能够为绘图页面添加或叠加 JPG 格式的二维图，以及作为对象的第三方图形，如企业 LOGO、图纸的标记等。将"插入"下拉菜单展开，可以导入其他 CAD 系统创建的视图或数据或者从其他绘图页面复制过来的视图等。

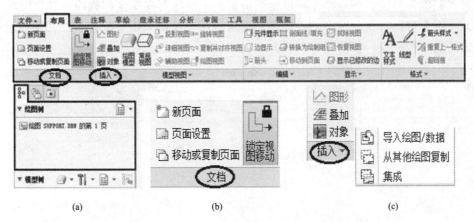

图 6-2　绘图工作界面中的"布局"工具栏
（a）"布局"工具栏；（b）文档分区；（c）插入分区

（3）"模型视图"分区（图 6-3）　这是布局工具栏中的一个重要分区。其中"绘图模型"命令可以用来在当前绘图页面上添加新的模型、删除模型及显示模型等；"常规视图"命令则用来生成所需要的各种视图，包括主视图、投影图、剖面图、旋转视图、详细视图、辅助视图和轴测图等。

（4）"编辑"分区（图 6-4）　该分区中的命令能够设置绘图页面中元件显示的方式及对视图进行转换移动到其他页面等。

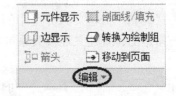

图 6-3　模型视图分区　　　　　　　　图 6-4　编辑分区

（5）"显示"分区（图 6-5）　该分区中的"拭除视图"命令可以把指定的视图擦除，而"恢复视图"命令则能把已擦除的视图恢复过来。

（6）"格式"分区（图 6-6）　该分区中的命令可以定义文本的样式、选择线型及箭头的样式等。

图 6-5　显示分区　　　　　　　　图 6-6　格式分区

2. "注释"工具栏

切换到"注释"选项卡，将显示出"注释"工具栏中的各项工具。"注释"工具栏有 5 个分区，其中格式分区中的功能与布局工具栏中的格式分区功能类似。

（1）"删除"分区。删除命令可以把当前页面上的所有视图全部删除，参见图 6-7（a）。

（2）"组"分区。组分区中的绘制组命令可以用来绘制一组彼此相关的视图或设置某视图与指定的视图相关等，参见图 6-7（b）。

图 6-7　注释工具栏中的分区 1

（a）删除；（b）组

（3）"注释"分区。这是注释工具栏中最常用的一个分区。使用该分区中的各种命令可以设置或创建模型基准。绘图基准以及实现各种类型的尺寸标注、尺寸公差、形位公差及表面粗糙度的标注，参见图 6-8（a）。

（4）"编辑"分区。该分区中的命令与布局工具栏中的编辑功能类似，但还具有将注释的内容与指定的位置建立连接关系等功能，参见图 6-8（b）。

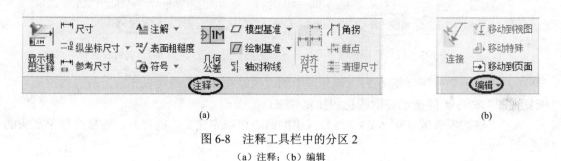

图 6-8　注释工具栏中的分区 2

（a）注释；（b）编辑

6.2　工程图中的视图

6.2.1　生成主视图和投影视图

Creo Parametric 3.0 的工程图模块具有自动生成视图的功能，在打开一个零件文件或装配体文件之后，新建一个绘图文件时，如果接受系统默认对"使用默认模板"项的勾选，单击"确定"按钮后，系统将自动地选择视图的方向和投影生成主视图及其他投影图。但是采用这种自动方式生成的视图样式和规格往往与我国制图标准（GB）不一致，另外，它不能按照设计者的设计思路来生成预想的视图样式。因此，一般不推荐自动生成视图的工作方式。

通过投影生成视图的工作方式可以保证创建的绘图页面符合设计者的设计思路或符合相应的标准（如 ISO 标准或 GB）。进入绘图工作环境之后，系统默认的是首先打开"布局"选项卡，工作界面上显示布局工具栏的各种命令按钮。当工程图的页面是空白状态时，一般是用"模型视图"分区中的各种命令来创建有关视图。现将这些用于创建视图的命令及其基本操作介绍如下：

1. 绘图模型

单击布局工具栏上模型视图分区中的"绘图模型"按钮，将弹出如图 6-9 所示的绘图模型的菜单管理器。使用这个管理器中的"添加模型"命令可以添加新的实体模型，从而把它的视图添加到当前工程图页面中；也可以删除当前绘图所针对的绘图对象，改换成其他模型；还可以对模型进行设置、移除及控制模型的显示方式等。当前已经把所打开的实体模型作为绘图的对象，所以，一般情况下不使用该命令。

2. 常规视图

该命令用于创建工程图中的第一个视图，常把它称为主视图。

在按照 6.1.2 所述的方式进入工程图模块之后，并以图 6-1（a）中所示的实体模型作为绘图对象，点击布局工具栏内模型视图分区中的"常规视图"命令，将会弹出一个如图 6-10 所示的绘图视图对话框，首先被默认选中的是"视图类型"选项，接受视图名称栏内系统自动设置的名称：new_view_1；在视图方向栏内有三个选项：

（1）查看来自模型的名称。这是系统默认的选项。接受此选项后，便可在模型视图的下拉菜单中选择一个面作为主视图的投影方向。可根据实体模型在建模过程中所使用的基准面来进行选择。这里选择模型的 FRONT 面作为主视图投影面，单击"应用"按钮即可生成如图 6-10（a）所示的主视图；如果希望调整一下该视图的方向，可选择 BACK 面，再单击"应用"按钮，主视图就如图 6-10（b）所示的那样改变了方向。

图 6-9　绘图模型管理器

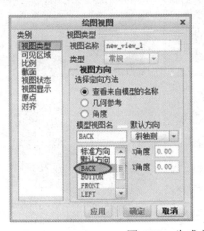
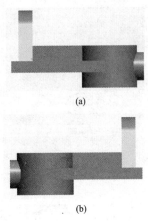

图 6-10　生成主视图
（a）FRONT；（b）BACK

（2）几何参考。如图 6-11（a）所示，当选择视图方向栏内的"几何参照"选项时，系统要求指定两个参考来定义视图的方向。在参考 1 右侧的选择框内有前、后、上、下、左、右等若干个选项，选择其中的一项后，系统提示应选择基准面或平面以指定方向。这里，在参考 1 中选择"前"，然后选取模型树上的 FRONT 面，意即把 FRONT 面作为正前方向投影的参考面；在参考 2 右侧的选择框内仅有上、下、左、右等四个选项，若选择"下"，然后选取模型树上的 TOP 面，即把 TOP 面作为向下定向的参考面。此时在绘图区出现如图 6-11（b）所示的视图。

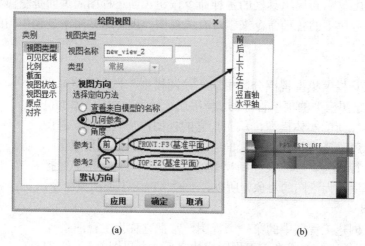

（a）　　　　　　　　　　　（b）

图 6-11　使用几何参考定义视图方向

（a）几何参考；（b）定向后的视图

（3）角度。图 6-12 所示为选择视图方向栏内的"角度"选项时的对话框，这种情况下系统要求指定一个方向和角度作为放置轴测图的参考。在对话框下方"旋转参考"右侧的选择框内有法向、竖直、水平及边/轴等若干个选项，选择其中的一项后，系统提示输入旋转的角度。这里，在旋转参考框中选择"法向"，然后在角度值栏内输入 30，再单击"应用"按钮，那么图 6-12（a）所示原来的放置方向就变成图 6-12（b）所示的方向。

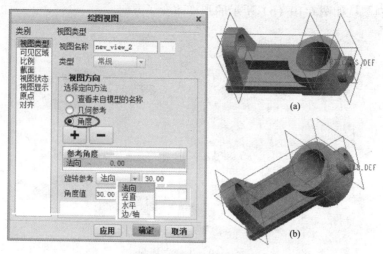

图 6-12　角度定义方向

（a）原始方向；（b）角度定位后的方向

如果觉得修改后的方向还不能令人满意，可以点击按钮，在增加一个参考，重新输入新的角度值，又可以修正轴测图的放置方向。

本例的投影方向按图 6-10 所做的选择来定义主视图的投影方向。

在"可见区域"选项内，一般是接受系统默认的全视图范围。在后续的内容中，将会结合剖面图、辅助视图等介绍如何使用"可见区域"选项内的半视图、局部和破断视图的用法。

在"比例"选项中可以修改当前的绘图比例，多数情况下是使用 1:1 的比例。

"视图状态"选项主要是针对装配体的工程图而言的。

"视图显示"是经常要用到的选项。因为，系统默认的显示方式为着色显示，这显然不符合工程图的要求。故应在"视图显示"选项类别的"显示样式"栏内选择"消隐"，将主视图变成图 6-13（a）所示的消隐样式。

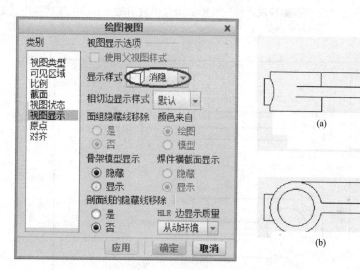

图 6-13　视图显示中的消隐

（a）BACK 消隐；（b）俯视图消隐

3. 以投影方式生成其他视图

生成主视图之后，布局工具栏内的"投影视图""详细视图""辅助视图""旋转视图"等按钮及其他功能按钮均被激活，这样就可以用主视图作为父级视图生成其他与之相关联的视图；新生成的视图也可以作为父级视图用来生成另外一些视图。

投影视图是由已经生成的视图沿水平方向或垂直方向投影而生成的正交投影视图，即通过对零件在正交坐标系中进行正交投影创建视图。

选择布局工具栏内的"投影视图"命令，拖动鼠标垂直往上并在合适的位置点击左键，将得到以主视图为父级视图俯视图，再次选择布局工具栏内的"投影视图"命令，拖动鼠标水平往左并在合适的位置点击左键，即可生成左视图。这样生成的投影视图的着色都不符合工程图的要求。也应切换到视图显示选项，在显示样式栏内选择消隐，将投影图也修改成图 6-13（b）那样的消隐样式。

按照上述操作方法得到的俯视图和左视图所放置的位置与我国国家标准（GB）的规定不符，因此需要对它们进行调整。单击布局工具栏上的"锁定视图移动"按钮将其释放，然后用左键选中该实体，在视图的中心和四个拐角处均出现移动句柄，移动鼠标将位于主视图上方的俯视图拖至下方，到适当位置后释放左键把视图定位；类似地，采用同样的操作把位于主视图左侧的右视图也移至右侧适当位置。在系统默认状态下，凡是正交投影的视图在其投影路径上均与主视图对齐。其他方向的正交视图仅能在它们所在的投影路径内移动。由于投影视图是由主视图生成的，当上下移动主视图时，与之相关联的左（右）视图也随之上下移动；同样，当左右移动主视图时，与之相关联的俯（仰）视图也随之左右移动。但仅移动投影图时，主视图却不会因其位置变化而变化。调整好各视图的位置后，再次单击布局工具栏上的"锁定视图移动"按钮，即可将它们锁定。

注：在 Creo 软件中，系统默认的是欧美国家的绘图习惯：第三视角投影方式。我国 GB 规定采用第一视角方式。可以使用主菜单上的"文件"→"准备"命令，在弹出的绘图属性对话框内单击"详细信息选项"栏内的更改按钮，然后在弹出的"选项"编辑框内查找 projection_type 选项，将其修改为第一视角后保存。下次使用时将按第一视角方式生成投影视图。经过投影并调整位置后的 Support 实体模型的主视图、俯视图和侧视图如图 6-14 所示。

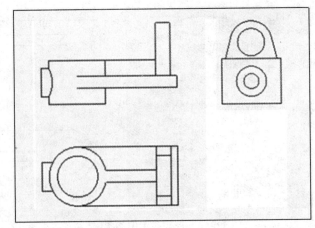

图 6-14 Support 实体模型的主视图和投影图（按第一视角方式）

6.2.2 生成剖视图

采用常规视图和投影视图命令创建的正交投影视图是工程图的主体，然而对于一个稍微复杂的零件或装配体来说，仅靠这些视图还很难全面、准确和详尽地表达零件的所有内部结构。因此在大多数情况下，还需要补充一些必要的剖面图、辅助视图、旋转视图和详细视图。下面通过一个稍微复杂的零件来介绍如何创建这些视图。

图 6-15 所示是由本例零件 Val_cover.prt 生成的工程图的主视图、俯视图和右视图及轴测图。但是该零件模型中部台阶孔及底部沉头孔的结构通过当前的视图就无法表现出来，将来标注尺寸也不方便。此时就需要用到剖视图来表达零件内部的具体结构了。剖视图是对各向正交视图的补充，可以清晰地表达零件内部被隐藏部分的情况，在这种情况下用正交方式把需要表达的部位剖切以后，正交视图就变成带有剖面（Creo 3.0 称其为截面）的视图。

1. 创建全剖视图

全剖视图是将模型完全剖切后得到的截面视图。

双击页面上的主视图，再次弹出绘图视图对话框，选择类别栏中的"截面"选项，绘图视图对话框随之切换到图 6-16 所示的状态。

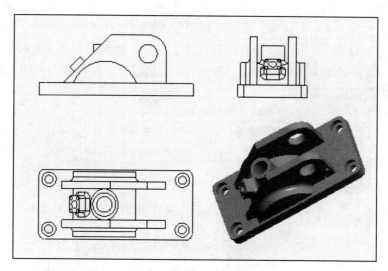

图 6-15　未经剖切的视图

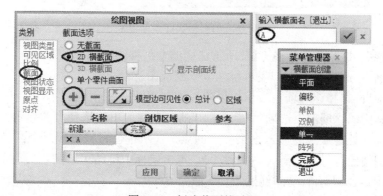

图 6-16　创建截面的过程

　　选择截面选项栏内的"2D 截面"单选按钮，再单击 ➕ 按钮以新建一个截面，此时弹出横截面创建的菜单管理器，单击"完成"按钮以接受系统默认的"单一"选项，然后在弹出的输入横截面名栏内输入 A，单击 ✔ 按钮退出，即把这个新建截面命名为 A 截面，然后选择模型树上的 TOP面，在剖切区域栏内选择"完整"，即创建全剖视图。完成以上设置后，单击"应用"按钮，就会在主视图上显示出 A 截面的剖面及剖面线，如图 6-17 所示。

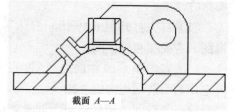

截面 *A—A*

图 6-17　主视图上的剖切面

　　2. 创建局部剖视图

　　局部剖视图用来表达零件实体上某些局部范围内的结构，所剖切范围之外的其他部位的视图状况保持原先的投影样式。

　　例如要想清楚地表达图 6-15 所示零件底部的沉头孔的结构，由于四个沉头孔结构完全一样，只是所在位置不同，所以只需选择一个孔的局部范围内进行剖切。

双击图 6-15 中的左视图，在弹出的绘图视图对话框中选择类别栏中的"截面"选项，再选择截面选项栏内的"2D 截面"单选按钮，单击╋按钮以再新建一个截面，仍然接受横截面创建菜单管理器中的"单一"选项，在提示框中输入截面名称"B"，单击☑按钮退出。按弹出的"设置平面"菜单的提示，选择 DTM4 面为剖切面，因为在创建零件模型时，该平面恰好通过底部的短边两个沉头孔的中心线。单击"剖切区域"下拉列表，在图 6-18 中可以看到有创建三种类型的剖视图选项：

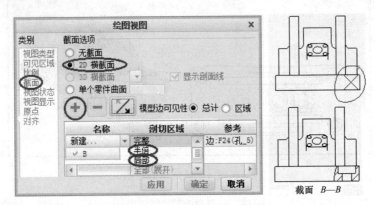

图 6-18　局部剖视过程及结果

（1）"完整"：这就是创建图 6-17 所示那样的全剖视图时选择的选项。

（2）"半剖"：选择该选项，表示将创建半剖视图。

（3）"局部"：选择该选项，表示将创建局部剖视图。

现在选取其中的"局部"选项，在图 6-18 的参考栏内出现选择点的提示，可选取沉头孔的一条边（所选之处隐藏线会显示出来）上的点，在所选位置将出现一个✕符号，然后以绘制样条线方式围绕此符号画个圈（不必封闭），点击鼠标中键结束绘图，最后单击"确定"按钮，即得到如图 6-18 所示的局部剖视图——截面 *B—B*。

3. 创建半剖视图

半剖视图一般用于零件图形具有对称结构的情况下，只需显示视图的一半被剖切的情况。半剖视图的创建方法与全剖、局剖视图的创建方法基本类似。

下面通过创建图 6-19 轴测图所示的缸体零件的半剖视图过程，介绍创建半剖视图的基本操作方法：

（1）首先打开图 6-19 所示缸体零件模型 cam_box.prt 文件，进入工程图模式，创建其主视图、右视图和俯视图。

（2）双击图 6-19 中的主视图，在弹出的绘图视图对话框中选择类别栏中的"截面"选项，再选择截面选项栏内的"2D 截面"单选按钮，选取剖切区域中的"半剖"选项，单击╋按钮以新建一个截面，接受横截面创建菜单管理器中的"单一"选项，在提示框中输入截面名称"A"，单击☑按钮退出。

（3）按弹出的"设置平面"菜单的提示，选择 FRONT 面为剖切面；因为半剖方式还需要一个平面来界定剖断的位置，故系统再次提示选择平面，选取 RIGHT 面，此时在剖切位置出现棕色箭头，表示将要剖切的部位，同时系统提示信息↪拾取侧，需要用户确定剖切方向。

如果剖切方向与系统默认方向相反，可以在预览中的视图剖切方向另一侧单击鼠标左键，即可改变剖切方向。最后点击确定按钮得到主视图的半剖视图如图 6-19 所示。

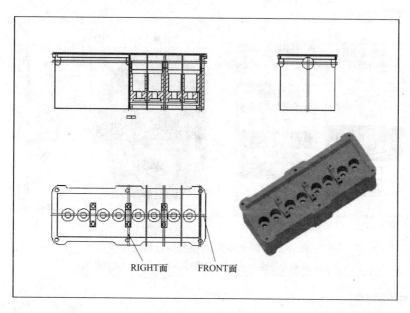

RIGHT面　　FRONT面

图 6-19　半剖视图

4. 创建阶梯剖视图

阶梯剖视可以表达不在同样一个平面上的若干图素的结构。例如图 6-20 所示的泵盖上有六个螺栓过孔，它们分别位于两个不同的平面上，通过阶梯剖视就可以一次性地把这些孔的结构表达清楚（左右两边的孔是对称的）。创建阶梯剖视图的步骤如下：

（1）首先打开泵盖零件 pump_cover.prt 文件，进入工程图模式，按第一视角方式创建其主视图、右视图和俯视图。

（2）双击图 6-20 中的右视图，在弹出的绘图视图对话框中选择类别栏中的"截面"选项，再选择截面选项栏内的"2D 截面"单选按钮，选取剖切区域中的"全剖"选项，单击 ✚ 按钮以新建一个截面，弹出如图 6-21（a）所示的横截面创建"菜单管理器"，选择"偏移"→"单一"，单击"完成"按钮退出；在截面名称提示框中输入 "A"，单击 ☑ 按钮退出。

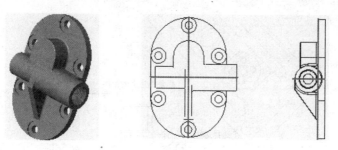

图 6-20　泵盖的实体模型及主视图和右视图

（3）在弹出的"设置草绘平面"菜单管理器中，选择 FRONT 面作为草绘平面，并接受默认的方向，系统自动地进入草绘环境。使用直线命令绘制一条通过中部两孔和右侧两孔的折线作为阶梯剖视的剖切线，如图 6-21（b）所示，退出草绘。

（4）返回到绘图视图对话框，最后，单击"确定"按钮得到右视图的阶梯剖视图如图 6-21（c）所示。

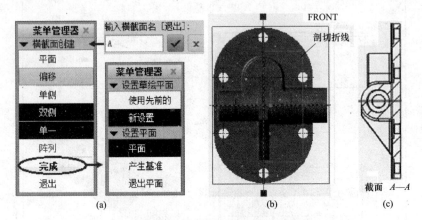

图 6-21　创建阶梯剖视图的过程及结果
（a）菜单管理器；（b）草绘剖切折线；（c）阶梯剖视结果

6.2.3　创建辅助视图

辅助视图往往是与主视图非正交投影的视图，相当于一个向视图。在有些情况下，零件模型上的一些面不在正交投影的方向上，这样正交的投影视图就不能表达这些面的真实状况。如图 6-15 所示的零件模型上有一个斜面，在该斜面上有一个圆柱孔和四个螺孔，从通过正交投影得到的右视图上可以看出，这个斜面上的圆柱孔和螺纹孔都发生了变形，而且将来也无法标注尺寸。这时，就需要添加一些辅助的视图来弥补这些不足。可以使用布局工具栏中的"辅助视图"命令来创建这些需要添加的辅助视图。

（1）选择布局工具栏上的"辅助视图"命令，系统提示"在主视图上选择穿过前侧曲面的轴或作为基准曲面的前侧曲面"，这时应如图 6-22 所示，选取主视图上需要创建辅助视图的部位外侧面的一条边，出现辅助视图的预览，将此视图往右下方拖动，然后再释放布局工

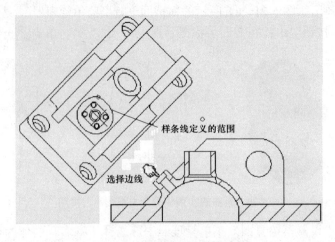

图 6-22　创建辅助视图的过程

具栏上的"锁定视图移动"按钮，将预览中的辅助视图拖至主视图的左上方，点击左键，将辅助视图暂时放置。此时，可观察到的视图是所选边界的法向整个投影，而我们关心的只是带有圆柱孔和螺纹孔的局部，因此还需要选择视图区域对该实体进行修剪。

（2）双击刚生成的辅助视图，在弹出的"绘图视图"对话框中选择"可见区域"，在视图可见性栏内选择"局部剖视"；然后按照提示在选择辅助视图上圆柱孔的边上一点，再围绕该点绘制一圈样条线，点击中键确定。

（3）最后点击"绘图视图"对话框的确定按钮，得到如图 6-23 所示的辅助视图。

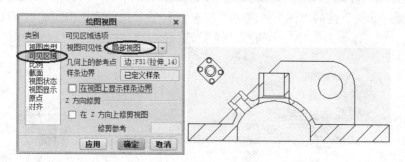

图 6-23　创建的辅助视图

6.2.4　创建详细视图

详细视图可以指定某视图中的局部区域进行放大，创建一个表达零件或装配体细节的附加视图，通常是采用放大的比例，以更加清晰地表达零件的细部结构。

例如在 6.2.3 小节中虽然创建了辅助视图，但是在当前的比例（1:1）下，其中的四个螺纹孔看上去仍显得比较小，而且不够清晰，将来标注尺寸也不太方便，所以需要在辅助视图的基础上再创建一个详细视图，即对其进行放大。创建详细视图的方法和步骤如下：

（1）首先选中图面上已创建的辅助视图，然后点击布局工具条上的详细视图命令，系统提示：在一现有视图上选定要查看细节的中心点，遵照提示选择辅助视图中部小圆上的一点，在所点之处出现一个十字叉表示以该点为中心；继续按照提示围绕中心点绘制一圈样条线把需要放大的部分包围起来，点击中键结束。

（2）此时，图面上出现一个指向样条线的箭头和"查看细节"字样，移动鼠标到合适位置后，点击左键，即得到如图 6-24 所示的详细视图。

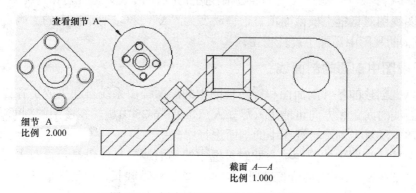

图 6-24　创建详细视图的过程和结果

（3）系统默认的详细视图是把原视图放大 1 倍，即比例为 2.000，如果想使用更大的比例生成详细视图，可双击已生成的详细视图下方的比例数字，在弹出的"输入局部放大图的新比例"对话框中将比例数值修改为 3，退出后，得到的详细视图将放大为原视图的两倍。

6.2.5　创建旋转视图

图 6-25 所示为一压板零件的三个投影视图及轴测图，注意到其弧形幅板上还有一条加强肋，而现有的视图都无法直观地表达出幅板以及加强肋截面的形状，这时就需要用旋转视图来进行表达。旋转视图是一个与当前的视图平面成 90° 的剖视图。它生成的视图按照旋转 90° 的方式放置，恰与所选择的参照（本例为 DTM8 基准面）成正交。绘制旋转视图的方法和步骤如下：

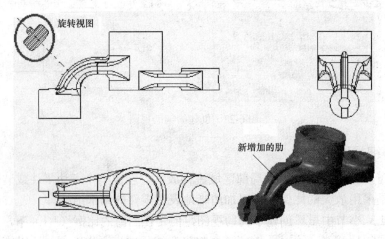

图 6-25　压板零件的视图

（1）点击布局工具条上的旋转视图命令，系统提示：选择旋转截面的父视图，遵照提示选择压板零件的主视图为父视图；继续按照提示选择绘图视图的中心点，将鼠标移动至图面上合适位置，点击左键确定。

（2）弹出绘图视图对话框，在对话框的旋转视图属性栏内的横截面项目中系统自动地选择新建，同时弹出横截面创建菜单管理器，接受管理器中的单一选项，点击完成，在弹出的"输入横截面名"对话框中输入"A"并退出，系统提示选择平面，这时可选择主视图上的 DTM8 平面在创建压板零件模型时，该平面恰为经过幅板圆弧中心的平面，因此可作为旋转视图的参照。

（3）绘图视图对话框上横截面项目已自动变为"A"，单击对话框上的"确定"按钮，即在图 6-26 所示的视图中添加了旋转视图。

6.2.6　关于视图中剖面的剖面线

注意到以上创建的各种剖面图和旋转视图中的剖面都由系统自动生成了各自的剖面线。但是有些剖面线的间距和方向可能还太尽如人意，如图 6-25 中旋转视图上的剖面线过于密集；可以采用下述方法对上例旋转视图中的剖面进行修改：

（1）选中旋转视图中的剖面线，此时被选中的剖面线应呈绿色显示，双击剖面线，弹出如图 6-27 所示的修改剖面线菜单管理器（因原菜单管理器较长，现仅选取与修改剖面线有关的部分）。

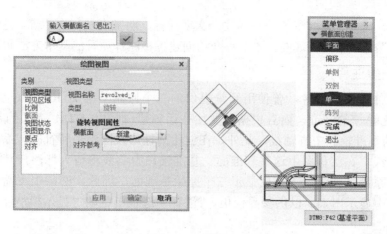

图 6-26　旋转视图的创建过程

（2）选择"间距"选项，可修改剖面线的间距，菜单管理器变换为图 6-27 左侧的样式，若选择修改模式下方的"双倍"选项，将会出现把剖面线的间距放大一倍的预览，点击"完成"，即可获得间距放大一倍的剖面线；若选择修改模式下方的"半倍"选项，将会出现把剖面线的间距缩小一半的预览，单击"完成"，即可获得间距缩小一半的剖面线。

（3）选择"角度"选项，修改剖面线的方向，菜单管理器变换为图 6-27 右侧的样式，若选择修改模式下方的"90"选项，将会出现剖面线方向发生改变的预览，点击"完成"，即可获得修改角度后的剖面线；若选择修改模式下方的"135"选项，又会预览到剖面线的方向发生了新的变化，点击"完成"，即可获得新的剖面线角度。选择菜单管理器中的其他选项，还可以对剖面线的颜色、线型进行修改，或选择某种颜色来填充剖面。

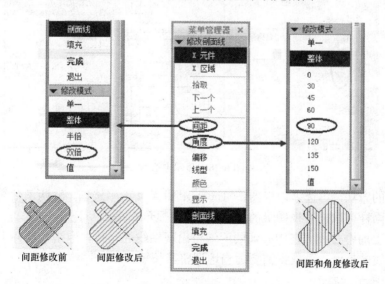

图 6-27　修改剖面线

6.3　工程图中的注释

创建了工程图的各视图之后，为充分表达零件的其他信息，还必须进行各种必要的注释，例如尺寸标注、尺寸公差和形位公差标注、文字注释、明细表及标题栏等。这些功能基本上都是在"注释"选项卡内实现的。本节将介绍创建各种注释项目的基本方法和步骤。

6.3.1 显示模型注释

在创建零件实体模型时，曾使用系统提供的三个原始基准面 FRONT 面、TOP 面和 RIGHT 面作为建模的基准，而且根据需要往往还创建一些以 DTM 命名的基准面及以 A（Axis）命名的基准轴和中心轴线，此外，在创建圆柱形或圆锥形特征时，系统也会自动地生成它们的轴线。在工程图中这些基准面、基准轴和中心线将成为标注尺寸及形位公差的主要参照。在系统默认情况下，仅显示三个原始基准面，因此，必须根据需要把这些重要的参照在视图中显示出来，以供参照使用。"注释"选项卡中的"显示模型注释"命令可以完成这些功能。

1. 显示中心线

切换到"注释"选项卡，先选中主视图，再点击"显示模型注释"按钮，弹出图 6-28 所示的"显示模型注释"对话框，系统默认的是首先选中"显示模型尺寸"选项↤，这时在主视图上将显示出所有图素的尺寸。这样显示的尺寸会使图面变得杂乱无章，故不建议采用这种方法显示尺寸。为了显示主视图上的中心线，应选择右侧的"显示模型基准"选项，在"类型"栏内选择轴，此时，在"显示模型注释"对话框内将出现三条轴线的多选框，如图所示，勾选这些多选框，那么在主视图上就会出现三条轴线的预览；点击应用，三条轴线便显示在主视图上。

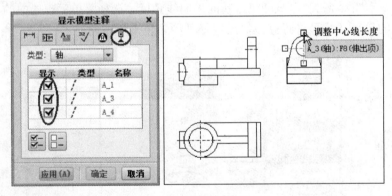

图 6-28 显示中心线

采用类似的方法，再选中顶视图，勾选 A_1 和 A_4 的多选框，这两条轴线就会在顶视图上显示出来。同样可以把右视图上的中心线 A3 也显示出来。

选中视图上的中心线，在中心线的两端将出现轴线的句柄，点击句柄并上下或左右拖动可以改变中心线的长度，可根据需要适当地调整其长短。

2. 创建和显示基准面

上面提到的两种基准面是实体建模时需要用到的，这里要创建的基准面是在工程图设计时用来作为标注基准的，而且还附有基准的标志。例如在后续的形位公差标注时就要用到。

创建这样的基准面需要返回到零件实体模型中去完成，这里仍以 support.prt 为例。

（1）通过主菜单上的"窗口"切换到 support.prt 零件实体模型的文件，选择主菜单上的"平面"命令创建一个新的基准面，然后选中如图 6-29 所示的顶面作为参照，接受基准平面对话框放置选项卡偏移栏内偏移量为 0 的默认值，再切换到属性选项卡，在名称栏内输入"A"作为该基准面的名称，单击"确定"按钮。

（2）此时在模型树上出现基准面 A 的节点，右击该节点，在弹出的上下文菜单中选择"属性"，弹出如图 6-30 所示"基准"对话框，选择显示方式栏内最右侧的标志，这是作为标注基准通常使用的标志。单击"确定"按钮，完成新基准创建并重新保存（不得忽略）该文件。

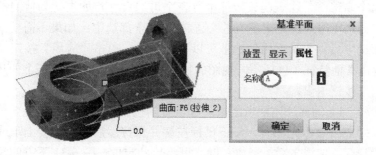

图 6-29　创建新的基准面

（3）再切换到工程图文件的窗口，可以看到在指定的面上出现了基准面的标志。按惯例一般都把此标志放置在基准的下方，可以点击该标志，当出现移动句柄时，拖动句柄左右或上下移动到合适位置释放，即可得到图 6-30 中所示的基准面及其标志。

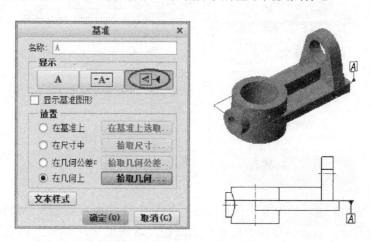

图 6-30　显示基准面的标志

6.3.2　标注尺寸

Creo 3.0 软件利用其单一数据库由三维实体模型自动生成二维工程图，生成三维实体模型时所创建的参数化尺寸在二维平面工程图中也全部被继承下来。一般情况下用户可以显示或隐藏这些参数化的尺寸，但不能删除这些尺寸，因为这些参数化的尺寸是存在于作为零件或装配体模型的单一数据库中的。

Creo 3.0 的工程图模块既可以生成零件的参数化的二维工程图，又可以生成非参数化的二维几何特征。非参数化的二维几何特征不能被其他模块调用。

前已提及，不建议使用"显示模型注释"命令中的全部自动地显示所有尺寸的标注方法，因为这样做，将会把实体建模过程中的所有尺寸（包括各种参考尺寸）都会显示在图面上，使整个图面显得杂乱无章。作者推荐使用该命令对模型中的特征尺寸进行自动标注以及手工标注尺寸的方法。

1. 使用"显示模型注释"命令面向特征标注尺寸

（1）选择注释工具栏上的"显示模型注释"命令，选择视图中的一个特征，例如可以选择图 6-28 中主视图左侧的圆柱特征，被选中的特征呈绿色高亮显，在弹出的"显示模型注释"对话框内出现三个多选框，这表明该特征中有三个可选尺寸，如果认为他们都是必需的，可以逐个全部勾选，也可以通过点击下方的全选按钮 全部选中；如果不需要某个尺寸，可以不勾选，或全部选中后，再次点击勾选框可以取消勾选。单击"应用"按钮以确定这些标注的尺寸。继续点击其他特征（包括不同视图的特征），可以对另一些特征上的尺寸标注。完成后，单击"确定"按钮退出。

（2）按照步骤（1）的标注方法所生成尺寸放置的位置可能还不尽人意，可以先选中待调整的尺寸，当尺寸上出现 光标时，按下鼠标左键并保持然后根据需要上下或左右拖动，把标注的尺寸放置到合适位置之后，释放左键即可将尺寸定位。图 6-31 下方的尺寸标注即为调整后的位置。

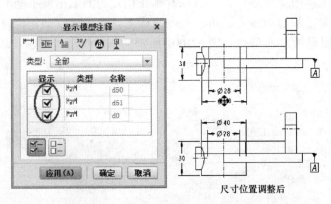

图 6-31　面向特征自动标注尺寸

2. 手工标注尺寸

有些尺寸往往需要通过手工方式进行标注，如图 6-31 中主视图右侧三角板上圆孔的中心线到基准面 A 的距离，以及该零件的总宽和总高等。这些尺寸分别位于不同的特征之上，在建模时没有直接的关联，因此使用面向特征的自动标注尺寸方法是无法标注出来，只能依靠手工标注。

（1）对单个图素的尺寸标注。手工标注单个图素尺寸的方法是：单击注释工具栏上的尺寸标注按钮 ，然后在工程图中选取待标注的图素，即可实现单个图素上的尺寸标注。例如对主视图右侧三角板的厚度、侧视图上底板的宽度等，都可以用手工方式直接点击相关的单个图素进行标注。

（2）对两个不同图素之间尺寸的标注。Creo 3.0 版本对两个不同图素之间尺寸的标注方法有了新的改变，熟悉早期版本（如 Pro/E5.0 或 Creo 1.0、Creo 2.0）的读者应予注意。

例如要标注主视图上圆柱体底部到三角板顶部的距离，这是该零件的总高，其标注方法是：单击工具栏中的 ⊢⊣ 按钮，首先选中圆柱体底部的边线，然后在按下 Ctrl 键的同时（即多选功能），再选中三角板顶部的边线，移动鼠标到合适位置，点击中键定位，完成该尺寸的标注。

再如要标注三角板上圆孔的中心线到基准面 A 的距离，可继续选择三角板上圆孔的中心线，然后在按下 Ctrl 键的同时再选中基准面 A，移动鼠标到合适位置，点击中键定位，完成该尺寸的标注。

使用这两种方法完成的尺寸标注如图 6-32 所示。

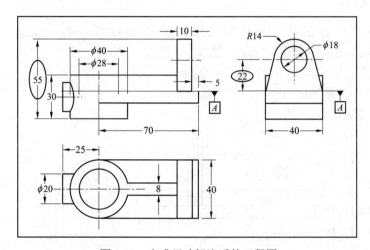

图 6-32　完成尺寸标注后的工程图

6.3.3　设置尺寸公差

设计零件时，指定尺寸上的允许变量就是尺寸公差。所有尺寸都是通过公差进行加工误差的控制。在 Creo 3.0 中，尺寸公差有两种表达形式，一般的或单一的。一般的公差应用于那些以"公称"格式显示的尺寸，即所谓自由公差。这些公差显示在公差表中。单一的公差对指定的单一尺寸设置公差。这里的公差设置仅对单一公差而言。

Creo 3.0 在缺省情况下是不显示尺寸公差的，为了标注和显示尺寸公差，需要先进行相应的设置，具体做法是：选择主菜单上的"文件"→"准备"命令，在弹出的"绘图属性"对话框上单击"详细信息选项"栏内的"更改"按钮，然后在弹出的"选项"编辑框内查找 tol_display，查找到之后将默认的值"no"修改为"yes"再保存，这样就可以进行尺寸公差设置并在视图中显示尺寸公差。

打开需要设置尺寸公差的工程图文件,这里以图 6-32 主视图中的三个尺寸 22mm、ϕ18mm 和 30mm 为例设置公差。

（1）选中需要设置公差的尺寸 22mm，单击右键，在弹出的上下文菜单中选取"属性"选项，弹出如图 6-33 所示的"尺寸属性"对话框。

（2）在缺省情况下，对话框的公差栏内公差模式为"公称"，这就是前面所说的所谓自由公差。因为要对单一尺寸设置公差，所以应如图 6-33 所示，选择其中的"加−减"选项，即尺寸公差的上下偏差分别为"+"和"−";缺省情况下,上下偏差的小数点后的位数为 1,因此应取消对"默认"的勾选,再将小数点后的位数修改为 2 或 3(这里修改为 3,即小数点后取 3 位),然后分别在上下偏差栏内输入需要的值。

(3)如果需要调整设置公差后尺寸的位置,可单击对话框上的"移动"按钮,此时便可以拖动视图中预览的尺寸公差左右或上下移动,放置在合适的位置后,点击左键定位。完成全部设置后,单击"确定"按钮退出。

(4)采用同样的方法对三角板圆孔直径尺寸 $\phi 18mm$ 和大圆柱体的高度尺寸 30mm 设置公差,把该尺寸的上下偏差分别设置为+0.009、−0.009mm 及+0.02、−0.02mm 并调整到适当位置,单击确定按钮。所设置的尺寸公差如图 6-34 所示。

图 6-33　在"尺寸属性"对话框设置公差

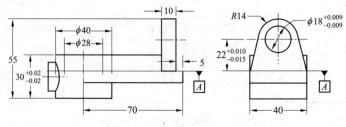

图 6-34　设置的尺寸公差

6.3.4　设置形位公差(几何公差)

在 Creo 中,形位公差称为几何公差。设置几何公差时,必须有标注基准,然后在标注基准的基础上设置具体的几何公差的类型和公差值。6.3.1 小节中已介绍了生成标注基准的方法,现在可以利用这些基准来设置几何公差。

这里以图 6-32 中主视图左侧大圆柱中心线对 A 基准的垂直度和侧视图三角板上圆孔中心线对 A 基准的平行度为例介绍几何公差的设置方法。

(1)单击注释工具栏中的几何公差命令按钮 $\triangleright$ 1M,弹出如图 6-35(a)所示的几何公差对话框。在对话框里有四个重要的选项卡:模型参考、基准参考、公差值及符号。

(2)首先选中的是"模型参考"选项卡,在模型栏内是系统默认的当前工程图对象 support.prt,在参考类型栏内选择"轴",单击"选择图元"按钮后选择主视图左端大圆柱的中心线作为几何公差的参考;在放置类型栏内选择"法向引线",弹出"引线类型"菜单管理器,选择其中的"实心点",单击"完成"退出;然后指定点在轴上的具体位置,再选择图面上合适的位置放置几何公差。然后选择对话框左边符号栏内的垂直度符号 ⊥ 作为几何公差的类型。

(3)切换到"基准参考"选项卡,如图 6-35(b)所示,在主要基准栏内的列表中选择基准 A。

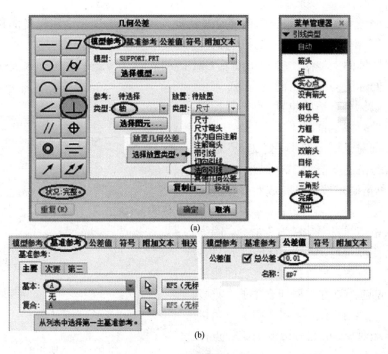

图 6-35　几何公差对话框

（a）模型参考选项卡；（b）基准参考选项卡

（4）再切换到公差值选项卡，设置几何公差值为 0.01mm。

（5）最后返回到"模型参考"选项卡，此时，在对话框下放的状态栏内显示完整，单击"确定"按钮，即可完成几何公差的设置。

（6）采用同样的方法可以设置主视图上三角板圆孔中心线对基准 A 的平行度。

所设置的两项几何公差如图 6-36 所示。

6.3.5　添加粗糙度符号

按照机械制图的规定，在零件工程图中，凡是需要机加工且有比较严格的表面粗糙度要求时，都必须在相应的面或边线上标注粗糙度符号

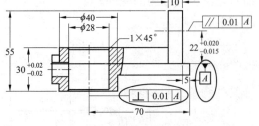

图 6-36　设置的几何公差

及粗糙度的值。Creo Paramatic 3.0 根据 ISO 的规定对粗糙度的设置提供了三种索引：

- Generac（一般）
- Machined（机加工）
- Unmachined（非机加工）

以上三种索引中都有 No-value（无粗糙度值）和 Standard（标准值）两种。通常选择 Machined 中的 Standard 类型来标注粗糙度。

现仍以 support.drw 为例介绍粗糙度的标注方法及步骤：

（1）在 support.drw 文件工作界面上切换到"注释"选项卡，点击"注释"工具栏上的"表面粗糙度"命令，在弹出的索引对话框内选择"Machined"→"Standard1"类型，点击打开，退出索引。

（2）弹出如图 6-37 所示的表面粗糙度对话框，工作区出现表面粗糙度的预览，系统提示"选择一个或多个附加参考"，先选择放置类型列表中的"带引线"选项，然后按照提示先选择主视图大圆柱体的上端面，接着在按下 Ctrl 键的同时（多选）再选择大圆柱体的下端面，即希望在这两处标注同样的粗糙度符号。

（3）拖动鼠标至合适的位置，点击鼠标中键，粗糙度符号即被定位。

（4）切换到对话框上的"可变文本"选项卡，系统默认的粗糙度值为 32（微米），将其修改为 3.2，单击确定按钮，完成此处粗糙度的标注。

（5）再次单击"表面粗糙度"命令，因为已经选择了粗糙度符号类型为"Standard1"，该类型符号继续有效，将直接弹出"表面粗糙度"对话框，先选择放置类型列表中的"垂直于图元"选项，按照提示选择侧视图上三角板圆孔的边为标注对象，再点击边上的某一点作为粗糙度符号的放置位置。最后将"可变文本"

图 6-37　表面粗糙的对话框

选项卡内的粗糙度值修改为 1.6，单击确定按钮，完成第二处粗糙度符号的标注。

图 6-38 所示为标注粗糙度符号后的工程图视图。

注意到视图上的两处粗糙度符号的标注情况是不同的：第一处的粗糙度符号是用引线引导并指向两个需要进行机加工的面，第二处则是直接标注在需要进行机加工的内圆柱面上，而且位于内圆柱面的法向。

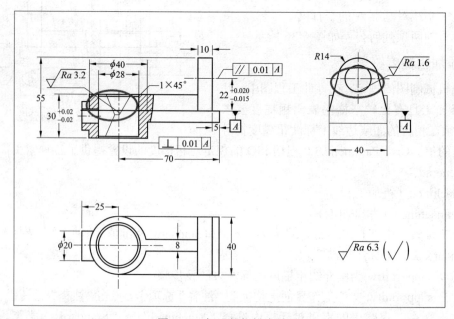

图 6-38　标注的粗糙度符号

6.3.6　添加文字注释

为了清楚地表达零件设计信息，需要对工程图及工程图中的项目进行注释说明。Creo Parametric 3.0 提供创建各种文字注释的工具。这一小节具体地介绍如何使用 Creo Parametric 3.0 的注解功能创建各种形式的文字注释。

选中主菜单上的"注释"选项卡，然后再点击"注解"栏右侧的 ▼，将其展开如图 6-39 所示，可以看到有多种注解方式，其中比较常用的是"独立注解"方式和"切向引线/法向引线"注解方式。

1. 独立注解

例如要在图面右下方的空白处添加有关技术要求的注释，其操作过程如下：

（1）选择注解下拉菜单中的"独立注解"选项，弹出"选择点"提示框如图 6-39 所示，有四种形式的点可供选择：

● 自由点：可以选取图面上任何位置的点，一般情况下是选在图面的空白处，对整个工程图进行注释，如添加技术要求的注释。

● 按绝对坐标选择点：这是用于要求有严格位置要求时的注释。

● 图源上的点：这是用于对某个具体的图元进行注释。

● 顶点：用于有特殊要求的注释。

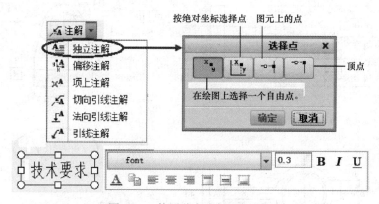

图 6-39　使用独立注解添加注释

（2）在图面右下方空白处选取一点，所选位置即出现一个文本框，在文本框内输入"技术要求"四字，然后换行再输入具体的要求文字，一般是把多项技术要求的文字按行分开。

（3）对文本框内输入的文字可以进行编辑。选中所要编辑的文字，出现一个字体对话框，可以利用该对话框内的功能改变字型或字体的大小。如本例中把"技术要求"四字的高度修改为 0.3，把具体的每项要求文字的高度修改为 0.2。

2. 切向引线注解

在尺寸标注功能中似缺少对倒角尺寸的标注，使用"切向引线注解"恰可完成此项功能。例如要对主视图上大圆柱内孔倒角尺寸标注，可按如下操作：

（1）选择"注解"命令中的"切向引线注解"选项，按照系统提示，首先选取主视图上大圆柱内孔倒角的斜边，然后移动光标到附近位置，在该位置出现一个带箭头的文本编辑框，单击右键，在弹出的上下文菜单中选择"无"以取消箭头。

（2）在文本编辑框内可以输入倒角尺寸，此时主菜单工具栏自动切换到如图 6-40 所示的"格式栏"，可以在栏内选择所需要的各种符号，例如这里需要的"°"符号可以在格式栏内获得，输入完整的"1×45°"之后，单击左键，完成倒角尺寸的标注。

3. 法向引线注解

法向引线注解的操作与切向引线注解类似，它一般选择实体的边或尺寸界线上，以做出一些必要的说明。但法向引线注解一般均保留注解的箭头。

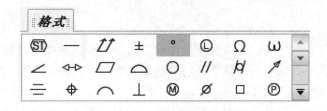

图 6-40 "格式"工具栏

添加注释后的工程图如图 6-41 所示。

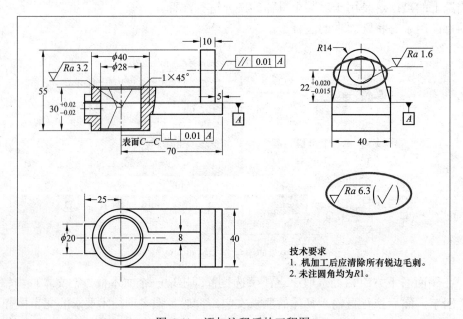

图 6-41 添加注释后的工程图

6.4 工程图中的表格

表格是一幅完整的工程图中不可缺少的一部分。这些表格包括工程图图框（含标题栏、变更记录表）、参数表以及装配图中的物料清单（明细表）等。这一节，具体地介绍工程图图框、标题栏及明细表的创建方法。

6.4.1 制作工程图图框

工程图图框制作是在 Creo Parametric 3.0 的一个专门模块——"格式"里完成的，这样做的好处是便于各企业或学校按照自己的要求创建各种风格的工程图图框，将其保存下来，可以供本单位的设计工作者共享，不仅能够提高设计效率，而且可以保持工程图面的一致性。

需要说明的是：国家标准（GB）对工程图图幅的大小和样式有明确的规定，如图 6-42 所示。有些企业也会根据企业自身的情况制定相应的企业标准。因此，选用工程图图幅的大小和样式时，必须严格地按照国家标准或企业标准的要求，不可随意确定。

图幅又分为带存档装订框和无装订框两种，分别如图 6-42（a）和（b）所示；而且对应于 A0～A4 不同的图幅，其边框的尺寸也有所不同。

表 6-1 给出不同型号的图幅所对应的边框尺寸。

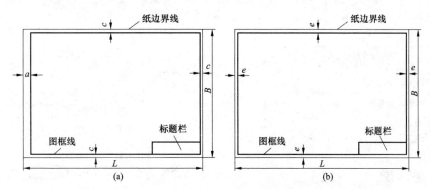

图 6-42　GB 规定的工程图框样式
（a）带装订边；（b）无装订边

表 6-1　　　　　　　　　　　　**工程图边框尺寸对照表**

幅面代号	A0	A1	A2	A3	A4	备注
B×L	841×1189	594×841	420×594	297×420	210×297	
c	10			5		带装订边
a	25					带装订边
e	20			10		无装订边

下面以创建一个 A4 图纸的工程图图框为例，介绍工程图图框的创建方法和步骤：

（1）在 Creo Parametric3.0 主菜单中选择"文件"→"新建"命令或者单击工具栏中的快捷命令按钮□，系统弹出"新建"对话框。在"类型"栏内选择"格式"选项，在"名称"编辑框中把系统默认的名称修改为"frm_A4"，单击"确定"按钮，在弹出的"新格式"对话框内接受默认的"横向"选项，并将"大小"栏内的标准大小修改为 A4，单击"确定"按钮后进入"布局"工作环境。

（2）系统按照所选择的标准大小自动生成一个 A4 幅面（210mm×297mm）的边框。切换到草绘选项卡，选择草绘工具栏中的"偏移边"命令按钮□，按照弹出的菜单管理器的提示，使用 Ctrl 键多选边框的四条边，单击"确定"，在弹出的偏移量文本框内输入 10（mm），单击✔按钮，得到边框的四条边偏移后的内框。

（3）再次使用 Ctrl 键多选边框的外框，然后选择草绘工具栏中的"线型"命令，弹出如图 6-43 所示的修改线型对话框。在对话框上的宽度栏内输入 1（mm），单击"应用"按钮，边框外框的线型宽度被设置为1mm。关闭对话框。

6.4.2　制作表格

1. 创建工程图变更记录表格

变更记录表格将记载本工程图变更的次数、内容以及相关负责人。

可以使用与 Office 软件的 Word 或 Excel 中相类似的表格编辑方法来完成表格的创建。这里创建的表格为三行四列。

（1）右击选中的行或列，在上下文菜单中选取高度和宽度选项，弹出如图 6-44 所示的高度和宽度对话框。修改对话框内行的高度值和列的宽度值，可以对所选定的行或列的高度和宽度进行编辑。

图 6-43　设置外边框的线条宽度

图 6-44　编辑表格的行高和列宽

图 6-43 所示的变更记录表的三行的高度均设置为 3（绘图单位），第 2 列的宽度设置为 80（绘图单位），其余 3 列的宽度为 20（绘图单位）。

（2）表格定位。单击表格中的某一点，在表格上出现 6 个句柄，将光标移至四个拐角的任一个，光标就会变成 ✛ 形状，此时拖动光标所创建的表格就会随着光标移动。一般都把变更记录表放置在图框的右上角，可选择表格右上角的拐角，当光标变成 ✛ 形时缓缓移向图框右上角，直到同时接触图框右上角的两条边线，这两条边线变成红色表明被捕捉到，释放左键，变更记录表即被定位，如图 6-45 所示。

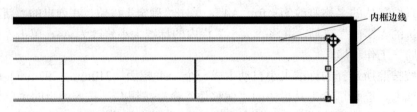

图 6-45　变更记录表格的定位

（3）在表格中插入文字。

1）首先切换到"注释"选项卡，然后选择要添加文字的表格单元，单击注释工具栏上的"注解"命令按钮，将字体（font）高度修改为适当的值，这里选字符高度值为 1.8，然后输入文字。

2）再切换到"表"选项卡，选择表工具栏上的"文本样式"命令，弹出如图 6-46 所示的"文本样式"对话框。把字符栏内的字体高度修改为 4.2，把"注解/尺寸"栏内的放置方式修改为"中心"。完成后，单击"确定"按钮结束。

每个单元格内的文字都需要经过这一过程逐个输入和调整。

2. 创建标题栏和明细表

按照国家标准的规定，每张工程图样中均应有标题栏。国家标准对标题栏的内容、格式与尺寸作了规定，图 6-47 是国家标准规定的标题栏格式，图 6-48 是学生用简易标题栏格式。标题栏一般应位于图纸的右下角，此外，标题栏的线型、字体（签字除外）和年、月、日的填写格式均应符合国家标准的相应规定。

图 6-46　使用文本样式对话框编辑文字

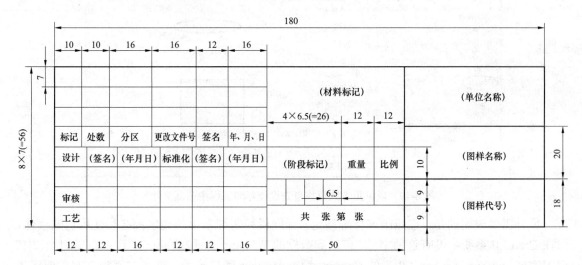

图 6-47　正规的标题栏格式

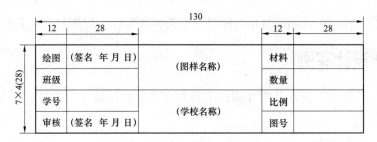

图 6-48　学生用简易标题栏格式

3. 工程图图框的保存和共享

在格式环境下制作的工程图图框可以作为一个模板供以后设计工程图时共享，因此要把它妥善地保存到合适的地方。但保存之前在标题栏中凡是有括号"（）"的文字不必添加，因为每一幅零件或装配体都有它们自己的图样名称和完成时间，一旦带有这些文字的工程图图框被保存下来，下次调用它的时候，这个工程图图框是作为一个独立的不可分割的整体，在"布局"或"注释"等环境下都不能对其进行修改。

保存和共享工程图图框的操作步骤如下：

（1）选择主菜单上的"文件"→"另存为"：→"保存备份"命令，弹出备份对话框，在对话框的"备份到"栏内以浏览方式找到路径"D:\Program Files\PTC\Creo 3.0\M040\Common Files\formats\"，点击确定按钮，此工程图图框文件 frm_A4.frm 就被保存到存放 Creo 3.0 软件的目录下的 Formats 子目录中。

（2）下次设计 A4 幅面的工程图，当新建一个绘图文件时，弹出图 6-49 所示的新建绘图对话框，点击"浏览"按钮，在存放工程图图框的 Creo 3.0 目录下的 Formats 子目录中就可以找到所存放的工程图图框文件 frm_A4，在这个图框中就可以开始新的工程图设计。

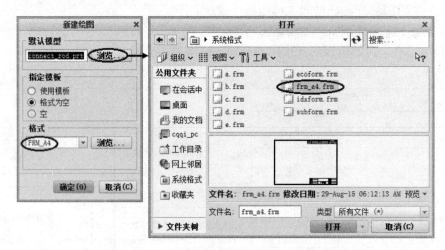

图 6-49　以浏览方式查找事先设计好的工程图图框文件

另外需要说明的是，按照国家标准规定，标题栏和明细表中的文字都必须使用仿宋字体，但在 Creo 3.0 系统中没有这种字体，可以到微软的 Windows 系统的 font 子目录中复制"仿宋"字库文件 simfang 到 Creo 3.0 下的 Common files\format 子目录中，即可在添加文字时使用仿宋体文字。

图 6-50 是用 Creo Parametric 3.0 创建的一个完整的零件工程图样例，可供参考。

6.5　工程图设计实例

这一节，我们使用前面各节所介绍的工具和方法分别创建一个零件和一个装配体的工程图实例。

6.5.1　零件工程图设计

本节将以发动机中的连杆零件为例，介绍零件工程图设计的全过程。连杆 connected_rod 的三维实体模型在本书第 4 章已经出现过，如图 4-21（b）所示。把 connected_rod 文件加载到 Creo Parametric 3.0 中之后，创建该零件工程图样的步骤如下：

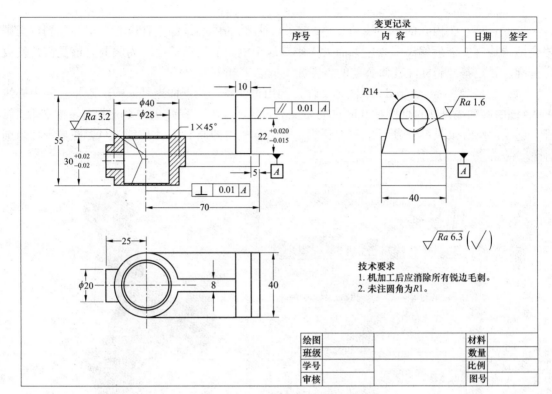

图 6-50 一幅完整的零件工程图样

1. 调用 A4 工程图图框模板

（1）按照上节最后介绍的调用工程图图框模板的方法，从 Creo 3.0 目录下的 Formats 子目录中找到工程图图框文件 frm_A4 并打开。

（2）选择"注释"工具栏上的"注解"命令，首先在标题栏中补上该工程图样的零件名称——连杆。

2. 创建视图

为了清楚和全面地表达该零件的所有必要的尺寸、结构要素和形位公差等要求，该零件的工程图需要主视图、俯视图、侧视图和一个旋转视图。其中主视图的右下角添加一个局部剖视，用来显示螺栓沉头及过孔的结构和尺寸标注；俯视图进行全剖，用来表达凹槽的深度和底部倒圆角尺寸；旋转视图则用来表达连杆中部的结构和拔模尺寸的标注。

注意到连杆右侧的半圆柱孔是在创建连杆与连杆盖整体之后，再将它们分割而得到的，从机加工的角度来看，应是一个完整的圆柱孔。因此应使用草绘功能绘制一个 $\phi56.6$ 的圆，然后将该圆的线型修改为双点画线。

3. 标注尺寸和尺寸公差

使用面向特征的尺寸显示方法及手工标注方法，完成所有必要尺寸的标注。

该零件的尺寸中有两个加工尺寸精度要求较高：一是左端连杆小头内孔将与活塞销配合的尺寸 $\phi19.5$，二是右端半圆孔将与曲轴的曲拐相配合的尺寸 $\phi56.6$，这两处需要标注公差。

259

其余均为自由公差。

4. 设置形位公差（几何公差）

左端连杆小头内孔的中心线与右端ϕ56.6 圆柱孔的中心线的平行度必须得到控制，否则将会造成连杆安装后偏离中心位置而大大影响这个机构的运动精度。为此要为该几何公差设定基准。设定基准和标注几何公差的步骤如下：

（1）切换到 connect_rod.prt 实体文件，利用过滤器功能选取连杆ϕ56.6 圆柱孔的中心线 A_4（该中心轴线是在拉伸圆柱孔时自动生成的），单击右键，在弹出的上下文菜单中选取"属性"选项，弹出如图 6-51 所示的轴对话框，将名称栏内的原名 A_4 修改为 A，在显示栏内选择 A 基准方式。退出。

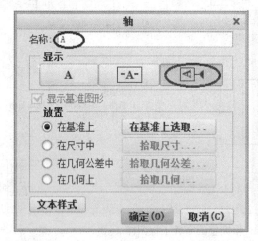

图 6-51　为标注几何公差创建基准

（2）保存修改后的 connect_rod.prt 实体文件（注意：一定要保存才会有效），再切换到 connect_rod.drw 工程图文件，这时在主视图、俯视图和侧视图的相应位置都会出现 A 基准的标志，选取这些标志，当光标变成 ✛ 状时，拖动光标至合适位置释放左键将其定位。

（3）选择几何公差命令，选取左端ϕ19.5mm 圆柱孔中心线作为标注对象，A 为标注基准，选择平行度符号，设定几何公差值为 0.02mm，放置类型为引线及实心点。完成几何公差的标注。

5. 标注粗糙度符号

连杆零件的工程图中有三处需要精加工的表面，应分别标注粗糙度符号：

（1）左端ϕ19.5mm 圆柱孔内表面与活塞销配合处：设定表面粗糙度为 Ra3.2。

（2）右端面与连杆盖的连接处：也设定表面粗糙度为 Ra3.2。

（3）右端ϕ56.6mm 半圆柱孔的内表面与曲轴曲拐轴颈配合之处：设定表面粗糙度为Ra1.6。其余粗糙度可为 Ra6.3（一般为模锻加工）。

6. 添加文字注释——技术要求

选择注释工具栏中的注解命令，在图面右下方添加技术要求，字体可选择仿宋体，高度适中即可。

最后完成的连杆零件工程图样如图 6-52 所示。

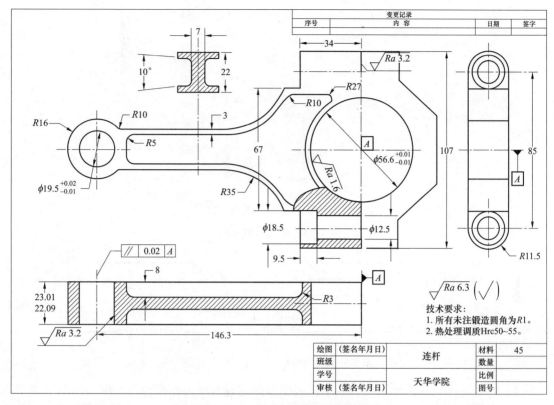

图 6-52　完成的连杆零件工程图样

6.5.2　装配体工程图设计

装配体的工程图设计中视图的生成方法与零件工程图视图的生成基本一样，只是在尺寸的标注、零件明细表及 BOM 图标等方面有所不同。这里以图 6-53 所示的机用虎钳装配体模型为例，介绍装配体工程图设计的过程。

1. 导入工程图框

加载机用虎钳装配体模型之后，新建一个绘图文件，通过浏览方式查找事先已经设计好的工程图图框 Frm_A2.frm 文件，将该工程图图框加载到新建的绘图文件中。

装配体工程图的图框与零件的工程图略有不同，因为在装配体工程图中必须有零件的明细表，它一般位于标题栏的上方；建议使用图 6-47 国家标准规定的标题栏格式，这个标题栏也应在创建装配体工程图图框时一并完成。Frm_A2.frm 文件就是包含该标题栏的图框。

图 6-53　机用虎钳装配模型

2. 生成视图和剖面

（1）在绘图环境的"布局"工具栏中选择常规视图命令，如图 6-54 所示，在弹出的"绘图视图"对话框内选择 FRONT 面作为主视图的方向，再点选 BACK，令其旋转 180°，单击"应用"按钮，然后再选择比例选项，把系统默认的比例系数 0.5 修改为 1，单击"确定"按钮，得到如图 6-55（a）所示的主视图。然后再按投影方式创建左视图，如图 6-55（b）所示。

261

图 6-54　定义视图方向

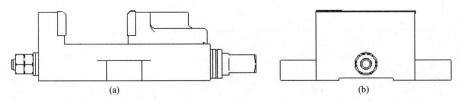

图 6-55　机用虎钳的主视图和左视图

（2）对左视图进行阶梯剖切。为了比较完整地反映机用虎钳的内部装配结构，应采用阶梯剖切方式获得侧视图剖视图。剖切方法与前述图 6-21 所示的方法类似。注意阶梯剖面线应如图 6-56 所示，分别通过固定钳身安装孔中心线和活动钳体的顶端孔的中心线，这样生成的剖切面才能较完整地反映出内部装配结构。完成后得到的 *A—A* 剖面如图 6-56 所示。

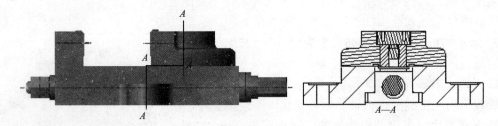

图 6-56　左视图阶梯剖及自动生成的剖面线

然而，这样得到的侧视图剖面是很不理想的：剖面线的角度不合乎要求，间距也不够理想，而且对装配体上的所有零件都做了剖切。因为根据国家标准的规定，装配体工程图样中，像轴、球、销、键、螺栓等紧固件是不需要剖面线的。因此必须进行修改。

（3）修改剖面。在屏幕右下角的过滤器中选择横截面选项，然后双击侧视图中的剖面线，弹出如图 6-57（a）所示的剖面线菜单管理器。选择"拾取"选项，使用 Ctrl 键依次选取剖面中的轴、键及螺栓、垫圈等紧固件多个选项，单击选择提示框内的"确定"按钮，再选择菜单管理器中的"拭除"或"排除"选项，最后点击菜单管理器上的"完成"，这些不需要打剖面线的零件上的剖面线就不再显示出来。

这里"拭除"或"排除"的区别是：前者可以通过再次选择"显示"选项把拭除的剖面

线再重新显示出来，而后者则只能通过"恢复"选项而进行恢复。

有一点需要注意：在有些情况下，装配时放置在壳体和盖内部的零件不能直接拾取，这时，可在所提取的部位单击右键或者点击剖面线菜单管理器上的"下一个"，系统将会自动选取到被外部零件遮挡的内部零件，再点击它予以确认，即可对被遮挡的零件剖面线进行拾取和修改。此外，也可以切换到装配体模型文件中，把遮挡它们的壳体和盖暂时隐藏起来，待修改好剖面线之后，再取消所做的隐藏。图 6-57（b）所示为修改后的左视图剖面线。

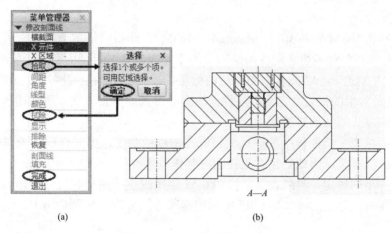

图 6-57　装配体工程图的剖面及剖面线
（a）剖面线菜单管理器；（b）修改后的剖面线及显示的轴线

3．显示轴线

装配体工程图中的基准主要是轴线和中心线，它们往往是装配图中标注尺寸的基准，因此必须把一些重要的轴线和中心线显示出来，参见图 6-57（b）。具体操作方法是：

（1）切换到注释选项卡，点击"显示模型注释"，弹出显示模型注释对话框。

（2）选择需要显示轴线或中心线的零件或特征，如本例中正视图上的安装孔，丝杆轴，左视图中的中心孔等。每选中一个零件或特征，在对话框里均会显示出相应的单选或复选框予以提示，这时可根据需要勾选所需要的单选或复选框，然后单击"应用"给予确认。

（3）对已经显示的轴线或中心线的长度进行适当调整，供后续标注尺寸时使用。

4．标注尺寸和公差

装配体中的尺寸标注和公差与零件图有所不同，它只需要标注那些与装配体整体尺寸（如用于包装箱的设计和制造）、相互配合的尺寸及安装定位尺寸等。概括起来有 5 大类：

（1）性能规格尺寸：能反映本设备（部件或整机）规格和性能的主要尺寸。如发动机的规格通常用气缸的缸径尺寸来表达，尽管该尺寸只是某个零件上的尺寸，在装配图中也要予以标注。像本例中固定钳口与活动钳口之间的距离，它给出该虎钳所能夹持工件的最大厚度，表达了虎钳的规格性能，也应予以标注。

（2）安装定位尺寸：一是装配体自身的安装定位尺寸，二是为用户提供的安装定位尺寸，如本例中两个安装孔之间的距离等。

（3）配合尺寸：包括零件之间的配合关系和工作精度的尺寸均应标注，而且需要加注配合公差，以及表示装配时需要保证的零件之间相对位置尺寸，此时往往需要加注几何公差。

如本例中丝杆轴与轴孔之间的配合尺寸及配合公差。

（4）外形尺寸：主要指装配体的总体尺寸，如总长、总宽及总高。这些都是包装、运输、设计厂房及安装地基时所需要的尺寸。

（5）其他重要尺寸：除少数各类尺寸之外，还有在设计和装备时需要的一些重要尺寸，也应予以标注。

本例中的配合公差分别使用了 H7/p6 和 H7/e7，所标注的各类尺寸及公差可参见后续图 6-67。

5．创建明细表

明细表又称作 BOM 表（Bill of Materials，BOM），即材料清单或物料清单。在现代设计制造中，BOM 表是一种描述装配件的结构化的零件表。其中包括所有的子装配件（组件）、零件、材料，以及制造一个装配件所需物料的数量，如工时、材料、设备、工装等。在 Creo 3.0 中，BOM 表是最常用的报表。它会把从设计数据库读入的参数以文本形式读入单元格，并自动按序号递增的方式添加到新的行中。

（1）制备明细表。装配体中的标题栏可以在图框中制备，但零件明细表与每个装配体中的零件数量和种类有关，因此必须在工程图内制作。零件明细表制作的方法和过程如下：

根据国家标准的规定，明细表必须按图 6-58 中所提供的图样和尺寸制作，其总宽与标题栏同宽，可以在制作好之后再按图 6-45 所示的操作方法依附在标题栏上方。

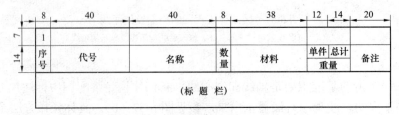

图 6-58　零件明细表的规格

使用"表"选项卡中的插入表命令可生成明细表的空表。国家标准规定明细表是按自下而上次序递增的，因此创建表格时，必须如图 6-59 所示，选择插入表对话框中方向栏内的 ↗ 选项，这样，以后利用"重复区域"中的"更新表"命令时，就会按自下而上的递增次序添加表格。

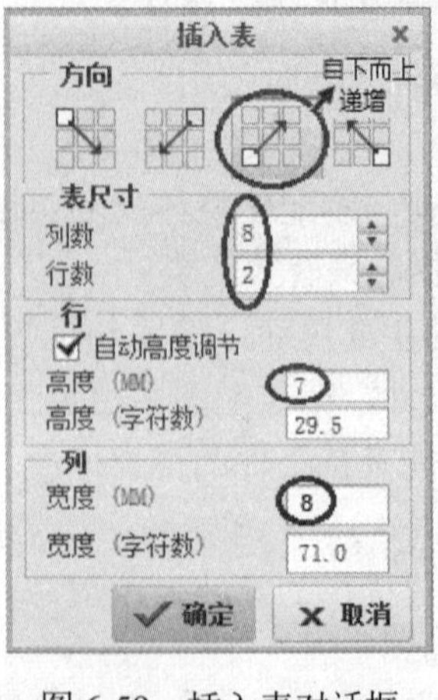

这里设置列数为 8，行数为 2，且不妨先定义每个单元格的高度为 7mm，宽度为 8mm，这是序号列的宽度，其他列的宽度可通过改变列宽的方式进行修改；再通过合并单元格的方式对第一行（这一行可称作明细表的表头）中有关单元格进行合并，然后使用注解工具在相应的单元格中加注文本，建议使用仿宋体，字体高度为 3，并适当调整注解文字的位置。最后达到如图 6-58 所示的初始明细表的格式、文本和尺寸要求。

图 6-59　插入表对话框

（2）创建"重复区域"　这是创建 BOM 表的过程中非常重要的一步操作，实际上是设置明细表中各个项目的放置区域，之所以称为"重复区域"，是因为把初始明细表确定为重复区域之后，就可以利用"更新表"功能在此区域自动地、由下而上地增添明细表中的各行。该功能大大减轻了设计师的工作量，但必须严格按照如下操作步骤完成。

1）设置参数和关系。这是创建"重复区域"自动更新明细表的必要条件，而且在每个零件（或组件）建模时都应设置好它们各自的参数和关系，这些参数和关系与明细表的表头中的每一项相对应，而不同的零件（或组件）的参数是各不相同的，所以一定要逐个地进行设置。而这项工作在建模时又往往容易被忽略（尤其是初学者）。一个补救的方法是，利用装配工程图界面左下方的装配模型树可以为零件或组件添加参数和关系。

第一列序号的参数名为 Index，该参数由系统自动生成，不需用户定义，它由 rpt\index 控制。第八列备注参数使用的是 ctype，表示是零件、组件或标准件，放置在备注栏内。

这里以机用虎钳中的底座零件为例，把通常需要与明细表中后七列的各项相匹配的参数及其意义列于表 6-2 中。

表 6-2　　　　　　　　　　　在零件或组件中添加的参数

参数名	参数类型	描述	值	在数据库中的位置
drawingno	字符串	代号	Pump_001	asm\mbr\user_defined
cname	字符串	名称	底座	asm\mbr\user_defined
mat	字符串	材料	HT200	asm\mbr\user_defined
mass	实数	单件重量	5.5（kg）	asm\mbr\user_defined
Qty	整数	数量	1	rpt\
tmass	实数	总重	5.5（kg）	asm\mbr\user_defined（自定义） 或 rpt\rel（系统计算）
ctype	字符串	类型	零件	asm\mbr\user_defined

注：单件重量 mass 的值可通过设置如下关系后由系统自动计算出来：

$PRT\_RELATION\_MASS = mp\_mass（" "）$

$PRT\_COMMENT$ 将重量参数设置为质量值。

总重量 tmass 可以通过设置如下关系后由系统自动计算出来：

$tmass = \&asm.mbr.cmass*\&rpt.qty$

如图 6-60 所示，选中装配模型树中某个需要添加参数的零件节点，压下右键，在弹出的上下文菜单中选择"参数"选项，在弹出"参数"对话框中单击➕按钮，添加一个参数。

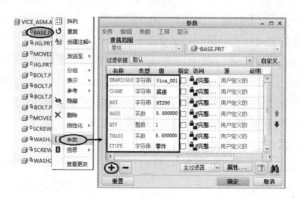

图 6-60　设置零件的参数

2）创建重复区域。点击表选项卡中的"重复区域"命令，如图 6-61 所示，在弹出的表域菜单管理器中选择"添加"，再选择"简单"，然后单击明细表第二行的第一个单元格，该单元格变成红色并出现一个小圆圈即表示选中，继续单击该行的最后一个单元格，当单元格也变成红色之后，即确认了重复区域的起始行。单击"完成"，创建重复区域。

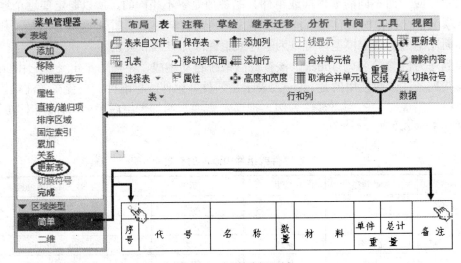

图 6-61　创建重复区域

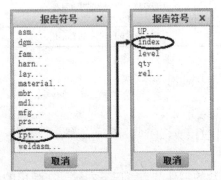

图 6-62　调用 index 参数

（3）调用参数和关系。

1）调用序号参数 index，双击重复区域的第一个单元格，弹出如图 6-62 所示的"报告符号"菜单，点击其中的 rpt 选项，又弹出下一级"报告符号"菜单，选择"index"选项，完成 index 参数的调用。同时在重复区域的第一单元格内显示出 rpt.index 项目。

2）采用类似的方法，再次双击重复区域的第二单元格，又弹出如图 6-59 所示的"报告符号"菜单，点击其中的 asm 选项，继续弹出如图 6-63 所示的下一级"报告符号"菜单，选择其中的 mbr，在弹出的下一级"报告符号"菜单中选择 user_defined 选项，最后弹出输入符号文本窗口，在此窗口中输入"drawingno"，单击✔确定，完成代号参数的调用，在重复区域的第二单元格内显示 asm.mbr.user_defied.drawingno 项目。

3）其他几个参数的调用方法与以上两种都基本相同,需要注意的是数量参数 qty 和 index 一样，也在 rpt 结构中；而名称参数 cname、材料参数 mat、单件重量参数 mass、总重量参数 tmass 及类型参数 ctype 的调用与代号参数 drawingno 的方法完全相同。

（4）更新表——创建明细表。做好以上各项准备工作后，再次点击"重复区域"命令，在弹出的表域菜单管理器中选择"更新表"选项，重复区域内将自动生成该装配体的明细表。

注意到所创建的明细表中把所有的零件都列出来了，其中包括重复的零件如 M6 螺钉、M12 螺母；而且零件的数量也没有显示出来。因此还需要对明细表进行调整，一是为了把重复的零件规整在一行内，二是要显示出零件的数量。

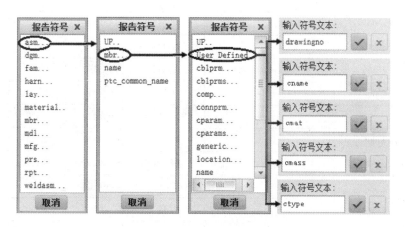

图 6-63　调用 drawingno 等参数

（5）整理明细表。再次点击"重复区域"命令，弹出如图 6-64 所示的表域菜单管理器。
选择"属性"选项，然后按照系统的提示选中明细表中需要编辑的重复区域，菜单管理器切
换到"属性"页面，再依次选择"无多重记录"→"平整"→"按零件混合"→"非缆信息"
等选项，这些选项分别与明细表中的"取消重复零件列表""在一行内显示所有数量的同一零
件"及"统计零件数量"等操作有关。最后点击"完成/返回"，这样就获得了最终符合要求
的装配工程图明细表，如图 6-65 所示。从图 6-65 中可以看出，原来表中相同的零件所占据的
重复行得到合并，而且数量列中也显示出了每个零件的数量。

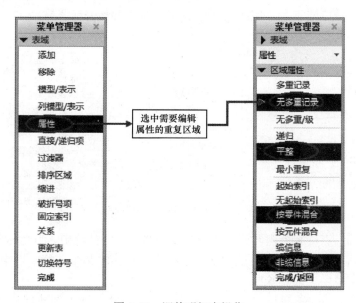

图 6-64　调整明细表操作

6. 生成 BOM 球标

BOM 球标是在各有关视图中以引线的形式标志出的与 BOM 表（即零件明细表）中各个
零件相对应的图标。在所有高端 CAD 软件中，通常都是以圆球的形式标志，所以称其为 BOM
球标。

10	Vive_006	螺钉 M6	4	Q235	0.100	0.400	标准件
9	Vice_010	螺母	2	Q235	0.100	0.200	标准件
8	Vice_009	垫圈 25×3	1	Q235	0.050	0.000	标准件
7	Vice_008	垫圈	1	Q235	0.050	0.000	标准件
6	Vice_007	移动丝杆	1	45	0.400	0.400	零件
5	Vice_005	活动钳口	1	HT200	2.500	2.500	零件
4	Vice_004	夹板	2	Steel	0.200	0.400	零件
3	Vice_003	专用螺钉	1	45	0.500	0.500	零件
2	Vice_002	丝杆	1	45	1.500	1.500	零件
1	Vice_001	底座	1	HT200	5.500	5.500	零件
序号	代 号	名 称	数量	材料	单件	总计	备 注
					重量		

图 6-65　机用虎钳装配工程图明细表

BOM 球标的生成必须与重复区域的 BOM 表相关联。首先，将重复区域指定为 BOM 球标区域；然后，在视图中显示球标，并将它们排列成所要求的样式。

（1）在"表"选项卡中选择"BOM 球标"命令，展开如图 6-66 所示的 BOM 球标下拉菜单。选择"创建球标-按视图"选项，点击左视图区域后，在左视图上立即出现一部分球标。这样生成的球标可能不全，次序也会很混乱，因此需要进行调整。

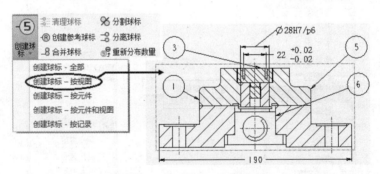

图 6-66　在左视图区创建球标

（2）调整球标：点击某个需要调整的球标中的数字，将其选中，当光标变成✛形图案时，可拖动球标到合适的位置，压下左键将其定位；如果想删除某个球标，选中它后点击右键，在弹出的上下文菜单中选取删除即可。

（3）再次点击"BOM 球标"命令，在下拉菜单中仍选择"创建球标-按视图"选项，选择另一个视图区域，如选择正视图区域，于是在正视图中就会生成前一视图中未列出的球标。

（4）如果 BOM 球标的位置不满足要求，可直接选取某个球标，并将其拖动到新位置上。

7. 添加技术要求

装配体的技术要求主要是针对装配体的工作效能、装配及检验要求、调试要求、使用与维护要求而提出的，可以用注释工具栏中的注解命令添加必要的文字、数字或符号等，技术要求通常放置在明细栏的上方或左方。

最后完成的机用虎钳装配工程图如图 6-67 所示。

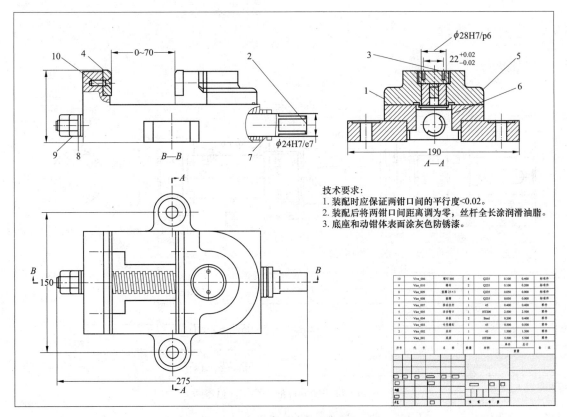

技术要求:
1. 装配时应保证两钳口间的平行度<0.02。
2. 装配后将两钳口间距离调为零，丝杆全长涂润滑油脂。
3. 底座和动钳体表面涂灰色防锈漆。

10	Vise_006	螺钉 M6	4	Q235	0.100	0.400	标准件
9	Vise_010	螺母	2	Q235	0.100	0.200	标准件
8	Vise_009	垫圈 23×3	1	Q235	0.050	0.000	标准件
7	Vise_008	垫圈	1	Q235	0.050	0.000	标准件
6	Vise_007	移动丝杆	1	45	0.400	0.400	零件
5	Vise_005	活动钳口	1	HT200	2.500	2.500	零件
4	Vise_004	垫圈	2	Steel	0.200	0.400	零件
3	Vise_003	专用螺钉	1	45	0.500	0.500	零件
2	Vise_002	丝杆	1	45	1.500	1.500	零件
1	Vise_001	底座	1	HT200	5.500	5.500	零件
序号	代 号	名 称	数量	材料	单件	总计	备 注
						重量	

图 6-67　全部完成的齿轮泵装配工程图

练习 6

6-1　图 6-68 所示为某型号齿轮减速器中的蜗轮轴的三维实体模型，文件名为 Wheel_shaft.prt，该文件存放在本书配套资料的 Ch_6 文件夹中。试根据该实体模型用 Creo Parametric 3.0 软件创建该零件的二维工程图。要求生成能反映该零件完整结构的视图、标注全部尺寸及尺寸公差、几何公差、粗糙度符号及技术要求。

图 6-68　蜗轮轴三维实体模型

该零件工程图的参考图见图 6-69。

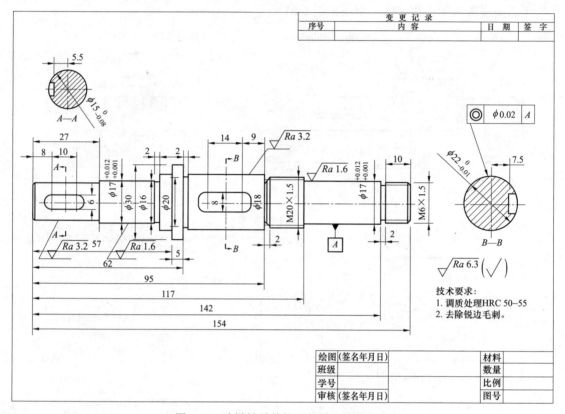

图 6-69　阶梯轴零件的工程图（供参考）

6-2　图 6-70 所示为某 V6 发动机中曲轴的三维实体模型，文件名为 Cranck_shaft.prt，该文件存放在本书配套资料的 Ch_6 文件夹中。试根据该实体模型用 Creo Parametric 3.0 软件创建该零件的二维工程图。

图 6-70　发动机曲轴的三维实体模型

要求生成能反映该零件完整结构的视图、标注全部尺寸及尺寸公差、几何公差、粗糙度符号及技术要求。

该零件工程图的参考图如图 6-71 所示。

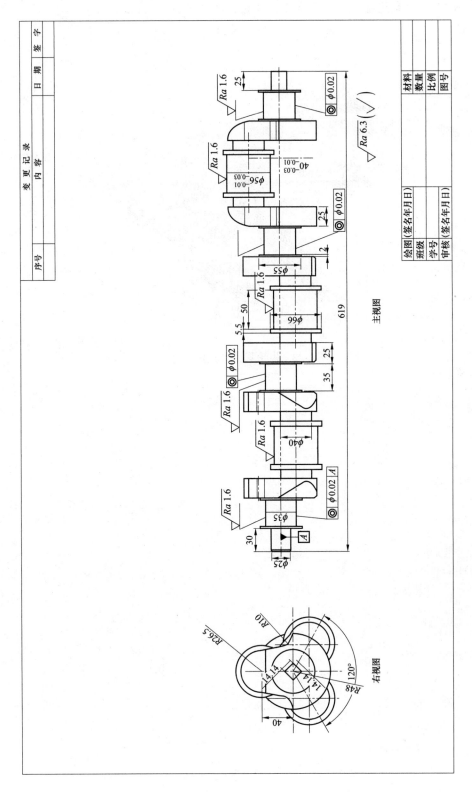

图 6-71　发动机曲轴的二维工程图（供参考）

6-3 图 6-72 所示为某齿轮泵的三维装配模型，文件名为 Pump.asm，该文件存放在本书配套资料的 Ch_6 文件夹中。试根据该实体模型用 Creo Parametric3.0 软件创建该装配体的二维工程图。

图 6-72 齿轮泵装配模型

第7章　Creo 3.0 机构运动仿真

7.1　Creo 3.0 运动仿真概述

7.1.1　机构运动仿真的作用及流程

在大多数机械产品（机械设备、运载工具等）中，一般都包含一些运动部件和承受载荷（至少有自身的重量）的部件，这些部件之间存在着平动、转动、摆动、拉压、扭转、弯曲、冲击、碰撞等相对运动关系和动力关系。因此一个含有若干种运动或动力关系的装配体在完成装配之后，应该进行运动学或动、静力学仿真分析，以确认它们之间的各种动态关系和力学强度、刚度是否能满足设计要求。这些工作已经不再仅仅是 CAD 的内容了，在工程上将其称之为"计算机辅助工程分析"（Computer Aided Engineering analysis，CAE）。Creo 3.0 中的 Parametic 和 Simulate 集成环境提供了这种动态分析的强大功能，本章重点介绍在 Creo 3.0 集成环境下的机构运动仿真功能。

在机械原理和机构学中，具有某种邻接运动关系的装配实体被称之为机构。例如各类传动机构、连杆机构、凸轮机构、蜗轮机构、透平机构等。零件设计和装配设计完成之后，通过运动分析和仿真，可以逼真地模拟机构在特定环境中的工作状况，分析其运动规律，并对其做出动态的分析和判断；能够非常直观地观察到装配体内各运动部件之间的运动关系，以便及早地发现设计中的缺陷和潜在的不合理之处；在运动仿真过程中还可以发现各相邻部件之间是否存在干涉和冲突，配对和约束是否合理等。如果不能满足产品的设计要求和使用要求，可以立即返回 CAD 模块进行修改和完善。否则，把零件加工制造完毕，在实物装配之后再发现这类问题，那就为时已晚，势必造成报废或返工的损失。

在 Creo 3.0 的机构运动仿真集成环境下，可以进行机构的干涉分析，跟踪机构的运动轨迹，对机构中各零件的速度、加速度、作用力、反作用力及力矩等参数进行详细的分析和仿真。分析和仿真的流程如图 7-1 所示。

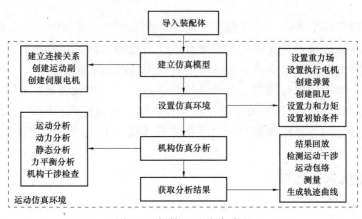

图 7-1　机构运动仿真流程

7.1.2 Creo 3.0 的机构运动仿真环境

Creo 3.0 的机构运动仿真是在装配体的基础上，使用 Creo Parametric 3.0 集成模式下的"机构"模块来实现的。

启动 Creo Parametric 3.0，首先打开一个装配文件，然后如图 7-2 所示，选取主菜单上的"应用程序"→"机构"命令，系统即进入机构运动仿真模块的工作环境。

图 7-2　进入机构运动仿真环境

1. 机构工具栏

在主菜单的"机构"选项卡中列出"机构工具栏"的各个选项，参见图 7-3。其中：

（1）信息工具栏——用于浏览机构运动仿真中的有关信息。

（2）分析工具栏——用于实现运动仿真分析的具体操作。

（3）运动工具栏——用于在允许的范围内拖动元件。

（4）连接工具栏——用于设定各种形式的运动副。

（5）插入工具栏——用于加载各种力学参数和驱动类型。

图 7-3　机构工具栏

2. 机构树

在机构运动仿真环境下的工作界面左下方有一个如图 7-4 所示的"机构树"，其中布置了各种操作命令。图标前有 ▶ 的选项可以被展开以获得更多的内容；在项目上单击鼠标右键，可在弹出的快捷菜单中选取相应的命令以实现对该项目的具体操作。

在上述工作环境下运用有关的工具命令进行各种操作，如设置运动条件、创建"连接类型"、定义运动参数、回放仿真效果及进行测量分析等，可以完成机构运动仿真的整个过程。在仿真过程中所进行的各种操作都一一记录在"机构树"中，可以通过右击其中的选项进行编辑和修改。

7.1.3 机构运动仿真基础知识

在 Creo Parametric 3.0 集成环境下进行运动仿真分析，其仿真分析的对象必须是一个装配体。但是，按照第 5 章所介绍的方法创建的装配体是不能直接进行运动仿真分析的。因为那

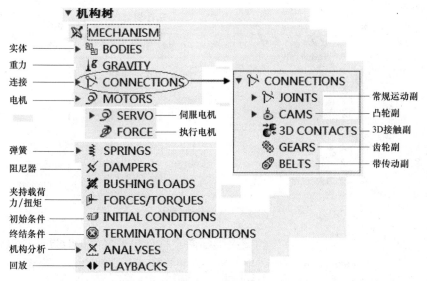

图 7-4　机构树

种创建装配体的基本手段是采用"重合、距离、角度偏移、相切、共面"等"约束"关系对零件或子装配体进行定位，其目的是将所添加元件的自由度减少到 0，使其位置被完全固定下来。因此，要想对这样的装配体进行运动仿真，必须先将已建立起来的"约束"转换为"运动连接"关系，然后才能进行下一步的运动仿真；或者在装配环境下采用"连接"关系重新创建一个新的装配体，为运动仿真做好准备。这种情况下，需要特别注意的是：在添加新元件时必须明确该元件与基础件或其他已装配定位的元件之间的具体"连接"关系，即通过各种组合约束来减少元件的自由度，以使其能够实现特定的运动，从而建立两个装配元件之间的运动形式。

可以用"运动副"这一概念来描述这种"连接"关系。运动副是机构中的一个重要概念，由机械原理和机构学可知，具有独立运动属性的零件或构件视为运动的主体，两个主体之间的相对运动和动力传递必须通过运动副进行连接。在 Creo Parametric 3.0 运动仿真模块中，只要是两个定义成不同主体的几何体就可以用运动副连接。

1."连接"类型——运动副

在装配环境下直接点击装配工具栏上的 按钮，把一个元件加载到工作区之后，点击"元件放置"操控板上"用户定义"栏目右侧的 ▾ 标志，可以打开如图 7-5 所示的"连接"类型菜单。在运动仿真工作模式下，我们称被连接在装配体中的每个零件为"构件"，连接在一起的装配体称为"组件"。

图 7-5 中各连接关系对应于不同的运动副，其意义如下：

（1）刚性——固定副，正如它的名称一样，固定副确立了两个构件之间的刚性连接关系。通过该运动副固定在装配体上的构件处于完全约束状态，其自由度为 0。通常像机架、箱体、底座等构件都应采用固定副进行连接。

（2）销钉——旋转副，用来设定一个活动构件绕共同的轴或固定机架上的轴线做旋转运动，或者两个构件绕着共同的轴旋转。用"销钉"副连接的构件仅仅具有一个绕公共轴线旋转的自由度。设置"销钉"副时，首先使用一个"轴对齐"约束将两个构件上的轴线重合生

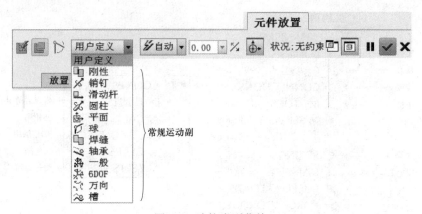

图 7-5　连接类型菜单

成公共轴线；然后使用一个"平移"约束来限制两个构件沿着轴线的移动。可以选取实体的面或基准面作为平移的参照：可以使两平面重合，也可以有一定的偏距。设置"销钉"副后，被连接的构件只有一个旋转自由度。"销钉"副适用于轴类零件或带有孔的零件。

（3）滑动杆——滑动副，滑动副用来设定两个相互连接的构件之间沿直线方向相对移动。可以是两个构件一起在某个平面上沿某个方向移动，且二者之间有相对运动，也可以是一个构件固定，而另一个构件自由移动。设置"滑动"副时，首先使用"重合"约束将两个构件上的轴线对齐生成移动的方向轴线；然后使用"面配对"约束来限制构件绕轴线转动。通常选取两平面重合或偏距对齐。设置"滑动副"后，被连接的构件也只有一个平移自由度。"滑动副"适用于活塞零件、平动从动件或推杆类零件。

（4）圆柱——圆柱副，又称柱坐标副。它设定一个构件的圆柱面包围（或被包围）另一个构件的圆柱面，可以沿着轴线平移，并能绕着轴线做相对旋转运动。被包围的主体可以是固定的也可以是自由的。设置"圆柱"副时，只需使用"重合"约束来限制其他 4 个自由度。圆柱副比销钉副少了一个平移约束，设置"圆柱副"连接后，被连接的构件具有两个自由度：一个是绕指定轴线的旋转自由度，另一个是沿着轴向的平移自由度。"圆柱"副适用于有相对平移且自身可以绕其中心线旋转的轴类零件。

（5）平面——平面副，可以在平面上移动，并绕垂直于参照平面的轴线做旋转运动。设置平面副时，需选取两个构件上的某个平面作为匹配参照，可以使平面重合，也可以指定二者之间的偏距值进行匹配。设置"平面"副后，被连接的构件具有一个旋转自由度和两个平移自由度。"平面"副适用于在理论力学概念上做"平动"的零件，如连杆之类。

（6）球——球副或球铰，又称球坐标系副。它可以实现两个构件相互之间绕共同的球心做各个自由度的相对转动。球副由一个"点对齐"约束组成，即将构件上的一个点对齐到另一个构件或组件的一个点上。设置"球副"后，被连接的构件具有三个分别绕 X 轴、Y 轴和 Z 轴旋转的自由度：即被连接的构件可以绕公共参照点的做任意旋转。"球"副适用于机械中的球形铰链和万向联轴节等零件。

（7）焊缝。焊缝连接将两个坐标系重合，构件的自由度被完全限制，与"刚性"连接（固定副）一样，被连接的构件称为主体，总自由度为 0。

（8）轴承。"轴承"副由一个"点对齐"约束组成，但它与"球"连接不同的是：创建"轴承"副时，是把构件上的一个点对齐到另一个构件（或组件）的直边或轴线上。因此设置"轴承"副后，被连接的构件可以沿轴线平移并且可以绕着参照点做任意旋转，也就是说它具有一个平移自由度和三个分别绕 X 轴、Y 轴和 Z 轴旋转的自由度，总自由度为 4。"轴承"副适用于机械手上可以移动的"关节"零件。需要说明的是：这里的"轴承"副并非是一般机械中轴承（Bearing）的概念。

（9）一般。"一般"运动副即自定义组合约束。可以根据需要指定一个或多个基本约束来形成一个新的组合约束，其自由度的多少因所用的基本约束种类及数量不同而异。可用的基本约束有对齐、匹配、插入、坐标系、线上的点、曲面上的点及曲面上的边等。

（10）6DOF，完全自由。DOF 是英文"Degree Of Free"的缩写。由机械原理可知，具有 6 个自由度的构件显然不受任何约束，它可以绕 X 轴、Y 轴和 Z 轴自由旋转，还可以沿 X、Y 和 Z 三个方向上平移。创建 6DOF 连接的方法是令被连接构件的坐标系与另一构件（或组件）的坐标系重合。

（11）万向，又称"万向节副"。"万向"副可以实现两个构件之间绕相互正交的轴做相对运动。第一个构件可以绕第二个构件上与之正交的轴旋转；第二个构件可以绕第一个构件上与之正交的轴旋转。

（12）槽。"槽"副可实现两个构件之间的"点—曲线"约束。设置"槽"副时，是把构件上的一个点对齐到另一个构件（或组件）的曲线上，槽曲线可以是开放的，也可以是封闭的。因此，设置"槽"副之后，被连接的构件可以沿曲线移动并且可以绕着参照点做任意旋转，即具有三个分别绕 X 轴、Y 轴和 Z 轴旋转的自由度；由于曲线可以是空间曲线，因此沿着曲线的移动可以是在 X、Y 及 Z 三个方向上的移动，所以说"槽"连接的总自由度为 6，但被连接的构件被约束在这个"槽"内。"槽"连接适用于槽轮机构（如马氏轮）圆柱凸轮、圆锥凸轮及滚珠丝杠的回形槽等零件。

2. 特殊运动副

Creo Parametric 3.0 还提供了一些特殊的运动副的创建方法，其中有：

（1）齿轮副。齿轮副用来定义两个旋转轴之间的速度关系，能够模拟一对齿轮之间的啮合运动和传动关系。齿轮副可以连接一对标准齿轮（圆柱齿轮或圆锥齿轮，如图 7-6 所示），也可以是齿轮/齿条。在定义齿轮前需先定义含有旋转轴的机构连接，一般采用销钉副连接。因此每个齿轮由两个构件和这两个构件之间的旋转轴组合而成，其中一个构件为"托架"，通常保持静止，另一个构件能够做旋转运动或平移运

图 7-6　一对标准齿轮用销钉副连接定位

动（如齿条）。定义齿轮时，只需选定由机构连接定义后的与齿轮构件相关的那个旋转轴即可，系统会自动将产生该旋转轴的两个构件设定为"齿轮"——运动构件和"托架"——静止构件。

这里以图 7-6 所示的齿轮来介绍齿轮连接的方法。图 7-6 所示为在装配环境下一对标准圆柱齿轮传动，两个齿轮分别以销钉副形式装配在名为 gear_skel.prt 的骨架模型上；齿轮 1（小齿轮）齿轮 2（大齿轮）各有一个绕着其中心轴的旋转自由度，且两轮的转向相反。为实现这种运动，需要通过以下步骤建立它们之间的运动连接关系：

1）选取主菜单上的"应用程序"→"机构"命令，进入 Creo Parametric 3.0 的机构仿真

工作环境。

2）单击工具栏上的齿轮副按钮，进行齿轮副定义。出现如图 7-7 所示的“齿轮副定义”对话框。

3）单击齿轮 1 上的旋转轴 A_1，系统自动地识别齿轮 1 为主体 1，gear_skel.prt（即基础）为托架，在“节圆”栏目中输入该齿轮的分度圆直径 100mm。

4）然后单击“齿轮副定义”对话框上的“齿轮 2”，切换到对另一个齿轮的定义。采用类似的方法，设定齿轮 2 为主体 2，gear_skel.prt（即基础）为托架，在“节圆”栏目中输入齿轮 2 的分度圆直径 200mm。

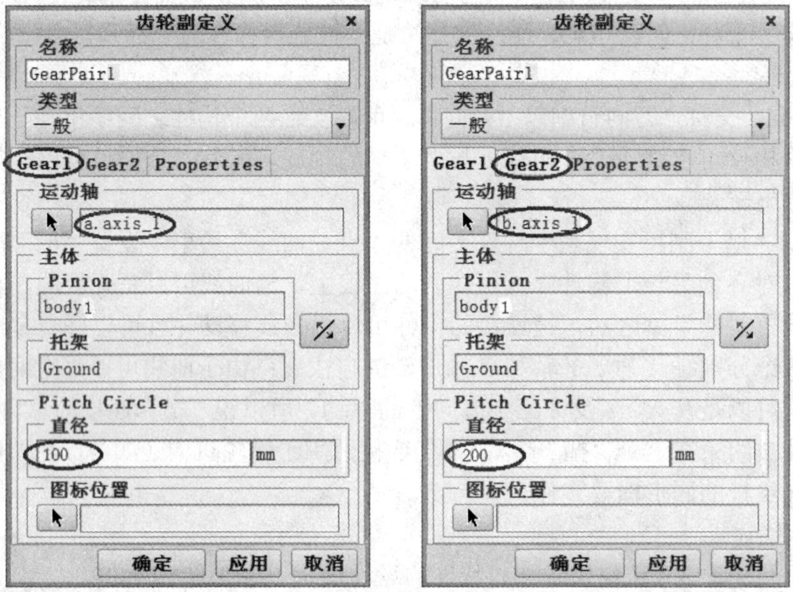

(a) (b)

图 7-7　齿轮副定义

（a）定义齿轮 1；（b）定义齿轮 2

如果在齿轮 1 和齿轮 2 的选项卡中不输入二者的分度圆直径，可以点击“属性（Propoties)”选项卡（图 7-8），在“齿轮比”栏目中分别输入 1 和 2，表明这一对齿轮的传动比为 1:2，这与分别输入分度圆直径是等价的。

5）齿轮副定义完成之后，单击对话框上的“确定”按钮。在图形区就会出现齿轮连接的标志，如图 7-9 所示。

（2）凸轮副。凸轮副连接的作用是使用凸轮的轮廓来控制从动件的运动规律。凸轮副的定义方法是分别在两个构件上指定一个（或一组）曲面或曲线以创建凸轮连接。

图 7-10（a）所示为一简化的凸轮机构，凸轮轮廓的变化部分分别由等加速和等减速运动规律定义，底部为等半径圆柱面，顶部以圆角过渡，确保整个轮廓光滑。从动件为平底型，即以其顶部的平面与凸轮轮廓相切接触。凸轮轴以销钉连接方式装配在基础件上，平底从动件与汽门挺杆采取刚性连接为一体，二者以滑动连接方式装配定位。这是一种典型的“平面凸轮”结构形式。

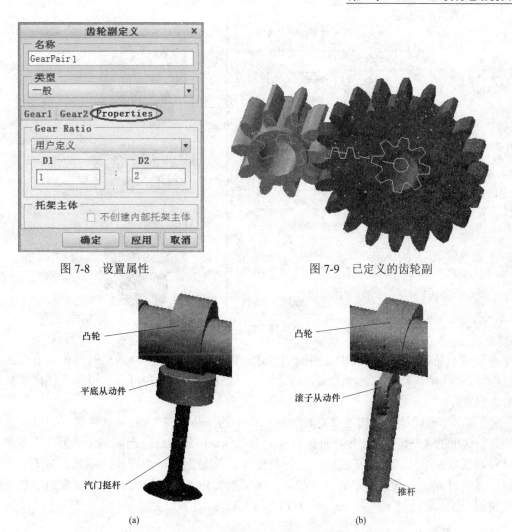

图 7-8 设置属性   图 7-9 已定义的齿轮副

图 7-10 两种平面凸轮机构
(a) 采用平底从动件；(b) 采用滚子从动件

另一种"平面凸轮"结构形式如图 7-10（b）所示，其从动件为滚子型，即从动件的外圆轮廓与凸轮的轮廓面相切接触。其装配形式为：凸轮轴以销钉连接方式装配在基础件上，滚子从动件与推杆也是以销钉连接方式连接，凸轮转动时靠推力和摩擦力带动滚子做平动（绕着公共轴的转动和上下滑动）从而驱动推杆上下滑动。

这里以第 5 章中创建的内燃机凸轮配汽机构的部分零件的装配连接为例说明凸轮连接定义的方法。

1）完成凸轮机构的装配之后，选取主菜单上的"应用程序"→"机构"命令，进入机构运动仿真的工作环境。

2）单击工具栏上的 按钮，弹出"凸轮从动机构连接定义"对话框，勾选对话框中的"自动选取"选项，然后用鼠标左键选中凸轮轮廓面的某一部分，系统将自动地选取整个凸轮轮廓面并使之红色高亮显如图 7-11 所示，并且有黑色矢量箭头指向轮廓面的外侧。单击选取框上的"确定"按钮予以确认。

图 7-11　定义凸轮 1

　　由于该凸轮的厚度在特征中有明确的表达，因此系统能够自动地感知凸轮轮廓面的"深度"。所以"凸轮从动机构连接定义"对话框中"凸轮 1"的"深度显示设置"栏内的参数可不必去设置。

　　3）点击"凸轮从动机构连接定义"对话框中的"凸轮 2"，对从动件进行定义。需要说明的是：这里的"凸轮 2"并非是机械意义上的凸轮，而是指凸轮连接副中的另一个构件——从动件。在本例中从动件为平底型，它与凸轮 1 的接触面是一个圆柱的顶面，对于一个圆形的面，系统是无法自动地感知其深度的。因此需要操作者进行设置。为此应事先应在平底从动件模型上添加两个"点"特征——PNT1 和 PNT2 如图 7-12 所示。

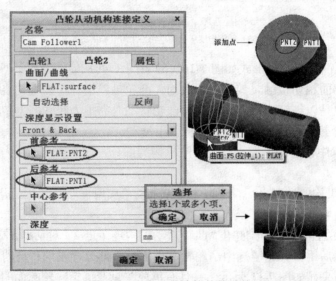

图 7-12　定义凸轮连接的从动件

设置过滤器为"曲面",选中平底从动件的顶部为"凸轮 2"的轮廓面,单击选取框上的"确定"按钮予以确认。然后分别选择 PNT1 和 PNT2,从而确定其深度(即宽度)。最后单击对话框上的"确定"按钮,完成凸轮连接的定义。此时在图形区出现橙色的凸轮连接标志如图 7-12 所示。

对于图 7-10(b)所示的滚子从动件凸轮机构,在选取滚子从动件的轮廓时,系统能够感知该轮廓两侧之间的距离——"深度",即宽度,所以操作者不必再去选择顶点。

3. 伺服电机

机构按照连接条件装配完毕之后,要想使它"动"起来,必须为之施加驱动源,伺服电机就是机构动态仿真的驱动源之一。把伺服电机施加在以"销钉"方式连接的构件(公共轴)上,可以令该构件实现旋转运动;施加在以"滑动杆"方式连接的构件上,可以令该构件实现平移运动。

(1)伺服电机的基本概念。伺服电机可以分为两种类型:一种是连接轴伺服电机,用于定义某一旋转轴的旋转运动,只需要选定一个由销钉连接定义的旋转轴,再设定旋转方向即可设定连接轴伺服电机。对用连接轴伺服电机驱动的构件还可以进行运动分析。另一种是几何伺服电机,用于创建较为复杂的运动,如螺旋运动(既有旋转,又有平移)。几何伺服电机的设置需要选取从动件上的一个点或平面,并选取另一个构件上的一个点或平面作为移动的参照,然后确定一定的分析及种类。但几何伺服电机不能用于运动分析。伺服电机的默认命名为 ServoMotorX。

在 Creo Parametric 3.0 中,伺服电机的参数可以有"位置""速度"及"加速度"三种规范,每一种"规范"对应着一系列的函数形式——"模",以定义运动的轨迹"轮廓"。对于旋转运动,伺服电机的轮廓是角度(单位:deg)对时间的函数;对于平移运动,伺服电机的轮廓是长度(单位:mm)对时间的函数。

系统提供了 8 种常用的控制伺服电机运行规律的函数,分别在表 7-1 中给以说明。

表 7-1　　　　　　　　　　　　表示伺服电机"模"的常用函数

类型	数学表达式	说　　明
常数	x＝A,A 为常数	轮廓为恒定值
斜坡	x＝A+B*t,A 为常数,B 为斜率	轮廓随时间呈线性变化
余弦	x＝A *cos(360*t/T+B)+C, A:振幅;B:相位;C:初始值;T:周期	轮廓呈余弦规律变化
SCCA	y＝H*sin[(t*pi)/(2A)],　　　　0＜＝t＜A y＝H,　　　　　　　　　　A＜＝t＜(A+B) y＝H*cos[(t-A-B)*pi/(2C)],　(A+B) <=t＜(2-A) y＝-H,　　　　　　　　　　(1+C) <=t＜(2-A) y＝-H*cos[(t+A-2)*pi/(2A)],(2-A)＜＝t＜2 A:递增加速度归一化时间;B:恒定加速度归一化时间; C:递减加速度归一化时间; H:幅值;T:周期,A+B+C＝1 t:归一化时间,t＝2t_a/T;t_a:实际时间;T:SCCA 轮廓周期	轮廓为"正弦(S)-常数(C)-余弦(C)-加速度(A)"的复合运动。该函数只能用于加速度伺服电机。模拟凸轮轮廓输出
摆线	x＝A*t/T−A*sin[(2PI*t/T)/(2PI)]　A:摆幅;T:周期	模拟凸轮轮廓输出
抛物线	x＝A*t+1/2;A:常数	模拟电动机的轨迹
多项式	q＝A+B*x + C*x^2+ D*x^3 A:常数;B:二次项系数;C:三次项系数	模拟一般电动机的轨迹
表	###.tab　表数据为 2 字段,左方为时间,右方为数值	读取表数据

（2）伺服电机的定义。现以图 7-9 所示的齿轮连接为例，介绍伺服电机的定义方法。

1）在机构仿真环境下，单击右工具条工具栏上的伺服电机命令按钮 ，弹出如图 7-13 所示的"伺服电动机定义"对话框。在该对话框中"类型"选项卡中，通过选取"从动图元"来确定伺服电机作用的构件，确定伺服电机取得的对象及位置。可以选取已经创建的连接关系中的连接轴（如销钉连接、滑动杆连接等），也可以选取零件上的点或平面，从而使构件产生旋转或平移运动。本例要求在图 7-13 中的小齿轮轴上添加伺服电机，接受系统默认的类型选项卡中"从动图元"的"运动轴"选项，左键单击图形区中齿轮 1 中心轴 A_1 上的"销钉"连接标志，即可设置该伺服电机作用在此连接轴上。

图 7-13　设置伺服电机类型及运动轴

2）切换到"伺服电动机定义"对话框中的"轮廓"选项卡，在"规范"栏内选取"速度"，接受默认的"初始位置"为"当前"；在"模"栏内选取"斜坡"函数，并输入常数 A 为 20，一次项系数 B 为 10，如图 7-14 所示。

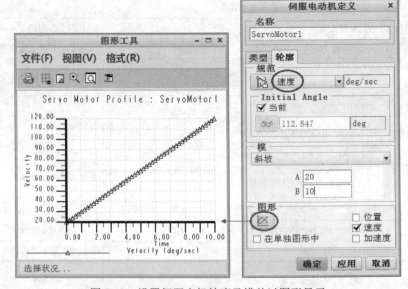

图 7-14　设置伺服电机轮廓及模并以图形显示

如果单击轮廓选项卡上的图形按钮 ⊠，刚才输入的斜坡函数将会以图 7-14 所示运动曲线图的形式显示出来，该图可以作为进一步进行机构分析的基础。

3）所有参数设置完成之后，单击"伺服电动机定义"对话框上的"确定"按钮，即完成了伺服电机的定义。伺服电机的标志就出现在图形区所指定的运动轴上，并以红色高亮显示，如图 7-15 所示。

4. 执行电动机

执行电动机用来向机构施加特定的载荷。它能引起在两个构件之间、单个自由度内产生特定类型的载荷，通过对平移或旋转连接轴施加力而引起运动，可以在一个装配模型上定义多个执行电动机。执行电动机只能在机构的"动态"分析中使用。执行电动机的默认命名为 ForceMotorX。

图 7-15　完成伺服电机的定义

执行电动机的"模"也由 8 种类型的函数来表达，其含义与伺服电机的"模"相同。

5. 弹簧

机构动态仿真环境中的"弹簧"可以在运动机构中产生线性弹力或力矩。该力可使弹簧回复到平衡位置，弹力的大小与距离平衡位置的位移成正比。

需要说明的是：在机构动态仿真环境中的"弹簧"并非是真正物理意义上的弹簧，它只是一个能够表达弹簧作用的虚拟构件。正确设置弹簧之后，在仿真对象上会出现虚拟弹簧的图形，因此用于机构仿真的装配体就不必再装配真正的弹簧（或将弹簧隐去）。

弹簧的类型可分为拉压弹簧和扭转弹簧两种，弹簧力的大小可由式（7-1）表达

$$F_s = k \times (X - U) \tag{7-1}$$

式中　F_s——弹簧的恢复力；

　　　k——弹簧刚度系数；

　　　U——弹簧未变形前的长度或角度；

　　　X——参考点的位移量。

在定义弹簧的操作中，输入 U 值时应遵循如下原则：对于平移的连接轴，应以长度单位输入该值，对于旋转的连接轴，应以角度单位输入该值；对于"点至点"为参照的弹簧，系统将自动显示 U 常数的值作为两个选定的参照图元间的距离。如果需要修改，可输入其长度值，还可以通过"选项"指定弹簧图标的直径，以模拟真实的弹簧。

弹簧的定义方法将在后续的机构仿真实例中将予以具体介绍。

6. 阻尼器

阻尼器是一种载荷类型，可用于模拟机构上真实的力。阻尼器产生的力会消耗机构的能量并阻碍其运动。例如，可以使用阻尼器来模拟活塞在圆柱腔内运动受到液体的阻碍而减慢的黏性力。阻尼力始终与应用该阻尼的构件的速度成比例，且与运动方向相反。

在机构仿真环境下，单击右工具条上的 ✕ 按钮，弹出"阻尼器"操控板如图 7-16 所示。

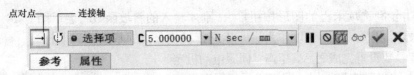

点对点 —— 连接轴

图 7-16 阻尼器的定义

可以对阻尼器进行定义。其参照类型有"点对点"和"连接轴"两种。阻尼系数 C（$C>0$）是其主要参数，阻尼力 $F_d = C \times V$。

7. 力/扭矩

在机构动态分析中可用"力/扭矩"来模拟对机构运动的外部影响。力/扭矩通常表示机构与另一构件的动态交互作用，并且是在机构的零件与机构外部实体接触时产生的。

在机构仿真环境下，单击右工具栏上的 按钮，弹出"力/扭矩定义"对话框如图 7-17（a）所示。可以对力或扭矩进行定义。力/扭矩的类型有"点力""点对点力"和"主体扭矩"三种，其中"点力"是在构件的特定点处施加一个力，可选取一个顶点作为参照；"点对点力"是一个构件上的某一点作用在另一构件上的特定点的力，可分别在两个不同的构件选取参照；"主体扭矩"则是在构件的质心施加一个扭矩，可选取一个构件作为参照。

图 7-17（b）是在一个凸轮轴上施加 10N·mm 的扭矩后的效果，扭矩的标志位于凸轮的质心处。

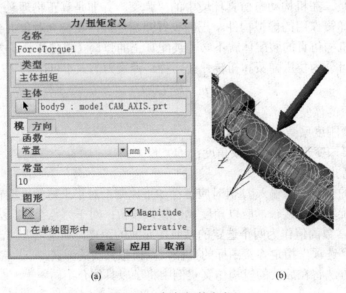

(a)   (b)

图 7-17 力/扭矩的定义
（a）力/扭矩定义对话框；（b）施加扭矩

8. 初始条件

初始条件是对机构中构件的位置和速度的初始值进行设置，是为了使用动态分析而分配给机构的。

在机构仿真环境下，单击工具栏上的 按钮，弹出如图 7-18 所示的"初始条件定义"对话框，可以对初始条件进行定义。对话框中有"快照"和"速度条件"两个栏目。其中"快照"在组件中为初始条件定义所有构件的位置，可以是当前屏幕上的位置，也可以是某一个特定的位置。"速度条件"使用相应选项定义感兴趣的速度以及选取参照图元。在"速度条件"栏中有四个选项：单击⬚按钮，选取构件上的一个点或顶点作为参照图元，定义该点处的线速度作为移动的初始速度；单击⬚按钮，选取连接轴作为参照图元，定义该运动轴的旋转速度或平移速度作为运动的初始速度；单击⬚按钮，选取一个构件作为参照图元，定义该构件沿已定义的矢量方向上的角位移为旋转运动的初始速度；单击⬚按钮；选取一个槽从动机构作为参照图元，定义从动机构上的点相对于槽曲线的初始切向速度。

9. 质量属性

为了能够对机构进行动态分析和静态分析，需要为机构指定"质量属性"。质量属性将参与确定在力的作用下机构的速度和位置发生何种改变。机构的质量属性有构件的密度、体积、质量、重心及惯性矩等组成。

在机构仿真环境下，单击右工具栏上的⬚按钮，弹出如图 7-19 所示的"质量属性"对话框，可以对构件的质量属性进行定义。对话框中质量属性的参照类型有"零件""组件"和"主体"三种。对于零件，可指定其质量、重心及惯量。若零件的体积为非零，则可指定其密度。对于组件，只能指定要进行计算的质量块的密度；对于主体，则只能查看其质量属性，无法对其进行编辑。

图 7-18　定义初始条件

图 7-19　定义质量属性

7.2　机构运动仿真分析

Creo 3.0 集成环境下运动仿真分析的全过程包括前处理、运算求解和后处理三个阶段。

7.2.1　前处理阶段

就是运用上一节介绍的运动仿真基础知识在已构建好的三维模型上定义连接关系、运动副、伺服电机和初始条件等，为机构仿真做好准备；运算求解主要是利用 Creo Parametric 3.0 内嵌的 DSX 模块对输入的数据参数进行解算，生成解算信息及若干内部输出数据文件；后处理阶段是对解算输出的内部数据进行解释并把数据转换为动画显示、信息、图表数据和报表数据等，从而完成机构动态仿真分析的全过程。

完成上一节所述的各项准备工作之后，就可以启动"解算运行模块"进行仿真分析。

7.2.2 运算求解阶段

在装配环境下正确地完成机构上所有构件的连接，在机构动态仿真环境下正确地完成运动副设置、伺服电机定义并指定初始条件之后，图形区将会出现相应的运动副和伺服电机的标志。这是下一步能够进行机构动态仿真的先决条件。

1. 执行机构运动仿真

单击工具栏上的 按钮，弹出如图 7-20（a）所示的"分析定义"对话框。系统默认的名称为"AnalysisDefinition+序号"，在"类型"栏目中有"位置""运动学""动态""静态""力平衡" 5 个选项，各选项的意义如下：

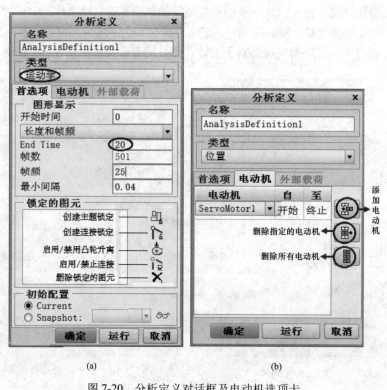

(a)　　　　　　　　　　　(b)

图 7-20　分析定义对话框及电动机选项卡

（a）设置首选项；（b）设置电动机

• 位置。使用 Creo Parametric 3.0 的 MDX 模块对机构中各构件的运动位置进行仿真，不考虑力和其他载荷的影响。位置仿真与运动学仿真有很多相似之处。

• 运动学。运动学是动力学的一个分支，它适用于除质量和力之外的所有运动形式。运动分析能够模拟机构的运动，满足伺服电机"轮廓"和各种运动副，还包括齿轮副、凸轮副和槽从动机构的要求。运动分析不考虑受力情况，因此不能使用执行电动机，也不必为机构指定质量属性。模型中的动态图元，如弹簧、阻尼器、重力、力/力矩以及执行电动机等，都不会对运动分析产生影响。

• 动态。动态分析是力学的一个分支，主要研究构件运动时的受力情况以及力之间的关系。使用动态分析可以研究分析作用在主体上的力、主体质量与构件运动之间的关系。

• 静态。静态分析也是力学的一个分支，主要研究构件平衡时的受力状况。使用静态分析可以确定机构在已知力的作用下的状态。其中机构中所有载荷和力处于平衡状态，并且势能为零。由于静态分析在解算过程中不考虑速度，所以能比动态分析更快地识别出机构的静态配置。

• 力平衡。力平衡分析是一种逆向的静态分析。在力平衡分析中，是从具体的静态形态获得所施加的作用力，而在静态分析中，是向机构施加力来获得静态形态。使用力平衡分析可以求解使机构在特定形态中保持固定时所需要的力。

对于运动仿真而言，可以选择"位置"或"运动学"选项。

2. 输入"首选项"信息

在"首选项"选项卡中默认的"开始时间"为 0，"终止时间"可根据仿真的需要设定，这里设置为 60s；接受系统默认的"长度和帧频"选项——这里的"长度"即终止时间与起始时间之差，帧频为每秒钟的帧数，是为仿真输出结果中的动画提供参数的。还可以选择"长度和帧数"或"帧频和帧数"。默认的帧频为 10，"最小间隔"为 0.1。这些参数都可以根据仿真的实际需要进行调整。

3. "锁定"选项

在图 7-20（a）所示的"锁定的图元"栏目中，有五个选项，其作用分别是：

• 🔒——创建主体锁定。使两个构件在运动分析期间不做相对运动，由机构连接设定的自由度在分析期间将不起作用。设置主体锁定需选择一个先导构件，如果在系统提示选择先导构件时单击鼠标中键，则表明以基础构件作为先导构件。

• 🔒——创建连接锁定。使选定的连接在运动分析期间保持当前配置。连接锁定可以用于机构连接、凸轮连接和槽连接，但不能用于齿轮连接。对齿轮副只能锁定产生齿轮轴的机构连接。

• 🔒——启用/禁用凸轮升离。

• 🔒——启用/禁止连接。对已锁定的"连接"重新启用，或者再次施加对该"连接"的锁定。

• ✖——删除锁定的图元。

4. 设置电动机

在"电动机"选项卡中可以设置用于运动分析的电动机。对于"位置"分析和"运动学"分析，只能设置连接轴伺服电机，几何电动机和执行电动机都不能使用。如有必要描述机构在各个不同时段的运动状态，可以单击该栏目内的🔲按钮，以添加伺服电机，这样能设定多个伺服电机的作用时间，以实现多个电机分时段起作用；单击🔲按钮，则可删除不必要的电动机，见图 7-20（b）。

5. 运行

所有有关机构运动分析的参数和条件设置完成后，单击对话框上的"运行"按钮，系统即启动内部解算器对机构的运动进行解算，完成解算后整个机构立即按照所设定的规律运动。此时可以观察运动过程是否符合所设定的运动方案，如果不一致，需返回到最初的各项设置，逐项进行检查、纠错。

对机构的运动过程感到满意之后，单击对话框上的"确定"按钮，系统就会将刚才仿真的过程记录下来，供下一步回放、分析和测量使用。

7.2.3 后处理阶段

1. 仿真结果回放

单击工具栏上的◀▶按钮，弹出如图 7-21 所示的回放动画操作框。"动画"操作框中各按钮的功能介绍如下：

• ▶——正向播放。单击该按钮，可以观看机构运动模型在设定时间和步数内的整个运动过程。

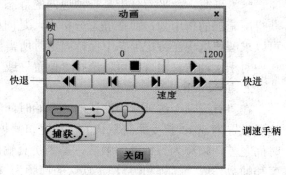

图 7-21 回放动画操作框

• ▶|——步进向前播放。单击该按钮，可以令机构运动模型在设定时间和步数内前进一步，便于操作者更仔细地观察运动过程。

• |◀——步进倒退播放。单击该按钮，可以令机构运动模型在设定时间和步数内后退一步，便于操作者观察上一步的运动情况。

• ■——暂停按钮。

• ⟲——循环播放。单击该按钮，再单击播放按钮▶，可令运动模型在同一个方向上运动的动画周而复始地播放。

• ⇄——正反向循环播放。单击该按钮再单击播放按钮▶，可令运动模型动画在一个周期内的上半周按顺时针方向播放，下半周按逆时针方向循环播放。

• 调速手柄——调节播放速度。选中该按钮并左右拖动，可以调节动画的播放速度。

• 捕获——抓捕视频。单击该按钮，可以将机构运动分析生成的动画捕获下来存储为.mpg格式的视频文件。

2. 运动仿真的动画输出

完成机构运动仿真之后，如果单击"分析定义"对话框上的"确定"按钮，仿真分析结果会被系统记录下来（否则，若直接单击"取消"按钮，系统将不保存仿真分析结果），此时在"机构树"的下方将出现如图 7-22 所示的树形分支结构图：AnalysisDefinition1 就是刚才完成的动态仿真分析"结果集"的名称。

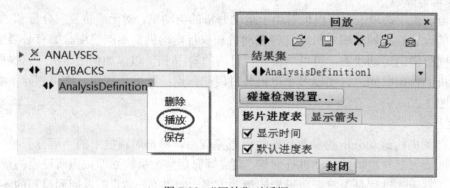

图 7-22 "回放"对话框

（1）鼠标右键单击该名称，在弹出的快捷菜单中选择"运行"，将会重新播放刚才的运动仿真过程。

（2）右键单击"回放"，在弹出的快捷菜单中选择"播放"，将会弹出如图 7-22 中的"回放"对话框，其中有"影片进度表"和"显示箭头"两个选项卡。

（3）在"影片进度表"选项卡中可设置回放的结果片段：初始时间和终止时间可以在整个仿真的时间段内选择，以便观察在某个时间段内的运动效果。

（4）若选中"显示时间"复选框，在回放动画时将会在屏幕左上角显示已执行的时间。

（5）若选中"默认进度表"复选框，则回放整个结果集；取消该复选框的勾选，在其下方的时间段列表启动，可输入要播放的时间段，如果输入了多个时间段，则按从上到下的次序依次播放各时间段内的仿真动画。

（6）在"显示箭头"选项卡中，可设定在回放分析结果时，是否显示代表与分析相关的测量、力、扭矩、重力及执行电动机的大小与方向的三维箭头。使用显示箭头可查看载荷对机构的相对影响。对力、线性速度和线性加速度等矢量，将显示单箭头；对扭矩、角速度和角加速度等矢量则显示双箭头。箭头的颜色取决于测量和载荷的类型。回放分析结果时，箭头的大小和位置将随着播放进程而动态变化，以反映测量值、力或扭矩的计算值随着时间变化的过程，同时，箭头的方向也会随计算矢量方向而改变。

在图 7-23 所示的"显示箭头"选项卡的"测量"列表中会列出所选"结果集"中可用箭头显示的测量，在"输入载荷"列表中列出所选"结果集"中可用箭头显示的载荷。"注释"分组框用于设置在模型上显示测量对象的名称或数值，在执行运动仿真的过程中，将会显示这些名称和数值。

（7）单击"回放"对话框上的播放按钮◀▶，再次出现如图 7-21 所示的播放动画操作框。操作方法和过程与前述完全相同。

（8）单击"回放"分支下的"AnalysisDefinition1"，有三个选项可供选择：删除、播放及保存。选择"播放"，效果与前相同。选择"保存"，将会在当前文件夹中生成一个名为"AnalysisDefinition1.pbk"的文件作为此次仿真分析的输出结果。下次打开回放动画操作框时，可以导入该文件进行播放。

（9）当单击图 7-21 所示的"回放动画"操作框上的"捕获"按钮时，将弹出如图 7-24 所示

图 7-23 "显示箭头"选项卡

图 7-24 捕获操作框

的"捕获"对话框，可对动画进行渲染而生成 MPEG 格式的视频文件。系统默认的视频文件名为该装配体的主文件名，后缀名为.mpg。设定所要输出视频图像的宽度、高度及帧频，单击"确定"按钮，系统将自动生成相应的视频文件。如果选中对话框上的"照片级渲染帧"，将会耗费较多的 CPU 时间。

由"捕获"生成的视频文件可以用 Windows Media Player 或暴风影音之类的播放器进行播放观看。

3. 测量

Creo 3.0 的运动仿真分析模块除了能输出动画之外，还能输出图、表格式的图形文件和数据文件。当整个仿真过程顺利实现（这是进行测量的先决条件）之后可使用"测量"工具对机构各部分的运动情况进行测量，进而检测所设计的装配体是否满足工程的需要并提供改进的参考。还可以进一步分析机构在整个运动过程中的各种具体参数，如位置、速度、加速度和力等。通过测量可以将机构的运动仿真结果以直观、形象的图表和数据拟合形式表示出来，为进一步对整个装配体设计的调整和完善提供更为直观的依据。

有两点需要加以说明：一是与动态仿真分析相关的测量项目，一般应在运行仿真分析之前针对具体的测量对象设置测量项目和测量手段；二是若想要查看已经保存过的运动仿真分析测量结果，必须首先选取一个结果集，将其导入机构仿真分析环境中之后，再执行相关的测量项目。

（1）单击右工具条上的 按钮，弹出如图 7-25 所示的"测量结果"对话框，单击打开按钮 ，可以导入运动仿真输出的结果集作为测量对象。

（2）设置图像类型。在"图像类型"分组框中有"测量对时间"和"测量对测量"两个选项，分别表示在绘制测量图形时横、纵坐标的两个变量值。一般情况下多采用测量结果随时间变化的曲线来绘制图形。

图 7-25   测量结果对话框

（3）测量定义。在"测量"分组框中单击 按钮，弹出如图 7-26 所示的"测量定义"对话框，系统默认的测量命名为"measure+ 序号"，可以创建多个测量项目。

1）定义测量类型。在类型分组框中有"位置""速度""加速度"等 12 个常用的测量类型，另外还有"用户定义的"选项，可由用户自行设定测量的数量及其函数表达形式。当选取一种测量类型后会打开相应需要定义的项目。

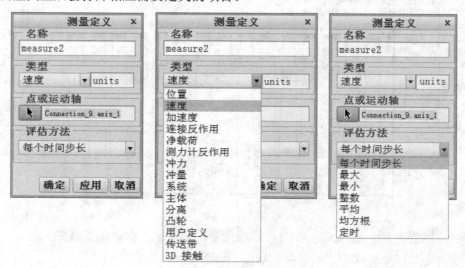

图 7-26　测量定义对话框

2）选取评估方法。在"评估方法"分组框中有"每个时间步长""最大""最小""整数""平均""均方根"和"定时"等 7 个选项，分别代表测量结果的不同计算方法。其中以"每个时间步长"（单位时间内的运动变化量）最常用，在测量时可根据具体的测量类型选择测量结果的计算方法。

（4）选择结果集。创建了测量变量后，需要选取一个分析结果作为结果集，系统将先前的分析结果作为参考，解算出当前变量的测量值。如果直接由分析步骤过渡到测量，则分析的结果会直接显示在"结果集"中。若"结果集"中未含有已经创建的并保存了的分析结果，就需要手工导入，其操作方法是单击对话框中的按钮，在打开的"选择回放文件"对话框中搜索到先前保存的分析结果文件，将其导入。

（5）测量结果。选取了分析结果集后，测量的结果便会显示在"测量结果"对话框的"测量"分组框内。在同时选取测量变量和分析结果之后，对话框上部的 ⊠ 按钮被激活，单击该按钮便可绘制出测量变量的变化曲线图。图 7-27 所示为一四冲程内燃机凸轮配气机构运动仿真分析中某一气门挺杆"滑动杆"运动副的速度曲线。用鼠标左键点击图形中任意一点的时间坐标，可以即时地显示该时间节点气门挺杆的瞬时运动速度。

选取图 7-27 所示"图形工具"主菜单上的"文件"→"导出 Excel"命令，可以生成 Microsoft Excel 格式的电子数据文件表；选取"文件"→"导出文本"命令，可以生成后缀名为.grt 格式的记录汽门挺杆的运动速度随时间变化的数据文本文件，该文件可以用 Microsoft 的"记事本"打开供阅读分析。

用户可以同时创建多个测量和分析结果并以图形方式显示出来，这样可以比较各变量在不同环境和条件下的变化情况，将不同的测量与不同的分析结果相组合，充分考虑到整个装配设计中各影响因素的作用，从而做出进一步的优化设计。可以同时将多个测量对应于一个分析结果，或是将一个测量对应于多个分析结果，并结合"测量结果"对话框上"测量"分组框中的"分别绘制测量图表"复选项来进行对比观察。

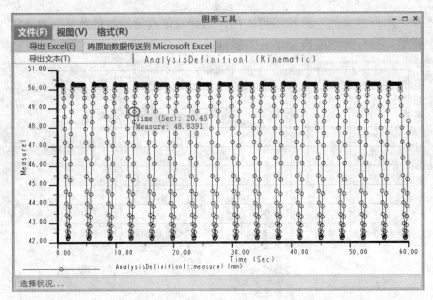

图 7-27　凸轮机构中从动件运动速度曲线（测量对时间）

7.3　机构运动仿真实例

本节将结合几个工程实例来具体地介绍实现机构运动仿真分析的全过程。

需要再次说明的是：机构运动仿真分析的对象必须是一个经过合理约束或运动副连接而成的装配体模型。可以采用两种方法获得装配体模型：一是采用本书第 5 章介绍的产品装配方法创建，在进入机构仿真模块之前，把装配体中各零件的约束关系"转换"为运动副"连接"关系；二是重新开始创建一个新的装配体模型，其中各构件之间都按照本章 7.1.3 节所列出的运动副（包括特殊运动副）建立"连接"关系。这两种方法都将在本章的仿真实例中予以介绍。

7.3.1　四缸内燃机凸轮配气机构运动仿真

在本书第 5 章有关"挠性件"的装配中，我们介绍了一个四缸四冲程内燃机凸轮配气机构，其总装配图如图 7-28 所示。这里以该机构为例介绍带有"凸轮"连接副和弹簧类零件的机构运动仿真分析的全过程，这两种特殊零件的运动形态恰是本例仿真的特色。

图 7-28　内燃机凸轮配气装配模型

该凸轮配气机构的主要运动部分为凸轮轴（cam_axis.prt）、平底从动件（flat.prt）、弹簧（spring.prt）及气门挺杆（air_rod.prt），主要运动副为"销钉"副和"凸轮"副。凸轮箱（cam_box.prt）与地刚性固结，可视为"主体"。为了有助于观察该机构内部元件的运动情况，可以将箱体设置为透明状或线框方式显示。凸轮轴与箱体为"销钉"连接，凸轮与平底从动件为"凸轮"副连接，平底从动件与箱体为"滑动"副连接，汽门挺杆与平底从动件为"刚性"连接，随平底从动件一起做上下移动。

在本书第 5 章 5.5 节中，已创建了该配汽机构的装配体模型，现在需要在其基础上做两项准备工作：一是删除该装配体上的 8 个弹簧元件（或将它们隐藏）。因为在 7.1.3 小节中已经提到，为了模拟弹簧在受力时的变形及恢复情况，需要在机构动态仿真环境下定义"虚拟弹簧"来替代真实概念下的弹簧，所以原来放置在装配体上的弹簧就不需要了（这仅仅是动态仿真的需要，在进行装配设计时，弹簧还是不可缺少的）；二是我们不必重新创建一个新的凸轮配汽机构装配体，只需按本章开始所说的"把装配体中原来的约束关系转换为运动副连接关系"就可以了。下面的凸轮配汽机构动态仿真过程就从"转换约束关系为连接关系"开始。

1. 以运动副方式建立连接关系

启动 Creo Parametric 3.0，打开 cam_box.asm 文件后，把凸轮配汽机构装配体导入装配环境。删除原装配体中的弹簧并将其各元件间的"约束"关系转换为"连接"关系。

（1）在装配模型树上（按下 Ctrl 键）同时选中 8 个 spring.prt 零件，压下鼠标右键，在弹出的快捷菜单中选择"删除"，在弹出的"删除"提示框上单击"确定"按钮，即删去原装配模型中的 8 个弹簧。

（2）转换凸轮轴与凸轮箱之间的"约束"关系为"销轴"连接关系。

1）右击装配模型上的 cam_axis.prt 元件，在快捷菜单中选取"编辑定义"命令，在弹出的"元件放置"操控板上选取连接关系为"刚性"，即开始把原来的"约束"关系转换为"连接"关系，见图 7-29 中的步骤①。

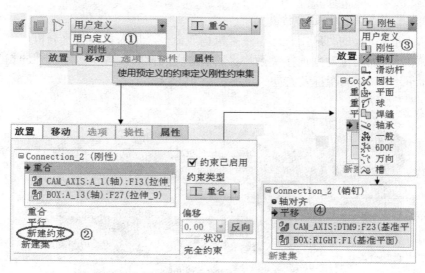

图 7-29　转换的步骤和次序

2）打开"放置"下拉菜单，单击"新建约束"，这是转换操作中重要的步骤②。

3）再回到"元件放置"操控板，单击连接类型栏内的 ▼ 按钮，将刚才的"刚性"连接关系修正为"销钉"，这时，机构中原来的约束关系就全部解除，需要重新定义"连接"关系，这是转换的步骤③。尽管凸轮轴与凸轮箱之间的相对位置已经确立，但由于尚未建立新的连接关系，所以系统提示"选取在一个零件上对齐轴或边"，只要重新点选凸轮轴上的中心轴 A_1 和凸轮箱上的轴线 A_1，即完成"重合"（轴对齐）定义，机构上各元件之间的相对位置不发生任何改变。

4）最后再执行转换的步骤④操作：进行面配对操作，即分别点选凸轮轴上的 DTM9 基准面和凸轮箱上的 RIGHT 基准面为"重合"关系，这时系统提示"完成连接定义"，单击操控板上的"确定"按钮，予以确认。于是，经过图 7-29 中步骤①～④的连续操作，就完成了由"约束"关系到"销轴"连接关系的转换。

（3）采用类似的方法可以将平底从动件与凸轮箱体的"约束"关系转换为"滑动杆"连接关系。需要注意的是：对应于图 7-29 中的第③步操作，需选取"滑动杆"选项，然后选中从动件上的中心轴 A_1，箱体上的孔中心线 A_5，即完成"轴对齐"连接，接着再分别选中从动件上的 RIGHT 基准面和箱体上的 DTM2 基准面，即完成二者之间的"旋转"约束，以保证二平面的平行关系。

此项操作也不改变从动件与箱体之间的相对位置，因此从动件与凸轮之间的"相切"约束关系仍然保留，这是后续操作中定义"凸轮副"的必要条件。

（4）仍然采用上述转换方法把汽门挺杆与从动件的"约束"关系转换为"刚性"连接关系。这一步操作相对比较容易：只需简单地将图 7-29 的第①步中的"用户定义"切换为"刚性"连接，然后单击操控板上的"确定"即可完成此项转换。

其他 7 个从动件及汽门挺杆的连接转换均可按照上述步骤（1）～（4）的方法进行，读者不妨亲自动手操作，完成该机构中全部"约束"关系向"连接"关系的转换。

至此四缸内燃机凸轮配汽机构各构件之间的约束关系全部转换为"连接"关系，可以进入下一步进行机构运动仿真分析。

2. 内燃机凸轮配汽机构运动仿真

（1）选取主菜单上的"应用程序"→"机构"命令，进入机构仿真分析环境。由于在装配环境下各构件之间的运动副连接关系均已正确定义，此时在各个运动构件的相关位置都正确地显示出每个运动副的图标及方向矢量如图 7-30 所示。

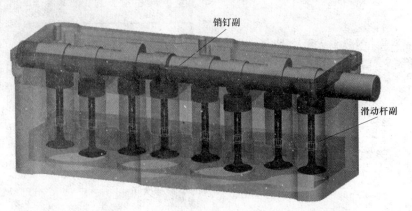

图 7-30 进入机构仿真环境后显示各运动副图标

（2）定义凸轮副。

1）单击工具栏上的🔧按钮，弹出"凸轮从动机构连接定义"对话框，勾选对话框中的"自动选取"选项，然后用鼠标左键选中凸轮轮廓面的某一部分，系统自动地选取整个凸轮轮廓面并使之红色高亮显示如图 7-31 所示，并且有黑色矢量箭头指向轮廓面的外侧。点击选取框上的"确定"按钮予以确认。

图 7-31　定义凸轮 1

2）点击"凸轮从动机构连接定义"对话框中的"凸轮 2"，对从动件进行定义。

设置过滤器为"曲面"，选中平底从动件的顶面为"凸轮 2"的轮廓面，点击选取框上的"确定"按钮予以确认。然后分别选择 PNT1 和 PNT2，从而确定其深度（即宽度）。最后单击对话框上的"确定"按钮，完成凸轮连接的定义。此时在图形区出现橙色的凸轮连接标志如图 7-32 所示。

图 7-32　定义凸轮连接的从动件

（3）定义弹簧。弹簧安放的确切位置是在平底从动件内孔顶面与凸轮箱体的弹簧基座之间，为了准确地指明弹簧上下两端的位置，需要事先在平底从动件内孔顶面设置中心"点"——PNT0 及箱体弹簧基座的 8 个位置上设置相应的"点"——PNT0～PNT7，如图 7-33 所示。

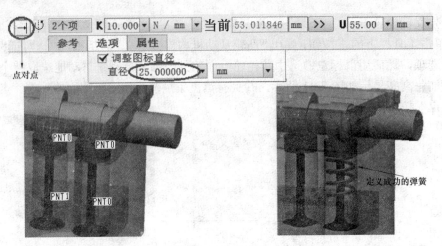

图 7-33 定义弹簧

1）单击工具栏上的 ≋ 按钮，弹出"弹簧定义"操控板如图 7-33 所示。接受操控板上"点对点"的定义方式，按下 Ctrl 键，先后选中从动件上的点 PNT0 及箱体上的点 PNT0，确定弹簧两端位置。

2）在操控板的弹簧刚度栏目 K 中输入刚度值 10N/mm，接受系统自动测量出的从动件上的点 PNT0 与箱体上的点 PNT0 之间的当前距离为 53.281 8mm，初始值 U 也为 53.281 8mm。

3）打开操控板上的"选项"下拉面板，勾选其中的"调整图标（弹簧）直径"，在直径栏内输入 25mm。这样第一个虚拟弹簧的参数及位置均已设置完毕，单击操控板上的"确定"按钮，完成第一个弹簧的定义。所定义的虚拟弹簧如图 7-33 所示。

其他 7 个虚拟弹簧的设置方法与上述过程完全相同，读者可以自行演练予以完成。

（4）定义伺服电机。该机构只需要在图 7-34 中凸轮轴上设置 1 个伺服电机来驱动凸轮轴绕其与凸轮箱共有的运动轴做旋转运动；安装在凸轮轴上的 8 个凸轮分别通过"凸轮"运动副与 8 个平底从动件连接，在凸轮的变半径轮廓驱动下，8 个平底从动件分别在不同的时段向下做滑移运动，同时（虚拟）弹簧受到压缩，气门挺杆与从动件为刚性固结，随从动件向下移动打开气门；当凸轮的等半径轮廓部分与从动件接触这段时间内，凸轮轴转动但从动件和气门挺杆处于相对静止状态，从而保持一段进气或排气的时间；当凸轮的另一侧变半径轮廓部分与从动件开始接触时，被压缩的弹簧在弹簧恢复力的作用下推动从动件并带动气门挺杆向上滑移，在不同的时段关闭气门。如此周而复始运动，完成为内燃机气缸配气的使命。

单击工具栏上的 ◔ 按钮，打开如图 7-34 所示的"伺服电机定义"对话框，接受"类型"选项卡上默认的"运动轴"类型选项，在图形区内点选凸轮轴与凸轮箱的运动轴（图 7-34 中鼠标箭头所指的运动轴标志）；打开对话框上的"轮廓"选项卡，在"规范"栏内选取"速度"选项，在"模"栏目内选择"常数"（凸轮轴旋转速度为定值），设定转速 $A = 500°$/s。设置完毕后单击对话框上的"确定"按钮予以确认，伺服电机的标志出现在运动轴附近，完成伺服电机的定义。

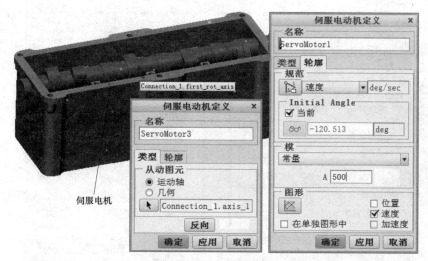

图 7-34　定义伺服电机

　　通过以上操作，四缸内燃机凸轮配汽机构运动仿真分析所需要的全部运动副连接关系及虚拟弹簧和主要运动参数都已定义齐备，各运动副、虚拟弹簧及伺服电机图标如图 7-35 所示。

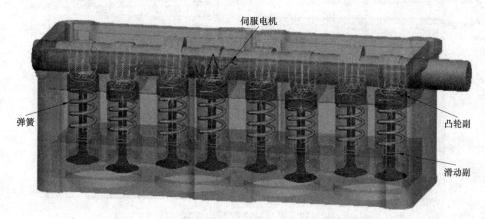

图 7-35　完成定义后的运动副、伺服电机及弹簧图标

　　（5）设置运动参数和控制参数。单击右侧工具栏上的 按钮，弹出如图 7-36 所示的"分析定义"对话框。在"类型"选项中选择"运动学"，接受"首选项"选项卡上"长度和帧频"方式，设定终止时间为 60s，帧频为 30。接受"电动机"选项卡上默认的从"开始"时即驱动凸轮轴旋转。

　　完成以上设置后，单击"运行"按钮，系统进入运动分析解算过程。经过解算之后，将会动态地、完全逼真地显示出内燃机凸轮配汽机构在 60s 内运动的整体状况。运动一次循环完成之后，单击"确定"按钮，系统把解算结果记录下来，可供"回放"之用。

　　（6）回放和导出视频文件。

　　1）单击右侧工具栏上的 按钮，弹出"回放"对话框。系统自动导入 AnalysisDefinition1 结果集，接受"影片进度表"中系统默认的"显示时间"和"缺省进度表"勾选项。

　　2）单击对话框上的 按钮，出现如图 7-37 所示的"动画"控制框。单击操作框中的有关按钮，可以播放观看内燃机凸轮配汽机构运动的动画。

图 7-36 "分析定义"对话框设置

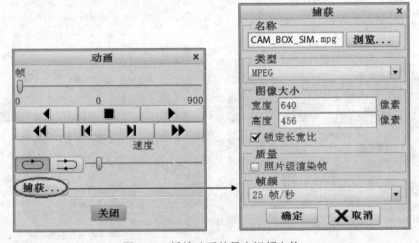

图 7-37 播放动画并导出视频文件

3）导出视频文件。单击"动画"控制框上的"捕获"按钮，弹出"捕获"对话框，接受系统的命名，可以设置视频文件存放的目录为 My Document\creo_sim\，"图像大小"和"帧频"两栏都接受系统的默认设置。

本例仿真生成的 CAM_SIM.mpg 文件存放在本书配套资料 ch_7 文件夹中。读者可以使用 Windows Media Player 及暴风影音之类的媒体播放器进行播放，以仔细观察内燃机凸轮配气机构中各部件的运动状况。特别地，你可以观察到弹簧元件在受压缩和被释放时的变化，非常逼真地再现了凸轮配汽机构运动的真实效果。

（7）测量。

1）单击右侧工具条上的 ⊠ 按钮，弹出如图 7-38 所示的"测量结果"对话框，单击 ⊡ 按钮，导入结果集 AnalysisDefinition2。

2）单击"测量"栏内的 ☐ 按钮，创建一个测量对象。弹出图 7-38 中的"测量定义"对话框，系统自动将此项测量命名为 mesure1，并提示选取"一个点或运动轴"。将过滤器设置为"旋转轴",然后在图形区选择光标指向的从动件和凸轮箱体之间由"滑动杆"连接关系定义的连接轴:connection_2 axis_1,在图形区出现一个双箭头图标指向该连接轴的轴线。

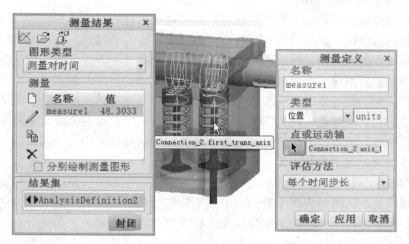

图 7-38　选择测量对象

3)在"评估方法"栏中选择"每个时间步长"选项,单击"确定"按钮,返回到"测量结果"对话框。此时,该对话框上方的 ⊠ 按钮被激活,单击该按钮,即输出如图 7-39 所示的气门挺杆上下滑动的位置—时间轨迹曲线。

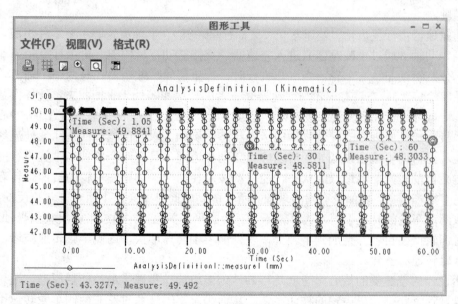

图 7-39　输出气门挺杆上下滑动的位置—时间轨迹曲线

由该轨迹曲线可以看出,气门挺杆的相对位移量为两个极端位置之差:50.25 − 42.199 2 = 8.050 8mm,满足气门完全打开和彻底关闭的技术要求(8mm),图 7-39 中几个关键时间节点气门挺杆所在的位置也是符合设计意图的。

通过以上操作,完成了凸轮配气机构运动仿真分析的全过程,选取主菜单上的"文件"→"保存"命令,将该仿真分析组件存放在指定的文件目录中,以备后用。

7.3.2 汽车差速机构运动仿真

1. 汽车差速器的基本原理

汽车在沿着直线且平坦的道路上行驶时,左右两侧车轮的速度是相同的。而在转弯时,车轮的轨迹是圆弧曲线,如果汽车向左转弯,圆弧的中心位于左侧,在相同的时间里,右侧车轮所走的弧线距离比左侧车轮所走的弧线长,为了平衡这个差异,就应使左侧车轮转动得慢一点,右侧车轮转得快一点,用不同的转速来弥补距离的差异。假如将后轮轴做成一个整体直接与后轮固定,此时当汽车向左转弯时,圆弧的中心点应该在左边轮子一侧,但在相同的时间和两个后轮转动圈数一样的情况下,本来应该右侧车轮走的弧线比左侧轮子长且转动的圈数多即稍快些,而左边的车轮比右边车轮的弧线短而转动稍慢些,然而由于两轮被一个整体轮轴刚性约束,处于内圈的轮子将因摩擦阻力而根本不能转动。显然做成一个整体的后轮是无法在弯道上行驶的。因此汽车的后轮一定要设计成左右两段轮轴,分别驱动左右两个车轮,才能够满足在转弯时内侧车轮慢、外侧车轮快的条件,转弯才能实现。同样道理,当汽车在凹凸不平的道路上行驶时,如果左侧车轮突然驶入凹处时,方向轮会自然偏向左,而驶入凹处的动力轮会在瞬间加速转动;反之将偏向右,动力轮也会在瞬间加速转动。这两种情况下,在凸起的路面着地较实的车轮却会瞬间减速,也会产生速度的差异。

为了解决这一问题,法国雷诺汽车公司的创始人路易斯·雷诺在一百年前就提出了差速器的创新设计方案,使得汽车在转弯和崎岖不平的道路上行驶时能自动地、实时地调整两轮转速,以解决速度和动力的合理分配问题,保证车辆能够在转弯或在崎岖不平的道路上安全、可靠地行驶。

普通差速器由行星齿轮、差速器壳(又称行星轮架)、半轴齿轮等主要零件组成。发动机的动力经传动轴(通过主减速器)进入差速器,直接驱动行星轮架,再由行星轮带动左、右两半轴,分别驱动左、右车轮。当汽车直行时,行星齿轮、差速器壳与两个半轴齿轮同步转动(行星齿轮装置),左、右车轮与差速器壳三者的转速相等处于平衡状态,就好像是连在一起;而在转弯时,三者平衡状态被破坏,导致内侧轮转速减小,外侧轮转速增加。物理学中,有一个"最小能耗原理"支配着物体的运动状态。例如,水的位能特性是往低处流的,水在没有其他动力协助下流至最低处而自动静止。同样道理,具有两个单独半轴且平行的车轮在转弯时也会自动趋向能耗最低的状态,能自动按照转弯半径调整左右轮的转速。转弯时,由于外侧轮有滑拖现象,内侧轮有滑转现象,两个驱动轮此时就会产生两个方向相反的附加力,必然导致两边车轮的转速不同,从而破坏了三者的平衡关系,并通过半轴反映到半轴齿轮上,迫使行星齿轮产生自转并叠加到半轴上,使外侧半轴转速加快,内侧半轴转速减慢,从而实现两边车轮转速的差异。

雷诺设计的差速器的核心思想就是巧妙地用多组齿轮实现了最小能耗原理,通过独具匠心地绝妙设计,获得行星齿轮的被动旋转,从而满足车辆转弯时左右两侧车轮转速不同的要求,而且它并不需要额外的装置来协助,能够自动地实现差速的调整。

本例仿真分析的结果可以验证这种差速效应。

2. 差速机构中各构件连接关系概述

在本书第 5 章装配设计中,曾以汽车差速器为例介绍了产品装配的基本方法和步骤,因为要进行运动仿真,也必须把装配体中原来的"约束"关系转换为"连接"关系。转换的过程与上例基本相同,这里就不再重述,而把重点放在"齿轮副"的连接定义及"差速轮系"

机构的运动仿真分析方法上，模拟各种直齿锥齿轮、弧齿锥齿轮的啮合状态及运动实况。

汽车差速器总成主要包括主减速器（由一对 Gleason 弧齿锥齿轮啮合构成）、差速行星轮系（由行星齿轮室、左右两个直齿锥齿轮和四个直齿锥齿行星小齿轮两两啮合而成）和左右半驱动轴（驱动左右两个车轮）三大部分。所有转动构件之间的连接方式均为"销钉"连接关系，以及各齿轮之间的"齿轮副"连接关系。

为了便于创建"齿轮副"配对连接关系，这里对差速轮系做了一些如图 7-40 所示的简化，并对 4 个行星齿轮进行编号，着重表达行星轮系的啮合关系。

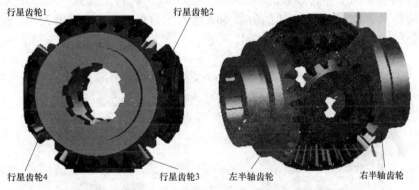

图 7-40　汽车差速轮系简化模型

下面的汽车差速器总成的机构动态仿真过程就从创建"齿轮副"连接关系开始。

3. 创建各齿轮之间的连接关系——齿轮副定义

（1）启动 Creo Parametric 3.0，打开 Differential.asm 文件，将凸轮配汽机构装配体导入装配环境，选取主菜单上的"应用程序"→"机构"命令，进入机构运动仿真分析环境。

（2）首先创建主减速器中两个 Gleason 弧齿锥齿轮之间的齿轮副 1。

1）单击右侧工具条上的 ⚙ 按钮，弹出如图 7-41 所示的"齿轮副定义"对话框，接受系统默认的齿轮副名称。在"类型"栏目中选取"锥"。

图 7-41　创建齿轮副 1

2）选中小齿轮轴上的运动轴 Axis_1，系统自动感知小齿轮的节圆直径为：82.173 9mm。

3）单击齿轮 2 选项卡，切换到对大齿轮的定义。选中大齿轮上的运动轴 Axis_1，因为与该运动轴平行且位于同一轴线的还有其他几个运动轴，所以必须仔细准确选中，以免误选。一个有效的预选方法是：选中某运动轴，若与之对应的构件呈黑色高亮显，则说明选择正确，否则必须另行选择运动轴。如本例选中大齿轮上的运动轴 Axis_1 后，大齿轮立即黑色高亮显，且系统自动感知大齿轮分度圆直径为 252mm。

4）设置属性。单击对话框上的"属性"选项卡，切换到属性设置，并且在该选项卡的下方出现锥齿轮模型简图及有关参数的标志。在"齿轮比"栏目中选择"用户定义的"选项，分别输入小齿轮的齿数 15 和大齿轮的齿数 46。输入压力角 20°，螺旋角 35°，系统自动感知两个螺旋弧齿锥齿轮的锥角（γ）如图 7-42 所示。

图 7-42 齿轮副 1 的属性及图标

完成以上设置后，单击"齿轮副定义"对话框上的"确定"按钮，确认齿轮副 1 的定义。在图形区两个 Gleason 齿轮的相关位置处出现如图 7-42 所示齿轮副 1 的图标。

（3）创建右半轴齿轮与行星齿轮 1 之间的齿轮副 2。

1）单击右工具条上的 ✿ 按钮，弹出如图 7-43 所示的"齿轮副定义"对话框，接受系统默认的齿轮副名称。在"类型"栏目中选取"锥"。

2）选中右半轴齿轮上的运动轴 Axis_1，系统自动感知该齿轮的节圆直径为 109.778mm。

3）单击"齿轮 2"选项卡，切换到对行星齿轮 1 的定义。选中行星齿轮 1 上的运动轴 Axis_1，且系统自动感知行星齿轮 1 分度圆直径为 76mm。

4）设置属性。单击对话框上的"属性"选项卡，切换到属性设置，并且在该选项卡的下方出现锥齿轮模型简图及有关参数的标志。选择"用户定义"选项，分别输入 26 和 18。

5）单击"齿轮副定义"对话框上的"确定"按钮，确认齿轮副 2 的定义。在图形区右半轴锥齿轮及行星齿轮 1 的相关位置显示出齿轮副 2 的图标如图 7-44 所示。

图 7-43　创建齿轮副 2

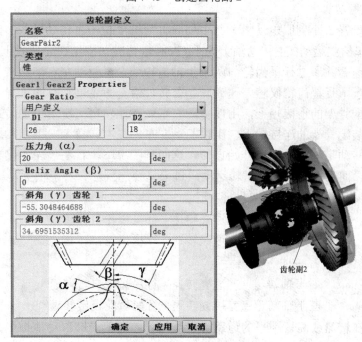

图 7-44　齿轮副 2 的属性及图标

（4）仿照步骤（3）的操作，可分别创建右半轴齿轮与行星齿轮 2、行星齿轮 3 及行星齿轮 4 之间的齿轮副 3、齿轮副 4 和齿轮副 5 以及左半轴齿轮与行星齿轮 1、行星齿轮 2、行星齿轮 3 及行星齿轮 4 之间的齿轮副 6、齿轮副 7、齿轮副 8 和齿轮副 9。

9 个齿轮副连接关系创建完毕之后，在图 7-45 左侧所示的机构树上的"机械"→"连接"→"齿轮"分支下，可以看到全部齿轮副的默认名称。右键选中其中任意一个齿轮副，在快捷菜单中选取"编辑定义"，可以对齿轮副的参数进行修改。所有齿轮副的显示及其所在位置如图 7-45 所示。

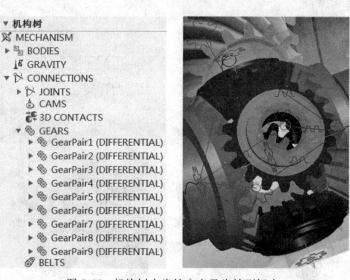

图 7-45　机构树中齿轮定义及齿轮副标志

4. 定义伺服电动机

该机构共需设置 3 个伺服电动机，其中伺服电动机 1 位于主传动轴与装配骨架的连接轴上，用以驱动汽车的主运动：主传动轴上的小 Gleason 齿轮与固结在差速壳上的大 Gleason 齿轮啮合，带动差速壳并通过行星齿轮与两个半轴齿轮啮合，驱动左右半轴转动，汽车后轮向前滚动。此种情况下行星齿轮仅随差速壳一起公转，恰是车轮直行时的工况。伺服电动机 2 位于右半轴与装配骨架的连接轴上，用以驱动右车轮在左转弯工况下增加转速；伺服电动机 3 位于左半轴与装配骨架的连接轴上，用以驱动左车轮在右转弯工况下增加转速。左右半轴在转弯时的加速转动带动行星齿轮开始自转，这两种工况下，行星齿轮不仅有公转运动，而且还有自转运动，而且行星齿轮的自转运动反过来又叠加到左、右半轴上，即：

左转弯时：

$$左半轴转速 = 差速壳转速 - 行星齿轮自转转速$$
$$右半轴转速 = 差速壳转速 + 行星齿轮自转转速$$

右转弯时：

$$右半轴转速 = 差速壳转速 - 行星齿轮自转转速$$
$$左半轴转速 = 差速壳转速 + 行星齿轮自转转速$$

这样，汽车在转弯或高低不平的道路上行驶时，差速器能够自动地担当起调整两侧车轮转速的功能，两边的车轮动力就会不断改变使得车子的行进方向也发生变化，正是这个差速现象才使得驾车人在驾驶方向盘时显得更为轻松！

（1）定义伺服电动机 1。单击右侧工具条上的 按钮，打开如图 7-46 所示的"伺服电动机定义"对话框，接受"类型"选项卡上默认的"运动轴"类型选项，在图形区内点选主传动轴与装配骨架的连接轴（见图 7-46 中鼠标箭头所指的运动轴标志）；打开对话框上的"轮廓"选项卡，选取"规范"栏内的"速度"选项，在"模"栏目内选择"常数"，设定 A = 200。全部设置完毕后单击对话框上的 "确定"按钮予以确认，完成伺服电动机 1 的定义。

图 7-46　定义伺服电动机 1

（2）定义伺服电动机 2、3。仿照伺服电动机 1 的定义方法，分别点选左、右半轴与装配骨架连接轴为"运动轴"，定义伺服电动机 2 和伺服电动机 3 如图 7-47 所示，运动"规范"均为"速度"，"模"为"常数"，设定 A = 30。完成伺服电动机 2、3 的定义。

图 7-47　定义伺服电动机 2、3

通过以上操作，汽车差速器机构总成运动仿真分析所需要的全部运动副连接关系、伺服电动机及主要运动参数都已定义齐备，各运动轴、齿轮副及伺服电动机图标如图 7-48 所示。

5. 设置运动参数和控制参数

单击右侧工具栏上的 按钮，弹出如图 7-49 所示的"分析定义"对话框。在"类型"选项中选择"运动学"，接受"首选项"选项卡上"长度和帧频"方式，设定终止时间为 60s，帧频为 30。在"电动机"选项卡上分别设置三个伺服电动机的开始和终止时间。

图 7-48 完成定义后的运动轴、齿轮副及伺服电动机图标

图 7-49 "分析定义"对话框设置

完成以上设置后，单击"运行"按钮，系统进入运动分析解算过程。经过解算之后，将会动态地、完全逼真地显示出汽车差速器机构总成在 60s 内运动的整体状况。与完成之后，单击"确定"按钮，系统把解算结果记录下来，可供"回放"之用。

上述一次循环运动共分三个阶段：

第一阶段——从 0s 开始，车辆直行，到 20s 结束。在这段时间里，差速壳通过四个行星齿轮与左右半轴咬合在一起共同向前转动。

第二阶段——从 20s 开始，车辆左转弯，到 40s 结束。四个行星齿轮随差速壳公转的同时，还做逆时针自转，从而增加了右半轴的转速，减低了左半轴的转速。

第三阶段——从 40s 开始，车辆右转弯，到运动终了。四个行星齿轮随差速壳公转的同时，还做顺时针自转，从而增加了左半轴的转速，减低了右半轴的转速。

6. 回放和导出视频文件

（1）单击右工具栏上的◀▶按钮，弹出"回放"对话框。系统自动导入 AnalysisDefinition1 结果集，接受"影片进度表"中系统默认的"显示时间"和"缺省进度表"勾选项。

（2）单击对话框上的◀▶按钮，出现如图 7-50 所示的"动画"控制框。单击操作框中的有关按钮可以播放观看汽车差速器机构总成运动的动画。

（3）导出视频文件。单击"动画"控制框上的"捕获"按钮，弹出"捕获"对话框，视频文件名为：Differ_SIM.mpg，并设定存放目录为 My Document\proe_sim\，"图像大小"和"帧频"两栏都接受系统的默认设置。

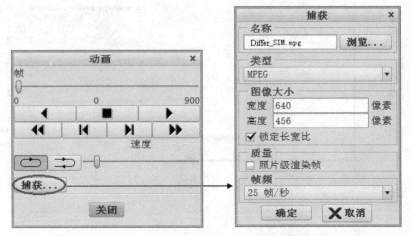

图 7-50　播放动画并导出视频文件

本例仿真生成的 Differ_SIM.mpg 文件已存放在本书配套资料 ch_7 文件夹中。

7. 测量并输出图形化数据

（1）单击右侧工具条上的 按钮，弹出如图 7-51 所示的"测量结果"对话框，单击 按钮，导入结果集 AnalysisDefinition2。

（2）单击"测量"栏内的 按钮，创建一个测量对象。弹出图 7-51 中的"测量定义"对话框，系统自动将此项测量命名为 mesure1，并提示选取"一个点或运动轴"。将过滤器设置为"旋转轴"，然后在图形区将光标指向的左半轴与装配骨架之间由"销轴"连接关系定义的连接轴：connection_2 axis_1，在图形区出现一个双箭头图标指向该连接轴的轴线。

图 7-51　选择测量对象

（3）在"评估方法"栏中选择"每个时间步长"选项，单击"确定"按钮，返回到"测量结果"对话框。此时，该对话框上方的 按钮被激活，单击该按钮，即输出如图 7-52 所示的左半轴速度—时间轨迹曲线。

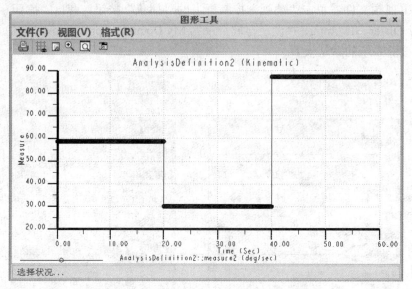

图 7-52　左转弯时左半轴速度—时间轨迹曲线

由图 7-52 所示的轨迹曲线图可以看出，在 20～40s 时间段内左转弯时，左车轮的转速减少到 30deg/s，而在 40～60s 时间段内右转弯时，左车轮的转速增加到 90deg/s。说明该差速机构的运动仿真结果是符合设计意图的。

读者可以根据图 7-53 右半轴速度—时间轨迹曲线来分析右转弯时差速机构的运动情况。

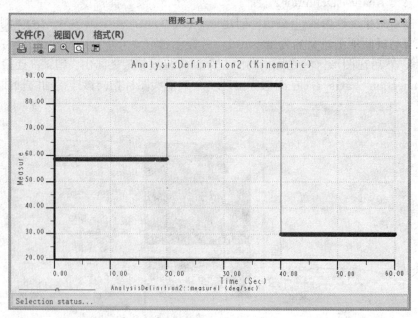

图 7-53　右转弯时右半轴速度—时间轨迹曲线

（4）导出 Excel 电子表格式图表。选取"图形工具"上的"文件"→"导出 Excel"命令，可以导出如图 7-54 所示的 Excel 电子表格图表。

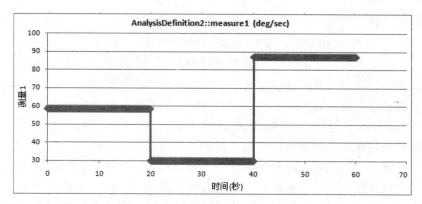

图 7-54　导出 Excel 电子表格式图表

7.3.3　椭圆齿轮急回机构运动仿真

1. 椭圆齿轮急回机构的基本工作原理

图 7-55（a）所示为一个带有椭圆齿轮传动的变传动比机构和一个曲柄连杆机构组合而成的锻压设备急回机构示意简图。

其中，变传动比机构由一对形状完全相同的共轭椭圆齿轮（Ellipse_1.prt 和 Ellipse_2.prt）组成，两个椭圆齿轮各自以其右焦点为回转中心做圆周转动；曲柄连杆机构则包括连杆（Connect_ rod.prt）、滑块（Slide.prt 含锻模）零件，从动齿轮的轮辐在这里充当了曲柄。这些零件以运动副连接方式装配在如图 7-55（b）所示的虚拟装配骨架（Skelt.prt）上，它相当于锻压机床的床身和立柱，仅包含坐标平面和轴线，供装配齿轮、滑块及定位用。

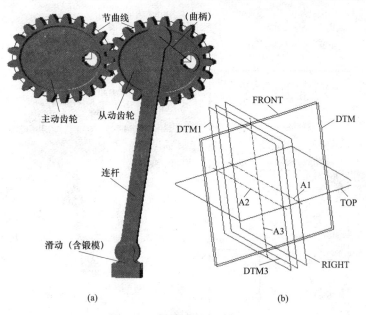

(a)　　　　　　　　　　　　　(b)

图 7-55　椭圆齿轮急回机构

（a）机构示意简图；（b）装配骨架

通过运动副连接装配完成后，在椭圆齿轮之间可能会发生轮齿干涉，可使用 Creo Parametric 3.0 的 3D 拖动器把从动齿轮调整到合适的初始位置，以消除干涉。

　　椭圆齿轮是一种节曲线为标准椭圆曲线的非圆齿轮，其节曲线具有不相等的长轴和短轴，在主动齿轮为恒速转动的前提下，它们啮合传动过程中的传动比 i 将不断发生变化，故称为变传动比传动。由图 7-55（b）可以看出：整个过程中主动齿轮将以一个可变的传动比带动从动齿轮朝相反方向转动。当左侧的主动齿轮以恒定的转速刚开始转动时，即主动齿轮转动的初始阶段，其向径（齿轮节圆圆周上一点到回转中心的距离）较小的一部分恰与从动齿轮向径较大的一部分相啮合，根据齿轮传动的传动比 i 的大小与向径成反比的法则，从动齿轮在这一阶段获得较低的转速，作为曲柄的从动齿轮又带动连杆，并驱动下端的滑块（即锻模）以慢速垂直向下缓缓运动，使锻件缓慢成形；当锻模返回时，恰是主动齿轮向径较大的那一部分与从动齿轮向径较小的部分相啮合，从动齿轮在这一阶段获得较高的转速，通过曲柄连杆机构带动锻模快速回升。这样的急回机构能够在工进过程中实现低速锻冲，以避免锻模受到强力冲击，确保高温锻件缓慢变形；而在回程时锻模能够快速急回，从而大大地减少非机动时间，有效地提高工作效率。

　　在这对椭圆齿轮传动过程中，传动比 i 的变化可由式（7-2）给出

$$i_{21} = i(e,\varphi) = \frac{1 - e^2}{1 - e^2 + 2e\cos\varphi} \tag{7-2}$$

式中：e 为椭圆齿轮的偏心率；φ 为主动椭圆齿轮的瞬时转角。

　　由式（7-2）可知，当一对椭圆齿轮的结构确定之后，传动比 i 是转角 φ 的函数。该表达式是进行本例运动仿真的关键参数。

　　2. 椭圆齿轮传动急回机构运动仿真前置处理——参数设置

　　（1）选择主菜单上的"应用程序"，工作界面切换到图 7-56 所示的状态，选择"应用程

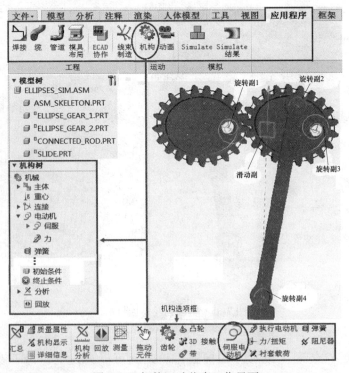

图 7-56　机构运动仿真工作界面

序"框中的"机构"选项,"应用程序"框又切换到图7-56下方的"机构选项框",同时在工作界面左侧原来的模型树下方增加了"机构树"。机构树中有"连接"(即运动副),"电动机","力",及"分析"、"回放"等子节点,可供运动仿真时进行参数设置、编辑和使用。

(2)为椭圆齿轮传动添加伺服电动机。由于本例所建立的椭圆齿轮传动急回机构中一对椭圆齿轮传动比是一个变量,因此不可能使用普通的齿轮传动用齿数比或节圆直径之比来定义传动比 i,需要对主动齿轮和从动齿轮分别添加伺服电动机作为驱动,用函数来定义可变的传动比。这才是本例仿真的最大特色。

1)为主动齿轮添加伺服电动机1并设置参数。选择机构选项框中的"伺服电动机"选项,弹出图7-57所示的伺服电动机定义对话框。在该对话框显示"类型"选项卡时,捕捉主动齿轮上的旋转副1,把伺服电动机1添加在旋转副1上;再切换到轮廓选项卡,选择伺服电动机1的驱动"规范"为速度,在"模"选项栏内选择常量,设置其模的值为60。这就意味着,伺服电动机1将以60deg/s的转速驱动主动齿轮做恒速转动。单击"确定"按钮,完成伺服电动机1的参数设置。

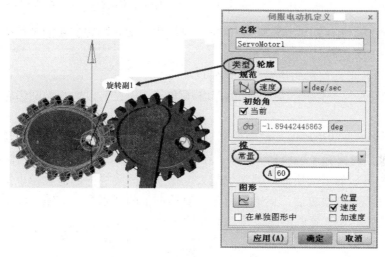

图 7-57　定义主动齿轮上的伺服电动机

2)为从动齿轮添加伺服电动机2并设置函数。再次选择机构选项框中的"伺服电动机"选项,弹出图7-58所示的伺服电动机定义对话框。在该对话框显示"类型"选项卡时,捕捉从动齿轮上的旋转副2,把伺服电动机2添加在旋转副2上,注意,应点击对话框中的"反向"以确保从动齿轮与主动齿轮的旋转方向相反;再切换到轮廓选项卡,选择伺服电动机2的驱动"规范"为速度,在"模"选项栏内选择"用户自定义"选项,接着在图7-58中的红色箭头①尾部选择"添加表达式"按钮 ，在表达式栏内出现参数 t,继续在红色箭头②尾部选择"编辑表达式"按钮 ，然后点击 t,弹出图7-58左侧的"表达式定义"对话框,按照式(7-2)所给出的传动比函数 i 的表达式,取 $e=0.6$,并设定主动齿轮伺服电机的转速为60deg/s,代入式(7-2)即可得出从动齿轮伺服电机的转速为(对话框中输入)

$$(60*(0.64/(1.36+1.2*cos(60*t)))) \tag{7-3}$$

这是一个以时间 t 为自变量的函数表达式。在表达式定义框内输入式(7-3),并指定时间域为: $0 \leqslant t \leqslant 60$,单击"确定"按钮,完成伺服电动机2的参数设置。

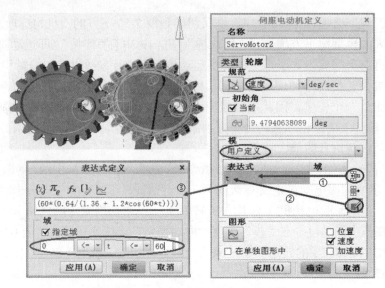

图 7-58　定义从动齿轮上的伺服电动机

这就意味着，伺服电动机 2 将在 0～60s 的时间内，按照该表达式的函数值瞬时改变它的转速，并驱动从动齿轮实现变速转动。

3．椭圆齿轮传动急回机构运动仿真的实现

完成以上设置后，已为运动仿真做好了各项准备，现在可以实施椭圆齿轮传动急回机构的运动仿真了。

选择图 7-56 下方的机构选项框中的"机构分析"按钮 ✕，弹出图 7-59 所示的分析定义对话框。在类型栏内选择"运动学"选项，在终止时间栏内输入 60，在帧频栏内输入 50，帧频的值决定着所显示的运动快慢，帧频值越大，在最小间隔栏内的值就越小，所显示的运动速度就越慢。完成全部设置后，单击分析定义对话框上的"运行"按钮，图形区中的椭圆齿轮急回机构就会按照所设置的转速及传动比开始运动。

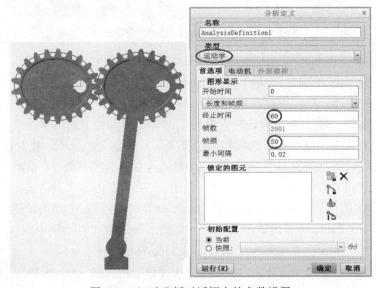

图 7-59　运动分析对话框中的参数设置

读者可以从运动仿真的动态过程中非常清晰地观察到，随着这对椭圆齿轮的啮合传动，急回机构下方的滑块即锻模在下滑过程中缓缓压下，而在上移过程中快速地返回，确实达到了"急回"的极佳效果。

4. 椭圆齿轮传动急回机构运动仿真的后置处理

（1）在规定的时间内完成了预定运动之后，单击分析定义对话框上的"确定"按钮，刚才所进行的运动仿真结果被保存在内存中。此时，若点击机构树上 ⚒ 分析 节点左侧的 ►，将其展开，有一个 ⚒ AnalysisDefinition1 (运动学)子节点，选中该子节点并压下右键，在弹出的上下文菜单中选择"编辑操作"栏内的 🖋 按钮，将再次返回到分析定义对话框，可以对其中的参数进行编辑修改；选择上下文菜单中的运行选项，图形区内的机构将再次按照上次设置的运动参数执行动态仿真。

（2）展开机构树上的回放节点，选中其子节点并压下右键，在弹出的上下文菜单中选择"播放"，将弹出如图 7-60 所示的动画回放操作框。可以使用该框内的各个按钮，按照所选定的速度观看回放动画。若单击回放动画框上的"捕获"按钮，将弹出如图 7-60 所示的捕获操作框，单击"确定"按钮，系统将自动生成系统默认的*.mpg 格式的视频文件，并自动命名为 Ellipses_ SIM.mpg。

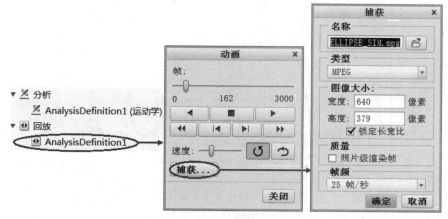

图 7-60　回放动画和捕捉视频

捕获视频后，系统自动地把该视频文件存放在当前工作目录中。可以使用 Windows Media play 及暴风影音之类的播放软件播放观看。

（3）选择机构选项框中的"测量"选项，弹出图 7-61 所示的测量结果对话框。单击测量栏内的添加新测量按钮 🔲，弹出测量定义对话框。在名称栏内自动生成一个 measure1 测量项，把类型栏内测量对象设为速度，然后选择滑块（锻模）下端边线的中点作为测量点。点击确定按钮，又返回到测量结果对话框。选中测量栏内新添加的 measure1 及结果集栏内的 AnalysisDefinition1，对话框上方左侧的测量图形按钮 ∿ 被激活，单击该按钮，即弹出图 7-62 所示的滑块运动速度曲线。从该图中可以明显地看出，当主动齿轮每 6s 旋转一周时，滑块的运动速度经历由慢到快再到慢的变化过程。

图 7-63 为捕获过程中的瞬间截图。从该图中可以看出，无论主动齿轮与从动齿轮在运动中处于何种位置，其轮齿间的啮合始终"亲密无间"，未发生任何干涉现象。

图 7-61　测量结果对话框

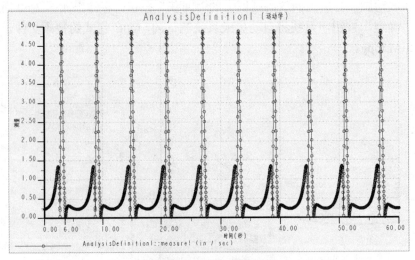

图 7-62　滑块运动速度变化曲线

图 7-63　动态仿真瞬间截图

练习 7

7-1　图 7-64 所示为四缸发动机曲轴-连杆-活塞机构装配模型（见本书配套资料 ch_7\Engine 子目录），四只活塞被定位在同一平面上。试参考下述提示对该机构中的各构件进行运动副"连接"，并对该机构进行运动仿真分析。

提示：

（1）连杆和连杆盖已事先装配在一起，视作一个构件，它与曲轴的连接关系为"销轴"。

（2）活塞与活塞销轴已事先装配在一起，视作一个构件，它与连杆的连接关系为"销轴"。

（3）活塞与缸体（未出现）的连接关系为"滑动"，可设定为滑动副。

（4）伺服电动机加载在曲轴的旋转中心线上。

图 7-64　发动机曲轴-连杆-活塞机构装配模型

7-2　图 7-65 所示为一简化的凸轮机构模型（见本书配套资料 ch_7\roller_cam 子目录），从动件为滚子。仿照本章有关"凸轮副"的连接定义方法并参考本章四缸内燃机凸轮配汽机构的运动仿真过程，定义图 7-65 中的"凸轮副"，对该凸轮机构进行运动仿真分析，要求输出滚子从动件顶端的"时间-位置曲线"。

图 7-65　滚子从动件凸轮机构

第8章　Creo 3.0 结构有限元分析及仿真

结构分析是产品设计过程的一个重要环节。通过有限元方法对产品零部件的结构性能进行仿真分析，可预测产品中关键零件在各种载荷或温度下的各种状态，分析结果能指导工程技术人员对产品进行优化设计，避免设计失误，使产品达到预期的使用效果和使用寿命。

Creo 3.0 的 Parametric 和 Simulate 集成环境是一个面向工程分析的 CAE 模块，可以实现几何建模与有限元结构分析仿真的无缝集成。也就是说在 Creo Parametric 3.0 环境下创建的零件模型，可以用 Creo Simulate 模块直接打开进行有限元结构分析。这样既能充分发挥 Creo Parametric 3.0 参数化建模的优势，又能利用 Creo Simulate 进行结构分析和优化，大大弥补了一些专用分析软件如 ANSYS、NASTRAN 等的 CAD 功能相对较差的不足。

使用 Creo Parametric 3.0 和 Creo Simulate3.0 两大模块协同工作，可以直接进行三维零件建模及有限元结构分析，其中包括：线性静力学分析，翘曲、疲劳分析，线性振动求解，间隙配合、模态分析和稳态热传导解算等。可以有效地帮助设计人员计算或校核构件的强度或刚度是否满足设计要求，并且能对构件的特征和几何参数进行优化，从而得到最佳设计方案。

本章将扼要地介绍有限元结构分析的基本知识并结合在前几章节中使用 Creo Parametric 3.0 创建的几个典型零件介绍有限元结构分析的基本方法和步骤。

8.1　有限元分析的基础知识

有限元结构分析是 20 世纪 60 年代中期基于力学原理和优化设计理论发展起来的一种工程分析方法，在工程设计中的应用越来越广泛，是提高产品可靠性的重要手段之一。

8.1.1　有限元分析简介

"有限元"这个名词 1965 年第一次出现，作为计算机辅助设计的重要功能之一，到今天已在工程上得到广泛的应用，经历了 30 多年的发展历史，理论和算法都已经日趋完善。有限元的核心思想是结构的离散化，就是将实际结构假想地离散为有限数目的规则单元组合体，通过对离散体进行分析研究，得出满足工程精度的近似结果来替代对实际结构的分析，从而了解实际结构的整体物理性能，这样可以解决很多实际工程需要解决而理论分析又无法解决的复杂问题。

近年来随着计算机技术的普及和计算速度的不断提高，有限元分析在工程设计和分析中得到了越来越广泛的重视，已经成为解决复杂工程分析计算问题的有效途径。现在从汽车到航天飞机几乎所有的设计制造都已离不开有限元分析计算，它在机械制造、材料加工、航空航天、汽车、土木建筑、电子电器、国防军工、船舶、铁道、石化、能源及科学研究等各个领域的广泛使用已使设计水平发生了质的飞跃，主要表现在以下几个方面：

（1）增加产品和工程的可靠性。

（2）在产品的设计阶段发现潜在的问题。

（3）分析计算，采用优化设计方案，降低原材料成本。

（4）缩短产品投向市场的时间。

（5）模拟试验方案，减少真实试验次数，从而减少试验经费。

国际上早在 20 世纪 60 年代初就开始投入大量的人力和物力开发有限元分析程序，但真正的 CAE 软件是诞生于 20 世纪 70 年代初期，而近 15 年则是 CAE 软件商品化的发展阶段，CAE 开发商为满足市场需求和适应电脑硬、软件技术的迅速发展，在大力推销其软件产品的同时，对软件的功能、性能，用户界面和前、后处理能力，都进行了大幅度的改进与扩充。这就使得目前市场上知名的 CAE 软件，在功能、性能、易用性、可靠性以及对运行环境的适应性方面，基本上满足了用户的当前需求，从而帮助用户解决了成千上万个工程实际问题，同时也为科学技术的发展和工程应用做出了不可磨灭的贡献。目前流行的 CAE 分析软件主要有 NASTRAN、ADINA、ANSYS、ABAQUS、MARC、MAGSOFT、COSMOS 等。MSC-NASTRAN 软件因为和 NASA 的特殊关系，在航空航天领域有着很高的地位，它以最早期的主要用于航空航天方面的线性有限元分析系统为基础，兼并了 PDA 公司的 PATRAN，又在以冲击、接触为特长的 DYNA3D 的基础上组织开发了 DYTRAN。近来又兼并了非线性分析软件 MARC，成为目前世界上规模最大的有限元分析系统。ANSYS 软件致力于耦合场的分析计算，能够进行结构、流体、热、电磁四种场的计算，已博得了世界上数千家用户的钟爱。ADINA 非线性有限元分析软件由著名的有限元专家、麻省理工学院的教授 K.J.Bathe 领导开发，其单一系统即可进行结构、流体、热的耦合计算。并同时具有隐式和显式两种时间积分算法。由于其在非线性求解、流固耦合分析等方面的强大功能，迅速成为有限元分析软件的后起之秀，现已成为非线性分析计算的首选软件。

8.1.2　有限单元法及其基本术语

有限元结构分析方法又称为有限单元法（Finite Element Method，FEM），它是将工程力学、弹性理论、计算数学及计算机软件等有机结合在一起的一种数值分析应用技术，由于它具有快速、灵活和有效等特点，迅速发展为求解工程领域实际问题的重要方法之一。

有限单元法的基本思想是将构成零件的物质材料实体——连续的求解域离散成"有限"个在节点处互相连接的"单元"——子域，原本作用在零件上的所有力和产生的位移都通过节点进行计算。对每个单元选取适当的差值函数，使得该函数在子域内部、子域的分界面（内部边界）上一级子域与外界的分界面（外部边界）上都满足一定条件；再采用矩阵方法将所有单元的方程组合起来，得到整个零件结构的方程组——数学模型，最后采用计算机程序求解这个方程组便可获得结构中应力、应变的近似解。由于有限分析方法是模拟真实条件并通过离散数值求解而得到分析结果，所以它又被称之为数值仿真分析方法。

在使用有限单元法进行工程分析时经常要遇到以下一些技术术语：

1. 单元、单元划分和单元类型

有限单元法分析中必不可少的一项工作是对零件结构进行网格划分，经划分后得到的每一个小的体积块则称之为"单元"。常见的单元类型有一维线段单元（1D）、三角形平面单元、四边形平面单元（2D）、四面体单元和六面体单元（3D）等。单元是使组成有限元数学模型的基础，所采用的单元类型对于建立有限元分析的数学模型至关重要，需要根据分析对象（即零件）的结构特点进行选取。

2. 节点

节点描述了结构中一个点的坐标，是组成有限元模型的基础元素。单元的形状由其所包含的节点决定。

3. 载荷

通常把结构所受到的外部施加的力或力矩称为载荷，根据载荷分布情况可分为集中载荷与分布载荷。在不同的学科领域的分析中，可以定义载荷为某些非力学因素，如温度等。

4. 边界条件或约束条件

边界条件又称约束条件，是指结构边界上所受到的外加约束。在有限元分析中，施加正确的边界条件是获得正确的分析结果和较高分析精度的重要条件。

8.1.3　有限元分析的基本步骤、应用领域和典型案例

1. 有限元分析的基本步骤

（1）约束与加载。对结构体进行有限元分析要通过对结构体上的一些结构要素如点、边、面等进行约束，以限制分析对象的某些自由度，还要根据分析对象在实际工作中的受力/力矩情况进行加载，这样才能模拟它的真实环境来进行仿真分析。

对结构要素的约束是对其在 X、Y 及 Z 方向上的平移和对其绕着 X 轴、Y 轴及 Z 轴的旋转加以限制。

载荷则有集中力、力矩、压力及承载力等多种形式。

（2）结构离散——单元划分。结构离散是有限元分析方法的基础。进行有限元分析之前，必须根据零件结构的实际情况进行必要的几何简化，定义单元的类型、数目、大小和排列方式等。通过把结构划分为足够小的单元，使得简单位移模型能足够近似地表示分析的精确解。一般说来，单元定义越小、节点越多，技术结构的精度越高，但计算量也会越大。图 8-1 所示为一个钢制压力容器顶盖的原型及经过六面体单元划分后的 3D 网格分布情况。

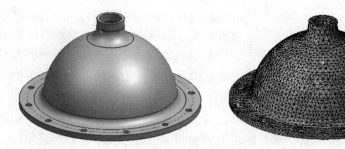

图 8-1　压力容器顶盖六面体单元划分后的 3D 网格

（3）单元特性计算。单元特性计算的目的是为了建立单元节点广义位移（包括轴线位移、切向位移、翘曲转角和扭转转角）与相应广义位移方向的节点内力（包括轴向力、剪切力、弯矩和扭矩）之间的关系，以建立单元刚度矩阵。

（4）有限元模型解析。所谓有限元模型就是集合整个离散化连续体的代数方程，把各个单元的节点力矢量集合为总的力和载荷矢量，求解节点位移，从而可进一步计算出单元应变和应力。

（5）结果处理与显示。将有限元计算分析结果进行加工处理并以图形、图像或其他形式

显示出来，以供工程技术人员决策。

2. 有限元分析的应用领域

有限元分析方法被广泛地应用于各种线性、非线性结构分析和非结构分析问题的求解。

（1）结构问题：包括应力分析、屈服分析、振动分析和模态分析等。

（2）非结构问题：包括热传导、流体、电磁和生物力学分析等领域的问题。

8.2　Creo 3.0 有限元仿真分析步骤

在 Creo Parametric 和 Simulate 3.0 集成模式下进行有限元仿真分析一般要经过"前处理""解算"和"后处理"三大过程。

8.2.1　有限元仿真分析的前处理

所谓"前处理"就是为建立有限元分析的数学模型及解算做好各项准备工作，使用 Creo 3.0 集成模式下的"结构分析"模块进行前处理的过程包括以下几个步骤：

1. 确定仿真对象

启动 Creo Parametric 3.0，打开一个需要进行有限元仿真分析的零件作为仿真对象，这个零件应是该产品装配体中的关键零部件之一，其强度、刚度和加载（力、力矩、热等）后的变形对装配体将产生较大的影响。

2. 进入仿真环境

Creo 3.0 的结构分析有两种工作模式：一种是独立工作模式，即直接运行 Windows 开始菜单上的 Creo Simulate 命令，然后导入已完成建模的零件或装配件进行仿真分析；另一种是集成工作模式，即在 Creo Parametric 3.0 环境下完成零件或装配体的建模，再选取工具栏上的"应用程序"→"Simulate"按钮，也可进入 Creo 3.0 的结构分析环境。两种工作模式均出现如图 8-2 所示的结构分析主菜单，其中包括材料、约束、载荷有限元网格划分、分析和输出结果等综合性工具。

图 8-2　结构（有限元）分析主菜单

3. 赋予仿真对象材料属性

（1）单击主菜单上的"材料"按钮，弹出如图 8-3 所示的"材料属性"对话框。在"材料"栏内有各种金属（METAL）、塑料（PLASTIC）和其他（OTHER）材料可供选择；在"类型"栏内有"各向同性""各向异性"和"流体"三个选项。可根据仿真对象的具体情况进行选择。如果选中 Steel（钢）作为仿真对象的材料，再单击对话框中部的 ▶▶▶ 按钮，那么 Steel 材料就被添加到仿真对象的备选材料中。

右击模型树上的"Materials"（材料）节点，选择"信息"，可以看到该材料的各种物理和力学属性指标，如各向同性、密度、杨氏模量、泊松比、剪切刚度等，如图 8-4 所示。这些属性可以作为后续进行强度或刚度校核的依据。

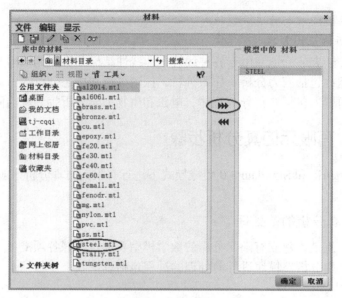

图 8-3　选择材料属性

（2）接着选取主菜单上的"材料分配"按钮，出现如图 8-5 的"材料分配"对话框。对话框中将指示出该材料以指派给被仿真的对象。同时在图形区一个黄色的材料标志也相应地附着在仿真对象上。

图 8-4　钢材的物理和力学属性

图 8-5　材料分配对话框

4. 添加约束

前已述及，必须模拟结构件的真实环境给予一定的边界条件以约束某些方向的自由度，才能够进行有限元仿真分析。在图 8-2 所示的结构分析主菜单上的"约束"工具栏中有"位移""平面""销""球"及"对称"等几种约束类型，"位移"约束中又分为"平移"和"旋转"两种形式。可根据仿真对象可能发生的线位移或角位移来选取相应的约束类型。

点击"位移"约束选项，弹出图 8-6 所示的"约束"对话框，指定分析对象上的某个曲面，就可以分别对该曲面施加平移和旋转约束。图 8-6 中对沿 X、Y、Z 方向的平移及绕着 X、Y、Z 轴旋转的各个按钮的含义做了说明。

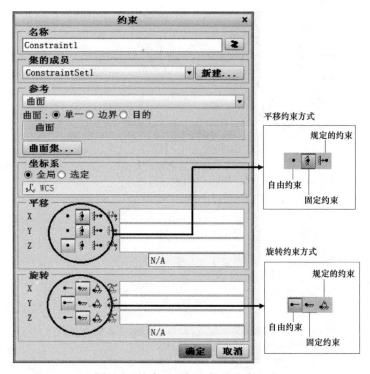

图 8-6   约束对话框及位移约束方式

5. 添加载荷

添加零件载荷用于模拟真实的零件受力（力矩）和工作状态。给零件施加不同类型的载荷，在后续的有限元分析中将会获得不同的应力状态。Creo 3.0 的仿真模块在如图 8-2 所示的主菜单上的载荷栏内提供了 "力/力矩" "压力" "重力" "离心力" "温度" 及 "预加载荷" 等载荷类型，可根据零件具体的荷载情况来施加相应的载荷类型。

6. 有限元网格划分

划分网格是进行有限元分析和仿真的基础。Creo 3.0 的有限元分析仿真模块提供了 0D（点）、1D（线）、2D（面）及 3D（实体）等多种网格划分类型。但需要说明的是：在 Creo 3.0 中进行有限元分析仿真，并不需要操作者来划分网格，而是由系统在进入 "设计分析与研究" 的同时根据对象的具体情况自动地进行网格划分的。

8.2.2 有限元分析的解算

以上各步骤已基本上做好了仿真分析前的准备工作，接下来利用 Creo Simulate 3.0 内嵌的解算器进行求解。

1. 建立有限元仿真分析的任务

（1）单击图 8-2 所示结构分析主菜单上的 按钮，弹出如图 8-7 所示的 "分析与研究" 对话框。展开对话框上的 "文件" 下拉菜单，可以看到其中有 "新建静态分析"、"新建模态分析" 等可选任务。

（2）选取对话框上的 "文件" → "新建静态分析" 选项（这是结构有限元分析中最常见的分析任务），弹出如图 8-8 所示的 "静态分析定义" 对话框，对话框内自动地收集了在前处理步骤中所施加的约束和载荷，确认无误后，单击 "确定" 按钮，又返回到 "分析与研究" 对话框。

图 8-7 创建分析仿真任务

图 8-8 静态分析定义

（3）展开对话框上的"编辑"下拉菜单，再次出现"静态分析定义"对话框，可以通过编辑手段对分析任务的名称和对系统默认的约束选项、载荷选项进行修改，从而建立一个新的静态分析任务。完成编辑后，单击"确定"按钮，再次返回到"分析和设计研究"对话框。

2. 进行解算

当前"分析和设计研究"对话框的状态栏内显示的是 Not Started（尚未开始），单击对话框主菜单下方的绿色旗标 ，系统开始自动划分有限元网格并调用解算器进行求解。整个解算过程因问题本身的复杂程度而持续不同的时间，解算过程中对话框状态栏内显示"正在运行"，大约经过几十秒的解算，当状态栏内显示"已完成"时，表明解算过程结束，同时弹出如图 8-9 所示的"诊断"框。单击"分析和设计研究"对话框上的"关闭"按钮，退出分析任务。

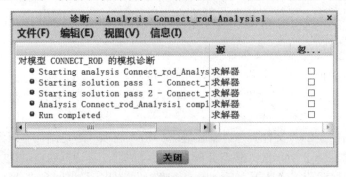

图 8-9 求解过程诊断

如果未出现错误信息或警告信息，"诊断"框内左侧将显示若干个蓝色标记⊖，倘若出现其他红色标记或"！"之类的标志，说明解算过程中可能存在某些问题，如约束不合理，载荷有问题，甚至使解算无法收敛等。若存在严重错误，解算器无法把解算结果写入结果文件，就需要重复上述有关步骤重新设置约束条件、载荷甚或重新修改分析对象的实体模型。

8.2.3　有限元分析的后处理

所谓后处理就是把解算后所获得的若干数据文件保存在相应的文件目录下面，有限元分析的后处理就是调用解算结果数据文件，以可视化的方式将其显示和输出。

在解算器正确完成解算任务后，将在后台生成有限元分析的结果。

（1）单击结构分析主菜单上的"分析与研究"按钮，图 8-7 所示的"分析与研究"对话框出现，但其状态栏已显示"已完成"，就无须再去运行解算。直接单击对话框内的"查看设计研究或有限元分析结果"按钮，弹出如图 8-10 所示的"结果窗口定义"对话框。

图 8-10　"结果窗口定义"对话框

（2）在"结果窗口定义"对话框中系统默认的是"数量"选项，即由分析解算得到的应力 Von Mises 分量值，单击对话框上的 **确定并显示** 按钮，系统将给出可视化的效果。

图 8-11 所示即为图 8-1 所示压力容器顶盖的内腔在受到 **60MPa** 的压力、底面和出口内壁皆为固定约束时的有限元分析可视化效果图。图 8-11 的左侧标明应力状态的分量性质和单位，中部是附着在分析对象上的应力分布云图，右侧则是用色度尺标明的应力值的大小。

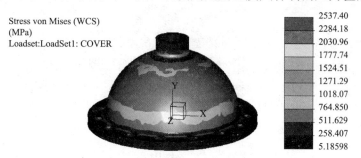

图 8-11　压力容器顶盖有限元分析的可视化结果

（3）选择"结果窗口定义"对话框中的"显示位置"或"显示选项"栏，还会得到更多的分析结果显示范式和可视化效果。将在下一节有限元仿真分析实例中给予详细的介绍。

8.3 有限元仿真分析实例

8.3.1 减速箱齿轮轴的力学模型及受力分析

轴是组成机械的重要零件之一，它用来安装各种传动零件，使之绕其轴线旋转，传递转矩或回转运动，并通过轴承与机架或机座相连接。绝大多数齿轮及其齿轮机构都是安装在轴上的。因此，轴的结构参数、加工工艺水平及结构性能不仅影响着整个机构的尺寸和重量，也在很大程度上影响着整个机构的可靠性与寿命。

本节将以图 8-12 所示的齿轮轴为例，具体地介绍在 Creo Parametric 及 Simulate 3.0 的集成环境下对阶梯轴进行有限元仿真分析的过程。

1. 齿轮轴的力学模型和强度校核

这里以图 8-12（a）所示的二级齿轮减速器主动轴 I 为例来进行轴的受力分析，该轴的力学简化模型如图 8-12（b）所示，直齿轮通过键连接装配在轴上，而轴由轴承支承安装在箱体上。轴的左端安装有带轮，带轮以扭矩的形式把动力传递到轴上，然后带动主动齿轮旋转，并把动力传递给被动齿轮。因此，可以把该轴视作两端支承中部承受集中载荷、左端承受扭矩的外伸梁。设电机输出功率为 10kW，高速轴转速为 500r/min，轴所受到力和力矩有如下几个部分：

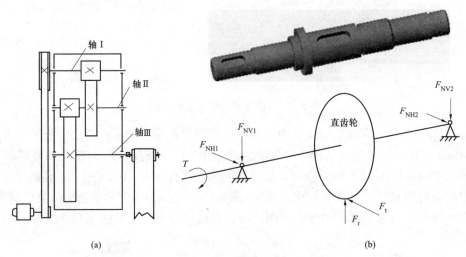

图 8-12 齿轮轴的力学模型

（a）二级减速器示意图；（b）简化的力学模型

（1）带轮传递来的扭矩：$T = 9.55 \times 10^6 P/n = (9.55 \times 10^6 \times 10/500)\text{N·mm} = 191\,000\text{N·mm}$

（2）被动齿轮对主动齿轮的法向反力 F_n，该力可以分解为两个正交的分量，即圆周力 F_t 和径向力 F_r：

$$F_t = 2T_1/d_1 \tag{8-1}$$

$$F_r = F_t \times \tan a \tag{8-2}$$

$$F_n = F_t/\cos a \tag{8-3}$$

（3）轴承支反力。齿轮轴是通过左右两端的轴承支承在减速箱体上，圆周力和径向力将分别通过轴承作用在箱体上，因此两端的轴承各有与 F_t 和 F_r 相对应的支反力作用在轴上。

左端的轴承支反力为 F_{NH1} 和 F_{NV1}，右端的轴承支反力为 F_{NH2} 和 F_{NV2}，这些支反力的大小和方向将与 F_t 和 F_r 的大小和方向及齿轮轴的几何尺寸有关。

（4）弯矩。由以上各力生成的弯矩，其中由铅垂方向的力 F_r、F_{NV1} 和 F_{NV2} 生成的弯矩为 M_V；由水平方向的力 F_t、F_{NH1} 和 F_{NH2} 生成的弯矩为 M_H。

2. 弯矩、扭矩图

根据以上分析得出的齿轮轴受力情况，由轴的几何参数可以分别计算出 M_V 和 M_H 的大小，并绘出弯矩图和扭矩图如图 8-13 所示。

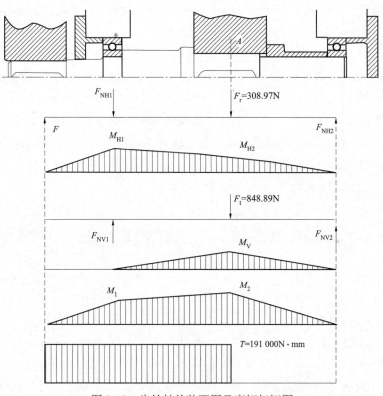

图 8-13　齿轮轴的装配图及弯矩扭矩图

3. 按弯扭合成应力计算和校核轴的强度

（1）确定危险截面。首先应根据弯、扭矩图找出弯矩和扭矩合成后最大的截面。显然，图 8-13 中的 A 截面是承受弯矩和扭矩最大的截面，应确定为危险截面。危险截面 A 处的最大弯矩是图 8-13 中 M_V 和 M_{H2} 的矢量和

$$M_2 = \sqrt{M_V^2 + M_{H2}^2}$$

同时还要考虑到扭矩 T，因此最大弯矩扭矩的合成量为

$$M = \sqrt{M_2^2 + (\alpha T^2)} \tag{8-4}$$

通常 α 的取值为 0.6。

（2）计算危险截面处的最大应力。危险截面处的最大应力 σ_{max} 应是弯曲和扭转作用合成

的结果

$$\sigma_{\max} = \frac{M}{w_z} \qquad\qquad (8\text{-}5)$$

式中，w_z 为抗弯截面模量，该参数仅与截面的形状和尺寸有关，对于圆形截面

$$w_z = \frac{\pi D^3}{32}$$

式中，D 为齿轮轴在 A 截面处的直径。

（3）强度条件及校核。由式（8-5）求得该齿轮轴危险截面处的在大弯扭应力$\sigma_{\max}$之后，将与齿轮轴所用材料（通常为 45 钢）的许用应力$[\sigma]$相比较，如果满足下式，即

$$\sigma_{\max} \leqslant [\sigma] \qquad\qquad (8\text{-}6)$$

式（8-5）和式（8-6）即为齿轮轴的强度计算和校核公式。

如果计算出的$\sigma_{\max}$不满足式（8-6），说明该齿轮轴的强度不符合设计要求，必须修改有关设计参数以修改设计或重新设计。

上述的力学分析可以作为本例齿轮轴有限元结构分析的基础，但是若采用手工方式完成这些计算，那将是一件十分烦琐、费时的事情，现在可以在 Creo 3.0 的 Parametric 和 Simulate 集成环境下很轻松地完成这些工作。

8.3.2 减速箱齿轮轴的有限元仿真分析

1. 导入分析对象进入有限元仿真分析环境

（1）启动 Creo Parametric 3.0 软件系统，打开名为 wheel_shaft.prt 文件，作为有限元分析和仿真的对象。

（2）选取工具栏上的"应用程序"→"Simulate"按钮，进入 Creo Simulate 3.0 模式下的有限元仿真分析环境。

2. 赋予齿轮轴材料属性

（1）单击主菜单上的"材料"按钮，弹出如图 8-4 所示的"材料"对话框。轴的常用材料是优质碳素钢 35、45、50，最常用的是 45 和 40Cr 钢。对于受载较小或不太重要的钢，也常用 Q235 或 Q275 等普通碳素钢。对于受力较大，轴的尺寸和重量受到限制，以及有某些特殊要求的轴，可采用合金钢，常用的有 40Cr、40MnB、40CrNi 等。根据该齿轮轴的实际情况选择 Steel（钢）作为仿真对象的材料，再点击对话框中部的 ▶▶▶ 按钮，Steel 材料就被添加到仿真对象的备选材料中。

（2）赋予轴材料属性。单击"材料分配"命令按钮，在"材料属性"对话框中选择 Steel（钢）作为仿真对象的材料，即把材料属性赋予仿真对象，如图 8-14 所示。

材料分配标志

图 8-14 赋予分析对象材料属性

3. 对轴施加约束

对轴施加何种约束，需视轴所受力情况而定：轴主要受轴承的约束力和来自带轮和齿轮的扭矩。对于轴承的选择，如果负荷不大，可用深沟球轴承；负荷大，有液体润滑时，可用圆柱滚子轴承；若轴上装配的是斜齿轮或锥齿轮，应使用圆锥滚子轴承或角接触球轴承。该轴选用向心轴承，根据按照本章 8.2 节所介绍的分析方法，把该轴简化为外伸梁，轴承处简化为一端为固定铰链支座，只有 1 个旋转自由度；另一端为活动铰链支座，有一个移动和一个旋转共 2 个自由度。因此应使用"用户自定义约束"分别对轴的两个支承部位施加约束。

单击"约束"工具条上的位移约束命令按钮 ，弹出如图 8-15（a）所示的约束定义对话框，对活动铰链支座进行约束，选中直径为 $\phi 17mm$ 的圆柱面（轴承支承面）作为约束面，在三项"平移"约束中选中沿 X 和 Y 方向的平移项，即限定节点在 X 和 Y 方向的平移运动，仅允许节点在 Z 方向上有位移自由度。在三项"旋转"约束中选择绕 X 轴 Y 轴的旋转项，即限定节点绕 X 轴和 Y 轴的旋转运动，仅允许节点有绕 Z 轴的转动自由度。类似地在图 8-15（b）所示的位移约束定义对话框中，对固定铰链支座进行约束，仅允许节点绕 Z 轴的转动自由度，其他自由度均予以限制。单击"确定"按钮，完成两支座处的约束定义。

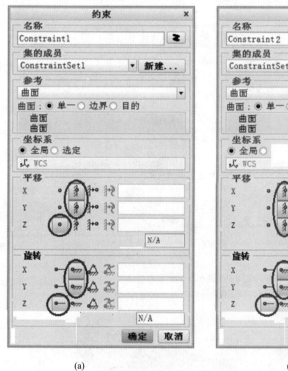
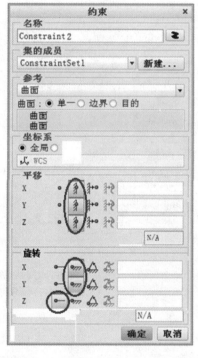

(a)   (b)

图 8-15　对轴施加约束
（a）轴上活动铰链支座约束选项；（b）轴上固定铰链支座约束选项

4. 对轴施加载荷

阶梯轴所承受的应力一般由两个部分组成：弯矩和扭矩。在进行轴的强度校核计算时，应根据轴的具体受载荷及应力情况，采用相应的计算方法，并恰当地选取其许用应力。对于仅仅（或主要）承受扭矩的轴（传动轴），应按扭矩强度条件计算；对于只承受弯矩的轴（心轴），应按弯曲强度条件计算；对于既承受弯矩又承受扭矩的轴（转轴），应按弯扭合成强度条件进行计算，需要时还应按疲劳强度条件进行精确校核。在《材料力学》中，通常情况下阶梯轴作为传动轴，主要以扭转变形为主，所以我们在实际分析中只考虑阶梯轴承受扭矩的情况。而阶梯轴的扭矩按实际情况一般分布在键槽的一个侧面，而且往往是成对出现的，也根据在本章 8.3.1 小节中的计算结果，扭矩的值为 191 000N・mm。设带轮的基准直径为 315mm，齿轮的节圆直径为 90mm，并经测量得到两个键槽侧面的面积分别为 231.231mm^2 和 253.31.3mm^2，由此可计算出在两键槽侧面的压力分别为 5.285MPa 和 12.756MPa，方向相反。

单击"载荷"工具条上的"压力"按钮，弹出如图 8-16（a）所示的"压力"对话框，选择左侧带轮所在圆柱上的键槽一个侧面，在"压力"对话框中的数值框内输入 5.285；同样，再次点击"压力"按钮，在齿轮所在圆柱上的键槽另一侧面，在图 8-16（b）所示的"压力"对话框中的数值框内输入 12.756，单击"确定"按钮完成轴上载荷的施加。对齿轮轴施加约束和载荷后的效果如图 8-17 所示。

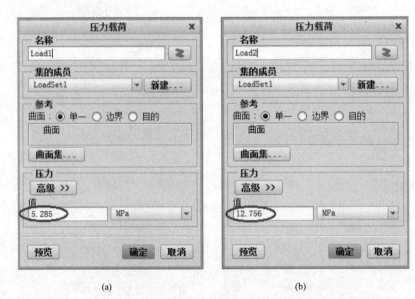

图 8-16　对轴施加载荷（力矩）

（a）左边键槽内表面载荷；（b）右边键槽内表面载荷

图 8-17　对轴施加约束和载荷后的效果

施加约束和载荷后轴的效果如图 8-17 所示。完成了结构仿真前的准备工作。

5. 齿轮轴的仿真分析及仿真结果

（1）单击 Simulate 工具栏上的"分析和研究"命令按钮 ，系统弹出如图 8-18 所示的"分析和设计研究"对话框。点击对话框上的"文件"菜单项将其展开，选择其中的"新建静态分析"选项，在对话框的分析和设计研究栏目内出现 Anaysis1 项目并默认被选中。

（2）此时对话框上的绿色旗标 被激活，如果上述约束和加载都正确无误的话，单击该旗标，系统将根据给定的约束条件、载荷及内部网格划分开始调用解算器进行分析求解。

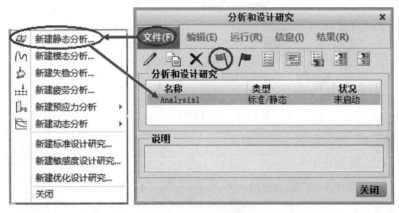

图 8-18　"分析和设计研究"对话框

（3）大约经过十余秒钟（根据问题的复杂程度和计算机硬件配置情况，可能解算时间略有长短不同）的时间解算完成后，系统将自动弹出一个"Analysis1 的结果可用，是否进行查看？"询问窗口，单击"是"，系统将并列地给出三个可视化视图，其中图 8-19 为 Von Mises 应力云图，图 8-20 为轴的变形位移云图，图 8-21 为轴的应力主值云图。与这些云图相对应的是：分别在它们的右侧列出了色度标尺，标明了 Von Mises 应力、变形位移及应力主值的大小。根据色度标尺可以确定轴上任意一点的应力大小及分布情况。这些输出结果为我们提供了对该齿轮轴进行强度校核的依据。

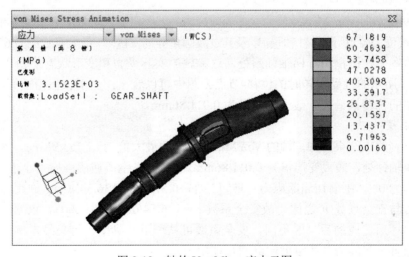

图 8-19　轴的 Von Mises 应力云图

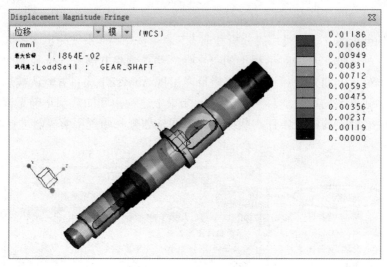

图 8-20　轴的变形位移云图

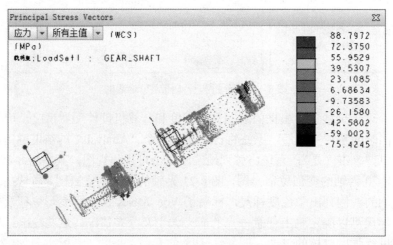

图 8-21　轴的应力主值云图

由图 8-19 所示的 Von Misses 应力（即等效应力）云图可见，等效应力主要分布在阶梯轴两端、阶梯轴键槽受力位置、阶梯轴轴颈，以及其过渡圆角等局部区域，最大等效应力 67.181 9MPa，而且最大应力发生在键槽和阶梯轴轴颈处，这和轴的实际受力和变形状态是吻合的。

由图 8-20 所示的轴受扭转时的位移-节点云图中可以看出，由于该齿轮轴等价为外伸梁，其左侧外伸端的位移量最大，最大位移量为 0.011 86mm。

6. 强度校核

由以上仿真输出结果可知，轴的 Von Mises 应力的最大值为 67.181 9MPa，最大应力分布在键槽内侧和轴颈处，最大变形量为 0.011 86mm。由于 45 钢的屈服强度不小于 355MPa，设材料的泊松比为 0.3，则剪切屈服应力 = 355/[2×(1+0.3)]MPa=136.54MPa。许用剪切应力等于屈服剪切应力与安全系数 n 之比，故安全系数 n=136.54/67.181 9=2.03。依据零件重要性的不同、零件损坏后造成的后果的不同，安全系数可从一点几到十，可见经本例有限元仿真分析可知，该轴有足够的强度和刚度能够满足使用要求。

8.3.3　发动机连杆的有限元仿真分析

本节介绍使用 Creo Parametric 和 Simulate 3.0 集成模块，对 N4110 发动机连杆在各种工况下的静力学和动力学分析仿真。

本书第 4 章典型零件设计中曾创建了发动机连杆和连杆盖两个零件如图 8-22（a）所示。但是在实际应用中是把这两个零件用螺栓紧固在一起如图 8-22（b）所示，在第 5 章虚拟装配中也是事先把它们先装配在一起，再把它们作为一个子装配件安装到曲轴上；在对发动机连杆进行有限元仿真分析中也是把它们看成一个整体才更为合理，只是在施加载荷时应考虑到螺栓应具有足够的紧固力，能够比较真实地反映实际工况。

发动机的基本参数如下：

- 输出功率 75kW
- 转速 $n = 2650$r/min
- 曲轴直径 56mm
- 连杆大小端中心距 $L = 160$mm
- 连杆大端质量 $m_2 = 1.15$kg

- 缸径 $D = 110$mm
- 最大爆发压力 $p = 12$MPa
- 曲轴回转半径 $R = 40$mm
- 连杆小端质量 $m_1 = 0.65$kg
- 活塞组质量 $m_3 = 2.25$kg

(a)　　　　　　　　　　　　　　　　(b)

图 8-22　发动机连杆实体模型

（a）分离的连杆和连杆盖；（b）合为一体的连杆

以下给出发动机连杆的有限元仿真分析的具体过程和步骤：

1. 导入分析对象进入有限元仿真分析环境

启动 Creo Parametric 3.0 软件系统，打开名为 connect_rod_cap.prt 文件，作为有限元分析和仿真的对象。

选取工具栏上的"应用程序"→"Simulate"按钮，进入 Creo 3.0 集成模式下的有限元仿真分析环境。

2. 赋予连杆材料属性

（1）单击主菜单上的"材料"按钮，弹出如图 8-4 的"材料属性"对话框。根据发动机连杆的实际情况选择 Steel（钢）作为仿真对象的材料。

说明：在实际应用中，发动机连杆的材料大多采用合金钢如 40Cr、42CrMo 或 42CrMoA 等牌号。这些牌号的合金钢的力学性能一般都优于普通的 45 钢，因此选用 Creo Parametric 3.0 材料库中的 Steel 作为连杆材料是偏于安全的。

（2）选取主菜单上的"材料分配"按钮，出现如图 8-5 的"材料分配"对话框。确认 Steel 已分配给 connect_rod _cap 零件实体，单击"材料分配"对话框上的"确定"按钮，图形区有一个黄色的材料标志附着在仿真对象上，如图 8-23 所示。

3. 添加约束

根据连杆在发动机工作中的实际工况，应分别对连杆的小端活塞销孔及大端曲轴孔的内圆柱面进行约束。

（1）点击工具栏上的"位移"约束选项，弹出如图 8-24 所示的约束对话框。点选连杆小端内孔圆柱面作为约束面，在"平移"约束栏内选择 X 和 Y 方向为固定方式 ⚡，Z 方向为"自由"方式 ⬅，即允许连杆小端在 Z 方向上有变形的自由度。在"旋转"约束栏内选择绕 X 轴和 Z 轴为固定方式 ⤾，绕 Y 轴的转动为"自由"方式 ⬅，即仅允许连杆小端有绕 Y 轴转动的自由度。约束完成后单击"确定"按钮退出。

图 8-23 赋予连杆材料属性

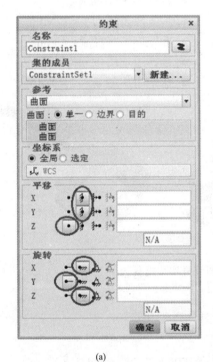 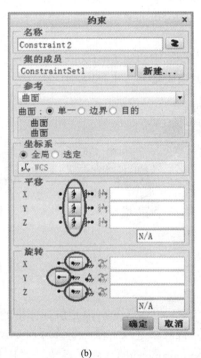

(a)　　　　　　　　　　　　(b)

图 8-24 添加约束

（a）连杆小端内孔圆柱面位移约束；（b）连杆小端内孔圆柱面位移约束

（2）再次点击工具栏上的"位移"约束选项，对连杆大端进行约束。点选连杆大端内孔圆柱面作为约束面，在"平移"约束栏内选择 X、Y 和 Z 方向均为固定方式 ⚡，即不允许连杆大端有任何平移自由度，否则后续的解算将无法收敛。在"旋转"约束栏内选择绕 X 轴和 Z 轴为固定方式 ⤾，绕 Y 轴的转动为"自由"方式 ⬅，即仅允许连杆大端有绕 Y 轴转动的自由度。约束完成后单击"确定"按钮退出。连杆小端、大端的约束情况分别如图 8-24（a）、（b）所示。添加约束后的效果如图 8-25 所示。

图 8-25 添加约束后的效果

4. 连杆受力分析与计算

受力分析是施加载荷的依据，也是本例仿真分析的关键，因此需要对连杆实际工况中的受力情况做细致地分析。连杆在实际工作中的受力情况一般可分为最大受拉和最大受压两种工况。

（1）最大受拉工况。连杆小端所受到的最大拉伸力 P_{p1} 发生在发动机的"排气"冲程结束时的上止点附近，是活塞组往复运动产生的惯性力通过活塞销传递到连杆小端孔的圆柱面，并以"承载载荷"的形式作用在连杆小端内孔的上半圆周上。

根据发动机的基本参数可折算出连杆小端所受到的最大拉伸力 P_{p1} 为

$$P_{p1} = 活塞组的惯性力 = m_3 \times (1+R/L)R\omega^2 = 2.25 \times 1.25 \times 0.04 \times (2650 \times 3.14/30)^2 N = 8643N$$

连杆大端所受到的最大拉伸力 P_{p2} 主要是连杆、活塞组往复运动产生的惯性力折算而来，也是以"承载载荷"的形式作用在连杆大端内孔的下半圆周上。

连杆大端所受到的最大拉伸力 P_{p2} 为

$$P_{p2} = 连杆、活塞组的惯性力 = [(m_1+m_3) \times (1+R/L)+m_2] \times R\omega^2 = 14\,655N$$

（2）最大受压工况。连杆小端所受到的最大压缩力 P_{c1} 发生在发动机的"膨胀"冲程开始的上止点附近，是燃料燃烧时所产生的最大爆发力与活塞组往复运动产生的惯性力的代数和（因为这一瞬间活塞组有向上运动的趋势），也是以"承载载荷"的形式作用在连杆小端内孔的下半圆周上。

根据发动机的基本参数可计算出连杆小端所受到的最大压缩力 P_{c1} 为

$$P_{c1} = 最大爆发力 - 活塞、连杆的惯性力 = p \times \pi D^2/4 - m_3 \times (1+R/L)R\omega^2$$
$$= [12 \times 3.14 \times 110^2/4 - 2.25 \times 1.25 \times 0.04 (2650 \times 3.14/30)^2]N$$
$$= (113\,982 - 8643)N = 105\,339N$$

连杆大端所受到的最大压缩力 P_{c2} 是由最大爆发力引起的轴承支反力与连杆大端惯性力之和（因为此瞬间连杆也具有向上运动的趋势），也是以"承载载荷"的形式作用在连杆大端内孔的上半圆周上。

可计算出连杆大端所受到的最大压缩力 P_{c2} 为

$$P_{c2} = 最大爆发力（大端轴承支反力） - 折算到连杆大端的惯性力$$
$$= p \times \pi D^2/4 - [(m_1+m_3) \times (1+R/L)+m_2] \times R\omega^2$$
$$= (113\,982 - 14\,655)N = 99\,327N$$

5. 连杆受拉工况下的载荷施加

根据连杆在最大受拉工况和最大受压工况下的受力分析，应在两种工况下分别施加载荷。

（1）点击工具栏上的"承载载荷"按钮，弹出如图 8-26（a）所示的"承载载荷"对话框，选取连杆小端孔的上圆周面作为承载面，在"力"栏的 Z 方向数值框内输入 -8643N。单击"确定"按钮，完成连杆小端拉伸力的施加。

（2）再次单击工具栏上的"承载载荷"按钮，弹出如图 8-26（b）所示的"承载载荷"对话框，选取连杆大端孔的下圆周面作为承载面，在"力"栏的 Z 方向数值框内输入 14\,655N。单击"确定"按钮，完成连杆大端拉伸力的施加。

完成拉伸力施加之后的效果如图 8-27 所示，黄色矢量标志载荷的方向和作用点。

不同载荷工况下分析对象的应力-应变情况是不同的，必须分别进行仿真分析。

图 8-26　受拉工况下的载荷施加

（a）连杆小端载荷；（b）连杆大端载荷

6. 连杆最大受拉工况的仿真分析

（1）单击结构分析主菜单上的▦按钮，弹出如图 8-28 所示的"分析和设计研究"对话框。系统默认的是以当前的约束和载荷为基础创建一个静态分析。单击对话框主菜单下方的绿色旗标▲，系统开始自动划分有限元网格并调用解算器进行求解，大约经过几十秒钟的解算，状态栏内显示 Completed，表明解算过程已经完成，同时弹出"诊断"框。

从"诊断"框中信息可以看出，根据所给出约束条件和载荷，解算过程顺利完成，系统已在后台生成仿真分析结果。

图 8-27　施加最大拉力载荷后的效果

图 8-28　分析研究的过程

（2）直接单击"分析和设计研究"对话框主菜单下方的▤按钮，弹出如图 8-29 所示的"结果窗口定义"对话框。在"结果窗口定义"对话框中系统默认的是"数量"选项，即由分析解算得到的应力 Von Mises 分量值。

图 8-29　"结果窗口定义"对话框

单击对话框上的 **确定并显示** 按钮，系统将给出可视化的效果，如图 8-30 所示。

图 8-30 中给出了最大受拉工况下的应力分布云图，同时用色标尺给出了应力值，能够非常直观地看到最大应力为 77.588 1MPa，且最大应力发生在连杆小端销孔的上侧，这和连杆的实际受力和变形状态是吻合的，也是后续进行强度校核的重要依据。

图 8-30　最大受拉工况下的应力云图

（3）如果我们选择图 8-29"结果窗口定义"对话框中用红色椭圆标记的"显示选项"，即可展开该选项卡如图 8-31 所示。其中又有多个选项可供选择：勾选"已变形"复选框，单击 **确定并显示** 按钮，将出现如图 8-32（a）所示仿真输出结果——位移-节点云图。

关闭该画面返回到"分析和设计研究"对话框，继续打开"结果窗口定义"对话框，再勾选图 8-31"显示选项"卡内的"透明叠加"复选框，单击 **确定并显示** 按钮，将出现如图 8-32（b）所示的连杆在最大受拉工况下的变形与原型透明叠加的效果，该效果图能够更逼真和直观地反映出变形后与原形的差别。

（4）如果勾选图 8-31"显示选项"卡中的"动画"复选框，点击 **确定并显示** 按钮，将会动态地演示连杆在最大受拉工况下应力大小随时间变化的动态过程。

（5）如果像图 8-33 中所示的那样，单击"分析和设计研究"对话框主菜单下方的▤按钮，将"通过默认的模板审阅设计研究结果"，出现一个可视化的审阅模板。

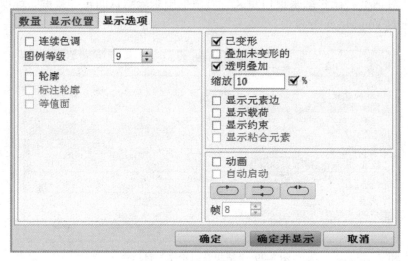

图 8-31 "显示选项"卡

(a)　　　　　　　　　　　　　　(b)

图 8-32 连杆最大受拉工况的变形

（a）连杆变形云图；（b）变形与原形的透明叠加

图 8-33 选择"通过默认的模板审阅设计研究结果"

在这个默认的审阅模板上同时显示三幅效果图：左侧为连杆在最大受拉工况下的 von Mises 等效应力动态分布图像，默认情况下进入该模板时，系统即开始一帧一帧动态地演示 von Mises 等效应力的分布情况，单击■按钮，可以令动画停止。如图 8-34 所示。

中间为连杆在最大受拉工况下的位移分布云图，如图 8-35 所示。由图中可见，连杆在最大受拉工况下的最大位移量为 0.019 24mm，位于连杆小端销轴孔的中部偏上处。

右侧为连杆在最大受拉工况下的主应力节点云图，如图 8-36 所示。该图给出了连杆实体的每个网格节点的应力矢量，其最大主应力为 80.762 6MPa。

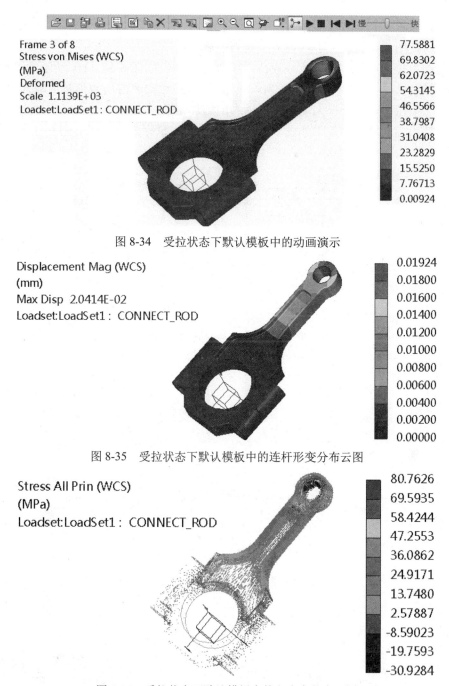

图 8-34　受拉状态下默认模板中的动画演示

图 8-35　受拉状态下默认模板中的连杆形变分布云图

图 8-36　受拉状态下默认模板中的主应力节点云图

以上这些图形、图像和参数将是我们校核连杆强度的重要依据。

7. 最大压缩工况下的载荷施加

为了避免在不同工况下的针对同一实体模型仿真分析发生干涉，必须把上述在最大受拉工况下所施加的载荷删除，再添加连杆在最大受压工况下的载荷。

（1）单击工具栏上的"承载载荷"按钮 ，弹出如图 8-37（a）所示的"承载载荷"对话框，选取连杆小端孔的下圆周面作为承载面，在"力"栏的 Z 方向数值框内输入 99 327N。单击"确定"按钮，完成连杆小端最大压缩力的施加。

（2）再次单击工具栏上的"承载载荷"按钮 ，弹出如图 8-37（b）所示的"承载载荷"对话框，选取连杆大端孔的上圆周面作为承载面，在"力"栏的 Z 方向数值框内输入–105 339N。单击"确定"按钮，完成连杆大端最大压缩力的施加。

完成拉伸力施加之后的效果如图 8-38 所示，黄色矢量标志载荷的方向和作用点。

(a)   (b)

图 8-37　最大受压工况下的载荷施加

（a）施加连杆小端载荷；（b）施加连杆大端载荷

8. 连杆最大受压工况的仿真分析

仿照步骤 7 对连杆最大受拉工况的仿真分析过程，采取类似的操作，可以得到如图 8-39 所示最大受压工况下的应力 Von Mises 分量等效应力云图和由色标尺显示的应力值。最大应力发生在连杆小端与杆身的结合部。

图 8-40(a)所示为连杆在最大受压工况下的变形云图，图 8-40（b）则是连杆的变形与原形透明叠加到一起的效果图。

图 8-38　施加最大压缩载荷后的效果

采用与步骤 7 相类似的操作，可以获得系统默认模板中的连杆在最大受压工况下的 von Mises 等效应力动态分布图像（略）以及连杆在最大受压工况下的位移分布云图，如图 8-41 所示。由图中可见，连杆在最大受压工况下的最大位移量为

0.138 64mm，位于连杆杆身与大端的连接过渡圆弧处。

图 8-39　最大受压工况下的应力云图

(a)　　　　　　　　　　　　　　　　(b)

图 8-40　连杆最大受压工况的变形
（a）连杆变形云图；（b）变形与原形的透明叠加

图 8-41　受压状态下默认模板中的连杆位移分布云图

　　同样也可以得到连杆在最大受压工况下的主应力节点云图，如图 8-42 所示。该图给出了连杆实体在最大受压工况下的每个网格节点的应力矢量，其最大主应力为 174.802MPa。

　　9. 强度校核

　　得到上述各项应力和变形参数及图形图像后，可以进行连杆强度的校核。

　　（1）最大受拉工况时的强度校核。由图 8-30 可以得知，连杆在最大受拉工况下的 von Mises 等效应力为 77.588 1MPa，由图 8-36 可以得知最大主应力为 80.762 6MPa，最大拉应力

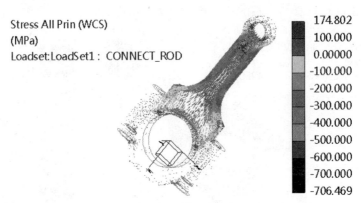

Stress All Prin (WCS)
(MPa)
Loadset:LoadSet1 : CONNECT_ROD

174.802
100.000
0.00000
-100.000
-200.000
-300.000
-400.000
-500.000
-600.000
-700.000
-706.469

图 8-42　受压状态下默认模板中的主应力节点云图

分布在连杆小端销孔中上方，这也是连杆在受到最大拉力时的最大变形之处，最大变形量为 0.019 24mm。由机械设计手册或材料手册查得对应于 Creo Parametric 3.0 材料库中的 Steel 中碳钢的最大抗拉强度为 600MPa，屈服强度为 355MPa，可见所设计的连杆有足够的强度和刚度能够满足使用要求。

（2）最大受压工况时的强度校核。由图 8-39 可以得知，连杆在最大受压工况下的 Von Mises 等效应力为 629.786MPa，由图 8-42 可以得知最大主应力为 174.802MPa，最大压应力分布在小端与杆身的过渡圆弧处和连杆大端与杆身的结合部，最大变形量为 0.138 64mm。

因此在最大受压工况下连杆的安全系数 n 可由下式计算

$$n = 355/174.802 = 2.03$$

一般中小型发动机连杆的安全系数 n 推荐采用在 1.5～2.5 范围之内，因此经本例有限元仿真分析可知该连杆满足抗拉强度的要求。

8.3.4　发动机活塞的疲劳强度仿真分析

活塞是各类发动机的重要零件之一，其结构比较复杂，承受周期性的交变机械载荷和热载荷的作用，经常工作在高温、高速、高负荷且难以冷却的环境下，容易产生各类故障。因此活塞的设计和制造质量及其工作寿命对整个发动机的性能起到至关重要的作用。

本节针对图 8-43 所示的发动机活塞零件进行有限元仿真分析，重点是对活塞在交变机械载荷和热载荷的作用下的疲劳强度和工作寿命进行考核并评估其可靠性，这对于发动机的设计开发是具有重要意义的。

发动机活塞通常使用的是硅铝合金材料，这种材料重量轻，具有较高的强度和冲击韧性以及较好的可切削性。活塞本身的结构具有轴对称性，我们可以取它的 1/4 部分进行有限元仿真分析，可以大大节省 CPU 时间和提高工作效率。

1．进行模型简化并进入有限元仿真分析环境

在 Creo Parametric 3.0 环境建立活塞的三维实体模型之后，使用通过 FRONT 和 RIGHT 基准面的平面对活塞实体进行分割，取其 1/4 部分作为有限元分析和仿真的对象，如图 8-43 所示。经过简化的模型可以大大地减少网格单元的数量，从而减少计算工作量，而且也能保证获得可信的仿真分析结果。

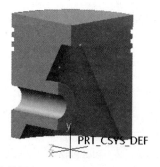

图 8-43　活塞及其局部

选取工具栏上的"应用程序"/"Simulate"按钮🔧，进入 Creo Parametric 3.0 集成模式下的有限元仿真分析环境。

2. 赋予活塞材料属性

（1）单击主菜单上的"材料"按钮🔲，在弹出的"材料属性"对话框。根据发动机活塞的实际情况选择 Al2014（铝合金）作为仿真对象的材料，再单击对话框中部的 ▶▶▶ 按钮，Al2014材料就被添加到仿真对象的备选材料中，如图 8-44 所示。

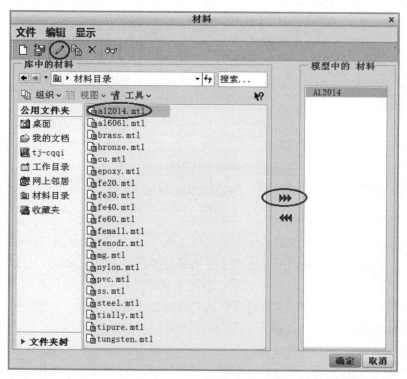

图 8-44　指定材料

（2）设置材料属性。单击如图 8-44 中主菜单下方的🖉按钮，弹出图 8-45 所示的"材料定义"对话框，在该对话框内分别设定疲劳类型为"统一材料法则（UML）"，材料类型为"铝合金"，表面粗糙度为"已抛光（Polished）"，失效强度衰减因子为 1.0，在拉伸极限应力数据框内输入 492.98（MPa）。单击对话框设定"确定"按钮，完成材料的定义。

（3）选取主菜单上的"材料分配"按钮 🔧，弹出 "材料分配"对话框。对话框中明确指示出该材料已指派给 piston.prt 零件实体，单击对话框上的"确定"按钮，图形区有一个黄色的材料标志附着在仿真对象上。

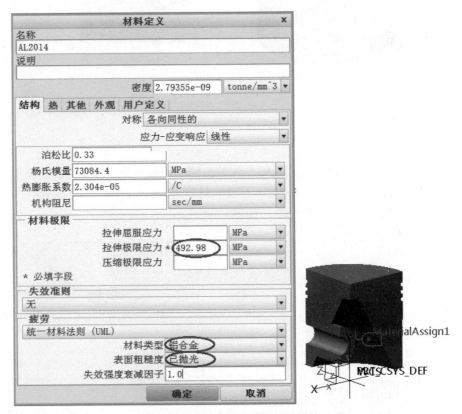

图 8-45　设置并赋予活塞材料属性

3. 建立柱坐标系并分割曲面

根据活塞的结构及其在发动机工作中的实际工况可知：由活塞传递过来的燃气爆发力作用在活塞销上，再传递给连杆。因此活塞主要依靠活塞销的支承，而支反力是作用在活塞销孔的上半个内圆柱面上，对于图 8-43 的简化模型来说就是作用在活塞销孔的上方 1/4 内圆柱面上，为此需要建立一个柱坐标系并对活塞销孔内圆柱面进行分割，才能够便于对活塞进行位移约束和施加载荷。

（1）点击主菜单上的"精细模型"命令，将工作界面切换到仿真分析环境下的模型特征界面。单击草绘命令按钮 🔧，以 FRONT 面为草绘平面绘制一条通过活塞销孔中心线且平行于 X 轴的直线 L_1，退出草绘。再以 RIGHT 面为草绘平面绘制一条与活塞销孔中心线重合的直线 L_2，退出草绘。

（2）点击"精细模型"工具栏上的"坐标系"命令，弹出如图 8-46 所示的"坐标系"对话框。将坐标系类型设定为"圆柱"，然后按下 Ctrl 键，分别选取图中直线 L_1 和活塞的中心线 A–1，创建图中的圆柱坐标系。

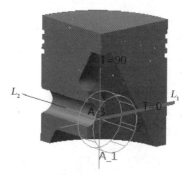

图 8-46　创建柱坐标系

（3）分割曲面。单击"精细模型"工具栏上的"曲面区域"按钮，弹出如图 8-47 所示的曲面区域操控板。首先选取活塞销孔内圆柱面，然后点选直线 L_2 为分割曲线，单击操控板上的按钮，完成曲面分割。再返回到仿真工作界面。

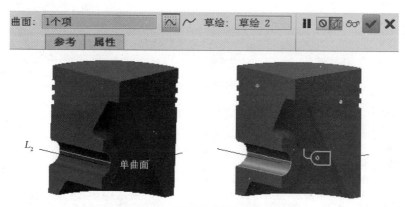

图 8-47　分割活塞销孔内圆柱面

4. 添加约束

（1）选取工具栏上的"约束"→"对称约束"命令按钮，弹出"对称约束"对话框，点选模型左侧的分割面为对称约束面之一，单击对话框上的"确定"按钮，得到左侧的对称约束。仿照此法，以模型右侧的分割面为约束面得到另一个对称约束。

（2）单击工具栏上的"位移约束"命令按钮，弹出如图 8-48 所示的位移约束对话框。点选步骤 3 创建的柱坐标系为约束参照，在"平移"约束栏内选择 R（径向位移）为固定方式，其他均为"自由"方式，这里假定活塞销具有足够大的强度和刚度（通常活塞销由高级合金钢制作），因此贴近活塞销的活塞销孔内圆柱面的自由度为 0 是合理的。约束完成后单击"确定"按钮，得到位移约束和对称约束如图 8-48 所示。

5. 添加载荷

活塞在工作中受到的最大压力载荷是燃气的最大爆发压力。单击工具栏上的"压力"按钮，弹出"压力载荷"对话框，选取活塞的顶面为压力承载面，在数值栏内输入 12（MPa）为压力值，单击"确定"按钮，完成载荷的施加，如图 8-49 所示。

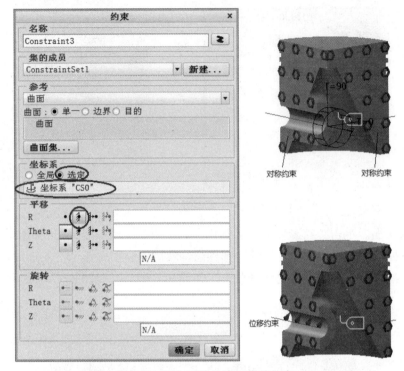

图 8-48　添加对称约束和位移约束

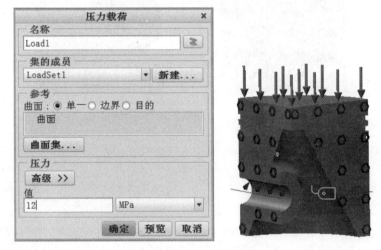

图 8-49　添加压力载荷

6. 活塞结构静态仿真分析

零件的疲劳强度仿真分析是建立在其结构静态分析的基础上的，因此须先对活塞进行静态分析。

（1）单击结构分析主菜单上的 按钮，弹出如图 8-50 所示的"分析和设计研究"对话框。打开对话框主菜单上的文件下拉菜单，选取"新建静态分析"项目，创建一个静态分析，系统默认的分析任务是 Analyses1，可以使用编辑功能将该名称更改为"Analyses-Piston"。单击对话框主菜单下方的绿色旗标 ，系统开始自动划分有限元网格并调用解算器进行求解，大约经过几十秒钟的解算，状态栏内显示 Completed，表明解算过程已经完成，同时弹出"诊断"框。

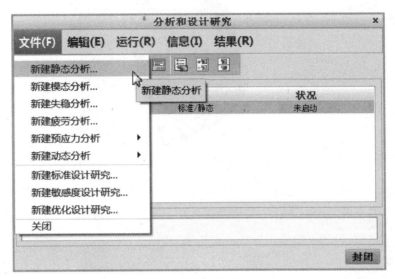

图 8-50　新建分析和设计研究

从"诊断"框中的信息可以看出，根据所给出约束条件和载荷，解算过程顺利完成，系统已在后台生成仿真分析结果。

（2）直接单击"分析和设计研究"对话框主菜单下方的 按钮，弹出如图 8-51 所示"结果窗口定义"对话框。在"结果窗口定义"对话框中系统默认的是"数量"选项，即由分析解算得到的应力 Von Mises 分量值；若单击对话框上的"确定"按钮，系统仅在后台生成分析结果而并不显示；若单击 确定并显示 按钮，系统将给出可视化的效果，如图 8-52 所示。

图 8-51　"结果窗口定义"对话框

图 8-52 中给出了活塞受燃气爆发压力下的应力分布云图，同时用色标尺给出了 Von Mises 等效应力值，从该图可以看到 Von Mises 等效应力的最大值发生在活塞销孔的上部附近，其值大约为 350MPa，这和活塞的实际受力和变形状态是吻合的，也是后续进行疲劳强度校核的重要依据。

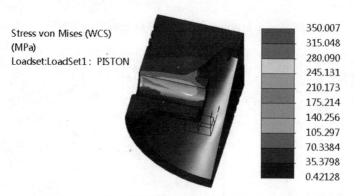

图 8-52　活塞受燃气爆发压力作用下的应力云图

（3）如果选择图 8-51"结果窗口定义"对话框上的"显示选项"，展开该选项卡如图 8-53 所示。其中又有多个选项可供选择：勾选其中的"已变形"复选框，单击 **确定并显示** 按钮，将出现如图 8-54（a）所示仿真输出结果——位移-节点云图。

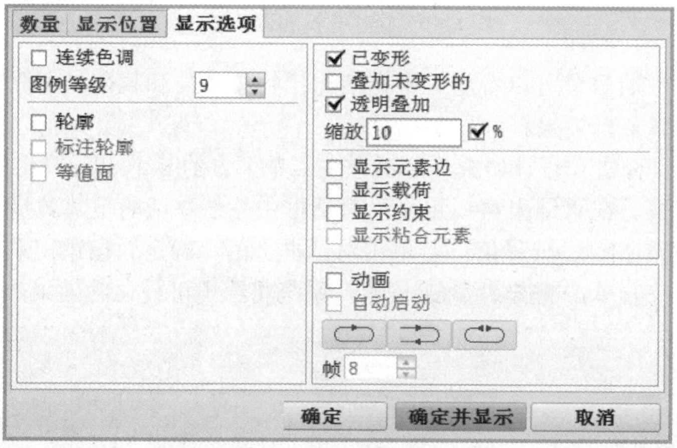

图 8-53　"显示选项"卡

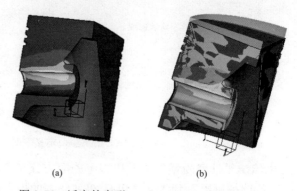

图 8-54　活塞的变形
（a）变形云图；（b）变形与原形的透明叠加

关闭该画面返回到"分析和设计研究"对话框，继续打开"结果窗口定义"对话框，再勾选图 8-53"显示选项"卡内的"透明叠加"复选框，单击 **确定并显示** 按钮，将出现如图 8-54（b）所示的连杆在最大受拉工况下的变形与原型透明叠加的效果，该效果图能够更逼真和直观地反映出变形后与原形的差别。

（4）若勾选图 8-53"显示选项"卡中的"动画"复选框，单击 **确定并显示** 按钮，将会动态地演示活塞在最大燃气爆发力作用下应力大小随时间变化的动态过程。

（5）单击"分析和设计研究"对话框主菜单下方的 按钮，将"通过默认的模板审阅设计研究结果"，可在默认的审阅模板上同时显示三幅效果图：左侧为活塞在最大燃气爆发力作用下的 von Mises 等效应力动态分布图像，默认情况下进入该模板时，系统即开始一帧一帧、动态地演示 von Mises 等效应力的分布情况，单击 按钮，可以令动画停止。

中部为活塞在最大燃气爆发力作用下的位移分布云图，如图 8-55 所示。由图中可见，活塞外侧的最大位移量为 0.041 61mm。

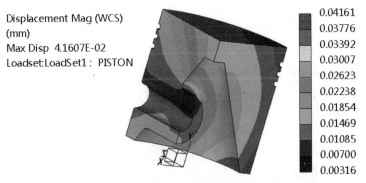

图 8-55 活塞在最大燃气爆发力作用下的形变分布云图

右侧为活塞在最大燃气爆发力作用下的主应力节点云图，如图 8-56 所示。该图给出了活塞实体的每个网格节点的应力矢量，其最大主应力发生在活塞销孔上方附近，最大值为93.116 8MPa。

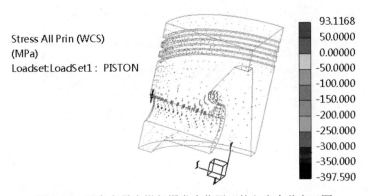

图 8-56 活塞在最大燃气爆发力作用下的主应力节点云图

这些图形、图像和参数值将是我们校核活塞疲劳强度的重要依据。

7. 疲劳强度仿真分析

完成活塞的结构静态分析之后，可继续执行对活塞的疲劳强度仿真分析操作。

（1）定义疲劳分析。返回到"分析和设计研究"对话框。然后如图8-57所示，打开结构分析主菜单上的"文件"下拉菜单，选取"新建疲劳分析"选项，弹出如图8-58所示的"疲劳分析定义"对话框。系统默认的名称为"Analyses2"，可以使用编辑功能将该名称更改为"Analyses-Fatigue"。然后在框中分别设置：寿命为6e8（即可循环使用6亿次），振幅类型为"零值-峰值"，并勾选下方的"计算安全因子"选项。单击"确定"按钮，完成疲劳分析的定义，返回到"分析和设计研究"对话框。

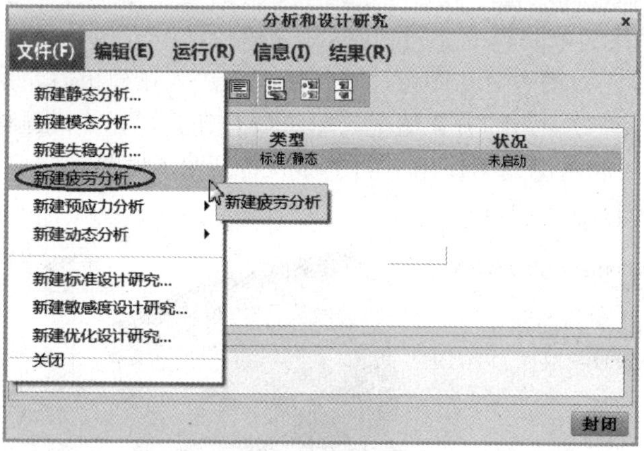

图 8-57　建立疲劳分析

图 8-58　疲劳分析定义对话框

（2）这时 Analyses-Fatigue 的分析状态为"未开始"，单击对话框主菜单下方的绿色旗标，系统在结构静态分析的基础上调用解算器开始进行疲劳分析求解，大约经过 1min 45s（具体时间取决于计算机 CPU 的运算速度）的解算，状态栏内显示"已完成"，同时弹出"诊断"框。单击"关闭"按钮，返回到"分析和设计研究"对话框。

（3）单击"分析和设计研究"对话框中的按钮，弹出如图8-59所示的分析状态信息表。表中显示系统将 1e20 次循环视为无限制的疲劳寿命，作为设计寿命 6e8 次循环的疲劳参考点。

图 8-59　分析状态信息

（4）单击"分析和设计研究"对话框主菜单下方的 ▤ 按钮，再次弹出如图 8-60 所示的"结果窗口定义"对话框。从该图可以看到：在"结果窗口定义"对话框的"分量"多选项中有"仅点"、"对数破坏"、"安全因子"及"寿命置信度"等多个选项，若接受系统的默认选项即"仅点"，单击 **确定并显示** 按钮，系统将给出如图 8-61 所示的疲劳寿命的可视化效果，同时用色标尺给出了疲劳寿命的对数值。

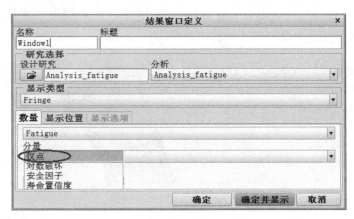

图 8-60　结果窗口定义对话框

从图 8-61 可以看出，活塞实体上全部自动渲染为灰色，与图中的色标尺相对照，灰色对应于 1e20 次的寿命（把对数表示转换为十进制科学表示法），也就是说图中活塞实体上的绝大多数区域的疲劳寿命全部能够满足 6 亿次循环的疲劳寿命。

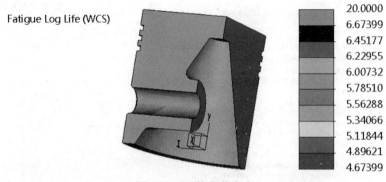

图 8-61　对数疲劳寿命

（5）若选择"分量"选项中的"安全因子"选项，单击 确定并显示 按钮，系统将给出如图 8-62 所示的疲劳寿命的安全因子可视化效果。

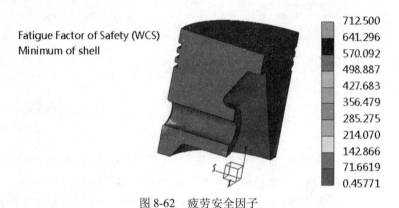

图 8-62　疲劳安全因子

图 8-62 中黄色区域对应于色标尺的安全因子值为 140～210 之间，说明该活塞疲劳寿命具有足够的安全度。

（6）若选择"分量"选项中的"寿命置信度"选项，单击 确定并显示 按钮，系统将给出如图 8-63 所示的疲劳寿命置信度的可视化效果。

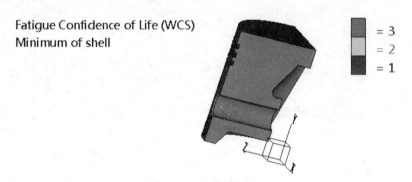

图 8-63　疲劳置信度

对照图中活塞实体的颜色和色标尺，可知置信度为 3，可见本例疲劳仿真分析结论具有较高的可信度。

练习 8

8-1　图 8-64 所示压力容器上盖也是一个轴对称零件,也可以选择其四分之一部分作为简化的有限元分析模型。其材料属性为 STEEL,设定其底面和上方的出口内壁为固定约束;所承受的载荷为压力 16MPa;载荷作用面为上盖的内腔。试参照本章活塞有限元仿真的案例对该压力容器上盖进行有限元分析和仿真操作,分别输出其 Von Mises 等效应力云图和节点-位移云图。

图 8-64　压力容器上盖三维模型

8-2　图 8-65 所示为一传动机构的联轴器,其材料类型为钢（STEEL）,设定其底面为固定约束;所承受的载荷为压力 1.5MPa;载荷作用面分别为小孔的内圆柱面、台阶孔顶面及键槽的一个侧面,如图 8-65 所示。试参照本章齿轮轴有限元仿真分析案例对该联轴器进行有限元仿真分析,分别输出其 Von Mises 等效应力云图和节点-位移云图。

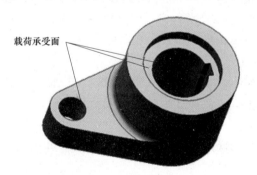

载荷承受面

图 8-65　联轴器三维模型

参 考 文 献

[1] 齐从谦，邬泓毅. 关于"有理 Bézier 曲线面权因子性质的研究"一文的注记 [J]. 计算数学. 1996：16
（4）：383～386.

[2] 齐从谦，邬泓毅. 一类可调控 Bézier 曲线面及其性质的研究 [J]. 北京理工大学学报. 1996：16（3）：
370～374.

[3] 林清安. Pro/EngineerWildfire 2.0 零件设计基础篇 [M]. 北京：中国铁道出版社. 2004.

[4] 韩玉龙. Pro/EngineerWildfire 组件设计与运动仿真 [M]. 北京：清华大学出版社. 2004.

[5] 齐从谦，甘屹，张洪兴. Pro/EngineerWildfire2.0 特征与三维实体建模 [M]. 北京：机械工业出版社. 2006.

[6] 齐从谦，崔琼瑶. 基于参数化技术的 CAD 创新设计方法研究 [J]. 机械设计与研究. 2002：5：13～16.

[7] 齐从谦，贾伟新. 支持变型设计的装配模型建模方法的研究 [J]. 机械工程学报. 2004：40（1）：38～42.

[8] 齐从谦，陈亚洲，甘屹. 反求工程中复杂曲面三维数字化重构关键技术的研究 [J]. 机械工程学报. 2003：
39（7）：13～15.

[9] 齐从谦，崔琼瑶. 基于参数化技术的 CAD 创新设计 [J]. 中国机械工程. 2002：13（4）：17～19.

[10] 唐林新，齐从谦，周小青. 基于可拓理论的产品适应性设计 [J]. 机械设计与研究. 2007：23（6）：12～15.

[11] 朱龙根. 简明机械零件设计手册 [M]. 2 版. 北京：机械工业出版社，2005.

[12] 王之煦，许杏根. 简明机械设计手册 [M]. 北京：机械工业出版社，1999.

[13] 齐从谦. 制造业信息化导论 [M]. 北京：中国宇航出版社，2003.

[14] 邹慧君，张春林，李杞仪. 机械原理 [M]. 北京：高等教育出版社，2006.

[15] 吴克坚，于晓红，钱瑞明. 机械设计 [M]. 北京：高等教育出版社，2003.

[16] 齐从谦，甘屹，王士兰. Pro/E 野火 5.0 产品造型设计与机构运动仿真 [M]. 北京：中国电力出版社，
2010.

[17] 齐从谦，王士兰. UGS NX7 CAD/CAE/CAM 高级教程 [M]. 北京：清华大学出版社，2011.

[18] 齐从谦，杨艳，王士兰. CATIA 产品创新设计及机构运动仿真（英汉双语版）[M]. 北京：中国电力出
版社，2014.

[19] 齐从谦，何燕，王士兰. 齿轮机构 CAD/CAE 实用教程 [M]. 北京：中国电力出版社，2016.